全国中医药行业高等教育"十四五"规划教材

全国高等中医药院校规划教材（第十一版）

中药制药设备与车间设计

（供中药制药、药物制剂、制药工程专业用）

主　编　李　正

中国中医药出版社
·北　京·

图书在版编目（CIP）数据

中药制药设备与车间设计 / 李正主编 . —北京：中国中医药出版社，2022.4

全国中医药行业高等教育"十四五"规划教材

ISBN 978 – 7 – 5132 – 6903 – 2

Ⅰ . ①中… Ⅱ . ①李… Ⅲ . ①中草药加工设备—中医学院—教材 ②中成药—制药厂—车间—设计—中医学院—教材 Ⅳ . ① TH788 ② TQ461

中国版本图书馆 CIP 数据核字（2021）第 054887 号

融合出版数字化资源服务说明

全国中医药行业高等教育"十四五"规划教材为融合教材，各教材相关数字化资源（电子教材、PPT 课件、视频、复习思考题等）在全国中医药行业教育云平台"医开讲"发布。

资源访问说明

扫描右方二维码下载"医开讲 APP"或到"医开讲网站"（网址：www.e-lesson.cn）注册登录，输入封底"序列号"进行账号绑定后即可访问相关数字化资源（注意：序列号只可绑定一个账号，为避免不必要的损失，请您刮开序列号立即进行账号绑定激活）。

资源下载说明

本书有配套 PPT 课件，供教师下载使用，请到"医开讲网站"（网址：www.e-lesson.cn）认证教师身份后，搜索书名进入具体图书页面实现下载。

中国中医药出版社出版

北京经济技术开发区科创十三街 31 号院二区 8 号楼

邮政编码 100176

传真 010-64405721

保定市西城胶印有限公司印刷

各地新华书店经销

开本 889×1194 1/16 印张 17.75 字数 472 千字

2022 年 4 月第 1 版 2022 年 4 月第 1 次印刷

书号 ISBN 978 – 7 – 5132 – 6903 – 2

定价 70.00 元

网址 www.cptcm.com

服 务 热 线 010-64405510 微信服务号 zgzyycbs
购 书 热 线 010-89535836 微商城网址 https://kdt.im/LIdUGr
维 权 打 假 010-64405753 天猫旗舰店网址 https://zgzyycbs.tmall.com

如有印装质量问题请与本社出版部联系（010-64405510）

全国中医药行业高等教育"十四五"规划教材
全国高等中医药院校规划教材（第十一版）

《中药制药设备与车间设计》
编 委 会

主　审

王　沛（长春中医药大学）

主　编

李　正（天津中医药大学）

副主编

周志旭（贵州大学）　　　　　　　杨欣欣（辽宁中医药大学）

杨岩涛（湖南中医药大学）　　　　熊　阳（浙江中医药大学）

刘永忠（江西中医药大学）　　　　赵　鹏（陕西中医药大学）

卢德利（吉林医药设计院有限公司）

编　委（以姓氏笔画为序）

王　志（上海中医药大学）　　　　王　锐（黑龙江中医药大学）

礼　彤（沈阳药科大学）　　　　　朱小勇（广西中医药大学）

刘　娜（云南中医药大学）　　　　李明慧（哈尔滨医科大学）

别松涛（天津中医药大学）　　　　陈　阳（中国医科大学）

周　瑞（北京中医药大学）　　　　惠　歌（长春中医药大学）

学术秘书

余河水（天津中医药大学）

全国中医药行业高等教育"十四五"规划教材
全国高等中医药院校规划教材（第十一版）

专家指导委员会

谷晓红（教育部高等学校中医学类专业教学指导委员会主任委员、北京中医药大学党委书记）

冷向阳（长春中医药大学校长）

宋春生（中国中医药出版社有限公司董事长）

陈　忠（浙江中医药大学校长）

陈可冀（中国中医科学院研究员、中国科学院院士、国医大师）

金阿宁（国家中医药管理局中医师资格认证中心主任）

周仲瑛（南京中医药大学教授、国医大师）

胡　刚（南京中医药大学校长）

姚　春（广西中医药大学校长）

徐安龙（教育部高等学校中西医结合类专业教学指导委员会主任委员、北京中医药大学校长）

徐建光（上海中医药大学校长）

高秀梅（天津中医药大学校长）

高树中（山东中医药大学校长）

高维娟（河北中医学院院长）

郭宏伟（黑龙江中医药大学校长）

曹文富（重庆医科大学中医药学院院长）

彭代银（安徽中医药大学校长）

路志正（中国中医科学院研究员、国医大师）

熊　磊（云南中医药大学校长）

戴爱国（湖南中医药大学校长）

秘书长（兼）

卢国慧（国家中医药管理局人事教育司司长）

宋春生（中国中医药出版社有限公司董事长）

办公室主任

张欣霞（国家中医药管理局人事教育司副司长）

李秀明（中国中医药出版社有限公司副经理）

办公室成员

陈令轩（国家中医药管理局人事教育司综合协调处副处长）

李占永（中国中医药出版社有限公司副总编辑）

张峘宇（中国中医药出版社有限公司副经理）

沈承玲（中国中医药出版社有限公司教材中心主任）

全国中医药行业高等教育"十四五"规划教材
全国高等中医药院校规划教材（第十一版）

编审专家组

组　长

余艳红（国家卫生健康委员会党组成员，国家中医药管理局党组书记、副局长）

副组长

张伯礼（中国工程院院士、天津中医药大学教授）
王志勇（国家中医药管理局党组成员、副局长）

组　员

卢国慧（国家中医药管理局人事教育司司长）
严世芸（上海中医药大学教授）
吴勉华（南京中医药大学教授）
王之虹（长春中医药大学教授）
匡海学（黑龙江中医药大学教授）
刘红宁（江西中医药大学教授）
翟双庆（北京中医药大学教授）
胡鸿毅（上海中医药大学教授）
余曙光（成都中医药大学教授）
周桂桐（天津中医药大学教授）
石　岩（辽宁中医药大学教授）
黄必胜（湖北中医药大学教授）

前 言

为全面贯彻《中共中央 国务院关于促进中医药传承创新发展的意见》和全国中医药大会精神，落实《国务院办公厅关于加快医学教育创新发展的指导意见》《教育部 国家卫生健康委 国家中医药管理局关于深化医教协同进一步推动中医药教育改革与高质量发展的实施意见》，紧密对接新医科建设对中医药教育改革的新要求和中医药传承创新发展对人才培养的新需求，国家中医药管理局教材办公室（以下简称"教材办"）、中国中医药出版社在国家中医药管理局领导下，在教育部高等学校中医学类、中药学类、中西医结合类专业教学指导委员会及全国中医药行业高等教育规划教材专家指导委员会指导下，对全国中医药行业高等教育"十三五"规划教材进行综合评价，研究制定《全国中医药行业高等教育"十四五"规划教材建设方案》，并全面组织实施。鉴于全国中医药行业主管部门主持编写的全国高等中医药院校规划教材目前已出版十版，为体现其系统性和传承性，本套教材称为第十一版。

本套教材建设，坚持问题导向、目标导向、需求导向，结合"十三五"规划教材综合评价中发现的问题和收集的意见建议，对教材建设知识体系、结构安排等进行系统整体优化，进一步加强顶层设计和组织管理，坚持立德树人根本任务，力求构建适应中医药教育教学改革需求的教材体系，更好地服务院校人才培养和学科专业建设，促进中医药教育创新发展。

本套教材建设过程中，教材办聘请中医学、中药学、针灸推拿学三个专业的权威专家组成编审专家组，参与主编确定，提出指导意见，审查编写质量。特别是对核心示范教材建设加强了组织管理，成立了专门评价专家组，全程指导教材建设，确保教材质量。

本套教材具有以下特点：

1.坚持立德树人，融入课程思政内容

把立德树人贯穿教材建设全过程、各方面，体现课程思政建设新要求，发挥中医药文化育人优势，促进中医药人文教育与专业教育有机融合，指导学生树立正确世界观、人生观、价值观，帮助学生立大志、明大德、成大才、担大任，坚定信念信心，努力成为堪当民族复兴重任的时代新人。

2.优化知识结构，强化中医思维培养

在"十三五"规划教材知识架构基础上，进一步整合优化学科知识结构体系，减少不同学科教材间相同知识内容交叉重复，增强教材知识结构的系统性、完整性。强化中医思维培养，突出中医思维在教材编写中的主导作用，注重中医经典内容编写，在《内经》《伤寒论》等经典课程中更加突出重点，同时更加强化经典与临床的融合，增强中医经典的临床运用，帮助学生筑牢中医经典基础，逐步形成中医思维。

3.突出"三基五性",注重内容严谨准确

坚持"以本为本",更加突出教材的"三基五性",即基本知识、基本理论、基本技能,思想性、科学性、先进性、启发性、适用性。注重名词术语统一,概念准确,表述科学严谨,知识点结合完备,内容精炼完整。教材编写综合考虑学科的分化、交叉,既充分体现不同学科自身特点,又注意各学科之间的有机衔接;注重理论与临床实践结合,与医师规范化培训、医师资格考试接轨。

4.强化精品意识,建设行业示范教材

遴选行业权威专家,吸纳一线优秀教师,组建经验丰富、专业精湛、治学严谨、作风扎实的高水平编写团队,将精品意识和质量意识贯穿教材建设始终,严格编审把关,确保教材编写质量。特别是对32门核心示范教材建设,更加强调知识体系架构建设,紧密结合国家精品课程、一流学科、一流专业建设,提高编写标准和要求,着力推出一批高质量的核心示范教材。

5.加强数字化建设,丰富拓展教材内容

为适应新型出版业态,充分借助现代信息技术,在纸质教材基础上,强化数字化教材开发建设,对全国中医药行业教育云平台"医开讲"进行了升级改造,融入了更多更实用的数字化教学素材,如精品视频、复习思考题、AR/VR 等,对纸质教材内容进行拓展和延伸,更好地服务教师线上教学和学生线下自主学习,满足中医药教育教学需要。

本套教材的建设,凝聚了全国中医药行业高等教育工作者的集体智慧,体现了中医药行业齐心协力、求真务实、精益求精的工作作风,谨此向有关单位和个人致以衷心的感谢!

尽管所有组织者与编写者竭尽心智,精益求精,本套教材仍有进一步提升空间,敬请广大师生提出宝贵意见和建议,以便不断修订完善。

国家中医药管理局教材办公室

中国中医药出版社有限公司

2021 年 5 月 25 日

编写说明

《中药制药设备与车间设计》描述了对一个中药产品进行科学的工艺设计，对每一个单元操作进行合理的设备选型与车间布局，实现大规模工业化生产，从原料到产品的过程。本教材以中药制药工艺为依据，以中药制药的单元操作为切入点，研究中药制药生产过程中所涉及的制药设备及其车间布局。本教材内容主要包括中药材处理设备及车间布局，中药提取设备及车间布局，中药固体制剂设备与车间布局，中药小容量注射剂设备与车间布局，中药干燥设备、粉碎设备、分离设备、换热设备、输送设备，药品包装设备，制药用水系统等。

本教材在编写过程中，坚持"三结合"的指导思想。首先，坚持传统与现代的结合，面向中药制药设备与车间设计，力求保持原汁原味的中药制药特色，并坚持以科技创新和学科发展为驱动，将最新研究成果、理论与实践成果等融入教材。其次，坚持理论与实践的结合，按照中药的典型剂型与应用场景，分类讲述制药设备与车间设计，做到课堂教学与产业实际情况对接。第三，坚持课程与思政的结合，突出工程思维、工程师素质和工匠精神的培养。基于以上指导思想，我们组织了一支产学研结合的编写队伍，经过充分论证后编写了本教材。

本教材在纸质教材编写基础上进行了数字化资源编创工作，以中药制药工艺为依据，以中药制药的单元操作为切入点，对中药制药生产过程中所涉及的制药设备及其车间布局内容制作了图文结合的 PPT 课件、音频课件以及习题集等数字化资源，对纸质教材内容进行了拓展和延伸，更好地服务教师线上教学和学生线下自主学习，以满足中医药教育需要。

本教材编写分工：第一章由别松涛、李正编写，第二章由赵鹏、卢德利编写，第三章由刘娜、李正编写，第四章由李明慧、别松涛编写，第五章由周瑞编写，第六章由杨岩涛、别松涛编写，第七章由熊阳、李正编写，第八章由王志、陈阳、朱小勇编写，第九章由杨欣欣编写，第十章由王锐、惠歌编写，第十一章由礼彤、李正编写，第十二章由刘永忠、别松涛编写，第十三章由周志旭、卢德利编写。

本教材供全国高等院校本科中药制药专业、药物制剂、制药工程专业等专业教学使用，生物制药、药学、中药学等专业的本科生，以及制药企业的技术人员可以参考使用。

本教材在编写过程中得到全国各兄弟参编院校的大力支持，我们在此深表感谢。为持续提高本教材的质量，恳请各位读者、专家提出宝贵意见，供再版时修订完善。

《中药制药设备与车间设计》编委会

2021 年 4 月

目　录

扫一扫，查阅
本书数字资源

扫一扫,查阅本章数字资源,含PPT、音视频、图片等

第一节 概 述

一、中药制药设备在中药制药生产中的地位与作用

中药制药生产过程包括中药材预处理、活性成分的提取、分离与纯化、中药制剂及包装等部分。中药材是中药制药的主要原料,中药材中的有效成分是中成药的主体,中药制药的全过程都是以保证高质量的活性有效成分含量为中心,因此,生产过程的重点在于有效成分的提取、分离与纯化过程中有效成分的稳定保留及生产过程中的质量检测与监控。本教材中的中药制药设备在重点阐述提取、分离与纯化设备的同时,从突出中药制剂特色的角度,对中药制剂设备、包装设备进行了描述,并涵盖了中药饮片设备。

中药制药生产过程是按照一定的生产工艺,使原料在各种中药制药设备中,完成一系列化学或生物反应以及物理处理过程。工艺决定制药原料的形状、大小、成分、性质、位置和表面性状,使其成为预期的产品,同时工艺的实现必须依靠制药设备。从原料到中药产品的每一个工艺步骤均需要在各种设备中完成,制药设备的先进性、自动化程度,标志着制药企业的先进水平,影响着药品的质量。制药设备是中药制药生产的关键因素之一,只有根据或按照制药工艺要求,充分结合制药设备的结构特点,科学地选配制药设备,才能够保证中药生产高质、高效,才能保证中药产品安全、有效。中药制药设备在中药生产中的主要作用包括:

(1)提供中药生产所需的各种化学或生物反应的环境,并提供完成动量、热量、质量传递等单元操作过程的必要条件。

(2)提供最终产品(中药饮片、中药制剂)质量保障。

(3)保障中药的生产过程安全、环保、高效。

二、中药制药设备与车间设计的研究对象与内容

中药制药设备与车间设计由一系列化学或生物反应和物理处理过程有机组合而成,每一个中药产品的制造都是从原料到产品,经由科学的工艺设计,将每一个单元操作进行合理的车间布置,从而实现大规模工业化生产,最终建成一个质量优良、生产高效、运行安全、环境达标的中药生产车间。

中药制药设备与车间设计的研究对象是以中药制药工艺为依据,以中药制药的单元操作为切入点,研究中药制药生产过程中所涉及的制药设备及其车间布局。研究的内容包括中药饮片设备及其车间布局、中药浸出设备及其车间布局、中药分离设备、中药干燥设备、输送设备、中药制剂设备及其车间布局、中药包装设备。

三、中药制药设备与制药机械

（一）制药设备与制药机械

设备是具有特定实物形态和特定功能，可供长期使用的一套装置。机械包括机器和机构，其中机器指由零部件组装而成，能运转、能变换能量或产生有用功的装置，机构是指有两个或两个以上构件通过活动联接形成的构件系统。通常在制药工业实际生产中，制药机械和制药设备可视为同一含义。制药设备的生产制造从属性上讲属于机械工业的子行业，但是制药机械与制药工艺紧密相关，制药机械的设计和制造必须参考制药工艺，而制药设备的发展对制药工艺也起着推动作用，因此，制药设备或制药机械是完成和辅助完成制药工艺的生产设备。

（二）中药制药设备的组成

中药制药设备或中药制药机械和其他设备或机械一样属于机器，完整的机器由五部分组成，包括动力部分、工作部分、传动部分、控制部分和机身。其中，动力部分是机器能量的来源，可将各种能量转变为机械能；工作部分是直接实现机器特定功能、完成生产任务的部分，相当于"手"和"脚"；传动部分是按工作部分的要求将动力部分的运动和动力传递、转换或分配给工作部分的中间装置，相当于"手臂"和"腿"；控制部分是具有控制机器自动启动、停车、报警、变更运行参数的部分，相当于"大脑"；机身是指机器的外形和骨架。

四、中药制药设备的分类

根据用途分类，中药制药设备可参考 GB/T 15692—2008 的标准分为 8 类，包括 3000 多个品种规格，具体分类如下。

（一）原料药机械及设备

原料药机械及设备是指实现生物、化学物质转化，利用动物、植物、矿物制取医药原料的工艺设备及机械，包括摇瓶机、发酵罐、搪玻璃设备、结晶机、离心机、分离机、过滤设备、提取设备、蒸发器、回收设备、换热器、干燥设备、筛分设备、沉淀设备、贮存设备、药用蒸馏设备、压缩机、配液罐、乳化机等。

（二）制剂机械及设备

制剂机械及设备是指将药物制成各种剂型的机械与设备，包括压片机械、水针剂机械、粉针剂机械、硬胶囊剂机械、软胶囊剂机械、丸剂机械、软膏剂机械、栓剂机械、口服液机械、滴眼剂机械、颗粒剂机械、包衣机械、合剂机械、气雾剂机械、糖浆剂机械、输液剂机械、冲剂机械、药膜剂机械等。

其中，制剂机械与设备按剂型分为 14 类。

1. 片剂机械　是指将原料药与辅料经混合、造粒、压片、包衣等工序制成各种形状片剂的机械与设备。

2. 水针剂机械与设备　是指将灭菌或无菌药液灌封于安瓿等容器内，制成注射针剂的机械与设备。

3. 西林瓶粉、水针剂机械与设备　是指将无菌生物制剂药液或粉末灌封于西林瓶内，制成注射针剂的机械与设备。

4. 大输液剂机械与设备 是指将无菌药液罐封于输液容器内，制成大剂量注射剂的机械与设备。

5. 硬胶囊剂机械 是指将药物充填于空心胶囊内的制剂机械与设备。

6. 软胶囊剂机械 是指将药液包裹于明胶膜内的制剂机械与设备。

7. 丸剂机械 是指将药物细粉或浸膏与赋形剂混合，制成丸剂的机械与设备。

8. 软膏剂机械 是指将药物与基质混匀，配成软膏，定量灌装于软管内的制剂机械与设备。

9. 栓剂机械 是指将药物与基质混合，制成栓剂的机械与设备。

10. 合剂机械 是指将药液灌封于口服液瓶内的制剂机械与设备。

11. 药膜剂机械 是指将药物溶解或分散于多聚物质薄膜内的制剂机械与设备。

12. 气雾剂机械 是指将药物和抛射剂灌注于耐压容器中，使药物以雾状喷出的制剂机械与设备。

13. 滴眼剂机械 是指将无菌的药液灌封于容器内，制成滴眼药剂的制剂机械与设备。

14. 酊剂、糖浆剂机械 是指将药液制成酊剂、糖浆剂的机械与设备。

（三）药用粉碎机械及设备

药用粉碎机械及设备是指用于药物粉碎（含研磨）并符合药品生产要求的机械，包括万能粉碎机、超大型微粉碎机、锤式粉碎机、气流粉碎机、齿式粉碎机、超低温粉碎机、粗碎机、组合式粉碎机、针形磨、球磨机、药用粉碎机组等。

（四）饮片机械及设备

饮片机械及设备是指对天然药用动植物进行选取、洗、润、切、烘等方法制备中药饮片的机械，包括选药机、破碎机、洗药机、烘干机、润药机、炒药机、磨刀机、煎熬设备等。

（五）制备用水、气（汽）设备

制备用水、气（汽）设备是指采用各种方法制取药用纯水（含蒸馏水）的设备，包括多效蒸馏水机、热压式蒸馏水机、电渗析设备、反渗透设备、离子交换纯水设备、纯水蒸汽发生器、水处理设备等。

（六）药品包装机械及设备

药品包装机械及设备是指完成药品包装过程以及与包装相关的机械和设备，包括小袋包装机、泡罩包装机、瓶装机、印字机、贴标签机、充填机、折纸机、裹包机、理瓶机、装盒机、封箱机、捆扎机、拉管机、旋盖机、灌装机、安瓿制造机、制瓶机、吹瓶机、铝管冲挤机、硬胶囊壳生产自动线等。

（七）药物检测设备

药物检测设备是指检测各种药物制品或半制品的机械与设备，包括测定仪、崩解仪、溶出试验仪、融变仪、脆碎度仪、冻力仪、粒度仪、除气仪、激光粒子计数仪、金属检测仪、光度计、检片机等。

（八）辅助制药机械及设备

辅助制药机械及设备包括空调净化设备、局部层流罩、送料传输装置、提升加料设备、管道弯头卡箍及阀门、不锈钢卫生泵、冲头冲模等。

五、中药制药设备的型号编制

根据 JB/T20188—2017《制药机械产品型号编制方法》，中药制药设备的型号编制应按照制药机械产品的类别、功能、型式、特征及规格的顺序编制，即中药制药设备的型号由产品类别代号、功能代号、型式代号、特征代号和规格代号等要素组成。其中，类别代号表示制药机械产品的类别，功能代号表示产品的功能，型式代号表示产品的机构、安装形式、运动方式等，特征代号表示产品的结构、工作原理等，规格代号表示产品的生产能力或主要性能参数。

（一）代号设置

1. 代号中拼音字母的位数不宜超过 5 个，且字母代号中不应采用 I、O 两个字母。

2. 规格代号用阿拉伯数字表示。当规格代号不需用阿拉伯数字表示时，可用罗马数字表示。

（二）型号编制

型号编制格式见图 1-1。其中，类别代号、功能代号和规格代号为型号中的主体部分，是编制型号的必备要素；型式代号和特征代号为型号中的补充部分，是编制型号的可选要素。

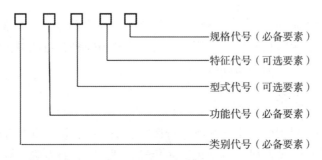

规格代号（必备要素）
特征代号（可选要素）
型式代号（可选要素）
功能代号（必备要素）
类别代号（必备要素）

图 1-1　型号编制格式

（三）型号组合形式

型号可根据产品的具体情况选择如下组合形式。

1. 类别代号、功能代号、型式代号、特征代号及规格代号。

2. 类别代号、功能代号、型式代号及规格代号。

3. 类别代号、功能代号、特征代号及规格代号。

4. 类别代号、功能代号及规格代号。

（四）型号编制方法

1. 制药机械产品类别代号　根据用途分类，中药制药设备分为 8 类，类别代号的编制采用不同的大写字母表示，如原料药机械及设备，用 Y 表示。具体产品类别代号见表 1-1。

表 1-1　产品类别代号

原料药机械及设备	制剂机械及设备	药用粉碎机械及设备	饮片机械及设备	制药用水、气（汽）设备	药品包装机械设备	药物检测设备	其他制药机械及设备
Y	Z	F	P	S	B	J	Q

2. 功能代号　单功能机械的功能代号大多数用一个大写字母表示，也有用多个字母表示，如干燥设备，用 G 表示，过滤设备，用 GL 表示，具体功能代号见表 1-2；多功能机的功能代号，可按其产品功能由两个或多个不同功能的字母组合表示。

表1-2 功能代号

产品类别	产品功能		功能代号
原料药机械及设备（Y）	反应、发酵设备		F
	培养基设备		P
	塔设备		T
	结晶设备		J
	分离设备		LX
	过滤设备		GL
	筛分设备		S
	提取、萃取设备		T
	浓缩设备		N
	换热设备		R
	蒸发设备		Z
	蒸馏设备		L
	干燥设备		G
	贮存设备		C
	灭菌设备		M
制剂机械及设备（Z）	颗粒剂机械		KL
	片剂机械	混合机械	H
		制粒机械	L
		压片机械	P
		包衣机械	BY
	胶囊剂机械		N
	小容量注射剂机械	抗生素瓶注射剂机械	K
		安瓿注射剂机械	A
		卡式瓶注射器机械	KP
		预灌封注射器机械	YG
	大容量注射剂机械	玻璃输液瓶机械	B
		塑料输液瓶机械	S
		塑料输液袋机械	R
	丸剂机械		W
	栓剂机械		U
	软膏剂机械		G
	糖浆剂机械		T
	口服液剂机械		Y
	气雾剂机械		Q
	滴眼剂机械		D
	药膜剂机械		M
药用粉碎机械及设备（F）	机械粉碎机械		J
	气流粉碎机械		Q
	超微粉碎机械		W
	研磨机械		M

续表

产品类别	产品功能	功能代号
饮片机械及设备（P）	筛选机械	S
	洗药机械	X
	切制机械	Q
	润药机械	R
	烘干机械	H
	炒药机械	C
	煅药机械	D
	蒸煮药机械	Z
	煎药机械	J
制药用水、气（汽）设备（S）	工艺用气（汽）设备	Q
	纯化水设备	C
	注射用水（蒸馏水）设备	Z
药品包装机械及设备（B）	印字机械	Y
	计数充填机械	J
	塞纸、棉、塞、干燥剂机械	S
	泡罩包装机械	P
	蜡壳包装机械	L
	袋包装机械	D
	外包装机械	W
	药包材制造机械	B
药物检测设备（J）	硬度测试仪	Y
	溶出度试验仪	R
	崩解仪	B
	脆碎仪	C
	厚度测试仪	H
	药品重量分选机械	Z
	重金属检测仪	J
	水分测试仪	S
	粒度分析仪	L
	澄明度测试仪	M
	微粒检测仪	L
	热原测定仪	RY
	细菌内毒素测定仪	N
	渗透压测定仪	ST
	药品异物检查设备	YW
	液体制剂检漏设备	L
	泡罩包装检测器	P

产品类别	产品功能	功能代号
其他制药机械及设备（Q）	输送设备及装置配液设备	S
	配液设备	P
	模具	M
	备件	B
	清洗设备	Q
	消毒设备	X
	净化设备	J
	辅助设备	F

3. 型式及特征代号 一般情况下，型式及特征代号编制方法见表1-3。特殊情况时，型式及特征代号的编制方法有3类情况。

（1）出现表1-3中未含的型式或特征时，应以其词的第一个汉字的大写拼音字母确定代号。

（2）当产品特征不能完整被表达时，可增加其他特征的字母来表达。

（3）遇到与其他产品型号雷同或易引发混淆时，允许用词的两个汉字的大写拼音字母来区别。

表1-3 型式及特征代号

代号	型式	特征
A		安瓿
B	板翅式、板式、荸荠式、变频式、勃氏、表冷式、耙式	半自动、半加塞、玻璃瓶、崩解、薄膜
C	槽式、齿式、沉降式、沉浸式、填充式、敞开式、称量式、齿式、传导式、吹送式、锤式、磁力搅拌式、穿流式	超声波、充填、除粉、超微、超临界、充氮、冲模、除尘、萃取、纯蒸汽、瓷缸、垂直
D	带式、袋式、刀式、滴制式、蝶式、对流式、导轨式、吊袋式	灯检、电子、多效、电磁、动态、电加热、滴丸、大容量、电渗析、冻干粉、多功能、滴眼剂
E	鄂式	
F	浮头式、翻袋式、风冷式	封口、封尾、沸腾、风选、粉体、翻塞、反渗透、粉针、防爆、反应、分装
G	鼓式、固定床式、刮板式、管式、滚板式、滚模式、滚筒式、滚压式、滚碾式、罐式、轨道式、辊式	干法、高速、干燥、灌装、过滤、高效、辊压、干热
H	虹吸式、环绕式、回转式、行列式、回流式	回收、混合、烘箱
J	挤压式、加压式、机械搅拌式、夹套式、降膜式、间歇式	计数、煎煮、加料、结晶、浸膏、均质、颗粒、胶塞
K	开合式、开式、捆扎式、可倾式	抗生素、开囊、扣壳、口服液瓶
L	冷挤压式、离心式、螺旋式、立式、连续式、列管式、龙门式、履带式、流化床式、链式、料斗式	冷冻、冷却、联动机、理瓶、铝箔、蜡封、蜡壳、料斗、离子交换
M	模具式、膜式、脉冲式	灭菌、灭活、蜜丸、棉
N	内循环式、碾压式	浓缩、逆流、浓配、内加热
P	喷淋式、喷雾式、平板式、盘管式	泡罩、炮制、炮炙、配液、抛光、破碎、片剂
Q	气流搅拌式、气升式	清洗、切药、取样、器具
R	容积式、热熔式、热压式	热泵、润药、溶出、软胶囊、软膏、乳化、软袋、热风
S	三足式、上悬式、升降式、蛇管式、隧道式、升膜式、水浴式	输液瓶、湿法、筛分、筛选、双效、双管板、渗透压、上料、塑料、塞、双锥、筛、水平、生物
T	填充式、筒式、塔式、套管式、台式	椭圆形、提取、提升、搪玻璃
U		U形

续表

代号	型式	特征
V		V 形
W	外浮头式、卧式、万向式、涡轮式、往复式	外加热、微波、微粒、外循环
X	旋转式、旋流式、漩涡式、箱式、厢式、铣削式、悬筐式、下悬式、行星式、旋压式	循环、洗药、洗涤、旋盖、小容量、稀配
Y	摇摆式、摇篮式、摇滚式、叶片式、叶翅式、圆盘式、压磨式、移动式	预灌液、压力、一体机、易折、硬度、异物、液氮、硬胶囊、压塞、印字、液体
Z	直联式，自吸式，转鼓式、转笼式、转盘式，转筒式，锥篮式、枕式、振动式、锥形式、直线式	真空、重力、转子、周转、制粒、制丸、整粒、蒸药、蒸发、蒸馏、整粒、轧盖、纸、注射器、注射剂、自动、在位、在线、中模

4. 规格代号　原则上应该表达产品的一个主要参数，如需要以两个参数表示产品规格时，应按下列方法编制：

（1）当两个参数的计量单位相同或其中一个为无量纲参数时，用符号"/"间隔。

（2）字母代号与规格代号之间或规格代号的两个参数之间，不应用符号"-"间隔。

（3）因计量单位原因出现阿拉伯数字位数较多时，应调整计量单位的表示方式。

（五）型号编制示例

型号编制示例见表 1-4。

表 1-4　型号编制示例

序号	产品名称	类别代号	功能代号	型号代号	特征代号	规格代号	型号示例
1	药物过滤洗涤干燥一体机	Y	XG			过滤面积 1m²	YGXG1 型
2	双效蒸发浓缩器	Y	N		S	1000kg/h，双效	YZNS1000 型
3	双锥回转式真空干燥机	Y	G	H	S	200L，双锥形	YGHS2000 型
4	机械搅拌式动物细胞培养罐	Y	P	J		罐体容积 650L	YPJ650 型
5	回流式提取浓缩机组	Y	N	H		罐体容积 2m³	YTNH2 型
6	带式微波真空干燥机	Y	G	D	W	微波输入功率 15kW	YGDW15 型
7	预灌液注射器灌封机	Z	G		Z	1mL，预灌液，注射器	ZYGZ1 型
8	卡式瓶灌装封口机	Z	P				ZKP3 型
9	安瓿隧道式灭菌干燥机	Z	A	S	G	网带宽度（mm）/加热功率（kW）	ZASMG600/40 型
10	旋转式高速压片机	Z	P	X	G	冲模数/出料口数	ZPXG81/2 型
11	流化床制粒包衣机	Z	L	L	B	120kg/批	ZLLB120 型
12	玻璃输液瓶洗灌封联动线	Z	B		GF	300 瓶/分，玻璃瓶	ZBXGF300 型
13	玻璃输液瓶轧盖机	Z	B		Z	300 瓶/分，玻璃瓶	ZBZ300 型
14	湿法混合制粒机	Z	H			150L，湿法	ZHLS150 型
15	滚筒式包衣机	Z	B			150kg	ZBG150 型
16	塑料药瓶铝箔封口机	Z	F		L	60 瓶/分，塑料瓶，铝箔	ZFSL60 型
17	振动式药物超微粉碎机	F	W	Z		100L	FWZ100 型
18	中药材热风穿流式电热烘箱	P	H	C	D	烘板面积 4m²，电加热	PHCD4 型
19	滚筒式洗药机	P	X	G		直径 720mm	PXG720 型

续表

序号	产品名称	类别代号	功能代号	型号代号	特征代号	规格代号	型号示例
20	电加热纯蒸汽发生器	S	Q		D	产蒸汽量 50kg/h	SQD50 型
21	列管式多效蒸馏水机	S	Z	L	D	1000L，4 效	SZLD1000/4 型
22	圆盘式中药大蜜丸蜡封机	B	L	Y	M	生产能力为 500 丸/分	BLYM500 型
23	平板式药用铝塑泡罩包装机	B	P	P		包材最大宽 170mm	BPP170 型
24	轨道式胶囊药片印字机	B	Y	G		1000 粒/小时	BYG1000 型
25	药瓶干燥剂包塞入机	B	S		G	100 瓶/分，干燥剂包	BSG100 型
26	安瓿注射剂电子检漏机	J	L		A	检测速度 300 瓶/分	JLA300 型
27	脆碎度检查仪	J	C			轮鼓个数	JC2 型
28	安瓿注射液异物检查机	J	W		A	150 支/分，2mL 安瓿	JYWA150/2 型
29	药用螺旋输送机	Q	S	L		输送能力 800kg/h	QSL800 型
30	固定式料斗提升机	Q	T	G	L	提升质量 600kg	QTGL600 型
31	药用器具清洗干燥机	Q	X		Q	清洗腔 5m³	QXQ5 型
32	移动式在位清洗装置	Q	X	Y	Z	罐体容积 500L	QXYZ500 型

第二节　GMP 对中药制药设备与车间设计的要求

一、GMP 对中药制药设备的要求

（一）满足生产工艺要求

满足生产工艺要求是指生产目的和规模要与需求匹配，如果设备规格与生产不配套，对中药生产来说就会产生一个批量由多次产量组合的"纸上批量"，致使药物的混合度无法控制。

（二）不污染药物和生产环境

设备结构及其所用材料，应不藏或滞留物料，不对加工的物质形成污染，也不对生产以外的环境产生污染或影响。例如粉碎设备应设计除尘装置，以免对环境造成污染；设备所用的润滑剂、冷却剂等不得对药品或容器造成污染；无菌药品生产中与药液接触的设备、容器具、管路、阀门、输送泵等应采用优质耐腐蚀材质，管路的安装应尽量减少连接或焊接；设备内的凸凹、槽、台、棱角是最不利于物料清除及清洗之处，因此要求这些部位的结构要素应尽可能采用大的圆角、斜面、锥角等，以免挂带和阻滞物料；常用卫生结构的设计有锥形容器、箱形设备内直角改圆角、易清洗结构的圆螺纹、卡箍式快开管件等。

（三）易于清洗和灭菌

中药制药设备设计时应关注设备的清洗和灭菌，以快速和彻底地清洗和灭菌为目的，尽可能设计成在位清洗和在位灭菌。在位清洗（cleaning in place，CIP）指系统或设备在原安装位置不做拆卸和任何移动条件下可以进行清洁工序；在位灭菌（sterilization in place，SIP）是指系统或设备在原安装位置不做拆卸和任何移动条件下可以进行灭菌工序。

（四）易于确认

中药制药设备确认的目的是证明该设备能始终如一、可重复地生产出合格的产品。在设备的设计和制造中应关注设备确认，使设备具量化指标，易于确认，例如在位检测（in‑situ inspection，ISI）能力，ISI 是指制品在原系统或设备上不需转位到其他系统或设备的条件下，可直接进行质量检测，适应验证需要数字化测试的要求。

二、中药制药设备控制与管理的法规依据

（一）原则

GMP 原则上要求设备的设计、选型、安装、改造和维护必须符合预定用途，应当尽可能降低产生污染、交叉污染、混淆和差错的风险，便于操作、清洁、维护，以及必要时进行消毒或灭菌；同时，应当建立设备使用、清洁、维护和维修的操作规程，并保存相应的操作记录；而且应当建立并保存设备采购、安装、确认的文件和记录。

（二）设计和安装

GMP 在药品的设计和安装上明确要求生产设备不得对药品质量产生任何不利影响，与药品直接接触的生产设备表面应当平整、光洁、易清洗或消毒、耐腐蚀，不得与药品发生化学反应、吸附药品或向药品中释放物质。在设备上应当配备有适当量程和精度的衡器、量具、仪器和仪表，同时应当选择适当的清洗、清洁设备，并防止这类设备成为污染源。设备所用的润滑剂、冷却剂等不得对药品或容器造成污染，应当尽可能使用食用级或级别相当的润滑剂。生产用模具的采购、验收、保管、维护、发放及报废应当制定相应操作规程，设专人专柜保管，并有相应记录。

（三）维护和保养

GMP 要求设备的维护和维修不得影响产品质量，应当制定设备的预防性维护计划和操作规程，设备的维护和维修应当有相应的记录，同时经改造或重大维修的设备应当进行再确认，符合要求后方可用于生产。

（四）使用和清洁

GMP 明确要求主要生产和检验设备都应当有明确的操作规程，生产设备应当在确认的参数范围内使用，应当按照详细规定的操作规程清洁生产设备。

生产设备清洁的操作规程应当规定具体而完整的清洁方法、清洁用设备或工具、清洁剂的名称和配制方法、去除前一批次标识的方法、保护已清洁设备在使用前免受污染的方法、已清洁设备最长的保存时限、使用前检查设备清洁状况的方法，使操作者能以可重现的、有效的方式对各类设备进行清洁。如需拆装设备，还应当规定设备拆装的顺序和方法；如需对设备消毒或灭菌，还应当规定消毒或灭菌的具体方法、消毒剂的名称和配制方法。必要时，还应当规定设备生产结束至清洁前所允许的最长间隔时限。

已清洁的生产设备应当在清洁、干燥的条件下存放。用于药品生产或检验的设备和仪器，应当有使用日志，记录内容包括使用、清洁、维护和维修情况以及日期、时间，所生产及检验的药

品名称、规格和批号等。生产设备应当有明显的状态标识，标明设备编号和内容物（如名称、规格、批号）；没有内容物的应当标明清洁状态。不合格的设备如有可能应当搬出生产和质量控制区，未搬出前，应当有醒目的状态标识。主要固定管道应当标明内容物名称和流向。

（五）校准

GMP 明确要求应当按照操作规程和校准计划定期对生产和检验用衡器、量具、仪表、记录和控制设备以及仪器进行校准和检查，并保存相关记录，校准的量程范围应当涵盖实际生产和检验的使用范围。应当确保生产和检验使用的关键衡器、量具、仪表、记录和控制设备以及仪器经过校准，所得出的数据准确、可靠。应当使用计量标准器具进行校准，且所用计量标准器具应当符合国家有关规定。校准记录应当标明所用计量标准器具的名称、编号、校准有效期和计量合格证明编号，确保记录的可追溯性。衡器、量具、仪表、用于记录和控制的设备以及仪器应当有明显的标识，标明其校准有效期。

不得使用未经校准、超过校准有效期、失准的衡器、量具、仪表以及用于记录和控制的设备、仪器。在生产、包装、仓储过程中使用自动或电子设备的，应当按照操作规程定期进行校准和检查，确保其操作功能正常。校准和检查应当有相应的记录。

三、GMP 对中药制药车间设计的要求

（一）原则

厂房设施作为药品生产的基础硬件，是质量系统的重要组成要素。厂房的选址、设计、施工、使用和维护情况都会对药品质量产生显著的影响。厂房设施需要根据不同剂型产品的生产要求，设置相应的生产环境，最大限度避免污染、混淆和人为差错的发生，将各种外界污染和不良影响减少到最低，为药品生产创造良好的生产条件，同时能够确保员工健康和生产安全并对环境提供必要的保护。

GMP 中"厂房与设施"第三十八条至第四十五条对制药的各类车间（厂房与设施）的选址、设计、施工、使用和维护方面给出原则性要求，其要点包含但不限于以下三个方面：

1. 企业应按照规范、合理的设计流程进行设计；组织懂得产品知识、规范要求、生产流程的专业技术人员进行设施的规划与设计，质量管理部门应负责审核和批准设施的设计，并组织有关验证以确认其性能能够满足预期的要求。

2. 厂房与设施的设计与建造除了满足药品生产的要求外，还应满足安全、消防、环保方面的法规要求。

3. 企业要对药品生产的环境进行必要的控制，要考虑厂房所处的周边环境是否远离污染源，如铁路、码头、机场、火电厂、垃圾处理厂。另外，还需要考虑常年主导风向，是否处于污染源的上风侧，避免受到道路扬尘、尘土飞扬等污染的风险发生。例如动物房、锅炉房、产尘车间等潜在污染源应位于下风向。

（二）生产区

GMP 中"厂房与设施"第四十六条至第五十六条对生产区的设计、施工、使用和维护等方面给出了指导性要求，其要点包含但不限于以下四个方面。

1. 生产厂房的设置应能满足产品工艺和生产管理的需要，洁净室洁净级别的设置主要取决

于产品的类别、生产工序、生产过程的特征（如生产设备是密闭系统还是开放系统）、工序被污染的风险程度等。

2. 生产设备如有数个产品共用，则需要进行风险评估，确定共用设施与设备的可行性，评估项目包括产品的药理、毒理、适应证、处方成分分析、设施与设备结构、清洁方法和残留水平等。

3. 对需进行独立设施或独立设备生产的产品类型进行划分。

4. 洁净生产区须要通过监测来证明其是否符合 GMP 的相关要求，监测项目一般包括悬浮粒子、微生物、风速、气流组织、压差、温湿度等。

（三）仓储区

GMP 中"厂房与设施"第五十七条至第六十二条对仓储区的设计、施工、使用和维护等方面给出了指导性要求，其要点包含但不限于以下三个方面：

1. 应根据物料或产品的贮存条件、物料特性及管理类型设立相应的库房或区域，其面积和空间应与生产规模相适应。

2. 仓储区应能满足物料或产品的储存条件（如温湿度、光照），其条件应经过确认与验证，并进行检查和监控，应当采用连续监控措施。

3. 物料和产品的存放应做到"有序存放"，防止混淆的发生。

（四）质量控制区

GMP 中"厂房与设施"第六十三条至第六十七条对质量控制区的设计、施工、使用和维护等方面给出了指导性要求，其要点包含但不限于以下六个方面。

1. 实验室的设施是开展质量控制检测的必要条件，应确保实验室的安全运行，并符合 GMP 管理规范。

2. 无菌检验室、微生物限度检验室、抗生素效价测定室、阳性菌实验室应彼此分开设置。

3. 仪器实验室的布局应与内部设施和仪器相适应，空间应满足仪器摆放和实验空间的需求，仪器分析实验室布置原则为干湿分开便于防潮，冷热分开便于节能，恒温集中便于管理，天平集中便于称量取样。

4. 设置合理的仪器工作环境，特别是对环境温湿度敏感的精密仪器（如红外光谱仪、原子吸收光谱仪、电子天平等）的摆放和运行环境应避免受到外界干扰，或者放置在设有相应控制措施的专门仪器室内。

5. 需要使用高纯度气体的仪器，应独立设置特殊气体存储间，并符合相关安全环保规定。

6. 实验室还应设置专门的区域或房间用于清洗玻璃器皿，取样器具，以及其他用于样品测试的器具。

（五）辅助区

GMP 中"厂房与设施"第六十八条至第七十条对辅助区的设计、施工、使用和维护等方面给出了指导性要求，其要点包含但不限于以下两个方面。

1. 辅助区域的设置有利于工艺操作的实施和满足员工个人的要求，常见的辅助区域有产品和物料的检测设备空间、维修间、缓冲间、员工休息室等。

2. 维修用备件与工具应存放在专门的房间或工具柜中，且避免与模具存放在同一房间，从而减少交叉污染的风险。

第三节 厂房设施设备系统的管理与验证

一、厂房设施设备系统的设计确认

（一）设计确认的目的意义

设计确认（design qualification，DQ）是指以文件记录形式证明厂房设施、公用系统、设备设计符合其预定用途和 GMP 规范的要求。

设计确认主要是针对设备/系统选型和设计的技术参数和技术规格对生产工艺适用性和 GMP 规范适用性的审查，通过对照供应商提供的设计图纸、技术文件、使用说明书和供应商对用户需求说明回应，考察设备/系统是否适合产品的生产工艺、清洁消毒、维修保养等方面要求。

新的或改造的厂房、设施、设备确认的第一步是设计确认，设计确认是整个确认活动的起点，经过批准的设计确认报告是后续安装确认、运行确认、性能确认活动的基础。

质量源于良好的设计，良好的设计确认能有效避免设备/系统设计缺陷，降低设备/系统对产品质量产生的风险，是用户需求得到有效实施的保证。

（二）设计确认的法规依据

1. 中国 GMP（2010 年修订版）明确指出应当建立确认与验证的文件和记录，并能以文件和记录证明达到以下预定的目标：设计确认应当证明厂房、设施、设备的设计符合预定用途和本规范的要求。设计确认应当证明设计符合用户需求，并有相应的文件，为确认设施、系统和设备的设计方案符合期望目标所做的各种查证及文件记录。

2. 欧盟 GMP 附录 15 "确认与验证" 明确指出设备、设施、公用系统确认的下一阶段的工作是 DQ，在这阶段中证明设计符合 GMP，并进行记录。在设计确认过程中，应当核实用户需求说明的要求。

3. WHO GMP（2018 年征求意见稿）验证附录 6 "确认指南" 明确指出 DQ 应证实所设计的系统符合 URS 中定义的预期用途。

（三）设计确认的内容

1. 设计确认的准备工作 是指确认用户需求说明（user requirement specification，URS）是现行版本，且已经得到批准并得到供应商的回应；确认供应商提供的设备/系统的设计技术文件是现行版本，且已经得到批准。

2. 设计确认内容 应包含描述设备/系统设计确认的目的、范围、职责、描述、参考标准/指南、术语和具体内容。其中，用于描述设备/系统设计确认的具体内容，针对不同的设备/系统而有所不同，但通常包括以下内容：

（1）文件确认 确认设备/系统设计确认需要的 URS 和设计技术文件及图纸确认。检查××设备/系统 URS 和供应商提供的设计技术文件、图纸齐全且是经过批准的现行版本，并为后续的确认提供帮助。

（2）培训确认 确认设备/系统设计确认所有参与人员经过培训。

（3）部件确认　确认设备/系统关键部位选型符合 URS 和 GMP 规范要求。

（4）材质确认　确认设备/系统的材质特别是与物料直接接触的部件材质符合 URS 和 GMP 规范要求，该部分也可以与第三项部件确认合并进行。

（5）设计/运行参数确认　确认设备/系统设计/运行参数（在线清洗或灭菌可以在该部分体现，也可以单独体现）符合 URS 和 GMP 规范要求。

（6）安装要求确认　确认设备/系统（特别是厂房、空调系统、水系统等）的安装过程和安装质量符合 URS 和 GMP 规范要求。

（7）安全确认　确认设备/系统安全设计符合 URS 和 GMP 规范要求。

（8）公用工程确认　确认设备/系统需要的公用工程（压缩空气、氮气、水、电、真空系统等）能符合 URS 和 GMP 规范要求。

（9）控制系统确认　确认设备/系统的控制系统设计符合 URS 和 GMP 规范要求。

3. 设计确认过程注意事项

（1）设计确认过程记录、数据应满足数据可靠性要求，并及时整理、汇总和分析。

（2）发生的偏差和变更应按偏差控制和变更管理要求进行处理。

（3）对比 URS 和供应商技术文件建议采用表格的方式，逐条对比并及时记录对比结果。

（4）通过对比过程将设备/系统对产品质量造成的风险在设计阶段予以降低或避免，审核或批准最终设计文件。

二、厂房设施设备系统的安装确认

（一）安装确认的目的意义

安装确认（installation qualification，IQ）是指通过文件记录的形式证明所安装或改造后的设施、系统和设备符合已批准的设计及制造商建议和（或）用户需求（URS），应对新的或改造之后的厂房、设施、设备等进行安装确认。

安装确认是设备/系统安装后进行的各种系统检查及技术资料的文件化工作，是对供应商提供的技术资料（使用说明书、安装手册、设备图纸、产品合格证等）的核查，对设备、备品备件的检查验收以及设备的安装检查，以确认其是否符合 GMP、厂商的标准及企业特定技术要求的一系列活动，是根据用户需求和设计确认中的技术要求对厂房、设施、设备进行验收并记录。

（二）安装确认的法规依据

1. 中国 GMP（2010 年修订版）　第一百四十条规定安装确认至少包括以下内容：根据最新的工程图纸和技术要求，检查设备、管道、公用设施和仪器的安装是否符合设计标准；收集及整理（归档）由供应商提供的操作指南、维护保养手册；相应的仪器仪表应进行必要的校准。

2. 欧盟 GMP　附录 15 "确认与验证" 规定设备、设施、公用系统或系统都须要进行 IQ 确认。IQ 包括但不仅限于以下内容：确认组件、仪器仪表、设备、管道工程和服务设施按照设计图纸和规格说明正确安装；确认按照预定标准正确安装；收集并核对供应商的操作手册和维修要求；仪表校准；材质的确认。

3. WHO GMP（2018 年征求意见稿）　验证附录 6 "确认指南" 规定设施和设备应在合适的位置安装正确。安装应有文件证实。应符合 IQ 方案，包括所有相关细节。IQ 应包括相关部件的鉴定、核实和安装，如服务器、控制器和计量。仪器、控制和显示设备的校准应在现场进行。

校准应可追溯至国家或国际标准。应有可追溯的证书。方案的执行应在报告中记录。报告应包括，如标题、目的、位置、供应商和生产商的详细信息、系统或设备的名字以及唯一编号、型号和序列号、安装日期、所执行的测试、部件及其标识号或代码以及构成材料、测试的实际结果和测试、检验遵循的相关规程和证书（如适用）。偏差和不符合情况应被记录、调查和纠正或论证，包括不符合 URS、DQ 和既定接收标准的情形。通常在运行确认开始前，应在报告的结论中记录 IQ 的结果。校准、维护和清洁的要求和规程通常在 IQ 或 OQ 期间完成。

（三）安装确认的内容

1. 安装确认的准备工作

（1）确认设备/系统设计确认报告已完成并经批准，没有未关闭的偏差或存在的偏差不影响安装确认。

（2）确认现场安装调试报告（SAT）已完成并经批准，没有未关闭的偏差或存在的偏差不影响安装确认。

（3）检查安装确认需要的设备/系统的使用说明书、图纸、备品备件清单、与药品直接接触部件材质证明和粗糙度证明、仪器/仪表一览表等文件是否齐全。

2. 安装确认工作内容 应包括描述设备/系统安装确认的目的、范围、职责、设备/系统描述、参考标准/指南、术语和安装确认的具体内容。其中设备/系统不同，其内容有所不同，通常至少包含以下内容：

（1）先决条件确认 确认设备/系统安装确认需要的设计确认和现场安装调试验收测试报告已完成并经批准，且没有未关闭的偏差或存在的偏差不影响安装确认，并为后续的确认提供帮助。

（2）人员及人员培训确认 确认所有参与执行 IQ 方案的人员并有执行人签名，确认设备/系统安装确认所有参与人员经过培训。

（3）文件确认 确认检查、安装、维修设备/系统所需文件的完整性、可读性；核查并记录这些文件和资料的文件名称、编号、版本号以及存放位置（含图纸，如洁净区工艺平面布局图等还需要有专门的"竣工"标识）。

（4）部件确认 检查和记录设备/系统部件的名称、规格、型号、技术参数、制造商等信息，应与供应商提供的部件清单和设计标准一致。

（5）材质和表面粗糙度确认 检查和复印供应商提供的设备/系统材质证明和表面粗糙度证明，并核查是否与供应商提供的部件材质描述和设计标准一致。

（6）仪器/仪表校准确认 检查和记录仪器/仪表的名称、规格型号、编号、用途、安装位置、校准证书（并附上校准证书复印件）等，并核查所有仪器/仪表是否经过校准并在有效期内。

（7）安装情况确认 对照设备/系统的图纸和供应商提供的安装手册，检查设备/系统的机械、电气安装等是否与供应商提供的安装手册和设计标准一致。此外，如水系统管路涉及焊接还应进行焊接情况检查确认等。

（8）公用系统安装连接确认 检查公用系统与设备连接情况，并确认公用系统的技术参数能满足设备/系统的使用要求。

（9）软件安装确认 涉及计算机化系统的设备/系统还应对软件安装情况进行检查确认，检查并记录设备/系统软件名称、版本号并按照供应商提供的安装手册安装成功且与设计标准一致。

（10）控制系统确认及其他确认 检查设备/系统的控制系统安装与设计标准一致。此外根据设备/系统情况可能还会进行一些其他项目确认，如润滑剂确认、排水能力确认、管道压力测试等确认。

3. 安装确认过程注意事项

（1）安装确认过程记录、数据应满足可靠性要求，并及时进行整理、汇总和分析。

（2）发生的偏差和变更应按偏差控制和变更管理要求进行处理。

（3）若安装调试验收与安装确认同步进行时，调试验收过程按照安装确认要求进行的测试或检查记录可以以附件形式作为安装确认记录，不需要重复测试，但是必须保证调试验收的文件记录符合 GMP 要求并有质量管理部的参与。

（4）安装确认可以请第三方或供应商参与，但参与者必须具有相应资质并经过培训，且药企自己必须参与并对方案和报告进行审核、批准。

三、厂房设施设备系统的运行确认

（一）运行确认的目的意义

运行确认（operation qualification，OQ）是指为确认已安装或改造后的设施、系统和设备能在预期范围内正常运行而进行的试车、查证及文件记录。

运行确认应在安装确认完成之后进行，其测试项目应根据工艺、系统和设备的相关知识制定，应包括操作参数的上下限度（最高温度和最低温度、最快转速和最慢转速、最快速度和最慢速度等），必要时应选择"最差条件"；此外测试应重复足够的次数以确保结果可靠并且有意义。

运行确认是通过功能测试等方式，证实设备/系统各项运行技术参数（包括运行状况）能满足用户需求说明和设计确认报告的技术标准，证明设备/系统各项技术参数能达到预定用途的一系列活动。运行确认是确认设备/系统有能力在规定的限度和允许范围内稳定可靠运行。

（二）运行确认的法规要求

1. 中国 GMP（2010 年修订版）附录 11 "确认与验证"第五十四条指出，运行确认是指为确认已安装或改造后的设施、系统和设备能在预期的范围内正常运行而做的试车、查证及文件记录。

附录 11 "确认与验证"第十五条明确指出企业应当证明厂房、设施、设备的运行符合设计标准。运行确认至少包括以下方面：根据设施、设备的设计标准制定运行测试项目。试验/测试应在一种或一组运行条件之下进行，包括设备运行的上下限，必要时选择"最差条件"。

附录 11 "确认与验证"第十六条指出运行确认完成后，应当建立必要的操作、清洁、校准和预防性维护保养的操作规程，并对相关人员进行培训。

2. 欧盟 GMP 附录 15 "确认与验证"指出通常 IQ 结束后开始执行 OQ，但根据设备的复杂程度，也可以将二者合并执行。

OQ 包括并不仅限于以下内容：依据工艺、系统和设备相关知识制定测试内容，以证明系统能够按照设计运行。测试需要确认设备运行的上下限和/或最差条件。

OQ 完成后，应当建立标准操作和清洁程序，操作人员培训以及预防维护保养要求。

3. WHO GMP（2018 年征求意见稿）附录 6 "确认指南"指出设施和设备应正确运行，并且其运行应被确认符合 OQ 方案。OQ 通常在 IQ 之后，但是根据设施或设备的复杂性，也可以组合进行安装/运行确认（IOQ）。

OQ 应包括但不限于基于工艺、系统和设备知识而进行的测试，以确保设施或设备按照设计运行，用以确认操作上下限度范围和/或"最差条件"的测试。应对设施和设备的操作人员进行培训，并有培训记录。校准、清洁、维护、培训和相关测试以及结果应被确认可以接受。偏差和不符合情况应被记录、调查和纠正或论证。

运行确认的结果应被记录于 OQ 报告中。通常在 PQ 开始前，OQ 的结果应被记录于报告的结论中。

（三）运行确认的内容

1. 运行确认的准备工作

（1）确认设备/系统安装确认报告已完成并经批准，没有未关闭的偏差或存在的偏差不影响运行确认。

（2）检查运行确认需要的设备/系统的使用说明书、图纸、标准操作规程、仪器/仪表一览表等齐全。

2. 运行确认内容　描述设备/系统运行确认的目的、范围、职责、设备/系统描述、参考标准/指南、术语和运行确认具体内容。其中运行确认的具体内容，针对不同的设备/系统其内容有所不同，通常包含以下内容：

（1）**先决条件确认**　确认设备/系统运行确认需要的安装确认报告已完成并经批准，且没有未关闭的偏差或存在的偏差不影响运行确认，并为后续的确认提供帮助。

（2）**人员确认**　确认所有参与执行 OQ 方案的人员并有执行人签名。

（3）**文件（SOP）确认**　确认设备/系统运行确认所需文件（使用、清洁、维护保养 SOP）的完整性、可读性；记录并核查这些文件和资料的文件名称、编号、版本号以及存放位置。

（4）**培训确认**　确认设备/系统运行确认所有参与人员都经过培训。

（5）**仪器/仪表校准确认**　通过检查和记录仪器/仪表（包括 OQ 测试需要的仪器仪表）的名称、规格型号、编号、用途、安装位置、校准证书（并附上校准证书复印件）等，核查所有仪器/仪表是否经过校准并检查是否在有效期内。

（6）**功能测试**　根据设备使用说明书及 SOP 对设备的基本功能（特别是可能影响产品质量的关键参数，包括功能的上下限度，此外还包括设备 SIP、CIP）、系统控制功能（报警、自动控制、手动操作）、安全方面的功能（如设备的急停开关功能、安全连锁功能）进行测试，从而确认设备运行状况与预定要求和设计标准一致。

（7）**断电再恢复确认**　确认设备/系统正常运行时若出现断电将停止运行，断电再恢复电力后设备/系统不能自动运行并处于待机状态，断电前设定的参数或获得的电子记录应保存完整无丢失。

（8）**权限确认**　涉及计算机化系统的设备/系统应考虑进行此项确认，确认只有输入正确的账号、密码才能进入 HMI（人机操作界面）相应的页面，只有输入正确的密码才能进入 HMI 操作，密码错误则不能访问系统，根据需要通常分为三级权限管理等。

（9）**操作规程适用性确认**　确认起草的操作、维护保养与清洁规程能满足日常使用，并根据确认结果对规程进行完善定稿。

（10）**其他确认**　此外，根据设备/系统情况可能还会进行一些其他项目确认，如喷淋球覆盖能力测试确认、审计追踪功能确认、数据存储备份恢复确认、输入/输出确认等。

3. 运行确认过程注意事项

（1）运行确认过程的记录、数据应满足数据可靠性要求，并及时进行整理、汇总和分析。

（2）发生的偏差和变更应按偏差控制和变更管理要求进行处理。

（3）若安装调试验收与运行确认同步进行时，调试验收过程按照安装确认要求进行的测试或检查记录可以以附件形式作为运行确认记录，不需要重复测试，但是必须保证调试验收的文件记录符合 GMP 要求并有质量管理部门的参与。

（4）运行确认可以请第三方或供应商参与，但参与者必须具有相应资质并经过培训，且药企自己必须参与并对方案和报告进行审核、批准。

（5）运行确认完成后应将设备/系统纳入企业预防性维护计划、校准计划。

四、厂房设施设备系统的性能确认

（一）性能确认的目的和意义

性能确认（performance qualification，PQ）是指为确认已安装连接的设施、系统和设备能够根据批准的生产方法和产品的技术要求有效稳定（重现性好）运行所做的试车、查证及文件记录。

性能确认通常应在安装确认和运行确认完成之后执行。性能确认不仅可以作为一个单独的活动进行，在有些情况下也可以考虑将性能确认与运行确认结合在一起进行。

性能确认（PQ）是为了证明设备/系统是否能达到设计标准和 GMP 规范要求而进行的系统性检查和试验。就公用系统或辅助系统而言，性能确认是公用系统或者辅助系统确认的终点，如空调系统（HVAC）、纯化水系统、压缩空气系统等。对于生产设备而言，性能确认系指使用与实际生产相同的物料或产品（也可以使用具有代表性的模拟物料或产品），通过系统联动试车的方法，考察工艺设备运行的可靠性、关键运行参数的稳定性和运行结果的重现性等一系列活动。当最终性能确认报告批准后，设备/系统可用于正常生产操作或工艺验证。

（二）性能确认的法规依据

1. 中国 GMP（2010 年修订版）第一百四十条明确指出应当建立确认与验证的文件和记录，并能以文件和记录证明达到以下预定的目标：性能确认应当证明厂房、设施、设备在正常操作方法和工艺条件下能够持续符合标准。

2. 欧盟 GMP 附录 15 "确认与验证" 指出 PQ 通常应该在 IQ 和 OQ 圆满完成后执行。但是在某些情况下也可以被融合在 OQ 或者工艺验证中实现。

PQ 包括并不仅限于以下内容：测试所用生产物料、合格的替代物或者模拟产品应被证明在正常操作条件和最差批次下具有等效特性。测试应该涵盖预期工艺操作范围，除非有来自研发阶段的书面证据证明有现成的操作范围。

3. WHO GMP（2018 年征求意见稿）验证附录 6 "确认指南" 指出 PQ 一般在 IQ 和 OQ 成功完成后进行。某些情况下，PQ 和 OQ 或工艺联合进行，也是合适的。

PQ 应包括但不限于如下内容：测试时，在最差条件下，按照批次使用经证实与正常操作条件下具有同等性质的生产物料、替代品或模拟产品；测试应覆盖运行范围。设施和设备性能应一贯地符合其设计标准和 URS。其性能确认应按照 PQ 方案进行。

PQ 应有记录（如 PQ 报告）表明其在规定时间内性能符合要求。生产商应论证 PQ 完成的时间。

（三）性能确认的内容

1. 性能确认的准备工作

（1）保证设备/系统安装确认和运行确认报告已完成并经批准，没有未关闭的偏差或存在的偏差不影响性能确认。

（2）检查性能确认需要的设备/系统的相关 SOP 已批准并齐全。

（3）检查性能确认需要的相关检验方法已完成方法学验证。

（4）检查性能确认需要的仪器/仪表已经校准并在有效期内。

2. 具体内容　描述性能确认的目的、范围、职责、设备与系统的介绍、参考标准或指南、术语和性能确认的分项具体内容。其中性能确认的具体内容，针对不同的设备/系统其内容有所不同，但通常包含以下内容：

（1）**先决条件确认**　确认设备/系统性能确认需要的安装确认和运行确认报告已完成并经批准，且没有未关闭的偏差或存在的偏差不影响性能确认，并能为后续的确认提供帮助。

（2）**人员确认**　确认所有参与执行 PQ 方案的人员并有执行人签名。

（3）**文件（SOP）确认**　于确认设备/系统性能确认所需文件的完整性、可读性；记录并核查这些文件和资料的文件名称、编号、版本号以及存放位置。

（4）**培训确认**　确认设备/系统性能确认所有参与人员均经过培训。

（5）**仪器/仪表校准确认**　检查和记录 PQ 涉及的仪器/仪表的名称、规格型号、编号、用途、安装位置、校准证书（并附上校准证书复印件）等，并核查所有仪器/仪表已经过校准并在有效期内。

（6）**性能测试**　根据设备/系统的具体性能，通过采用与实际生产相同的物料或产品（也可以用模拟物料或产品）测试设备/系统负载条件下能否持续稳定可靠运行并且产出符合设计标准的产品（如空调系统提供的洁净空气、纯化水系统制备的纯化水、设备生产出的产品等）。例如，粉碎机的粉碎粒度分布和一次粉碎合格率，胶囊填充机的装量差异，压片机的片子重量差异，混合机的颗粒或粉末含量均一性等。此外还应对设备/系统的质量保证和安全保护功能的可靠性以及一些合理的"挑战"进行测试，如剔废功能、无瓶止灌、超载报警、生物指示剂测试等。

3. 性能确认过程注意事项

（1）性能确认过程的记录、数据应满足数据可靠性要求，并及时进行整理、汇总和分析。

（2）发生的偏差和变更应按偏差控制和变更管理要求进行处理。

（3）性能确认可以请第三方或供应商提供帮助，但参与者必须具有相应资质并经过培训，且药企自己必须参与并对方案和报告进行审核、批准。

第四节 中药制药设备的发展

一、中药制药设备发展历史

（一）中药制药设备产业成长的时间轴

根据《国民经济行业分类》（2021 年），制药装备产业（又称制药专用设备制造业）是指化学原料药、药剂、中药饮片和中成药专用生产设备制造的行业。20 世纪 60 年代，随着全球药品市场扩大和制药工艺发展，欧美等地区制药设备产业迅速发展，形成以国外大型企业为主导的寡头垄断局面。自中华人民共和国成立至 1978 年，我国制药设备企业只有 27 家，均为实力单薄的小企业，仅能生产 39 个品种 98 种规格的产品，技术水平极其低下。自 1985 年起，一些军工单位及其他行业/企事业、地方企业及科研单位相继进入制药设备行业，为我国制药设备行业增添了新生力量，到"七五"后期制药设备企业增加到 180 家，可生产原料药机械与设备、制剂机械、饮片机械、制药用水设备、药用粉碎机械、药品包装机械、药物检测设备及其他制药机械与设备共八大类 635 个品种的产品，其中高速压片机、碟片离心机等第一批产品已达到了当时国际同类产品水平。20 世纪 90 年代，国内企业迎来发展的良好时机，形成以楚天科技、新华医疗等为代表的龙头企业，并逐步打破全球行业巨头垄断的产业局面。目前，我国已有 880 家制药设备企业，生产的制药设备产品达 3000 余种，成为全球制药设备生产大国。

（二）政策规划促使中药制药设备的发展

近年来我国高度重视中药制药装备产业发展，先后制定发布了多项政策规划以推动鼓励中药制药装备产业发展。2016 年《医药工业发展规划指南》明确提出引导企业重组整合，构建分工协作、绿色低碳、智能高效的先进制造体系，提高产品集中度和生产集约化水平。2019 年《中医药发展战略规划纲要（2016—2030 年）》鼓励中国的制造业从低端向高端转型，加大中药制药过程的关键技术开发和推广，提升装备制造水平，打造一批从原料药材到药品的中药标准化示范产业链。2010 年版 GMP 参考了欧盟 GMP 基本要求和世界卫生组织（WHO）的相关要求，提高了市场准入门槛，增加了质量风险管理、供应商的审计和批准、变更控制、偏差处理等章节，强化国内企业对相关环节的控制和管理，对制药设备的设计、制造、安装、验证和质量控制等方面进行了规范，以最大限度地避免药品质量风险的产生。虽然 2010 年版 GMP 标准给制药企业的改造和升级带来了很大的压力，但另一方面也给我国的制药装备行业的发展带来了新的契机和发展空间，不仅制药装备的制造厂家、产品的品种规格增加，更重要的是产品技术、质量水平等方面都登上了一个新台阶，有力促进了制药装备行业的发展，部分产品已达到国际同类产品先进水平，这不仅能基本满足我国制药、保健品、食品等行业的需求，而且还出口到北美、欧洲、东南亚、南亚、中东、非洲等地区。

二、中药制药设备发展趋势

（一）集成化与模块化

集成化是指将制药过程的几个单元工序进行集成，并尽可能在一个设备中完成。

模块化是指为了实现对系统的整体控制并让装备满足客户的某种特定功能，通过模块组合，将具有特定功能的管路、设备和有传送等功能的小型装置连接起来，人机界面操作更趋向于人性化，易操作和维护。

中药制药过程不仅包括与化学药品相同的制剂生产工艺，还包括复杂的中药材前处理工序，如药材的水洗、切制、干燥、粉碎、灭菌、提取、浓缩及干燥等，这也是中药制药设备区别于化学药制药设备的特点之一，决定了中药制药设备的复杂性和特殊性，同时也造成了传统中药制药设备之间相互脱节，工艺之间的连续性较差。中药制药设备的集成化与模块化能够克服工序衔接带来的污染，减少人员操作带来的繁杂，更有利于对制药过程的质量控制。

（二）自动化与智能化

自动化是指机器设备、系统或过程（生产与管理过程）在没有人或较少人的直接参与下，按照人的要求，经过自动检测、信息处理、分析判断、操纵控制，实现预期目标的过程。

智能化是指事物在网络、大数据、物联网和人工智能等技术的支持下，所具有的能动地满足人的各种需求的属性。

自动化和智能化发展可以降低劳动强度和人工操作比例，同时减少制药过程的污染及人工操作带来的误差，切实提高生产效率、节约成本。良好的智能控制及远程监测控制是目前制药装备未来发展的重要方向。在线监控与控制功能主要指设备具有分析和处理系统，能自主完成几个步骤或工序，这也是设备连线、联动操作和控制的前提。先进的制药设备在设计时，就应考虑设备的随机控制、即时分析、数据显示、记忆打印、程序控制、自动报警、远程控制等功能。

（三）高效化与低碳化

高效化是指药品生产的效率高，单位时间内生产的产品多。高速设备可以提高人均产值和降低生产成本，增强竞争优势，实现规模效应。

低碳化是指在可持续发展理念指导下，通过技术创新等方式，尽可能地减少高碳能源消耗，减少温室气体排放，达到经济社会发展与生态环境保护双赢的一种模式。主要包括节能减排、绿色制造和循环利用。

采用快速、高效的中药前处理技术和设备是实现制药行业高效和低碳化的重要途径。如前处理过程中的提取技术，包括多级逆流提取法、微波提取法、超声提取法、超临界提取法等，浓缩技术如减压浓缩、多效升降膜低温浓缩等，干燥技术如微波干燥、低温振动干燥等，灭菌技术如微波瞬时灭菌等。实现自动化连续生产，能够大大降低能量的损耗，节省大量的溶剂、热能和电能，提高能量的利用率和生产效率。

第二章
中药材处理设备与车间布局

扫一扫，查阅本章数字资源，含PPT、音视频、图片等

中药材处理是指在中药现代化生产中，按照药材本身的性质，结合其实际的生产需要，对药材进行净选、切制，必要时还需对其进行炮制的工艺过程。药材的前处理加工具有以下作用：消除或降低药物的毒性和副作用；改变药物性能，增强药物疗效；便于调剂、制剂、煎服和储存；去除杂质和非药用部分；矫味、矫臭，引药归经或改变药物作用趋向等。

中药材大致可分为植物药、动物药和矿物药三大类，其中植物药和动物药通常会掺杂各种杂质，包括杂草、泥沙、粪便及皮壳等，而矿物药多是夹杂有泥沙等。对不同类型的药材，采用的处理方法也有所不同，主要有非药用部位的去除、杂质的去除以及药材的切片等。随着我国中药现代化工作的开展，中药制药行业对中药材处理进行了机械化、工业化的改进，目前所采用的前处理设备主要有净选、洗药、润药、切制、炒药、蒸制等机械化设备。这些设备的使用，极大提高了中药材的生产效率，改变了以往采用人工处理药材费时费力的境况。中药饮片品种繁多，不同于完全工业化的制剂生产，因此应尊重中药饮片生产传统工艺的特殊性，设计出符合 GMP 要求的中药前处理车间。

第一节　净制设备

净制是指中药材在切制、炮制或调配、制剂前，按照生产需要，挑选特定的药用部分，去除非药用部位、杂质及霉变品、虫蛀品等，使中药材达到药用要求的工艺过程。由于中药材本身常会夹杂有非药用部位和灰、泥、石等杂质，这对药材的质量、疗效和用药安全造成了极大的影响，因此净制过程主要是解决药材纯净度问题，以利于后续的切制和炮制，从而确保用药安全有效。中药材种类繁多，净制方法和工艺条件各不相同。目前，部分中药材的净选生产仍是采用人工挑选的方法，除此之外也有按照药材与杂质物理性质如密度、粒径、溶解性等方面的差异，选择筛选、风选和磁选等机械设备去除杂质。

一、挑选设备

当中药材中需要去除的杂物是夹杂或缠绕在药材中、非药用部分或者须要对药材进行分类挑选等情况时，很难用一般的机械设备除去，因此，目前挑选工作主要通过人工操作完成。

常见的人工挑选工作台多为台面 1m×2m 的不锈钢工作台，如图 2-1 所示。根据台面的不同分为平面、凹面、带落料孔三种形式，凹面的工作台用于防止药材洒落地面，带落料孔工作台可及时收集被分拣的物料。

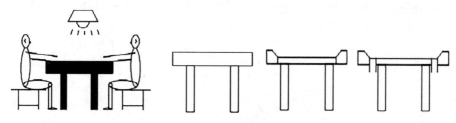

图 2-1　人工挑选工作台

人工挑选工作台上配以药材输送器、送料器及输送带等设备即可组成机械挑选机组。中药材通过药材输送机自动上料到工作台面，再经过送料器将待挑选的药材均匀分散在正向输送带上，挑选工人坐于工作台两侧，把挑选出的杂物放在反向输送带上，挑选好的药材从出料口装入料框，杂物则随着反向输送带进入杂物收集箱。根据待挑选药材的难易程度，可调节上料机的上料速度和挑选输送带速度。图 2-2 是机械挑选机的工作原理图。

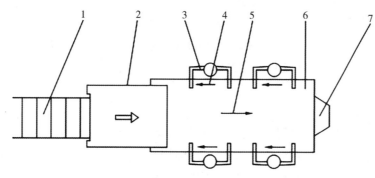

图 2-2　机械化挑选机

1. 进料装置；2. 送料器；3. 拣药人员；4. 反向输送带；5. 物料方向；
6. 正向输送带；7. 出料口

二、筛选设备

筛选是利用物料与杂质粒径差异的特点，将待分离的物料分散在筛网上，通过筛网的往复振动或平面回转运动，使得物料与筛网之间产生相对运动，体积较小的物料通过筛网孔落到筛网面下，体积较大的物料则留在筛面上，从而达到分离物料的目的。筛选主要有以下用途：一是对中药材进行分级，二是去除药材中含有的泥沙、碎屑等杂物，三是分离出较大的中药饮片进行二次加工，四是分离经过炒制的饮片中夹杂的固体辅料、药屑等。筛选设备的筛选效果主要体现在筛选速度与筛选率这两个指标上。通常，物料与筛网的相对位移越大则筛选率越高；在一定限度内，速度越高则筛选越快，但当速度达到某一极限时，筛选率反而会下降，因此需根据待筛选物料的实际情况选择合适的筛选速度。常见的筛选设备有往复振动式筛选机和平面回转式筛选机两种：一般体形较小饮片的筛选适用于往复振动式筛选机；平面回转式筛选机由于其运行频率相对较低而运行幅度较大，适合体形大、与筛网面摩擦系数大的药材或饮片的筛选，如原药材筛选、切制过程中的分级筛选。

往复振动式筛选机如图 2-3 所示，主要由筛网、电机、支撑弹簧、机架等构件组成。工作时，电机带动曲柄连杆装置使得筛网在支撑弹簧的垂直方向来回振动，物料在筛网的震动下，体积较小的物料经筛网孔落于底板上，体积较大的物料则留在筛网面上，可根据待分离的药材大小不同选择不同孔径的筛网，从而达到筛选分级或除去杂物的目的。振动筛在工作的过程中会产生粉尘，影响工作环境，因此在进行车间设计时，应充分考虑减少扬尘，以免对车间环境造成污染。

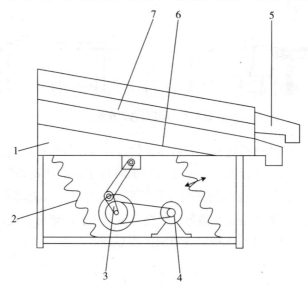

图 2-3　往复振动式筛选机

1. 筛床；2. 弹簧；3. 连杆机构；4. 电机；5. 出料口；6. 底板；7. 筛网

三、风选设备

风选净化药材是根据物料之间存在质量或体形（如形状和尺寸大小）的差别，通过一定风力的作用产生不同的位移使得物料分离，达到净化药材的工艺过程。中药材与杂物在体形、质量上存在的差异越大，其在风力的作用下所产生的位移差别也就越大，则中药材与杂物也就越好分离。因此，风选效果的好坏往往和药材与杂物之间的差异性大小密切相关。风选分离设备往往采用水平气流风选和垂直气流风选两种方式，水平气流风选常用于药材的净制与分级，垂直气流风选则用于饮片包装前的净制，垂直气流风选的净制效果通常优于水平气流风选。

常用的风选机械是变频式风选机，有卧式及立式两种机型。变频卧式风选机如图 2-4 所示，由风选机和物料上料机组成。工作时，风机产生的气流经风管匀速进入风选箱，物料经振动送料器均匀地落在风管上，随气流带入风选箱。通过物料流量的调整，控制风量与风速，可以满足特性不同的物料风选的需要，实现连续自动化操作。

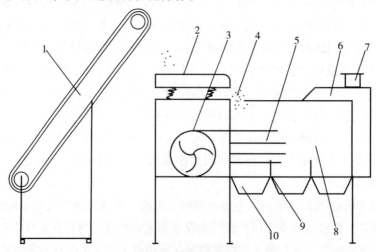

图 2-4　变频卧式风选机

1. 上料机；2. 混料器；3. 风机；4. 物料；5. 空气流；6. 吸风罩；7. 吸风口；8. 风选箱；9. 挡板；10. 出料口

变频立式风选机如图 2-5 所示，由风选机和物料上料机组成。工作时，风机产生的气流通过立式风管底部自下而上匀速进入风选箱，物料经振动送料器送入立式风管中间开口位置，密度较大的物料从立式风管底部的下出料口排出，密度较小的物料随着风机送来的上升气流进入风选箱后，经分级后从风选箱下侧的上出料口排出。

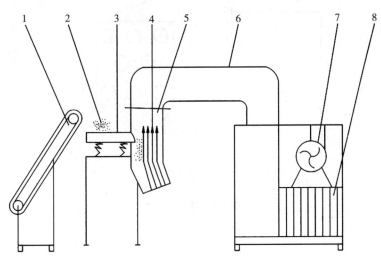

图 2-5　变频立式风选机

1. 上料机；2. 物料；3. 混料器；4. 空气流；5. 风选箱；6. 风管；7. 风机；8. 除尘器

将待选的药材通过多次风选，或者将卧式与立式风选机联合使用，可有效提高风选的效果。相较于其他分离机械，风选机械可以有效除去药屑、灰尘等杂质，且对车间环境产生的影响较小。

四、磁选设备

磁选是利用中药材本身不存在原磁体，不会被磁性材料吸引的原理，通过磁性材料的吸附作用将中药材与磁性杂质分离的方法。磁选的目的主要是为了除去药材或饮片中的铁屑、铁丝及部分含有原磁体的砂石等杂物，砂石中的原磁体含量较低，因此需要用强磁性的材料才能除去。

常用的磁选机械有带式和棒式两种类型，结构如图 2-6、图 2-7 所示。磁选机主要由送料和磁选两部分组成。工作时，待净制的药材经送料部分传送到传送带上，药材中带有磁性的杂物在强磁性辊轴的作用下被吸附于传送带上，而药材则在传送带的末端落入料框中，从而实现药材与杂物的分离。

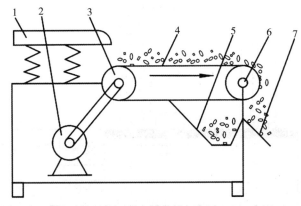

图 2-6　带式磁选机

1. 匀料器；2. 电机；3. 主动辊轴；4. 输送带；5. 杂物出料口；6. 强磁性辊轴；7. 出料口

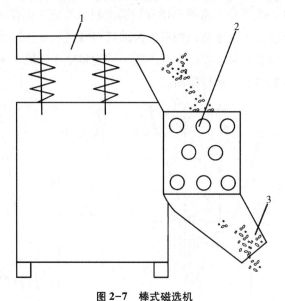

图 2-7　棒式磁选机

1. 匀料器；2. 磁棒；3. 出料口

第二节　洗药设备

　　经过净选的药材，除了部分药材能够直接进行下一步的操作工序，大多数药材还需要经过进一步的清洗处理，才能进入到下一工序中。在中药制药生产过程中，药材的清洗，可以有效去除药材表面黏附的泥沙、杂质等，有时还具有润湿药材的作用，以便于后续的加工处理。

一、洗药池

　　洗药池的结构如图 2-8 所示，洗药池由水泥混凝土制作而成，内衬为不锈钢板，工作时将药材放入池中，加水，通过人工翻搅药材，洗净捞出后，通过洗药池底部的排水口将污水排出。水池一般适合于形状复杂、形态细长等药材的清洗，其生产效率低、劳动强度大、清洗时间长、药材含水率高。

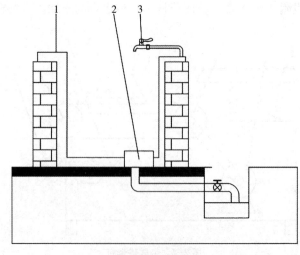

图 2-8　洗药池

1. 水槽；2. 放水口（加滤网）；3. 进水口

二、转筒式循环水洗药机

转筒式循环水洗药机的结构如图2-9所示，其主要是由壁面带有筛孔的鼓式转筒、水箱、电机、喷淋管等构件组成。工作时，将药材放入转筒内，启动电机，转筒在电机驱动下旋转。转筒上部有喷淋管，转筒下部装有一个水箱，转筒部分浸入水箱，起到浸泡药材的作用，水箱中的水经过滤并用水泵增压后，通过喷淋水管喷向转筒内的药材。转筒转动时与水箱中的水产生相对运动，再通过喷淋水的冲刷等作用，使附着在药材表面的泥沙等杂物脱落在水中，随水排出，达到清洗药材的目的。转筒式循环水洗药机一般适合于形状规则、形态短小、不易缠绕等药材的清洗，其生产效率高、清洗均匀、物料被筒体内螺旋板推进，受高压水流喷淋冲洗，污水进入水箱经沉淀、过滤后可重复使用。

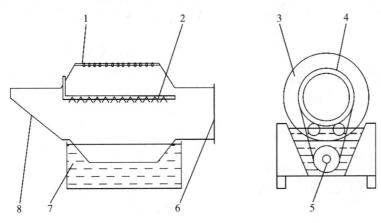

图 2-9　转筒式循环水洗药机

1. 转筒；2. 喷淋管；3. 洗药筒；4. 传送带；5. 电机；6. 出料口；7. 水箱；8. 进料口

第三节　润药设备

在中药材切制前，需先软化处理，以便于切制，保证饮片质量。中药材的润、切工艺对于饮片的质量具有十分重要的意义，有"七分润工，三分切工"之说。

中药材传统的软化主要有蒸煮等方法，利用蒸笼等实现药材的软化以达到切制的要求。目前，中药饮片厂也引入了一些机械化的润药设备如真空气相置换式润药机、减压冷浸软化机等，工业化的操作可大幅度提高生产效率，降低药材有效成分的损耗，省时省力。

一、真空加温润药机

常用的真空加温润药机按照其外形可分为卧式和立式两种。如图2-10所示，卧式真空加温（加压）润药机是由一个铁筒制成，一边密封，另一边加密封盖，横向放在固定架上，铁筒内在底部装有一层带有滚轴的钢板，钢板上开孔，开孔主要用于排水和通入水蒸气，在筒底部接入蒸汽管道，上部安装真空管。工作时，将待软化的药材装入带孔的料框内，放于小车上，推入润药箱圆柱筒体内，关闭密封门，抽真空至工作压力后，加水浸润一定时间，待达到浸润要求后放水、取出药材。该设备相较于人工水池洗润更加快捷方便。为了进一步提高润药的工作效率，还可以进行加压、加温润药。需要注意的是该设备采用的水环式真空泵的极限真空度有限，最大为-0.07MPa，所以该设备不适用于需要气相置换法软化的药材。

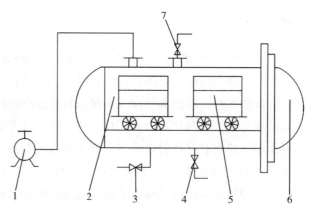

图 2-10 卧式真空加温（加压）润药机

1. 真空泵；2. 润药箱；3. 进水口；4. 排水口；5. 装料推车；6. 密封门；7. 蒸汽口

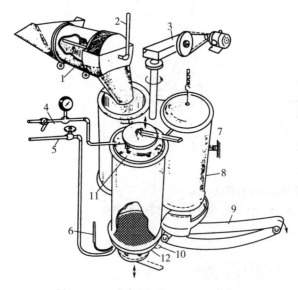

图 2-11 立式真空加温（加压）润药机

1. 洗药机；2. 加水管；3. 减速器；4. 真空管；
5. 蒸汽管；6. 温度计；7. 定位钉；8. 保温筒；
9. 输送带；10. 放水阀；11. 顶盖；12. 底盖

立式真空加温（加压）润药机如图 2-11 所示，它主要由润药筒、转动装置、蒸汽部分等组成。其中润药筒是润软药材的容器，筒口有直孔活板，用于沥水和开合。筒的两端另有上下密封盖，通过液压机构开闭，上盖接真空管，下盖接蒸汽管。一般立式真空加温（加压）润药机有 3~4 只润药筒，以"品"字形或"田"字形等距离排列，通过中心轴的转动，几只筒轮流操作。工作时，将药材经洗药机洗净后投入润药筒内，待水沥干后，关闭上下两端筒盖后，打开真空泵抽真空，达到工作要求后，通入水蒸气，这时筒内真空度逐步下降，调节温度到规定的范围，真空泵即自动关闭，根据药材性质保温一定时间后，即可关闭水蒸气取出药材。

真空加温润药机通常是在低压蒸汽下浸润药材的，具有浸润时间短、药材水溶性成分流失少、吸水迅速均匀、易操作的优点，可与洗药机、切药机联合使用，大大降低了劳动强度，提高了生产效率。

二、真空气相置换式润药机

真空气相置换式润药机的结构如图 2-12 所示，润药机箱体的外形是长方体，它的大小根据实际需要做成 2~6m³，在其前端安装有带铰链的气压密封门，润药箱内装有小车导轨。润药箱的底部装有一根两侧带孔的蒸汽引入管和排水孔，在其箱顶安装蒸汽压力表、减压阀和安全阀门。润药机箱外面则布置有真空泵、压缩空气泵、水蓄冷空气除湿装置、蒸汽管道及各种控制阀门等。

工作时，先将需要软化的药材放在带孔的料框中，再把料框层叠起来放到手推车上，通过运输平板车的导轨送入润药箱后，关闭箱门，并根据不同药材的软化要求，设定好抽真空时间、软化时间及控制器压力等参数，按下启动按钮，润药过程便可自动完成。待润药操作完成后，即打开润药箱的门，将药材取出。

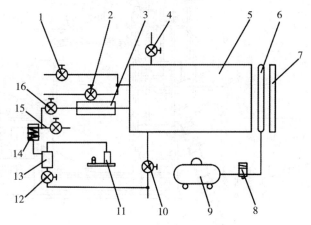

图 2-12　真空气相置换式润药机

1. 蒸汽阀；2. 进水阀；3. 压力控制器；4. 安全阀；5. 箱体；6. 密封带；
7. 箱门；8. 充放气电磁阀；9. 空气压缩泵；10. 排污阀；11. 真空泵；
12. 出水阀；13. 集水箱；14. 冷凝器；15. 放空阀；16. 真空阀

气相置换润药的优点在于润药过程中，通入的水蒸气几乎完全占据药材内部的空隙，药材组织完全浸泡在"水分"中，水分可通过药材内部空隙迅速扩散、转移；且由于水蒸气的密度小于液态水，软化药材中的含水率可通过润药时间来调节，因此气相置换润药具有快速、均匀及可操作性强等特点。

需要注意的是，采用气相置换法来软化药材时，残留的空气会影响药材与水的接触，要想取得较好的润药效果必须保持较高的真空度。当然，不同的药材由于性质不同所需的真空度高低不一，但理论上来说，真空度越高气相置换润药效果越好，一般真空度 $\leq -0.07\text{MPa}$。因此润药机配套的蓄冷式真空气流除水装置的作用就是除去真空气流中的水分，从而确保润药箱内具有较高的真空度。

此外，打入的水蒸气液化后才能被药材吸收，液化过程是水蒸气的一个放热过程，而润药过程是药材的一个吸热过程，药材的吸水量越大则温度越高，所以气相置换法不适用于热敏性药材的软化。在实际生产中还需根据药材的性质，按照要求控制水蒸气用量，以免造成箱内药材升温过高而破坏了药材的药效。

三、减压冷浸软化机

减压冷浸软化机的结构如图 2-13 所示，由罐体、加压、减压和动力部件组成。该设备既可用于减压操作，也可以用于常压和加压操作。工作时，将洗净的药材放入罐体内，关好罐盖。如果是减压浸润药材，先将容器与药材组织间隙内气体抽出接近真空，注水浸没药材一定时间，恢复常压，取出浸润好的药材，以达到软化的目的；若是加压操作，先加水后加压，根据药材的性质，加压保持一定的时间，然后恢复常压，即可完成药材的浸润。

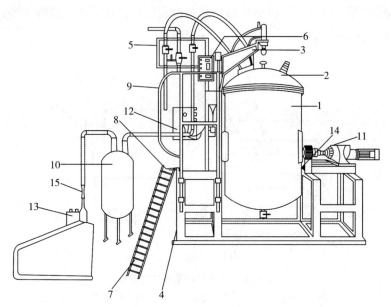

图 2-13　减压冷浸软化机

1. 罐体；2. 罐盖；3. 移位架；4. 机架；5. 管线架；6. 开关箱；7. 梯子；8. 工作台；9. 扶手架；
10. 缓冲罐；11. 减速机；12. 液压动力机；13. 真空泵；14. 罐体定位螺栓；15. 减震胶管

四、回转式浸润罐

回转式浸润罐的结构如图 2-14 所示，该设备由罐体（罐体为夹层结构，通入蒸汽或热水对罐体内药材加热）、真空系统、加压系统、自动控制装置等组成。通过控制生产中的压力、时间及温度等参数，完成对中药材浸润操作。

工作时，将洗净的药材放入罐内，关闭罐盖，抽真空至-0.07MPa，保持一定时间，然后向罐内注水，按一定时间间隔，操作罐体慢速旋转一圈，旋转几圈后，给罐体加压或加温，按照药材的性质，达到一定时间后，即可完成药材的浸润。需要注意的是，在用该设备进行操作时，需先试验浸润药材的水量，确定适当的加水量，以达到润药"少泡多润，药透水尽"的目的。

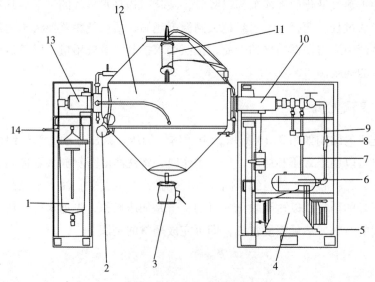

图 2-14　回转式浸润罐

1. 中间罐；2. 测温装置；3. 放液阀；4. 电机；5. 右箱体；6. 缓冲罐；7. 进气管；8. 正压管；
9. 蒸汽管；10. 右半轴；11. 气缸；12. 出气管；13. 左半轴；14. 负压管

第四节　切制设备

将经过净选、软化后的药材切成形状、厚度不一的片状物，称为饮片。饮片的厚薄、长短及大小等会直接影响到饮片疗效或进一步的加工处理，采用合理的切制方法是保证饮片质量的重要途径。中药制药生产中，对药材进行切制的设备称为切药机，常用的切药机主要有往复式、旋转式、旋料式等几种类型。

一、直线往复式切药机

直线往复式切药机的结构如图 2-15 所示，该机由切刀的刀架机构、输送带及同步压送机构、步进送料变速机构及机架传动系统等组成。该机不同于以往的剁刀式及剪切式切割药材原理，采用切刀做上下往复运动，待切制的药材通过特制的输送带输送到刀口处，切刀直接在输送带上切料，模仿在砧板上切料的原理切制药材。

工作时，将待切制的药材整齐均匀地放在装料盘上，装料厚度不宜过厚，一般不大于 5cm，以保证不超过刀片升起高度。切制前，应针对不同药材调试切刀深度，以能切断药材又不伤及输送带为度，切入过浅则药材切不断，切入过深则易伤及输送带，影响输送带使用寿命。调整好切刀深度后，将药材由输送带及压料机构自动压送至刀口切制，

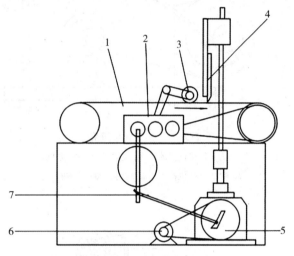

图 2-15　直线往复式切药机

1. 送料带；2. 变速箱；3. 压料辊轴；
4. 切刀；5. 主轴箱；6. 电机；7. 连杆

并通过调节变速箱的左右手柄位置及偏心螺杆上滑块的偏心量调节切片厚度。该机可切药材种类范围广，如根茎、草叶、块根、果实类药材都可以切制，如配用切制颗粒饮片的专用成形刀具，还可切制出 4~12mm 见方的颗粒饮片，且切制操作时切刀直落在输送带上，因此切制的片型平整，切口平整光洁，切制碎末比其他切制方法少 5%~8%。

二、剁刀式切药机

剁刀式切药机结构如图 2-16 所示，该机主要由切刀机构、药材输送机构、机架及电动机等组成。切刀机构由曲柄摇杆机构组成，通过曲柄曲轴的转动，摇杆上下弧形摆动运作。切刀下方紧挨出料口处设有一条用硬橡胶制成的"砧板"，人工将药材送至输送带入口处，上、下输送带呈张口喇叭形，将药材压送向出料口，由切刀切制。切刀下切时，输送带不运动，待切刀上行时，输送带传送药材。

工作时，由工人将预先软化好的药材放至输送带的入口处，药材被上、下做对辊运动的链辊压紧后，通过输送带把物料送至刀口，对药材进行截切。切出药材的厚度由步进机构上的曲柄的偏心量决定，增大偏心量则切片厚度偏厚，反之则切片厚度偏薄。切制好的药材由出料斗卸出。

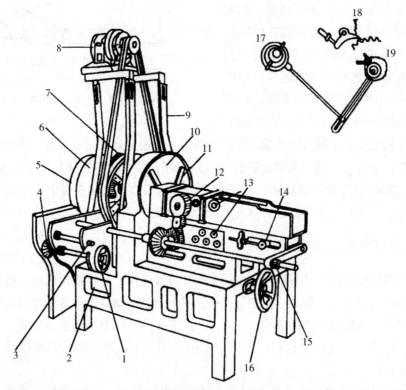

剁刀式切药机适用于截切全草、根茎、皮叶类的药材，不适用于颗粒状、果实类药材。由于切刀的运动轨迹为弧形，得到的药材切片形状也带弧形，因此不能切制成薄且平直的饮片。

三、转盘式切药机

转盘式切药机的结构如图 2-17 所示。该机的主要部件有切刀结构、送料装置、动力传动装置等组成。切刀机构由动刀盘及定刀口（出料口）组成剪切药材的装置，切刀是一个装有两把直刀的旋转圆盘，直刀刀刃与转盘上刀盘压板之间的距离可根据所需饮片厚度进行调整。刀口与圆盘间距小，切出的饮片较薄，反之调整则切片较厚。药材的输送装置是由不锈钢或碳钢铸成的上、下输送链条组成，上输送链与下输送链呈喇叭口状，在动力系统的作用下同步将待切药材压送至切刀口。

图 2-16 剁刀式切药机
1. 切刀；2. 副输送带；3. 主输送带；4. 电机；
5. 曲柄连杆机构；6. 超越离合器；7. 切口

图 2-17 转盘式切药机
1. 手板轮；2. 出料口；3. 撑牙齿轮轴；4. 撑牙齿轮；5. 安全罩；6. 偏心轮（三组）；
7. 皮带轮；8. 电动机；9. 架子；10. 刀床；11. 刀；12. 输送辊轮齿轮；13. 输送辊轮轴；
14. 输送带松紧调节器；15. 套轴；16. 机身进退手轮；17. 偏心轮；18. 弹簧；19. 撑牙

　　转盘式切药机适用于切制全草、根茎、颗粒及果实类药材，产量较高。但容易产生药屑与不规则药片，且能耗大及易磨损旋转刀盘等。

四、旋料式切药机

　　前述的切药机在药材切制过程中均为切刀运动，而旋料式切药机则是切刀固定不动，物料相对切刀做切向圆周运动，类似于人手持水果用刀削皮的原理。旋料式切药机结构如图2-18所示，该机由投料、切片、出料及机架、动力传动系统组成。切片机构由定子外圈、转盘及推料块组成。定子外圈是一个内圆外方的机匣，被固定在机身上，上面装有切刀片、压刀块及压紧螺母，刀片处于内圆的切线方向，刀刃处于内圆柱母线上，与刀刃相对处装有活动外圈。活动外圈一头用铰链和定子外圈铰接，另一头与刀刃靠平，活动外圈中间装有调节螺栓，通过旋转调节螺栓可以控制切口的大小，从而调节切片的厚度。工作时，经过软化的块、段状药材进入进料斗，通过投料口进入转盘中心，被转盘高速带动后被甩向四壁，在转盘上推料块的推动下，药材被推向定

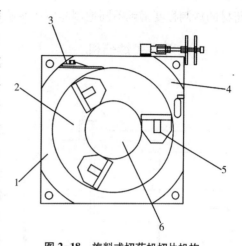

图2-18　旋料式切药机切片机构
1. 定子外圈；2. 转盘；3. 切刀；
4. 切片厚度调节器；5. 推料块；6. 进料口

子上的刀口，药材就被削下一片，被切下的切片顺着刀刃口的切向飞向出料口。由于药材的性质不同，因此切药前需进行试切，达到要求的切片厚度后，才能正式进行切制。对于黏性较大的药材，需在进料口加入少量清水方可切制。

　　旋料式切药机具有结构紧凑、占地面积小、操作简便、切片厚度调节方便、单机产量高等优点，适用于切制根茎、果实、大粒种子及块状药材等。

五、多功能切药机

　　多功能切药机属于小型的中药切片机，与转盘式切药机的设计相似。不同之处是将转盘和切刀轴线从卧式改为立式，通过手工送入待切制的药材，可以用不同倾斜角度进药和更换方管或圆管状进药口等方式送入输送口。工作时，先根据药材的特性和切片的要求进行试切，试切成功后，再手工将药材送入进药口，进药时要将药材填满进药管，这样切出的切片片型较为整齐。多功能切药机具有体积小、重量轻、易操作的优点，可切制各种茎秆、块根、果实类药材。药材送入不同的进药口可切出瓜子片、柳叶片、正片及斜片等不同的片型，适宜于中药药房等小量药材饮片加工的场所。

第五节　炮制设备

　　中药材炮制是根据我国传统医学理论，按照不同的生产需要以及药材本身的性质所采取的一种制药技术。炮制具有以下作用：消除或减少中药材的毒副作用、改善药性、提高疗效、便于调剂和制剂、矫味矫臭、便于服用等。中药炮制的基本方法有炒制、炙制、煅制、蒸制、煮制等。中药炮制的目的主要是提高药物在临床上的医疗效果，保证药品质量和用药安全。

一、炒制设备

将经过净选、切制的中药材，置于炒制容器中，不断加热翻炒的炮制方法，称为炒制。炒制是基本的炮制方法，根据中药材的性质或临床用药需要选择合适的炒制方法，通过调整火候控制药材的炒制程度得到不同炮制品以满足临床用药的需要。

（一）平锅式炒药机

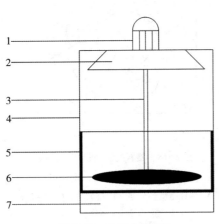

图 2-19　平锅式炒药机

1. 电机；2. 吸风罩；3. 转轴；4. 机架；
5. 平底炒锅；6. 活动炒板；7. 加热器

平锅式炒药机结构如图 2-19 所示，该机由平底炒锅、加热器、活动炒板及电动机、吸风罩及机架等组成。平锅式炒药机外形是一个圆柱体，炒药机的侧面装有卸料门，便于卸出炒好的药材。在平锅锅底装有加热装置，可通过煤、电或燃气等方式对炒锅加热。平底炒锅内装有 2~4 个叶片的炒板，叶片紧贴平锅底，炒板通过装在机架上的电机带动旋转。炒锅的上方装有一个吸风罩，用于排出炒药过程中产生的废气。平锅式炒药机可以清炒、烫、加辅料炒和炙等，适用于植物类、动物类中药饮片的炒制加工，但不宜用于蜜炙药物的炒炙。该炒药机结构简单，制造及维修方便，出料方便快捷，安装不同类型的刮板可炒制不同大小规格的饮片。缺点是该机炒制过程为敞口操作，产生的油烟气会对车间环境造成一定的污染。

（二）卧式滚筒式炒药机

卧式滚筒式炒药机结构如图 2-20 所示，该机由炒筒、进出料机构、炉膛、机架、动力机构及除烟尘罩等组成。该机的炒筒是一个圆柱形的带底、出口呈锥状收缩的结构，筒内装有"人"字形导流板，对炒制的药材起翻炒作用。卧式滚筒式炒药机与平底炒药机的不同之处在于炒筒是水平放置的，加热炒筒的热源多为柴油，也有用电、汽等方式加热。物料投入炒筒后，炒筒自动正向旋转带动炒制的药材翻炒，待炒制结束时，反向转动炒筒，即可自动卸出炒好的药材。

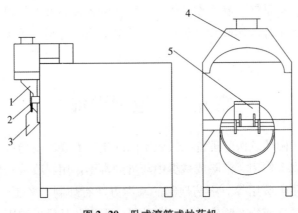

图 2-20　卧式滚筒式炒药机

1. 进料斗；2. 手柄；3. 出料口；4. 组合门；5. 烟道

工作时，打开炒药筒门，加入待炒制的药材，加料量不宜过多，一般不超过炒药筒体积的20%。关门后，根据需求调节转速，设定加热温度，设置需炒制的预定时间，进行炒制。待达到时间后，打开反向旋转炒筒，并打开炒筒门，炒好的药材就会被卸出。由于药材性质的不同，在对某种药材进行大批量炒制前，需要进行试炒，对炒制温度、时间、炒筒转速等工艺参数进行试验后才能生产。

卧式滚筒式炒药机可清炒、加辅料炒、烫制和炙制等，适用于植物类、动物类中药饮片的炒制加工。该机具有被炒药材受热均匀、热源多元化、生产率高、易清洗及智能化程度高等优点。

（三）智能红外线测温炒药机

智能红外线测温炒药机结构类似滚筒式炒药机，只是测温方式采用在线红外控温。该机主要由炒筒、炉膛、导流板、匀料装置、驱动装置、传动变速装置、加热装置及机架等组成。该机的炒筒是一个圆柱形、出口呈锥状收缩的筒体，筒内装有凹面三棱锥匀料装置，使物料均匀翻滚，达到理想的炒制效果。该机的先进性在于其测温系统为在线红外测温仪，可较为准确地反映出炒筒和被炒制药材的温度，并以炒筒温度作为控制温度，通过 PLC 系统修改炒制工艺参数、储存及调用等操作。工作时，按照预先给定的工艺参数设定温度、炒制时间、搅拌速度等参数，启动炒药机，预热炒药筒，将待炒制的药材从加料口加入，炒筒正向旋转时开始炒制，炒制完成后，炒筒开始反向转动，物料便自动卸出。

智能红外线测温炒药机主要用于中药材的清炒法、辅料炒法等工艺操作。该机具有加热均匀、控温准确及便于数据化工艺管理等优点，且其采用后吸风装置，能以较小的吸风量带走较多的烟尘，有利于降低能耗和减少污染环境。

（四）中药微机程控炒药机

中药微机程控炒药机的结构如图 2-21 所示，该机的炒锅为平底炒药锅，以双给热的方式炒制药材，一处热源是锅底加热，另外一处是炒锅上方的烘烤加热器，这样加热使得药材上下受热均匀、炒制时间短。炒锅内装有炒板对锅内药材进行翻炒。炒锅的左右侧分别装有进料口及出料口，进料口装有定量加药机，加药量由电子秤控制。此外，炒锅另一侧装有液体辅料供给装置，可为需要炙制的药材定量提供所需的辅料。

工作时，根据药材具体炒制要求，设好炒制温度、时间及炙制所需液体辅料的流量等参数，开启加热进行预热后，投入待炒制的药材，转动炒板，待达到炒制要求后，打开出料口，即可卸出炒好的药材。

中药微机程控炒药机可用于清炒法、加辅料炒法和炙法等工艺操作。同时可根据需要采取手动或自动操作，生产效率高，适用于炒制批量较大的药材。

二、炙制设备

炙制是将净选或切制后的药材加入一定量的液体辅料，加热翻炒，使液体辅料逐渐渗入药材内部的炮制方法，炙制与炒制过程的操作基本相同，不同之处在于炒制的时候不用液体辅料，且炒制温度较高，而炙制温度较低。根据加入辅料的不同，可将炙制分为酒炙、醋炙、蜜炙等。

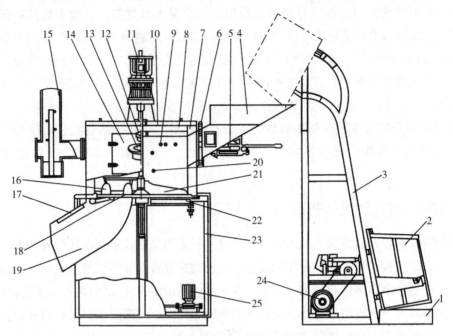

图 2-21 中药微机程控炒药机

1. 电子秤；2. 料斗；3. 料斗提升架；4. 进料槽；5. 进料推动杆；6. 进料门；

7. 炒药锅；8. 烘烤加热器；9. 液体辅料喷嘴；10. 炒药机顶盖；11. 搅拌电机；

12. 观察灯；13. 取样口；14. 锅体前门；15. 排烟装置；16. 犁式搅拌叶片；

17. 出药喷水管；18. 出药门；19. 出药滑道；20. 测温电偶；21. 桨式搅拌叶片；

22. 锅底加热器；23. 锅体机架；24. 料斗提升机；25. 液体辅料供给装置

（一）ZQD 型系列炙药锅

ZQD 型系列炙药锅的结构如图 2-22 所示，该机主要由电加热管、锅体、搅拌叶等部分构成。工作时，先预设好炙药温度、时间及搅拌速度后，再开始加热。达到预热温度后，即可往药锅内加入适量中药材，启动搅拌叶，直到炙药完成。出料时，先拔出定位插销，转动手轮，使炙药锅倾倒，直至药材全部出锅。

ZQD 型系列炙药锅主要用于动物类、植物类中药饮片的炙制加工，同时还可对炼蜜等液体辅料进行加工。

（二）ZGD 型系列鼓式炙药机

ZGD 系列鼓式炙药机的主体结构与炒药机相似，不同之处是其加热强度、炒筒的转速都低于炒药机，并且装有液体辅料喷淋装置，该机主要用于中药饮片的酒炙、醋炙、盐炙、姜炙、油炙等炙制操作。工作时先将中药材加入炒筒内预热、低速旋转，待升温至适宜温度时，再喷入液体辅料，控制辅料用量，恒温并保持炒筒慢速旋转，待药材浸润透，再提高炒筒转

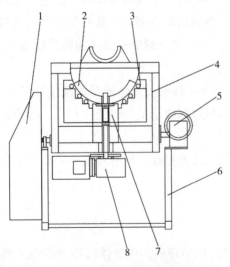

图 2-22 ZQD 型系列炙药机

1. 电控箱；2. 搅拌桨；3. 锅体；4. 锅架；
5. 减速箱；6. 机架；7. 传动杆；8. 电机

速、升温，炒至炙制的要求即可。

三、蒸煮设备

中药炮制中的蒸法是将药材放于蒸具内，在沸水锅上或直接通入蒸汽进行蒸制。煮法则是将净药材加入辅料（或不加辅料）放于锅内，加适量清水同煮的一类操作，因加入辅料的不同，可分为清水煮、甘草水煮等。蒸煮是药材复制、提净、炖等炮制方法中的重要步骤。

（一）ZX 系列蒸药箱

ZX 系列蒸药箱的结构如图 2-23 所示，箱体为侧开门设计，箱体顶部的出气孔用于排气，箱体底部装有蒸汽管道、水槽和加热装置。该蒸药箱可采用外部和内部两种方式加热。当采用外部加热时，加热蒸汽是通过箱底的蒸汽管道进入蒸药箱，该法一般用于清蒸；内部加热是由蒸药箱本身的加热装置加热箱体水槽形成水蒸气，可用于清蒸或加辅料蒸制。工作时，将待蒸制药材放入带有小孔的料框中，堆集放于料车上，推入蒸药箱体内，开始蒸制，待蒸透或至规定程度时关机冷却后，取出蒸制好的中药材。

ZX 系列蒸药箱为外部蒸汽和内部蒸汽两用的蒸药设备，采用直接蒸汽加热的方式，热效率高，药材更易于蒸透，适用于中药或其他农产品的蒸煮加工。

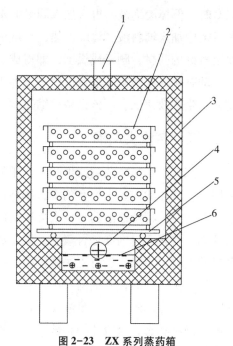

图 2-23　ZX 系列蒸药箱
1. 出气孔；2. 料框；3. 料车；
4. 蒸汽管；5. 水槽；6. 加热装置

（二）可倾式蒸煮锅

可倾式蒸煮锅的锅体为一个带有夹层的锅，底部装有蒸汽阀门，锅架于钢体支架上。锅体顶部开有出气孔。工作时，将药材直接加入锅体内，打开蒸汽阀，蒸汽进入锅体进行蒸制，用于药材的清蒸。煮制时，将一定量的清水加入锅内，打开底部的蒸汽阀或夹套的蒸汽阀，或者同时开启两个蒸汽阀门，对药材进行煮制。蒸煮好的药材通过翻转锅体即可卸出。

可倾式蒸煮锅主要用于中药或其他农产品的蒸煮加工，具有能耗低、操作方便、生产效率高等优点。

（三）回转式蒸药机

回转式蒸药机是由罐体、加热装置及动力传动机构等主要构件组成。罐体是回转式的真空压力容器，中心有一根中空管穿过，称为心轴，心轴里有蒸汽管、液体辅料管等。工作时，取待蒸制的药材加入罐体中，液体辅料从液体入口加进罐中，开启电机，罐体绕心轴旋转，使药材和辅料充分混合，至辅料液被吸尽后，释放夹层套的蒸汽加热罐体，直至达到药材蒸制的要求；继续使罐体旋转，达到炮制品烘干的目的后，出料。

回转式蒸药机功能齐全，可一机多用。药材在罐体中的加热是动态受热，不会有"夹生"或"太过"的情况。在加热方式上，可灵活应用直通蒸汽和夹层热汽这两种加热方式，进出料方便、劳动强度低。适用于何首乌、地黄、黄精等药材的蒸制。

（四）动态循环浸泡蒸煮设备

动态循环浸泡蒸煮设备主要由蒸煮浸泡罐、计量罐、循环泵、电动葫芦、吊笼和蒸汽部分等组成。动态循环浸泡蒸煮设备主要用于毒性中药材的预泡和蒸煮。

工作时，先在蒸煮浸泡罐中加入辅料总量 10 倍的水，再将欲炮制的毒性中药辅料按需装进吊笼放入浸泡蒸煮罐中，缓缓加热，使辅料的成分充分浸出后，提起吊笼分离辅料残渣。再往吊笼里加入吊笼容积 60% 左右的毒性中药材，放入浸泡蒸煮罐中动态循环浸泡，当罐内温度达到 35℃时，倒掉浸泡液。再次加入同量的水，继续浸泡，直至药材内无干心后，倒掉浸泡液。再往蒸煮罐中加入辅料液，缓缓加热，至微沸后保持，达到要求后，停止加热，排出辅料液。从吊笼取出煮好的药材，晒干或烘干，即得成品。

动态循环浸泡蒸煮设备适用于毒性中药材的处理，传统的浸泡方法去毒泡浸时间长，劳动强度大，生产效率低。而该设备可缩短饮片生产周期，生产效率较传统工艺提高 3~5 倍。

（五）蒸汽夹层锅

蒸汽夹层锅是中药制药生产中常用的提取和浓缩设备。它的核心结构为一个半球形双层钢制夹层锅，锅体的内壁上标有刻度，锅体的外壁上装有压力表、温度计、蒸汽进出口及排水阀等。蒸法操作时，将待蒸的药材放入夹层锅内，盖上锅盖。加入适量的清水，通入蒸汽加热一段时间后开锅，检察药材内部是否蒸透，蒸至成品要求质量后关闭蒸汽阀，打开排水阀排水，即可取出蒸好的药材，干燥。进行煮法操作时，将待煮的药材放入夹层锅内，加入水或其他液体辅料。通入蒸汽煮沸，同时控制锅内气压，煮至要求程度时，取出煮好的药材，烘干或晒干。进行炖法操作时，将待煮的药材与适量液体辅料混匀、稍闷后放入锅内，盖上锅盖，通入蒸汽缓缓加热，使锅内呈微沸状态，至液体辅料被吸尽，被炮制的药材外皮不粘手后，取出，干燥。进行焯法操作时，先向锅内加入清水，通入蒸汽煮沸清水，再将体积为水量 1/4 的药材装在纱布袋中，放入锅中。待炮制药材的种皮用手轻捻即可脱落时取出纱布袋，将炮制好的中药材倒入凉水中。

蒸汽夹层锅广泛应用于中药材的蒸、煮、炖和焯制中，也可用于复制和提净法中。该设备具有操作简单、炮制品质量好、生产效率高和易于清洁等优点。

四、煅制设备

煅制是指将净制过的中药材，放于合适的耐火容器中，高温加热至红透或酥脆的操作过程，多用于矿物类、贝壳类药材。按照煅制方法的不同，可分为明煅、煅淬及暗煅三种。根据药物性质与炮制要求的不同，分为高温煅药和中温煅药，温度在 600℃以下为中温煅药，600~1000℃的为高温煅药。

（一）中温 DGD 型煅药锅

中温 DGD 型煅药锅的结构如图 2-24 所示，主要由煅药和废气处理两部分组成。煅药部分是核心工作设备，由电加热装置、带盖的锅及保温设施等部分组成。该机的工作温度通常不高于 600℃，通过电加热的方式加热，煅制过程中产生的烟气则通过废气处理排至室外。工作时，依次设定加热温度、煅制时间等参数，待药锅升温到设定值时，即进入自动恒温、控温状态，此时将待煅制的药材加入煅药锅内，煅制过程中开启废气处理装置排出废气。煅制完毕后，待药材降温冷却后即可取出。中温 DGD 型煅药锅是集煅药、废气处理于一体的多功能煅药锅，可用于动物、植物类及部分矿物类中药材的煅制加工。

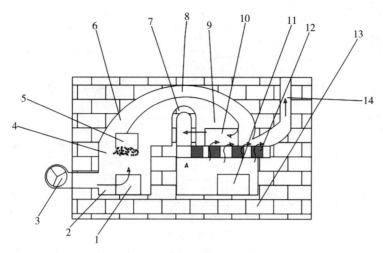

图 2-24 中温 DGD 型煅药锅

1. 卸渣口；2. 炉膛；3. 风机；4. 炉算；5. 燃料进口；6. 炉火锻；7. 逆流火焰墙；8. 反火道；
9. 装药炉锻；10. 装取药进口；11. 碎料口；12. 炉底板；13. 炉底；14. 排烟道

（二）反射式高温煅药炉

反射式高温煅药炉的结构如图 2-25 所示，该设备的工作温度高达 600～1000℃，因此炉身是用耐火砖、保温材料等砌制而成。炉身包括燃烧室和煅药室两部分。工作时，将待煅制的药材置于坩埚中再放入煅药室，燃烧室通过燃烧燃料对煅药室进行加热。药材主要吸收来自炉膛、坩埚等发射的红外线进行加热，由于加热温度较高，因此易于热透。该炉主要适用于动物、植物及矿物类中药材的明煅、煅淬等。

（三）闷煅炉

闷煅炉的结构如图 2-26 所示，该设备主要由闷煅锅、炉膛、加热装置、机架及耐火隔热材料组成。为防止煅烧时外界空气进入到煅锅内，在闷煅锅的锅口装有密封圈，且装有一个较重的锅盖，以防止在高温条件下被蒸汽冲开。闷煅炉的加热主要靠电加热，整个设备除锅盖处以外都包有耐火材料，起到隔热保温的作用。闷煅炉主要适用于矿物类质地坚硬的贝壳类、化石类中药以及某些质地松脆、需要制炭的植物类和动物类中药的煅制。

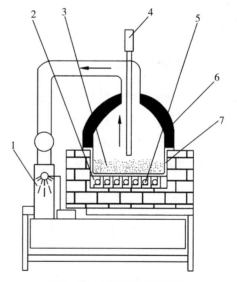

图 2-25 反射式高温煅药炉

1. 废气处理装置；2. 炉膛；3. 锅体；
4. 温度计；5. 加热器；6. 锅盖；7. 锅体

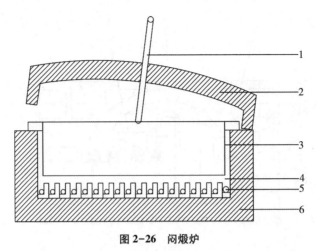

图 2-26　闷煅炉

1. 温度计；2. 炉盖；3. 锅体；4. 炉膛；5. 热源；6. 保温层

第六节　中药饮片生产车间布局

中药饮片品种繁多，且生产加工传统、独特、各不相同，不同于完全工业化的制剂生产，因此应真正认识到中药饮片生产最核心的技术内涵，尊重中药饮片生产传统工艺的特殊性，结合 GMP 的基本原则，在确保中药饮片质量的前提下，设计出符合 GMP 要求的中药饮片厂房设施布局。

一、布局原则

车间布局应在满足生产工艺的条件下，按照 GMP 的实施要求，进行合理布局。首先，中药材生产区应与生活区严格分开，不得设在同一建筑物内。厂房与设施应按生产工艺流程合理布局，根据饮片炮制工序不重复、不交叉，符合过程质量检验标准或条件，便于相对独立作业和管理，坚持工序流转和衔接合理等原则，对饮片生产过程进行车间或区域划分。

二、饮片车间划分与布局

饮片生产车间可以划分为净制车间、切制车间、炮制车间、精制车间、包装车间和毒性饮片车间等，布局如图 2-27 所示。

净制车间设预处理和净制加工两个加工区域，预处理区域主要是对原料药材原包装进行松绑、去外皮与干洗等，最后将药材装入生产用的周转箱，待后续加工。净制加工区域主要对原料药材进行水洗、挑选、分级、筛选、磁选、机选、人工选等工序，是饮片净制车间的核心。由于原料药材直接来自于产地，含有大量杂质，且包装物不得流入后续工序，因此在加工过程中需要除去杂质和处理包装材物，生产环境相对比较脏乱，净制车间尤其是预处理区域需要配备除尘设施和堆放、处理污物。经过净制的药材方可进入后续的炮制、精制或包装工序。

切制车间的功能是将药材加工成片、段、条、颗粒或粉末等，便于进一步炮制和调配饮片。直接口服饮片的粉碎、过筛、内包装等生产区域应按照 D 级洁净区的要求设计，企业应根据产品的标准和特性对该区域采取适当的微生物监控措施。切制车间在生产过程中会产生大量的粉尘和颗粒，因为这些粉尘和颗粒会对周边的人员和动植物造成伤害，所以必须将这些粉尘和颗粒排放到室外或者专门的净化设施中进行净化处理，符合要求后，方可排放。排风口应当设置在相对安全和人员稀少的位置，避免排放的气体再通过其他进风口进入生产车间。除了设计和设置除尘、降尘和吸附的设备外，还应当设计缓冲室或者缓冲间，以减少对其他车间造成的污染。

炮制车间的原料是将饮片净制或碎制加工后的半成品。热制加工可以达到增效降毒的功效，是饮片炮制的重要环节。中药饮片炮制过程中产热产汽的工序，应设置必要的通风、除烟、排湿、降温等设施。

精制车间主要进行饮片的干燥、灭菌、净选、筛选、包装等工序，是生产饮片的最后场所，通过精制加工使饮片达到炮制的最终质量要求。其中，干燥时间、温度、含水率、菌检、净度检验、包装计量等是精制工程中的重要质量监控内容。

个别毒性中药材在加工过程中会释放出有毒有害物质，所以在生产加工时应单独设置空调系统、设施、设备等，并与其他饮片生产区严格分开，生产的废弃物应经过处理并符合要求。

除此之外，中药饮片车间要求地面、墙壁、天棚等内表面应平整，易于清洁，不易产生脱落物，不易滋生霉菌，应有防止昆虫或其他动物进入的设施，灭鼠药、杀虫剂、烟熏剂等不得对设备、物料、产品造成污染。药材净选应设拣选工作台，工作台表面应平整，不易产生脱落物。污染和交叉污染对于中药饮片的质量影响非常大，在设计中药饮片生产企业厂房、生产设施和设备时，应当综合考虑所生产中药饮片的特性、生产流程及相应空气净化度要求，合理设计和建设。有些情况下，很多品种的中药饮片使用的生产设备相似，企业为节约成本考虑使用一套设备进行生产，生产前要综合考虑中药饮片的特点、共同点和是否会发生交叉污染等因素，评估使用同一套设备的可行性，出具可行性检验结果。

在中药饮片生产过程中，不可避免地会产生废水和废渣，而且部分废水和废渣含有毒性或富含有机物，随意排放会造成污染，所以应当对生产过程中产生的废水和废渣进行处理以后再排放。排水设施应当根据生产规模进行设计，并防止废水回流倒灌。定期对废水处理设施和管道进行杀菌和消毒处理。

三、中药饮片生产管理

中药饮片的质量与药材质量、炮制工艺密切相关。应当对药材质量、炮制工艺严格控制，在炮制、贮存和运输过程中应当采取措施控制污染，防止变质，避免交叉污染、混淆，生产直接口服饮片的生产商，应对生产环境及产品微生物进行控制。中药材的来源应符合标准，产地应相对稳定。中药饮片必须按照国家药品标准炮制，国家药品标准没有涉及的，必须按照省、自治区、直辖市药品监督管理部门制定的炮制规范或审批的标准炮制。中药饮片应按照品种工艺规程生产。中药饮片生产条件应与生产许可范围相适应，不得外购中药饮片的中间产品或成品进行分包装或改换包装标签。

生产饮片的过程中，应当使用流动的饮用水清洗中药材，用过的水不得用于清洗其他中药材。不同的中药材不得同时在同一容器中清洗、浸润。净制后的中药材和中药饮片不得直接接触地面。中药材、中药饮片晾晒应有防虫、防雨等防污染措施。毒性中药材和毒性中药饮片的生产操作应当有防止污染和交叉污染的措施，并对中药材炮制的全过程进行有效监控。

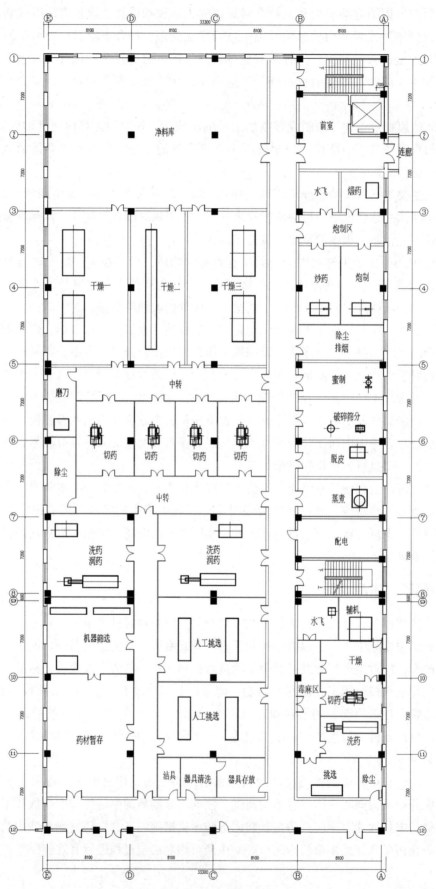

图 2-27 中药饮片生产车间布局图

　　中药饮片以中药材投料日期作为生产日期。中药饮片应以同一批中药材在同一连续生产周期内生产的一定数量、相对均质的成品为一批。在同一操作间内同时进行的不同品种、规格的中药饮片生产操作应有防止交叉污染的隔离措施。中药材和中药饮片应按法定标准进行检验，并制定与中药饮片质量标准相适应的中药材、中间产品质量标准，将中药材、中间产品、待包装产品的检验结果用于中药饮片的质量评价，引用的检验结果应在中药饮片检验报告中注明。企业应配备必要的检验仪器，并有相应标准的操作规程和使用记录，检验仪器应能满足实际生产品种要求，除重金属及有害元素、农药残留、黄曲霉毒素等特殊检验项目和使用频次较少的大型仪器外，原则上不允许委托检验。

　　每批中药材和中药饮片应当留样。中药材留样量至少能满足鉴别的需要，中药饮片的留样量至少应为检验量的两倍，毒性药材及毒性饮片的留样应符合医疗用毒性药品的管理规定。中药饮片留样时间至少为放行后一年。企业应设有中药标本室、柜，标本品种至少包括生产所用的中药材和中药饮片。企业可选取产量较大及质量不稳定的品种进行年度质量回顾分析，其他品种也应定期进行产品质量回顾分析，回顾的品种应涵盖企业的所有炮制范围。

第三章
中药提取设备与车间布局

扫一扫，查阅本章数字资源，含PPT、音视频、图片等

中药作为传统药物，历史悠久，疗效显著，是中华民族的文化瑰宝。中药组方各异、成分复杂，不同的提取方法和提取工艺条件对不同中药有效成分的提取率会产生不同影响。在中药新药研究开发过程中，中药提取是中药制剂制备的首要环节。近年来中药提取设备有了很大的发展，中药提取设备在不断地进行技术创新，为中药的提取提供了强有力的硬件支撑。

第一节　中药提取

提取设备是药物提取生产的关键，随着机械制造、材料、化工仪表、自动化等相关领域的发展和进步，国内的提取设备在设计制造和生产安装上，都有了很大的进步，能满足制药工业需求。目前应用较多的提取设备主要是渗漉罐、浸提罐和提取浓缩机组、超临界流体萃取设备。

一、中药提取的方法

药材中的活性成分大多为其次生代谢产物，如生物碱、黄酮、皂苷、香豆素、木脂素、醌、多糖、萜类及挥发油等，其含量很低，为了适应中药现代化要求，对其进行提取分离和富集、纯化，进而利用现代制剂技术，生产临床所需的各种剂型的药品。

将药材中所含的某一活性成分或多种活性成分（成分群）分离出来的工业过程即提取过程。从药材中提取活性成分的方法有溶剂提取法、水蒸气蒸馏法、升华法和压榨法等。

药材活性成分提取方法较多，其选择应根据药材特性、活性成分、理化性质、剂型要求和生产实际等综合考虑。目前，水蒸气蒸馏法、升华法和压榨法的应用范围十分有限，大多数情况下采用的是溶剂提取法，其相应的技术特点如表 3-1 所示。

表 3-1　不同溶剂提取法的技术特点

方法	作用方式	常用溶剂	作用特点
煎煮法	加热	饮用水	溶剂达到沸点，间歇操作，煎煮液成分复杂，需进一步精制
浸渍法	加热或不加热	乙醇或蒸馏酒	静态浸出，温浸或冷浸均未达到溶剂沸点，间歇操作，浸渍液可根据需要进一步精制
渗漉法	一般不加热	乙醇或酸碱水	溶剂未达到沸点，连续操作，渗漉液可根据需要进一步精制
回流法	加热	乙醇	达乙醇沸点，间歇操作，回流液可根据需要进一步精制
超临界流体萃取法	萃取	超临界 CO_2	溶剂为超临界状态，连续操作，萃取液成分极性相近，可根据需要进一步精制

续表

方法	作用方式	常用溶剂	作用特点
超声强化提取法	超声振荡	水或乙醇	溶剂未达到沸点，间歇操作，提取液成分复杂，可根据需要进一步精制
微波辅助提取法	微波辐照	水或乙醇	水分子达到沸点，间歇操作，提取液成分复杂，可根据需要进一步精制

二、中药提取工艺的分类

常用的提取过程大致可以分为以下几种典型的工艺：单级间歇、单级回流温浸、单级循环、多级连续逆流和提取浓缩一体化等。

（一）单级间歇

单级间歇是将药材分批投入提取设备中，放入一定量的提取溶剂，常温或保温进行提取，等一批提取完成后，再进行下一批药材的提取。其优点是工艺和设备较简单，造价低，适合各种物料的提取。缺点是提取时间长，提取强度也差。

（二）单级回流温浸

单级回流温浸与单级间歇提取工艺相似，只是在提取设备上加装了冷凝（却）器，使提取液的蒸汽通过冷凝（却）器回流至提取设备。可以使提取过程在温度比较高的过程中进行，也可以进行芳香油的提取。

（三）单级循环

单级循环增加了一台提取液循环泵，在提取过程中，通过料液的循环，增加提取设备中药材和提取液的浓度梯度，使药材内部的物质向提取液转移速度加大。其优点是能提高提取强度及设备的利用率。

（四）多级连续逆流

多级连续逆流由多台单级循环提取系统组成，主要原理是将新鲜的水或溶剂加入最后一步需要提取的系统中，提取液由最先投料的系统出来，这样能保证在提取过程中，提取液能在最大的浓度梯度中进行提取，并可使提取连续进行。其优点是适合较大规模的生产，提取强度也大；缺点是设备投入较大，系统较复杂。

（五）提取浓缩一体化

提取浓缩机组将提取系统与浓缩系统合为一体。其优点是占地少，能耗低，蒸发的冷凝液可作为新鲜的提取液进入提取设备，故提取可以很完全。缺点是由于一台提取设备自带一台蒸发器，设备的相互利用率较差。

三、中药提取设备

生产中常用的提取设备大致有以下几种：适用于渗漉提取法的渗漉罐，可调节压力、温度的密闭间歇式回流提取或蒸馏的多功能提取设备，越来越多地应用于生产的微波提取设备、超声提取设备等。

（一）渗漉罐

渗漉提取是一种动态的提取方法，在实际生产过程中根据提取工作的需要分为单渗漉、重渗漉、加压渗漉和逆流渗漉等方法。同时，也出现了很多与之相适应的渗漉设备，以满足不同生产方法的需要。渗漉罐是渗漉提取中最重要的设备，渗漉罐配套了压滤器、离心机、浓缩设备、喷雾干燥器等，可以实现从加入药材和溶剂，至最终直接获得干燥提取物的完整提取工序。

1. 基本原理 将药材适度粉碎后装入特制的渗漉罐中，从渗漉罐上方连续加入新鲜溶剂，使其在渗漉罐内药材积层的同时产生固液传质作用，从而浸出活性成分，自罐体下部出口排出浸出液，这种提取方法即称为"渗漉法"。渗漉是一种动态的提取方式，一般用于要求提取比较彻底的贵重或粒径较小的药材，有时对提取液的澄明度要求较高时也采用此法提取。渗漉提取一般以有机溶媒居多，有的药材提取也可采用低浓度的酸、碱水溶液作为提取溶剂。渗漉提取前需先将药材浸润，以加快溶剂向药材组织细胞内渗透，同时也可以防止渗漉过程中料液产生短路现象而影响收率，也能缩短提取时间。

2. 结构与特点 渗漉提取的主要设备是渗漉罐，可分为圆柱形和圆锥形两种，结构如图3-1所示。渗漉罐结构形式的选择与所处理药材的膨胀性质和所用的溶剂有关。对于圆柱形渗漉罐，膨胀性较强的药材粉末在渗漉过程中易造成堵塞；而圆锥形渗漉罐罐壁的倾斜度较大，能较好地适应其膨胀变化，从而使得渗漉生产正常进行。水作为溶剂渗漉时，易使得药材粉末膨胀，则多采用圆锥形渗漉罐；而有机溶剂作溶剂时，药材粉末的膨胀变化相对较小，可以选用圆柱形渗漉罐。

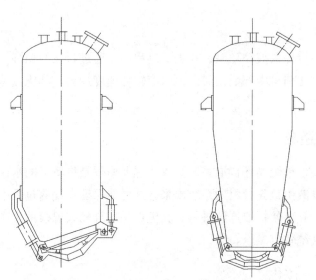

图3-1 圆柱形渗漉罐和圆锥形渗漉罐

渗漉罐的材料主要有搪瓷、不锈钢等。渗漉罐的外形尺寸一般可根据生产的实际需要向设备厂商定制，相关的技术参数示例如表3-2所示。

表3-2 渗漉罐技术参数示例

技术参数	渗漉罐				
公称容积（m³）	0.5	1.0	1.5	2.0	3.0
外形尺寸（直径×高，mm）	Φ800×2500	Φ1000×2500	Φ1000×3500	Φ1200×3300	Φ1400×3800

（二）多功能提取设备

中药提取方法一般从处方药材的性质、溶剂性质、剂型的要求和生产实际等方面综合考虑。多功能提取设备是中药制剂生产中的关键设备，适用于煎煮、温浸、回流等多种工艺，其提取操作可根据不同需求采取不同方式。

1. 多功能提取设备的组成　中药提取的方法不同，用到的设备也不相同，常用的回流提取设备为多功能提取装置（图3-2）。该装置由提取罐、冷凝器、冷却器、油水分离器、管道过滤器等组成，可根据不同需要采取不同方式。多功能提取装置既可进行常压常温提取，也可加压高温提取或减压低温提取；适用于水提、醇提、提油、蒸制以及回收药渣中的溶剂；采用气压自动排渣，操作方便、安全、可靠；设有集中控制台，可控制各项操作，便于药厂实现机械化、自动化生产。

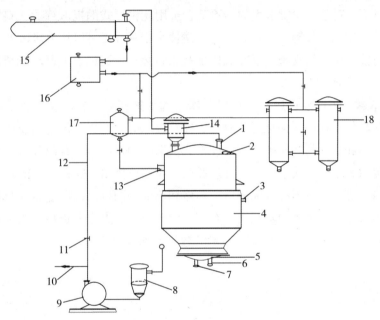

图 3-2　多功能提取装置示意图

1. 溶剂口；2. 物料口；3. 间接加热蒸汽入口；4. 提取罐罐体；5. 底盖；6. 直接加热蒸汽入口；7. 排液口；8. 管道过滤器；9. 泵；10. 至浓缩工段输送管；11. 阀门；12. 循环管；13. 回流溶剂入口；14. 泡沫捕集器；15. 冷凝器；16. 冷却器；17. 气液分离器；18. 油水分离器

采用多功能提取装置提取时，将中药材和水装入提取罐，向罐内直通蒸汽加热，当达到提取温度后，改向夹层通蒸汽间接加热，以维持罐内温度在规定范围内。如用醇提取，则直接用夹层通蒸汽进行间接加热。提取过程中产生的大量蒸汽，经泡沫捕集器到热交换器进行冷凝，再进入冷却器进一步冷却，最后进入气液分离器，残余气体逸出，液体则回流到提取罐内，如此循环直至提取终止。提取完毕后，药液从罐体下部排液口放出，经管道过滤器滤过，用泵输送到浓缩工段。在提取过程中，罐体下部排液口放出的浸出液，亦可再用水泵打回罐体内，进行强制性循环提取。该法加速了固液两相间的相对运动，从而增强对流扩散及浸出过程，提高了浸出效率。一般回流提取时，通向油水分离器的阀门必须关闭，但提取挥发油（又称吊油）时须打开。加热方式与水提操作基本相似，不同的是，在提取过程中含挥发油的蒸汽经冷却器冷却后，直接进入油水分离器，此时冷却器与气液分离器的阀门通道必须关闭。分离的挥发油从油出口排出，芳香水从回流水管道经气液分离器进行气液分离，残余气体排入大气，而液体回流到罐体内。两个油水分离器可交替使用。提取油进行完毕，对油水分离器内残留液体可从底阀放出。进行油水分离时，应注意油水的比重。

2. 提取罐 国家标准中提取罐的筒体有无锥式（W 型）、斜锥式（X 型）两类，后者还细分为正锥式和斜锥式。提取罐内物料的加热通常采用蒸汽夹套加热，在较大的提取罐中，如 10m³ 提取罐，可以考虑使用罐内加热装置；动态提取工艺通过输液泵将罐体内液体进行循环，因此设置罐外加热装置比较方便。提取药材中的挥发油成分，需要用水蒸气蒸馏，可以在罐内设置直接蒸汽通气管。

（1）提取罐的分类 按照提取罐筒体可分为直筒式、斜锥式、正锥式等；也可根据提取工艺的需要在提取罐内部加搅拌器或形成外循环，分为搅拌式、强制外循环式等。

（2）提取罐的结构与功能 ①直筒式提取罐：直筒式提取罐是比较新颖的提取罐，其最大的优点是出渣方便，缺点是对出渣门和气缸的制造加工要求较高。一般情况下，直筒式浸提罐的直径限于 1300mm 以下，对于体积要求大的，不适合选用此种形式的提取罐。②斜锥式提取罐：斜锥式提取罐是目前常用的浸提罐，制造较容易，罐体直径和高度可以按要求改变。缺点是在提取完毕后出渣时，可能产生搭桥现象，需在罐内加装出料装置，通过上下振动以帮助出料。斜锥式提取罐的结构如图 3-3 所示。

3. 搅拌式提取罐 根据浸提原理，在提取罐内部加搅拌器，通过搅拌使溶媒和药材表面充分接触，能有效提高传质速率，强化提取过程，缩短提取时间，提高设备的使用率。但此种设备对某些容易搅拌粉碎和糊化的药材不适宜。搅拌式提取罐的排渣形式有两种：一种是用气缸的快开式排渣口，当提取完毕药液放空后，再开启此门，将药渣排出，这种出渣形式对药材颗粒的大小要求不是很严格；另一种是当提取完成后，药液和药渣一同排出，通过螺杆泵送入离心机进行渣液分离，这种出渣方式对药材的颗粒大小有一定的要求，太大或太长易造成出料口的堵塞。搅拌式提取罐的结构如图 3-4 所示，相关的技术参数示例如表 3-3 所示。

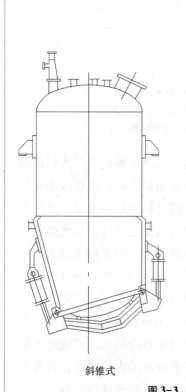

斜锥式

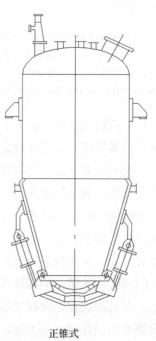

正锥式

图 3-3 斜锥式提取罐

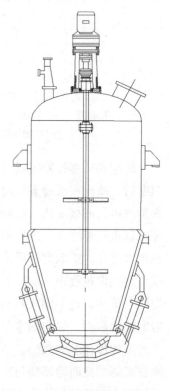

图 3-4 搅拌式提取罐结构形式

表 3-3　搅拌式浸提罐技术参数示例

公称容积（m³）	外形尺寸：直径×高（mm）	加热面积（m²）	搅拌转速（rpm）	加料口直径（mm）	排渣门直径（mm）
1.0	Φ1000×3000	2.8		300	800
2.0	Φ1300×3850	4.2		400	800
3.0	Φ1400×4650	5.5	60	400	1000
5.0	Φ1600×4500	6.2		400	1200
6.0	Φ1800×4500	7.0		400	1200
10.0	Φ2000×4500	10.0		500	1200

4. 强制外循环式提取罐　强制外循环提取即在溶剂提取物料有效成分的过程中，用泵使提取液在罐内外进行强制循环流动。外循环式提取罐（机组）产品型号由产品名称代号、型式代号、规格代号等组成。例如 QTX-3 型表示容积为 3m³ 的强制外循环斜锥式提取罐（机组），QTWJ-3 型表示容积为 3m³ 的强制外循环无锥内加热器式提取箱（机组）。国家标准中，强制外循环式提取罐按罐底外形分为两类、三种型式：以 X 代表斜锥式；以 W 代表无锥式，以 WJ 代表罐内有内加热器的无锥式。

（三）微波提取设备

微波是指波长介于 1mm ～ 1m（频率介于 $3×10^6 ～ 3×10^9$ Hz）的电磁波，微波在传输过程中遇到不同的介质，依介质的性质不同，产生反射、吸收和穿透现象。微波辅助提取即是利用微波的作用，使用合适的溶剂从各种物质中提取各种化学成分的技术和方法。该技术现已越来越多地用于中药制药工艺中。

1. 基本原理　微波辅助提取的机理比较复杂，大致可从以下三个方面来分析：

（1）微波辐射过程　高频电磁波穿透萃取介质到达药材内部的微管束和腺细胞系统，由于吸收了微波能，胞内温度迅速上升，从而使细胞内部的压力超过细胞壁所能承受的能力，使细胞壁产生大量孔洞和裂纹，胞外溶剂容易进入细胞，从而溶解和提取有效成分。

（2）微波所产生的电磁场　可加速被萃取组分的分子由固体内部向固液界面扩散。例如，以水作溶剂时，在微波场的作用下，水分子由高速转动状态转变为激发态，这是一种高能量的不稳定状态。此时水分子汽化以加强萃取组分的驱动力，或释放出自身多余的能量回到基态，所释放出的能量将传递给其他物质的分子，以加速热运动，大大提高了活性成分由药材内部扩散至固液界面的传质速率，缩短了提取时间。

（3）微波的频率　由于微波的频率与分子转动的频率相关，因此微波能是一种由离子迁移和偶极子转动而引起分子运动的非离子化辐射能。在微波萃取中，由于吸收微波能力存在差异，基体物质的某些区域或萃取体系中的某些组分被选择性加热，从而使被萃取物质从基体或体系中分离，进入到具有较小介电常数、微波吸收能力相对较差的萃取溶剂中。

传统中药加热提取是以热传导、热辐射等方式自外向内传递热量；而微波萃取是一种"体加热"过程，即内外同时加热，因而加热均匀，热效率较高。微波萃取时没有高温热源，因而可消除温度梯度，且加热速度快，物料的受热时间短，有利于热敏性物质的萃取。此外，微波萃取不存在热惯性，因而过程易于控制；同时，微波萃取不受药材含水量的影响，无需干燥等预处理，简化了提取工艺。

2. 设备的结构　目前，微波辅助提取已经越来越多地应用于药物提取生产中，使中试和工业规模的提取工艺和设备也得到迅速发展。微波提取设备大体上分为两大类，一类是间歇釜罐式，另一类是连续式。后者又分为管道流动式和连续渗漉微波提取式，具体参数一般由设备制造厂家根据使用厂家的要求设计。

通常，微波辅助提取设备主要由微波源、微波加热腔、提取罐体、功率调节器、温控装置、压力控制装置等组成，工业化的微波辅助提取设备要求微波发生功率足够大，工作状态稳定，安全屏蔽可靠，微波泄漏量符合要求。图3-5所示为微波辅助提取罐的基本原理。

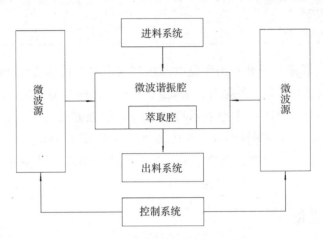

图 3-5 微波辅助提取罐原理示意图

（四）超声提取设备

超声提取法是利用超声波辐射压强产生的强烈空化效应、热效应和机械效应等，通过加快介质分子的运动频率和速度，增大介质的穿透力，从而加速目标组分进入溶剂，以提取有效成分的方法。超声波提取具有提取效率高、时间短、温度低、适应性广等优点，大多数中药材的各类成分均可采用超声提取法。

1. 基本原理 超声提取是基于压电换能器产生的快速机械振动波（超声波）的特殊物理性质而进行的，主要包括下列三种效应。

（1）空化效应 在通常情况下，介质内部或多或少地溶解了一些微气泡，这些气泡在超声波的作用下产生振动，当声压达到一定值时，气泡由于定向扩散而增大，形成共振腔，然后突然闭合，这就是超声波的"空化效应"。由"空化效应"不断产生的无数个内部压力达到几千个大气压的微气泡不断"爆破"，产生微观上的强大冲击波作用在中药材上，使药材植物细胞壁破裂，药材基体被不断剥蚀，而且整个过程非常迅速，有利于活性成分的浸出。

（2）机械效应 超声波在连续介质中传播时，可以使介质质点在传播的空间内产生振动而获得巨大的动能和加速度，从而强化介质的扩散、传质，这就是超声波的机械效应。由于超声波能量给予介质和悬浮体以不同的加速度，且介质分子的运动速度远大于悬浮体分子的运动速度，从而在二者之间产生摩擦。这种摩擦力可使得生物分子解聚，加速活性成分溶出。

（3）热效应 和其他物理波一样，超声波在介质中的传播过程也是一个能量的传播和扩散过程，介质将所吸收能量的全部或大部分转变成热能，从而导致介质本身和药材温度升高，增大了活性成分的溶解度。但由于这种吸收声能引起的药材组织内部温度的升高是瞬间的，因此对目标活性成分的结构和生物活性几乎没有影响。

此外，超声波还可以产生许多次级效应，如乳化、扩散、击碎、化学效应等，这些效应的共同作用奠定了超声提取的基础。

2. 基本结构　目前，超声提取在制剂质量检测中已经广泛使用，在药物提取生产中也逐步从实验室向中试和工业化发展。超声提取设备主要由超声波发生器、换能器振子、提取罐体、溶剂预热器、冷凝器、冷却器、气液分离器等组成。

第二节　中药蒸发浓缩与节能

浓缩是将溶液中溶剂移除以提高其浓度的过程，中药提取液通常采用蒸发方式进行浓缩。蒸发是指利用加热的方法将含有非挥发性物质的溶液加热，使部分溶剂汽化并移除，以提高溶液中溶质浓度的过程。在实际生产中，除水作为溶剂外，还经常使用乙醇等其他有机溶剂。浓缩后必须回收溶剂，以免污染环境和浪费溶剂，造成危险。因此必须根据中药提取液的性质和蒸发浓缩的要求，选择适宜的浓缩方法和设备。

蒸发是浓缩药液的重要手段，此外，还可以采用反渗透法、超滤法、膜分离技术等使药液浓缩。

一、中药蒸发浓缩的方法

中药提取液性质各异，密度不同、黏度不同；有的对热稳定，有的对热敏感；有的蒸发浓缩时易产生泡沫，有的易结晶等，不同提取液采用不同的蒸发浓缩方法。蒸发按操作压力可分为常压蒸发和减压蒸发；按效数可分为单效蒸发和多效蒸发，按提取液经过蒸发器次数可分为循环式蒸发和单程式蒸发。

（一）常压蒸发

常压蒸发又称常压浓缩，是提取液在一个大气压下进行蒸发的方法。此法适宜处理有效成分对热稳定，且溶剂无毒、无害、无燃烧性的提取液。如以水为溶剂的提取液常压浓缩，可采用敞口倾倒式夹层蒸发锅；以乙醇等有机溶剂的提取液常压浓缩，应采用蒸发浓缩装置。

（二）减压蒸发

减压蒸发又称减压浓缩，是在密闭的容器内，抽真空降低内部压力，使料液的沸点降低而进行蒸发的方法。减压浓缩在实际生产中应用较普遍，能防止或减少热敏性物质的分解，增大传热温度差，强化蒸发操作；并能不断排除溶剂蒸汽，有利于蒸发进行；沸点降低，可利用低压蒸汽加热。但料液沸点降低，汽化潜热增大，减压浓缩比常压浓缩消耗的加热蒸汽量更多。

在实际生产中，减压浓缩装置往往与减压蒸馏所用设备通用，如减压蒸馏装置、真空浓缩罐等。

（三）循环式蒸发

循环式蒸发是料液在加热室中被加热上升至蒸发室，蒸发出部分溶剂后，沿循环管下降，在加热室和蒸发室之间形成循环运动，直至料液浓缩到所需浓度。此法适用于对热稳定的药液的浓缩。

（四）单程式蒸发

单程式蒸发又称膜式蒸发，指料液在蒸发器中只通过加热室一次，不做循环流动即浓缩到需要的浓度，温度损失比循环型相对减少，料液呈膜状流动，具有传热效率高、蒸发速率快、料液在蒸发器内停留时间短、器内存液量少等优点。适用于热敏性药液的浓缩。

（五）单效蒸发

蒸发过程能够顺利完成必需有两个条件，一是要热源加热，使混合料液达到并保持沸腾状态，常用的加热介质为饱和水蒸气，又称生蒸汽、加热蒸汽或一次蒸汽；二是要及时排除蒸发过程中料液因不断沸腾而产生的溶剂蒸气，又称二次蒸汽。单效蒸发通常是指蒸发过程产生的二次蒸汽直接进入冷凝器被冷凝蒸发的过程。

（六）多效蒸发

多效蒸发是将多个蒸发器串联运行，除末效外各效的二次蒸汽都作为下一效蒸发器的加热蒸汽，二次蒸汽中的潜热被较为充分地利用，可以节约较多的生蒸汽。要使多效蒸发能正常运行，系统中除一效外，任一效蒸发器的蒸发温度和压力均要低于上一效蒸发器的蒸发温度和压力。

二、中药蒸发浓缩的特点

蒸发浓缩是将低浓度溶液中的溶剂汽化并不断排出，使溶液增浓的过程。能够完成蒸发浓缩操作的设备均满足以下基本特点：有充足的加热热源，以维持料液的沸腾状态和补充溶剂汽化所带走的热量；及时排出蒸发所产生的二次蒸汽；有一定的传热面积以保证足够的传热量。

蒸发浓缩设备一般由加热室和分离室，以及辅助设备如冷凝器、冷却器、除沫器、贮罐、真空泵、各种仪表、接管及阀门等组成。

三、中药蒸发浓缩器的分类

根据蒸发器加热室的结构和蒸发操作时溶液在加热室壁面的流动情况，可将间壁式加热蒸发器分为循环型（非膜式）和单程型（膜式）两大类。

蒸发器按操作方式不同可分为间歇式和连续式，小规模多品种的蒸发多采用间歇操作，大规模的蒸发多采用连续操作，应根据提取液的性质及工艺要求选择适宜的蒸发器。

（一）循环型蒸发器

循环型蒸发（非膜式）常用的设备有外加热式蒸发器、列文式蒸发器、强制循环蒸发器等。

例如外加热式蒸发器，加热室安装在蒸发室旁边，不仅可以降低蒸发器的总高度，而且有利于清洗和更换，可以避免大量药液同时长时间受热。溶液在加热管中被加热上升至蒸发室，蒸发出部分溶剂后，沿循环管下降，循环管内溶液不受蒸气加热，其密度比加热管内的大，在循环管内形成循环运动。

（二）单程型蒸发器

常用的单程型蒸发器（又称薄膜式蒸发器）有升膜式薄膜蒸发器、降膜式薄膜蒸发器、升降膜式薄膜蒸发器、旋转刮板式薄膜蒸发器、离心式薄膜蒸发器等。

1. 升膜式薄膜蒸发器

预热到沸点或接近沸点后再从蒸发器底部引入。升膜式蒸发器不适用于较浓溶液及黏度大、易结晶或易结垢物料的蒸发，适用于处理蒸发量较大的低浓度溶液及热敏性或易生泡的溶液。中药溶液可用此蒸发器作预蒸发用，将溶液浓缩到一定相对密度后，再采用其他蒸发器如刮板式、薄膜式蒸发器来进一步浓缩。

2. 降膜式薄膜蒸发器

此蒸发器适用于处理热敏性物料，蒸发浓度较高的溶液或黏度较大的物料，如黏度在 0.05~0.45Pa·s 范围内的物料，不适用于易结晶或易结垢的溶液，传热系数比升膜蒸发器的传热系数小。常与升膜式串联使用。

3. 旋转刮板式薄膜蒸发器

蒸发器的加热管为一根较粗的直立圆管，中、下部设有两个夹套进行加热，圆管中心装有旋转刮板。刮板的形式有两种：一种是固定间歇式，一种是可摆动式转子。料液自顶部进入蒸发器后，在重力和刮板的搅动下分布于加热管壁，并呈膜状旋转向下流动。汽化的二次蒸汽在加热管上端无套管部分被旋转刮板分去液沫，然后由上部抽出并加以冷凝，浓缩液由蒸发器底部放出。旋转刮板式蒸发器的主要特点是借助外力强制料液成膜状流动。适用于高黏度、易结晶、易结垢的浓缩溶液的蒸发，此时仍能获得较高的传热系数。在某些场合下可将溶液蒸干，在底部直接获得粉末状的固体产物。

4. 离心式薄膜蒸发器

此种蒸发器具有离心分离和薄膜蒸发的双重优点，传热系数高，设备体积小，浓缩比高（15~20倍），受热时间短（约1秒），浓缩时不易起泡和结垢，适宜热敏性物料的蒸发浓缩。应用于感冒冲剂、止咳冲剂、九节茶等中草药药液的浓缩。

四、单效蒸发浓缩器

单效蒸发浓缩器通常采用饱和水蒸气加热，从外界引入的加热蒸汽称为一次蒸汽，蒸发器中提取液经加热后产生的蒸汽称为二次蒸汽。外循环型浓缩器不易结垢，易清洗，浓缩比较大，可常压操作，亦可减压操作，多个外循环型浓缩器串联起来可组成多效蒸发器。真空球形浓缩器多为单效蒸发（图3-6），其设备紧凑，蒸发效果较好，但提取液受热时间较长，蒸汽消耗量较大。

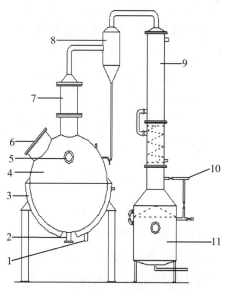

图3-6　真空球形浓缩器示意图

1. 冷凝水出口；2. 浓缩液出口；3. 加热夹套；
4. 罐体；5. 观察窗；6. 清洗口；
7. 泡沫捕集器；8. 气液分离器；9. 冷却器；
10. 真空管；11. 收水槽

五、多效蒸发浓缩器

多效蒸发是将多个蒸发器串联运行，除末效外各效的二次蒸汽都作为下一效蒸发器的加热蒸汽，二次蒸汽中的潜热被较为充分利用，可以节约较多的生蒸气。要使多效蒸发能正常运行，系统中除一效外，任一效蒸发器的蒸发温度和压力均要低于上一效蒸发器的蒸发温度和压力。

（一）多效蒸发的加料方式

1. 并流加料　并流加料法（又称顺流加料）是最常见的多效蒸发流程。图 3-7 是由三个蒸发器组成的三效并流加料的流程。流程中溶液和蒸汽的流向相同，都是从第一效顺序流至末效，称为并流加料法。生蒸汽通入第一效加热室，第一效产生的二次蒸汽作为加热蒸汽进入第二效加热室，第二效的二次蒸汽同样作为加热蒸汽进入第三效加热室，末效的二次蒸汽则进入冷凝器全部冷凝后排出。与此同时，原料液进入第一效，浓缩后由底部排出，并依次流过第二、三效，在第二、三效中被连续不断地浓缩，完成液由第三效底部排出。

优点：溶液在各效间的流动是利用效间的压力差，不需要用泵来输送。溶液进入下一效时，由于下一效的沸点降低，进入后即可呈过热状态而自动蒸发，称为自蒸发。自蒸发可产生更多的二次蒸气，减少热量的消耗。

缺点：各效溶液的浓度依次增高，而沸点依次降低，沿溶液流动方向黏度逐渐增高，导致传热系数逐渐降低，特别是在末效这种现象表现得尤为突出。对于黏度随浓度迅速增加的溶液不宜采用并流加料工艺。

2. 逆流加料　逆流加料是指原料液由末效加入，除末效外依次用泵将各效溶液送入前效，最后浓缩液从第一效底部排出。加热蒸汽的流向依然是由第一效顺序至末效，即料液的流向与加热蒸气流向相反。

优点：溶液的浓度愈大，蒸发的温度也愈高。浓度增加致黏度上升与温度升高致黏度下降的影响基本上可以抵消，因此各效溶液的黏度相近，各效传热系数相差不大。

缺点：除末效外，溶液从压力低的一效送到压力高的一效时，必须用泵来输送，能量消耗增大；由于各效进料温度都较沸点低，与并流加料相比产生的二次蒸汽量减少，不利于蒸发，因此在各效间往往需要预热。逆流加料适用于黏度随温度和浓度变化较大的溶液，不适用于热敏性溶液的蒸发。

3. 平流加料　平流加料是在各效中都送入原料液和放出完成液，蒸汽的流向仍是由第一效流向最后一效。

这种流程适用于在蒸发过程中有结晶析出的溶液。因有结晶析出，不便于效间输送，所以采用平流加料法。

采用多效蒸发时，原料液要适当预热。为了防止液沫带入下一效，使下一效的加热面结垢，需在各效间加入气液分离装置，同时应尽量地降低二次蒸汽中的不凝性气体。

（二）多效蒸发浓缩器

大生产中，中药提取液常用的浓缩方法为多效减压蒸发，多效蒸发浓缩器是将若干个蒸发器串联起来，前一个蒸发器产生的二次蒸汽通入后一个蒸发器，作为加热蒸汽使用，节能较显著，常用设备为二效或三效真空浓缩器，如图 3-7 所示。

采用密闭蒸发器进行浓缩时，浓缩液相对密度不宜太大，否则浓缩液易黏附于蒸发器内壁，不易放尽，甚至引起结垢，不便清洗。如果需要将提取液浓缩至相对密度 1.35 以上时，一般需要利用可倾式敞口锅进行二次收膏。

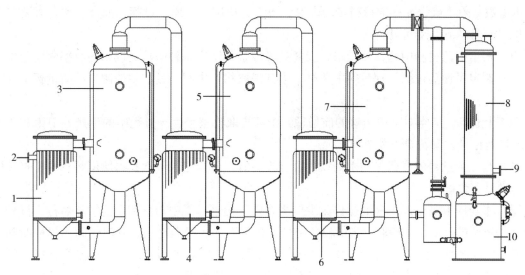

图 3-7　三效真空浓缩器示意图

1. 一效加热室；2. 外接蒸汽入口；3. 一效蒸发室；4. 二效加热室；5. 二效蒸发室；
6. 三效加热室；7. 三效蒸发室；8. 冷却器；9. 真空管；10. 收水槽

第三节　中药提取生产管理与车间布局

在中药制剂的生产环节中，中药提取是一个重要环节，是保证药品质量的关键，是中药生产工艺的核心。保证提取产物组分的平衡并在规定范围内，控制提取工艺过程中关键参数等生产管理，对确保提取产物安全、有效和质量稳定尤为重要。重视中药提取生产车间的 GMP 建设和管理，避免生产中产生污染或交叉污染等，保证中药提取物内在质量的稳定，直接关系到中药的利用率和后续加工的难易。

一、中药提取生产管理的相关法规

中药提取是中药生产的重要工序，是保证中药制剂质量的关键环节，是中药生产中的核心工序。中药生产企业在《药品生产质量管理规范》（2010 年修订）实施过程中，应根据实际生产工艺要求，合理设计提取车间，重视中药提取工艺设备的 GMP 设计、建设和管理，避免生产过程中混淆、污染或交叉污染等情况的发生，保证中药制剂生产的内在质量。现将《药品生产质量管理规范》（2010 年修订）中关于中药提取的相关条款节选如下：

第十条，中药提取、浓缩等厂房应当与其生产工艺要求相适应，有良好的排风、水蒸气控制及防止污染和交叉污染等设施。

第十一条，中药提取、浓缩、收膏工序宜采用密闭系统进行操作，并在线进行清洁，以防止污染和交叉污染。采用密闭系统生产的，其操作环境可在非洁净区；采用敞口方式生产的，其操作环境应当与其制剂配制操作区的洁净度级别相适应。

第十二条，中药提取后的废渣如需暂存、处理时，应当有专用区域。

第二十四条，应当制定控制产品质量的生产工艺规程和其他标准文件：

（1）制定中药材和中药饮片养护制度，并分类制定养护操作规程。

（2）制定每种中药材前处理、中药提取、中药制剂的生产工艺和工序操作规程，各关键工序的技术参数必须明确，如标准投料量、提取、浓缩、精制、干燥、过筛、混合、贮存等要求，并明确相应的贮存条件及期限。

（3）根据中药材和中药饮片质量、投料量等因素，制定每种中药提取物的收率限度范围。

（4）制定每种经过前处理后的中药材、中药提取物、中间产品、中药制剂的质量标准和检验方法。

第二十五条，应当对从中药材的前处理到中药提取物整个生产过程中的生产、卫生和质量管理情况进行记录，并符合下列要求：

（1）当几个批号的中药材和中药饮片混合投料时，应当记录本次投料所用每批中药材和中药饮片的批号和数量。

（2）中药提取各生产工序的操作至少应当有以下记录：①中药材和中药饮片名称、批号、投料量及监督投料记录。②提取工艺的设备编号、相关溶剂、浸泡时间、升温时间、提取时间、提取温度、提取次数、溶剂回收等记录。③浓缩和干燥工艺的设备编号、温度、浸膏干燥时间、浸膏数量记录。④精制工艺的设备编号、溶剂使用情况、精制条件、收率等记录。⑤其他工序的生产操作记录。⑥中药材和中药饮片废渣处理的记录。

第三十一条，中药材洗涤、浸润、提取用水的质量标准不得低于饮用水标准，无菌制剂的提取用水应当采用纯化水。

第三十二条，中药提取用溶剂需回收使用的，应当制定回收操作规程。回收后溶剂的再使用不得对产品造成交叉污染，不得对产品的质量和安全性有不利影响。

二、中药提取车间布局

中药提取车间布局设计是制药企业厂区设计的重要组成部分，车间布局必须遵守国家法律法规，充分重视经济效益，尽量采用我国自主产权的先进技术，积极进行技术创新，保证车间布局的可行性、可靠性、经济性。

（一）车间布局依据

中药提取车间布局应遵守工程设计程序，按照车间布局设计的基本原则，进行细致而周密的考虑。除要符合中药提取工艺要求外，还要遵守《药品生产质量管理规范》（2010年修订）和各种设计规范及相关规定，如《建筑设计防火规范》（GB50016—2014）、《医药工业洁净厂房设计规范》（GB50457—2008）、《民用建筑设计通则》、《爆炸和火灾危险环境电力装置设计规范》（GB50058—92）、《工业企业设计卫生标准》等。

（二）车间规划

车间布局规划的主要任务：一，确定车间的火灾危险类别，爆炸与火灾危险性场所等级及卫生标准；二，确定车间建筑物和露天场所的主要尺寸，对车间的生产、辅助生产和行政–生活区域做出布局；三，确定中药提取全部工艺设备的空间位置。

车间一般由生产部分、辅助生产部分和行政–生活部分组成。生产部分包括提取、浓缩和精烘包工序、控制室、贮罐区等。辅助生产部分包括动力室（真空循环和压缩机室）、配电室、化验室、通风空调室，原料、辅料和成品仓库等。

（三）车间布局

中药提取方法多样，工序复杂，对中药提取车间布局，主要考虑以下几方面的要求：

1. 提取工序　各种药材的提取工序有相似之处，又有自身特点。在布局时既要考虑不同品种提取操作方便，又需考虑其提取工艺的可变性。

2. 醇提和溶剂回收等岗位　对醇提和溶剂回收等岗位布局应采取防火、防爆措施。

3. 提取车间　提取车间的最后工序，按原料药成品厂房的洁净级别与其制剂的生产剂型有相同要求。

4. 提取设备　提取设备的布局要充分考虑提取工艺设备的型号、大小和空间位置；管道、电器仪表、管线等的走向与位置。这些也是确定车间布局建筑平面具体尺寸的基本依据。

5. 提取设备的布置　提取设备的布置应满足提取生产工艺、建筑、安装检修和安全卫生等要求。提取设备便于操作和安装维修，经济合理，便于清洁，节约投资，美观整齐。见图3-8。

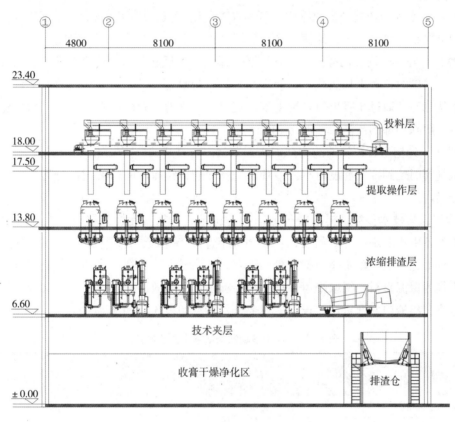

提取立面图

图 3-8　中药提取车间布局立面图

第四节　典型设备规范操作

由于中药材活性成分各异，故提取工艺也不尽相同，导致中药提取设备也多种多样，各有千秋。各企业因生产工艺不同，设备的组合方式也不同。目前应用较多的提取设备主要是提取罐、渗漉罐和提取浓缩机组等。为了深化对中药预处理设备和提取设备的认识了解，提高在生产中的规范操作意识和素质，在此，详细归纳和介绍在制药企业实际生产中典型且常用的几款设备的规范操作流程和应用方法。

一、提取罐

提取罐适用于中药、植物、动物、食品、化工等行业的常压提取、水煎、温浸、热回流、强制循环、渗漉，芳香油提取及有机溶媒回收等工程工艺操作，特别是使用动态提取或逆流提取效果更佳，时间短，药液含量高。以 TQ 型多功能提取罐为例，该机凡与药液接触的部分均采用304 不锈钢制造，具有良好的耐腐蚀性，不仅能使中药产品质量得到保证，而且设备使用寿命长。该设备的提取过程是在密封的可循环的系统内完成，同时可在废渣中回收有机溶媒。

1. 工作原理 TQ 型多功能提取罐的整个提取过程是在密闭可循环系统内完成，可常温常压提取，也可负压低温提取，满足水提、醇提、提油等各种用途，其具体工艺要求均由厂家根据药物性能要求自行设计，提取原理如下：

（1）水提 水和中药装入提取罐内，开始向夹层给蒸汽，罐内沸腾后减少蒸汽，保持沸腾即可，如密闭提取则需供冷却水，使蒸汽冷却后回到提取罐内，保持循环和温度。

（2）醇提 先将药物和乙醇按一定比例加入罐内，然后必须密闭给夹层蒸汽，打开冷却水使罐内达到需要温度时再减少加热蒸汽，使冷却后的酒精回流即可。为了提高效率，可用泵强制循环，使药液从罐底部通过泵吸出再经罐上部回流口回至罐内，罐内设有分配器，使回流液能均匀回落至罐内，解除局部沟流。

（3）提油 先把含有挥发油的中药加入提取罐内，打开油分离器的循环阀门，关闭旁通回流阀门，开蒸气阀门达到挥发温度时打开冷却水进行冷却，经冷却的药液应在分离器内保持一定液位差使之分离。

2. 结构特征与技术参数 提取罐外形结构为正锥式，从有无搅拌可分为动态提取罐和静态提取罐。本设备由提取罐、冷凝器、出渣门气动控制系统构成。主要由罐主体、排渣门、加料口、投料口等部分组成。罐主体包括内筒、夹套层、保温层、支耳、快开式出渣门等；保温层以聚氨酯发泡作为保温材料。提取罐可根据用户要求设置不同的进汽方式，包括夹套直接进汽、罐内加热管进汽、出渣门底部进汽。设备的主要技术参数如表3-4所示。

表 3-4 TQ 型多功能提取罐主要技术参数

型号 参数	容器	夹套
设计压力（MPa）	常压	0.3
设计温度（℃）	105	143
工作压力（MPa）	常压	0.25
工作温度（℃）	≤100	137
加热面积（m²）	11	
投料门直径（mm）	500	
冷凝面积（m²）	11	
出渣口直径（mm）	1400	
有效容积（L）	6000	
外形尺寸（长×宽×高，m）	1.6×1.6×5.0	
容器类别	I 类	

3. 操作方法

（1）准备工作 ①检查确认多功能提取罐已清洗待用。②检查供汽（锅炉蒸汽）、供水（生产用水、冷却水）、供电、供气（压缩空气）等均正常。③检查确认各连接管密封完好，各阀门开启正常，出渣门已安全锁紧。④检查确认各控制部分（含电气、仪表）正常。

（2）正常生产 视提取工艺要求操作（参见工作原理），提取完毕，泵尽提取液，开启出渣门排渣。控制系统采用PLC人机界面控制加水量、温度，并对加热温度、加热时间、加水量自动记录并及时保存为电子文档，加水及蒸汽控制可在手动与PLC控制之间进行切换。

（3）生产结束 ①关闭蒸汽阀、冷却水供水阀。②对提取罐按设备保养条款进行清洗。

4. 维护保养 该设备的悬挂式支座，应安装在离地面适当高度，并能安全承受有关全部重量的操作平台上，垂直安装设备；本设备必须在蒸汽进口管路上安装压力表及安全阀，并在安装前及使用过程中定期检查，如有故障，要即时调整或修理；安全阀的压力设定，可根据用户需要压力自行调整，但不得超过规定工作压力上限；各接口如使用过程中有漏液、跑气现象，应及时更换密封圈；设备上所有运动件如轴承、活动轴、气缸杆、活塞及转动销轴等应保持清洁、润滑；不工作时，主罐加料口、出渣门应放松，以防密封胶卷失去弹性而影响密封作用；本设备带压操作时或设备内残余压力尚末泄放完之前，严禁开启投料口及排渣门；根据使用物料特性，本设备大修周期一般为一年，需要更换所有传动部件（滚动轴承、平面轴承等），并添加黄油；重新更换密封圈；检查保温层，损坏和失效者应更换或修补。

5. 设备安装与试车 应严格检查电器、仪表等装置是否处于良好状态，整台设备是否良好接地。本提取罐外表面已做精抛光处理，因此，在搬运、吊装时，要特别注意保护，不得碰撞。工艺管道对设备性能影响很大，接管大小、尺寸、角度、位置，在安装中不得任意更改。

试车要求：在设备安装完毕后，进行试车之前必须先进行检查，出渣门所有气缸是否灵活，运转是否正常，行程限位开关是否可靠，辅助设备的管路是否畅通，各阀门关、开是否灵活，一切正常后方可试车。

6. 设备清洁 设备在生产完毕或更换品种前，须进行彻底清洗。清洗时，打开排渣门，首先打开CIP（clean in place 原位清洗）清洗头用水冲洗罐内壁，将药渣冲洗干净，并人工清洗排渣门过滤网；然后关闭排渣门，将罐内加满水，夹套通入蒸汽，同时泵循环清洗15~30分钟后，从出液口抽出罐内水；最后用净水冲洗至要求，并排尽罐内积水即可。

二、渗漉罐

渗漉罐主要用于制药、食品、化工、生物制品等行业液体物料的混合、暂存、配制。以SLG-2500型渗漉罐为例，该设备凡与药液接触的部分均采用304或316L不锈钢制造，具有无毒、无脱落、良好的耐腐蚀性等特点，不仅能使药品、食品质量得到保证，而且设备使用寿命长。

1. 工作原理 渗漉法是向药材粗粉中不断添加浸取溶剂，使其渗过药粉，从下端出口流出浸取液的一种浸取方法。渗漉时，溶剂渗入药材细胞中溶解大量的可溶性物质之后，溶剂浓度增加，密度增大而向下移动，与上层的浸取溶剂或稀浸液置换位置，形成良好的浓度差，使扩散自然地进行，故浸润效果优于浸渍法，提取也较安全。

因为提取效果及浸出液质量与药材粒度密切相关，所以渗漉提取前，药材需经适当粉碎才能装罐。通常，渗漉提取的药材颗粒多为中等粒度以上，颗粒过细会增加吸附性，溶剂将难以顺利通过，不利于溶质的浸出；颗粒过粗则会减少接触面积，降低浸出效率。将药材粉碎后装入渗漉罐中，从渗漉提取罐上方连续通入溶媒，使其渗过罐内药材积层，发生固液传质作用，从而浸出有效成分，自罐体下部出口排出浸出液。在渗漉过程中，浸出液浓度不断提高，密度增大，浸出液逐渐向下移动，与上层溶剂或更稀浸出液转换位置，连续造成较大浓度差，使扩散能较好地进行。

2. 结构特征与技术参数　SLG-2500 型渗漉罐主要由罐本体及附件组成。本体主要由筒体、支腿（或支耳）、上封头及出渣门组成。渗漉罐筒体呈圆柱体，上下封头为标准椭圆形或蝶形封头，主要材质为 304 或 316L 不锈钢。附件主要包括卫生入孔、视镜视灯、料液进出口及其他工艺管口、CIP 清洗口和其他选项如液位计、温度计、清洗球、呼吸器、压力表、安全阀等。

SLG-2500 型渗漉罐控制部分主要包括搅拌控制系统、温度控制系统、液位控制系统等。温度计根据客户需要可安装双金属温度计或 PT100 温度计。双金属温度计是基于绕制成环性弯曲状的双金属片制成。一端受热膨胀时，带动指针旋转，工作仪表便显示出温度值，方便快捷。玻璃管液位计为玻璃管外套不锈钢保护管型，管两端与罐内相通形成连通器，可通过玻璃管中的液位高度读出渗漉罐中物料的液位高度。玻璃管液位计的最高及最低端安装有针形阀，当设备内温度或压力过高，可能超出玻璃管的承受范围时，可临时关闭针形阀，以保护玻璃管。该设备主要技术参数如表 3-5 所示。

表 3-5　SLG-2500 型渗漉罐主要技术参数

设备名称	SLG-2500 型渗漉罐
设计压力（MPa）	101（常压）
设计温度（℃）	20（常温）
工作压力（MPa）	101（常压）
工作温度（℃）	20（常温）
工作介质	物料
容积/有效容积（m³）	2.75（2.5）

3. 设备特点　该设备性能优越，主要体现在操作性能、卫生性能、外观性能等方面。

（1）操作性能　渗漉罐的附件（如清洗球、进出口、入孔等）均合理分布，无论是观察、操作均简便容易。常与自动化控制系统连用，配合自动化仪器仪表，可直接读取罐内液体温度、容积和压力，使工艺参数的控制更加精密，极大地提高了产品质量，降低了劳动强度。

（2）卫生性能　渗漉罐上部为椭圆封头，下部为旋转出渣门。各管口连接处均经拉延处理，圆角采用日式平板液压成形，保证其转角部分圆弧平滑过渡；罐体所有焊缝经应力消除机处理，保证内表面粗糙度 Ra≤0.6μm，这样可以避免产品残留，符合渗漉罐要求。

（3）外观性能　渗漉罐外表面经磨砂处理成亚光，粗糙度 Ra≤0.8μm，或抛光成镜面，既美观，又易清洁处理。

4. 操作方法　该设备操作流程分为三个部分：准备工作、正常生产、生产结束。

（1）准备工作：①使用前请仔细阅读随机提供的技术文件。②检查确认渗漉罐已清洗消毒待用。③检查确认各连接管密封完好，各阀门开启正常，检查确认各控制部分（含电气、仪表）正常。④检查各泵的电路连接，确保电机电路连接正常，防止反转、缺相等故障发生。⑤检查各仪表的安装状态，确保按照规范进行安装，量程符合生产要求，且均在校定有效期内使用。⑥检查各阀门安装状态，确保按照规范进行安装。⑦检查系统的气密性，确保各管道无跑冒、滴漏等现象。

（2）正常生产：①开启进料阀及物料输送泵电源进料，观察液位高度，到适量后，关闭进料阀及输送泵电源。②运行中时刻注意换热系统的温度表、压力表的变化，避免超压超温现象。③需要出料时，开启出料阀，通过泵输送至各使用点。④开启出料阀，排料送出。出料完毕，关闭出料阀。

（3）生产结束：关闭配电箱总电源，对渗漉罐按设备保养条款进行清洗、消毒。

5. 维护保养 每个生产周期结束后，应对设备进行彻底清洁；根据生产频率，定期对设备进行检查，有无螺丝松动，是否有垫片损坏，是否有泄漏，及是否存在其他可能影响产品质量的因素，并及时做好检查记录；定期对搅拌器运转情况及机械密封、刮板磨损情况进行检查，发现有异常噪音、磨损等情况时应及时修理；至少每半年检查一次搅拌器，减速机润滑油不足时应立即补充，半年换油一次；每半年要对设备筒体进行一次试漏试验；长期不用设备时，应清洁干燥保存，再次启用前，须对设备进行全面检查方能投入生产使用；日常要做好设备的使用日记，包括运行、维修等情况；每次维修后应对设备进行运行确认，大修后要对设备进行再次验证；渗漉罐必须在蒸汽进口管路上安装压力表及安全阀，并在安装前及使用过程中定期检查，如有故障，要及时调整或修理；安全阀的压力设定，可根据用户需要，自行调整，但不得超过规定的工作压力；渗漉罐使用期间，严禁打开入孔及各连接管卡；渗漉罐各管道连接为卡盘式结构，如使用过程中有漏液、跑气现象，应及时更换其密封圈；严禁用于对储液罐有腐蚀的介质环境，在储存酸碱等液体时，应对储液罐进行钝化处理。

6. 注意事项 运行过程中切勿超压、超温工作；储存易燃易爆液体和气体的应安装阻火器，并禁止明火，以防爆炸危险；储存强酸、强碱等强腐蚀物品，高温、极低温物品时，工作人员应穿戴相应的劳防用品；仪器仪表应在参数要求的温湿度范围内工作，以免影响仪器仪表精度。

7. 故障排除 造成故障的可能原因及处理方法：①换热效果不好。接出口连接错误者，按照正确方式连接；夹套堵塞者，对其进行疏通。②阀门漏水。密封垫损坏者，更换新的密封垫；阀门损坏者，更换新的阀门。③仪器仪表显示不准确或不显示。仪表损坏者，更换新的代表；连接错误者，重新按正确方式连接。④罐体有泄漏。罐体破损者，对其进行修补。⑤罐体生锈。外界环境不适合者，除锈后，保存在适宜的条件；表面划伤者，重新处理，并进行局部钝化。⑥保温层局部过烫。夹套破损者，对其进行修补。⑦保温层渗水、夹套渗水。保温、夹套、罐体泄漏者，查找缺口进行修补。

三、动态提取浓缩机组

动态提取作为近几年发展的先进提取工艺，比静态提取优势显著。根据中药提取的原理，动态提取应属固-液萃取，从机理上讲是溶剂在药材间流动，可以促进溶剂向药材表面运动，提高了溶剂对药材的磨擦洗脱力度。药材中的可溶物质和溶剂之间的浓度差增大，提高了扩散能力，提高了温度的均匀性，增强了溶媒对有效成分的溶解度。动态提取罐应有一定的长径比，较大的长径比可以提高静压柱和压力差，有利于有效成分浸出。所以动态提取可以大大加快萃取速度，缩短提取时间。因此，动态提取工艺取代静态提取工艺成为全中药行业提取技术的发展方向，已是今后的必然趋势。

以DTN-B系列动态提取-浓缩机组为例，其最显著特点就是"一机二工艺"：即醇提时采用常压提取、常压浓缩的工艺；而水提时采用常压提取、低温真空浓缩的新工艺（提取温度95~100℃，浓缩温度55~80℃）。因而它既可醇提又完全满足水提工艺的要求，还适用于其他的提取工艺，提取温度、浓缩温度可分开设定。

1. 工作原理 把中药材浸泡在溶媒中，采用蒸汽加热，使溶剂在药材间循环流动，增加磨擦洗脱力度和浓度差以及静压柱，加速溶剂对药材的渗透力。一定的温度加快了有效成分的溶解浸出。经过设定的时间，药液经过滤器过滤后，直接放入蒸发器（水提时负压，醇提时常压）。蒸发器产生的二次蒸汽，经冷凝器、切换器送回常压下提取罐，作为新溶剂和热源，均匀地加在药材表面，边提取边浓缩，直到成为符合工艺要求的中间体。提取终点药渣经回收溶剂后排放，溶剂经冷却后放入贮槽。

2. 结构特征 该机组由提取罐与蒸发器及其他设备（冷凝器、冷却器、加热器、油水分离器、循环泵、冷却塔、切换器）组成，可在低温度浓缩状态下实现常压动态水提和醇提，可按各种提取工艺从中药材中提取有效成分并完成浓缩，可以实现溶媒的回收。

（1）该机组可以集中显示四点温度，可以通过加热系统、冷却系统及真空系统，控制流体的方向及流量，便于调节控制各设备的温度，实现稳定操作。

（2）设置双路油水分离装置，能使复方中药剂在边提取边浓缩的过程中得到轻油、重油、水，也能在回收溶剂中实现油、溶剂的分离。

（3）该机组水提时采用常压提取-真空浓缩新工艺。浓缩温度可依据真空度确定浓缩温度。切换器采用微电脑自动控制状态自动显示，动作精确。

（4）提取罐和浓缩器都设有 CIP 系统，高压的冲洗装置能方便地清洗提取罐和浓缩器，符合 GMP 要求。

（5）提取罐为直筒式或正锥式，采用较大的长径比，提高罐内静压柱，从而增加溶媒对药材的渗透压力和穿透能力，显著提高了有效成分提取的效果和速度。

（6）提取罐采用循环喷淋内热式提取罐。提取罐设置内、外加热器，外加热器与泵组成循环喷淋加热，大大提高了传热系数；内加热器缩短了热传导半径，具有加热均匀、节能、升温快等特点。

（7）配置独特的双室蒸发器，具有高效、节能、浓缩比大的优点。

（8）该机组在密闭的提取罐和蒸发器内进行生产，集提取浓缩于一体，设备紧凑，全部采用优质不锈钢制作，符合 GMP 要求。

3. 技术参数 该机组的主要技术参数如表 3-6 所示。

表 3-6 DTN-B 系列动态提取-浓缩机组主要技术参数

提取罐容积（L）	25
罐内工作压力	常压
内、外加热器蒸汽工作压力（MPa）	≤0.09
气缸工作压力（MPa）	0.6，-0.8
循环泵型号	COF
电机功率（kW）	9（380V）
管外：蒸汽工作压力（MPa）	0~-0.08
切换器微电脑控制器输入电压（V）	220
机组控制箱输入电压（V）	220
蒸发量（清水）（kg/h）	4~6
浓缩比重可达（g/mL）	1.1~1.3（中药浸膏）
再沸器工作压力管内	真空

4. 设备特点 与先动态提取后浓缩的工艺相比，动态提取-浓缩机组浓缩所产生大量的二次蒸

汽，经冷凝器冷凝成液体返回提取罐，作为提取的新溶剂和热源，不但节省了能源，又使药材与溶剂萃取浓度差保持了高梯度，大大加速了有效成分的浸出，一次提取相当于多次萃取。作为中药提取两大工艺之一的醇提，过去因溶剂用量大，消耗高，生产环节多，溶剂价格高，使大规模生产有困难。该机组能使溶剂反复形成新的溶剂，作用于药材表面，因而溶剂用量少；而渣中的溶剂又可以全部回收，边提取，边浓缩，边回收，在管道密封的状态下一次完成中间体、溶剂、药渣的分离。这就为选取相近极性的有机溶剂，大规模提取中药材的生产模式打下了坚实的基础。

该机组与多功能提取罐加三效浓缩器相比，生产时间缩短 40%～50%，从多次提取-浓缩到边提取边浓缩一次完成；浸膏热测比重 1.2 以上，产出率提高 10% 以上，有效成分高；提取浓缩在同一封闭的设备完成，损失小、转移率高；溶剂投放量（药材的 4～6 倍）小，溶剂基本上可得到回收；降低能耗 30%～40%，减少了重复加热蒸发、冷却次数，节能效果十分显著；一机多用，占地面积节省 50%，固定投资费用降低 50%；全密封管道化生产，减少环境污染，符合 GMP 要求。

5. 操作方法　该机组具有两种动态提取工艺，即动态水提和动态醇提。

（1）动态水提　采用常压提取，真空浓缩。①关闭提取罐出渣门投入中药、关闭加料口。打开放空阀慢慢加水，中药材与水的比例一般为 1∶4～1∶6。②打开内加热器进气阀通入蒸汽。启动循环泵，使水经过滤器、外加热器，回流到提取罐，再打开外加热器蒸汽阀使水加热。这时提取进入升温阶段。③待升到设定温度，关闭外加热器蒸汽阀，保温 20～60 分钟。④于此同时，打开立式冷凝器提取罐的出料阀及冷却器的冷却水阀、浓缩器的进料阀。料液经过滤器送入蒸发器，待蒸发器液位达到一定的高度，关闭进料阀，打开冷凝器出料阀、切换器控制开关，按启动按钮，这时控制器面板电源指示灯和进料指示灯亮。把状态指示开关调整到自动状态，打开真空阀，切换器真空表启动，整个切换器自动系列开始工作。打开卧式冷凝器进水阀，微微开启蒸发器再沸器的蒸汽阀，使料液循环沸腾蒸发。⑤蒸发器产生的二次蒸汽，由冷凝器冷凝，经切换器回流到提取罐的液体分布器，均匀地洒在药材表面。新溶剂从顶部到底部经与药材传质萃取，再次送入蒸发器，形成了边提取边浓缩的过程。控制好蒸发器的进料量、进料温度、真空度、提取罐的料温，整个系统就可以稳定工作。⑥经 4～7 小时的提取，打开过滤器底部的排污阀，可检查提取是否完全。提取完成后，切断真空阀，把切换器控制器状态指示按扭转至手动，再次启动，把切换器中剩余的水放完。打开出料阀，取出少部分药液，测试浓度是否符合工艺要求。如合格，浓缩液由蒸发器再沸器底部放出后，进一步醇沉或过滤。如热测比重不符合要求，打开蒸发器到冷却塔的蒸汽阀，关闭冷凝器的进气阀，打开冷却塔的真空阀、冷却水阀，继续浓缩，直到中间体浓度符合要求，与此同时，进行提取罐出渣清洗，加料加水重复以上工作。⑦打开进水阀，使罐内的上升蒸汽凝成液体流入油水分离器。

（2）动态醇提（溶剂提取）　①因溶剂提取时的蒸发温度大部分在 80℃ 以下，所以多采用常压提取、常压浓缩。关闭提取罐出渣门投入中药，关闭加料口，打开放空阀慢慢加入醇。中药材与醇的比例一般为 1∶4～1∶6。②打开内加热器进气阀通入蒸汽。启动循环泵，使水经过滤器、外加热器，回流到提取罐，再打开外加热器蒸汽阀加热水，这时提取进入升温阶段。待升到设定温度，关闭外加热器蒸汽阀，保温 20～60 分钟。③于此同时，打开立式冷凝器提取罐的出料阀及冷却器冷却水阀、浓缩器的进料阀。料液经过滤器送入蒸发器，待蒸发器液位达到一定的高度，关闭进料阀，打开冷凝器出料阀，打开切换器控制开关，按启动按扭，这时控制器面板电源指示灯和进料指示灯亮，把状态指示开关调整到自动状态，打开真空阀，切换器真空表启动，整个切换器自动系列开始工作。④打开卧式冷凝器进水阀，微微开启蒸发器再沸器的蒸汽阀，使料液循环沸腾蒸发。关闭冷凝器到切换器的阀门，打开冷凝器到提取罐的直通阀。开启冷凝器到尾气冷凝器的阀门，打开尾汽冷凝器的冷却水阀。开启提取罐排液阀和蒸发器的进料阀。热料经过滤器至蒸发器，待蒸发器液位到达一定的高度（视镜平），打开卧式冷凝器的进气阀，冷却水阀。⑤关闭蒸发器到冷却塔的进气阀，开启蒸发器到再沸器的蒸汽阀，使料液循环蒸发。蒸发器产生的二次蒸汽，经冷凝器冷凝，直接回到提取罐，均匀地洒在中药表面，溶剂从顶部到底部经与药材的传质萃取，回到蒸发器，形成了边提取边浓缩的过程。控制好蒸发器的进料量、蒸发温度、提取罐的料温、回流液的温度，整个系统就可以稳定工作。提取完成后，关闭回流液到提取罐的管道阀门，开启到冷却器的阀门。溶剂经冷却后，流入油水分离器，经分离后，溶剂流囤到溶剂贮槽，油流入油容器，直到溶剂全部回收完毕。⑥药渣的溶剂可由提取罐的内加热器继续加热。打开提取罐到冷凝器的阀门，关闭浓缩器到冷凝器的阀门，提取罐上升的蒸汽，经冷凝器冷凝、冷却器冷却，返回溶剂成品贮槽。蒸发器中的药液排放至下一工序过滤或水沉。

6. 注意事项　①提取罐须垂直安装，U 型液封装置和管道式视镜必须靠近提取罐安装。②如药厂水压较低可由水泵出口，引一根水管到蒸发器顶部的球型喷淋清洗管，组成蒸发器 CIP 清洁系统。③冷凝器安装时必须注意二次蒸汽进口端高于液体出口端 2~5cm，浓缩器二次蒸汽出口到冷凝器进口管路应保温。④蒸发器除垂直安装外，必须考虑前后操作空间，5~6m³ 机组的蒸发器因体积较大，应加设 60~80cm 高的操作台，便于蒸发器的观察、操作。⑤微电脑控制器离切换器就近安装，背后用 4 只螺丝固定。电磁阀与切换器连接按法兰记号 1 对 1、2 对 2 安装。电磁阀与微电脑控制引出线连接按端子符号 C1 对 C1、C2 对 C2 对接，液位器与微电脑控制引战线按 YK1 对 YK1 和 YK2 对 YK2，连接按线色绿对绿、红对红对接。⑥切换器电磁阀有方向性，安装时必须按箭头方向，即进料口出→真空管出→，放空管进←出料口进←。⑦冷凝器、切换器安装前必须清洁干净，以免沙砾等硬质颗粒进入电磁阀，破坏电磁阀密封面。⑧机组控制箱应安装在提取罐与蒸发器中间，使操作人员能清楚看到，出渣门的关、开动作口处的温度计的连接线如太短可加长，但必须采用屏蔽线。浓缩器内的两只再沸器的疏水器应独立安装，不可并连。

7. 故障排除　动态提取代表着中药提取技术的发展方向，动态提取机组故障率低是其重要特点之一。其中，以 DNT-B 系列为代表的动态提取-浓缩机组在正常使用过程中可能存在的故障及引起故障的原因和补救措施，详见表 3-7。

表 3-7　故障排除措施

故障	原因	补救措施
电机无法启动；无声音	至少两根电源线断	检查接线
电机无法启动；有嗡嗡声	一根接线断，电机转子堵转	必要时排空清洁泵，修正叶轮间隙
	叶轮故障	换叶轮
	电机轴故障	换轴承
电机启动时，电流断路器跳闸	绕组短路	检查电机绕组
	电极过载	降低工作液流量
	排气压力过高	减少工作液
消耗功率跳闸	产生沉淀	清洁，除掉沉淀
泵无法产生真空	无工作液	检查工作液
	系统泄漏严重	修复漏液处
	旋转方向错	更换两根导线改变旋转方向

续表

故障	原因	补救措施
真空度太低	密封泄漏 二次气体温度过高 循环水温度过高（>25℃） 磨蚀 系统轻度泄漏 使用设备多，泵太小	检查密封 加大冷却 换水降低水温 更换零件 修复泄漏处 换大一号的泵
尖锐噪声	产生气蚀 工作液量过高 汽水分离效果不好	连接气蚀保护件 检查工作液，降低流量 更换
泵泄漏	密封垫损坏	检查所有密封面

第四章
干燥设备

扫一扫，查阅本章数字资源，含PPT、音视频、图片等

干燥设备广泛应用于医药、食品、化工、建材等行业。就制药工业而言，无论是中药材干燥、制剂中间体（中药浸膏、片剂湿颗粒）、制剂成品等环节，还是包装，都需要应用干燥设备。被干燥物料中仍含有一定量的湿分（水分或其他可挥发性溶剂），由于物料的理化性质和粉体特征各不相同，需根据不同产品的不同要求选用不同的干燥设备，目的是使物料便于加工、运输、贮藏和使用，进而保证药品的质量，提高药物的稳定性。

第一节 概 述

制药生产中的干燥与其他行业的干燥相比，干燥机制基本相同。但由于行业的特殊性以及产品的特殊要求和限制，干燥设备的选择必须根据被干燥物料的性质和产量、工艺要求、环境保护等多方面综合考虑。

一、干燥及干燥设备的概念

干燥就是利用热能使湿物料中的湿分汽化，让气流带走或由真空泵抽出湿分，从而获得固体产品的操作过程。湿物料进行干燥时，有两种干燥过程。一种是表面汽化过程，热量从周围环境传递至物料表面；另一种是内部扩散过程，物料内部湿分传递到物料表面，然后再蒸发。物料的干燥速度由上述两个过程中较慢的一个控制。

干燥是中成药生产过程中一项重要工艺过程。从原料的采集到制成成药，每个环节都离不开干燥，其目的主要是便于中药的贮存、进一步加工及保证中药质量。中药生产的特点为批量小、品种多，难以实现连续化生产；浸膏的黏度大，在干燥过程中易粘容器壁，不易清洗。随着科学技术的发展，干燥技术也不断改进，逐渐向连续、节能、高效的方向发展。

干燥设备又称干燥器或干燥机，是用于进行干燥操作的设备。通过加热使物料中的湿分汽化逸出，以获得规定含湿量的固体物料。

二、干燥设备的应用及发展

随着制药行业迅猛发展，干燥设备工业正在不断成熟和壮大，成为药械工业中一个具有蓬勃生机的新兴行业。需进行干燥的原料既有数千万吨的大批量物料，又有年产仅十几千克的贵重物料，因些干燥设备既有一些大型有以适应独特的工艺要求和生产能力，又有一些中小型通用干燥设备。干燥设备广泛应用于中药制剂的各个环节。

干燥设备行业产生于 20 世纪 60 年代，到 80 年代初已经初具规模。早期干燥设备以接触干

燥如烘箱、烘房为主，耗能，耗时，且劳动强度较大，效率低。随着工艺的发展，喷雾干燥、沸腾干燥、真空干燥、远红外线干燥及微波干燥等新型的干燥方式逐渐发展并广泛应用，产生了较大的效益。这些干燥设备主要应用于化工、轻工、医药、食品、农业、林业等行业。

20世纪90年代，研发生产制造干燥设备的企业大规模兴起。例如，喷雾干燥器的应用为片剂、丸剂生产缩短了周期，为冲剂生产减少了污染，使杂菌量得到了很好的控制。喷雾干燥法可制备控释微粒，实验证明制成的片剂作为控释给药极为有效；制备低糖型冲剂，生产效率高、产品合格率高，成本降低，口感好，使病人乐于接受。旋风式干燥机，内有缓冲档板，热空气和湿物料可同时由下部切线方向进入，而后旋转上升。档板可增加其滞留时间，干燥物料随排气由上部出去，进入旋风分离器。干燥操作时，热空气和固体粒子由于比重不同造成的速度差，可强化热效应。气体停留时间短，而物料滞留时间较长；小颗粒易于干燥，停留时间短，大颗粒反之，从滞留时间分配上较流化床和回转式干燥器更为合理。

综上所述，人们利用新科技、新工艺，逐步研发出节能、省时、降低劳动强度、减少环境污染、提高药品质量、缩短生产周期的新型干燥方式，实现了干燥生产的快速化、自动化、现代化。目前干燥设备行业的发展趋势以改进为主，因此，如何应用新设备或改造旧设备以达到最好的干燥效果，需要研发人员继续深入地研究和扩展应用。

三、干燥设备的选择与分类

每种干燥设备都有其特定的适用范围。如选型不当，用户除了要承担高昂的采购成本外，还会在整个使用期内付出沉重的代价，诸如效率低、耗能高、运行成本高、产品质量差，甚至设备根本不能正常运行等。

（一）干燥设备的选择

在制剂生产中，关于干燥设备的选择，通常要考虑以下各项因素。

1. 产品的质量　例如，在医药工业中许多产品要求无菌、耐高温等特性，此时干燥设备的选型首先要从保证质量上考虑，其次才是经济性等问题。

2. 物料的特性　物料的特性不同，采用的干燥方法也不同。物料的特性包括物料形状、含水量、水分结合方式、热敏性等。例如，散粒状物料选用气流干燥设备和沸腾干燥设备较多。

3. 生产能力　生产能力不同，干燥方法也不尽相同。例如，当干燥大量浆液时可采用喷雾干燥设备，而生产能力低时宜用滚筒干燥设备。

4. 劳动条件　某些干燥设备虽然经济适用，但劳动强度大、条件差，且不能连续化生产，不宜处理高温、有毒、粉尘多的物料。

5. 经济性　在符合上述要求下，应使干燥设备的投资费用和操作费用降到最低，即采用适宜的或最优的干燥设备。

6. 其他要求　设备的制造、维修、操作及尺寸是否受到限制等也是应考虑的因素。此外，根据干燥过程的特点和要求，还可采用组合式干燥设备。例如，对于最终含水量要求较高的物料可采用气流-沸腾干燥设备；对于膏状物料，可采用沸腾-气流干燥设备。

（二）干燥设备的分类

由于需要干燥的物质种类繁多，所以干燥设备类型也很多。从不同角度考虑有不同的分类方法。

1. 根据操作压力　可分为常压干燥设备和减压（真空）干燥设备。常压干燥设备适用于对干燥没有特殊要求的物料；减压（真空）干燥设备适用于特殊物料，如热敏性、易氧化和易燃易爆物料。

2. 根据操作方式　可分为连续式干燥设备和间歇式干燥设备。连续式干燥设备的特点是生产能力大，干燥质量均匀，热效率高，劳动条件好；间歇式干燥设备的特点是品种适应性广，设备投资少，操作控制方便，但干燥时间长，生产能力小，劳动强度大。

3. 根据运动方式　根据运动（物料移动和干燥介质流动）方式可分为并流干燥设备、逆流干燥设备和错流干燥设备。

4. 根据供给热能的方式　可分为对流干燥设备、传导干燥设备、辐射干燥设备和介电干燥设备，以及由几种方式结合的组合干燥设备。干燥设备通常是根据供给热能的方式进行设计制造，如表 4-1 所示。

（1）对流干燥　利用加热后的干燥介质（常用的是热空气），将热量带入干燥器内并传给物料，使物料中的湿分汽化，同时被空气带走。这种干燥是利用对流传热的方式向湿物料供热，又以对流方式带走湿分，空气既是载热体，也是载湿体。气流干燥、流化干燥、喷雾干燥等都属于这类干燥方法。此类干燥目前应用最为广泛，优点是干燥温度易于控制，物料不易过热变质，处理量大；缺点是热能利用程度低。

（2）传导干燥　湿物料与设备的加热表面接触，将热能直接传导给湿物料，使物料中湿分汽化，同时利用空气将湿气带走。干燥时设备的加热面是载热体，空气是载湿体。如转鼓干燥、真空干燥、冷冻干燥等。传导干燥的优点是热能利用程度高，湿分蒸发量大，干燥速度快；缺点是温度较高时易使物料过热而变质。

（3）辐射干燥　利用远红外线辐射作为热源，向湿物料辐射供热，使湿分汽化除湿。这种方式是用电磁辐射波作热源，空气作载湿体。如红外线辐射干燥。优点是安全、卫生、效率高；缺点是耗电量较大，设备投入高。

（4）介电干燥　在微波或高频电磁场的作用下，湿物料中的极性分子（如水分子）及离子产生偶极子转动和离子传导等为主的能量转换效应，辐射能转化为热能，湿分汽化，同时用空气带走汽化的湿分。如微波干燥。优点是内外同时加热，物料内部温度高于表面温度，从而使温度梯度和湿分扩散方向一致，可以加快湿分的汽化，缩短干燥时间。

表 4-1　干燥设备（器）的分类

对流干燥器	传导干燥器	辐射干燥器	介电加热干燥器
箱式干燥器	盘架式真空干燥器		
气流干燥器	耙式真空干燥器		
转筒干燥器	滚筒干燥器	红外线干燥器	微波干燥器
流化干燥器	间接加热干燥器		
喷雾干燥器	冷冻干燥器		

第二节 常用的干燥设备

在制药工业中，被干燥的物料形态多样（如颗粒状、粉末状、浓缩液状、膏状流体等），物料的理化性质又各不相同（如热敏性、黏度、酸碱性等），生产规模和产品要求各异，实际生产采用的干燥方法和干燥设备的类型也各不相同。

一、真空干燥设备

若所干燥的物料热敏性强、易氧化及易燃烧，或排出的尾气有污染性需要回收，生产中常使用真空厢式干燥机（图4-1）。该类干燥器分为微波真空干燥机、双锥回转式真空干燥机、真空耙式干燥机和带式真空干燥机。

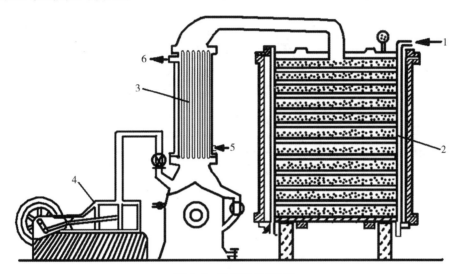

图4-1 真空厢式干燥机

1. 加热蒸汽；2. 真空隔板；3. 冷凝器；4. 真空泵；5、6. 冷凝水

（一）微波真空干燥机

微波真空干燥机是利用微波辐射加热的一种干燥装置，是由微波对物体直接发生作用，使其内外同时被加热，无须通过对流或传导来传递热量，所以加热速度快、热效率高、处理时间短，物料内外温度均匀，既能节约能源，又能提高干燥效率和干燥质量。智能化静态微波真空干燥设备是将微波能技术与真空技术相结合，并通过高科技智能化控制的一种新型微波能应用设备，它兼备了微波干燥及真空干燥的优点，同时克服了常规真空干燥温度高、时间长、能耗大的缺点。在一般物料干燥过程中，干燥温度为30~60℃，具有干燥产量高、质量好、加工成本低，同时通过智能化控制系统可以精确控制水分等优点。此外，该设备在低温低压条件下干燥时氧含量低，被干燥物料氧化反应变缓，从而保证了物料的风味、外观和色泽，对于干燥热敏性物料，特别是中药提取物浸膏、热敏性药物低温干燥，具有独特的优势。

（二）双锥回转式真空干燥机

双锥回转式真空干燥机是集混合、真空干燥于一体的干燥设备。真空干燥的过程是将被干燥物料置于密封的筒体内，用真空系统抽真空的同时对被干燥物料不断加热，使物料内部的水分通过压力差或浓度差扩散到表面，水分子（或其他不凝气体）在物料表面获得足够的动能，克服分子间的相互吸引力后扩散到真空室的低压空间，被真空泵抽走而完成与固体的分离。

（三）真空耙式干燥机

真空耙式干燥机主要由蒸汽夹套和耙式搅拌器组成（图4-2）。搅拌器不断搅拌，使物料得以均匀干燥，同时物料由间接蒸汽加热，汽化的气体被真空抽出。真空耙式干燥机与箱式干燥机相比，劳动强度低，干燥物料可以是膏状、颗粒状或粉末状，物料含水量可降至0.05%。缺点是干燥时间长，生产能力低；由于有搅拌桨，卸料不易清理，不适合需要经常更换品种的干燥操作。

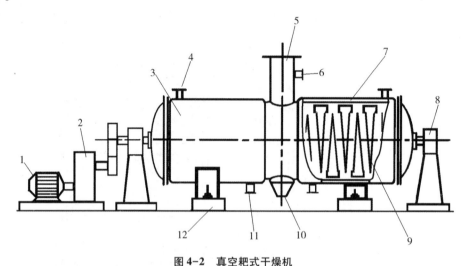

图4-2　真空耙式干燥机

1. 电动机；2. 变速箱；3. 干燥筒体；4. 蒸汽入口；5. 加料口；6. 抽真空；7. 蒸汽夹套；
8. 轴承座；9. 耙式搅拌器；10. 卸料口；11. 冷凝水出口；12. 干燥器支座

（四）带式真空干燥机

带式真空干燥机是制药生产中最常用的一类连续式干燥设备，简称带干机。将湿物料置于连续转动的运送带上，用红外线、热空气、微波辐射对物料加热，使物料温度升高而被干燥。根据结构，其可分为单级式干燥机、多级式干燥机、多层带式干燥机等。制药行业主要使用的是单级带式干燥机和多层带式干燥机。

1. 单级带式干燥机　一定粒度的湿物料从进料端被加料装置连续均匀地分布在传送带上，传送带由不锈钢丝网或穿孔不锈钢薄板制成网目结构，以一定速度传动；空气经过滤、加热后，垂直穿过物料和传送带，完成传热传质过程，物料被干燥后传送至卸料端，循环运行的传送带将干燥料自动卸下。整个干燥过程是连续的，见图4-3。

由于干燥阶段不同，干燥室一般被分隔成几个区间，每个区间可以独立控制温度、风速、风向等运行参数。例如，在进料口湿分含量较高区间，可选用温度、气流速度都较高的操作参数；中段可适当降低温度、气流速度；末端气流不加热，用于冷却物料。这样不仅能使干燥过程有效均衡地进行，还能节约能源，降低设备运行费用。

2. 多层带式干燥机　多层带式干燥机的传送带层数通常为3~5层，多的可达15层。处于工作状态时，上下两层传送方向相反，热空气穿流流入干燥室，物料从上而下依次传送。传送带的运行速度由物料性质、空气参数和生产要求决定，上下层速度可以相同，也可以不同，许多情况

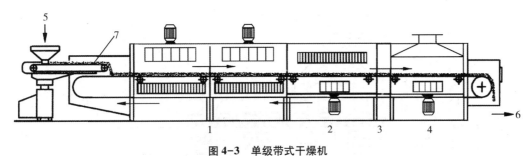

图 4-3　单级带式干燥机

1. 上吹；2. 下吹；3. 隔离段；4. 冷却；5. 加料端；6. 卸料端；7. 摆动加料装置

是最后一层或几层的传送带运行速度适当降低，这样可以调节物料层厚度，更合理地利用热能。见图 4-4。

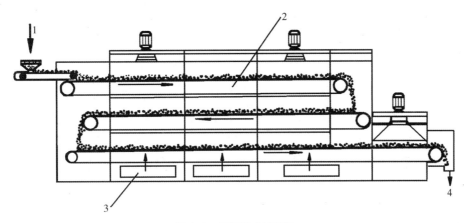

图 4-4　多层带式干燥机

1. 加料端；2. 链式输送器；3. 热空气入口；4. 卸料端

多层带式干燥机的优点是物料与传送带一起传动，同一层带上的物料相对位置固定，具有相同的干燥时间；物料在传送带上转动时可以不停地翻动，能更新物料与热空气的接触表面，保证物料干燥质量均衡，适合具有一定粒度的成品药物干燥；可以使用多种能源加热干燥（如红外线辐射和微波辐射、电加热器等）。缺点是被干燥物料状态的选择性范围较窄，只适合干燥具有一定粒度、没有黏性的固态物料，且生产效率和热效率较低，占地面积较大，噪声也较大。

二、隧道式微波干燥设备

隧道式微波干燥设备属于介电加热干燥设备，介电加热干燥是一种新型、节能的烘干方式。干燥过程不需要燃料，不需要锅炉，无污染，无能耗，不需要热传导，加热均匀，物料内外同时提温，可使含水量在 35% 以下的化工产品烘干速度缩短数百倍。物料中的水分子是一种极性很大的小分子物质，属于典型的偶极子，介电常数很大，在微辐射作用下，极易发生取向转动，分子间产生摩擦，辐射能转化成热能，温度升高，水分汽化，物料被干燥。制药生产中常用的微波频率为 2450MHz。

隧道式微波干燥机（图 4-5）主要用于蜜丸、水丸、水蜜丸、浓缩丸、药粉、颗粒等中药固体制剂及原料药和饮片的干燥灭菌，以及口服液、糖浆等瓶装液体制剂的灭菌，还广泛用于中药材的干燥、灭菌、防霉，具有干燥速度快、均匀、节能高效、操作简便、易于控制、安全无污染等优点。

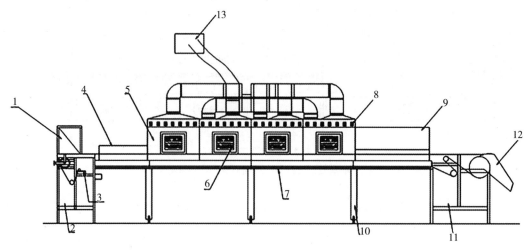

图 4-5　隧道式微波干燥机

1. 进料斗；2. 自动调偏装置；3. 抑制器；4. 加热箱；5. 可视窗；6. 桥身；
7. 微波源；8. 控制台；9. 支撑架；10. 动力墙架；11. 出料斗；12. 排气排热管道

隧道式微波干燥有很强的穿透性。当遇到微波时，物料内外会被同时加热，这样就避免了有些物料导热性差的问题，使干燥速度大大提高。如中药饮片、流浸膏等，其干燥速度可比普通干燥速度快几十倍。微波干燥除了速度快之外，节能效果也相当可观。有些物料对微波的吸收很少，而水分很容易吸收微波，所以能量会大限度地集中在水分上。一般情况下，微波干燥比红外干燥节能 30% 以上，并且含水量越少效果越明显。

三、转筒式干燥设备

转筒式干燥设备是一种间接加热、连续热传导类干燥器，主要用于溶液、悬浮液、胶体溶液等流动性物料的干燥。根据结构分为单转筒干燥器、双转筒干燥器。双转筒干燥器工作时（图4-6），两转筒进行反向旋转且部分表面浸在料槽中，液态物料以膜（厚度为 0.3~0.5 mm）的形式黏附在转筒上。加热蒸汽通入转筒内部，通过筒壁的热传导，使物料中的水分汽化，然后转筒壁上的刮刀将干燥后的物料铲下。这一类型的干燥器是以热传导方式加热，湿物料中的水分被加热到沸点，干料则被加热到接近转筒表面的温度。双转筒干燥器与单转筒干燥器工作原理基本相同，但前者热损失相对较小，热效率和生产效率更高。

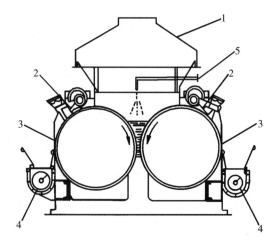

图 4-6　双转筒干燥器

1. 蒸汽罩；2. 刮刀；3. 蒸汽加热转筒；
4. 运输器；5. 原料液入口

四、旋转闪蒸干燥设备

旋转闪蒸干燥设备是带有旋转粉碎装置的立式干燥设备，能同时完成物料的干燥、粉碎、分级等操作。生产中常用的旋转闪蒸干燥机（图4-7）工作时，滤饼状物料进入干燥机后与呈切线形式进入干燥室的热介质混合，物料在涡旋热气流和机械分散力作用下呈颗粒状流态化，瞬间完成热质交换。干燥室顶部有粒度分级器，干燥后物料进入收集器获得粉状产品。该设备主要用于高黏度、高稠度、热敏性的膏剂，滤饼状、湿性结晶物料干燥，以及含有不溶于水或溶剂、非晶状或晶状细小粉粒体物料的干燥。工作特点如下：

1. 技术含量高　旋转闪蒸干燥机技术含量高，有机地结合了旋流、流化、喷动及粉碎分级技术。

2. 生产能力大　旋转闪蒸干燥机生产能力大，干燥强度高。物料受到离心、剪切、碰撞、摩擦而被微粒化呈高度分散状态，固气两相间的相对速度较大，强化了传质传热，可实现高效、快速、大规模生产。

3. 产品质量高　旋转闪蒸干燥机干燥的物料无粘壁和焦化变色现象。干燥气体进入旋转闪蒸干燥机底部，产生强烈的旋转气流，对器壁上物料产生强烈的冲刷带出作用，消除粘壁现象。在干燥机底部高温区，装有特殊装置，热敏物料不与热表面直接接触，解决了热敏性物料的焦化变色问题。

4. 生产时间短　旋转闪蒸干燥机在干燥过程中传热传质时间短。由于干燥室内周向风速高，物料停留时间短，热损失少，热效率可达70%以上。

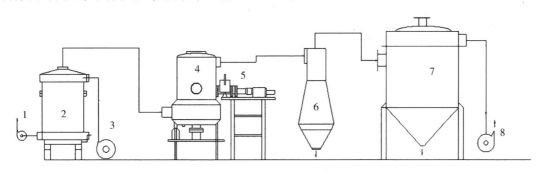

图 4-7　旋转闪蒸干燥机

1. 引烟机；2. 热风炉；3. 鼓风机；4. 闪蒸干燥机；5. 螺旋上料机；6. 旋风除尘器；7. 机械回转反吹袋过滤器；8. 引风机

第三节　典型设备规范操作

一、热风循环干燥箱

热风循环干燥箱，利用热风的循环流动，对物体水分进行快速蒸发，符合物理规律的两大特性：温度相同，有风的情况下蒸发更快；在同等风力的影响下，温度越高，蒸发越快。热风循环干燥箱利用此原理，将电能转化为热源，并用低噪、耐高温的流风机使空气流动，当热空气流经烘盘和物料时，热量会传至烘盘和物料，进行快速蒸发，同时风机形成的循环风流也会不断将水蒸气带出烘箱。本设备适用于制药、化工、食品等行业物料及产品的加热固化、干燥脱水，如原料药、生药、中药饮片、浸膏、粉剂、颗粒、冲剂、水丸、包装瓶等。下面以 CT-C-I 型热风循环烘箱为例进行介绍。

1. 工作原理　该设备是以蒸汽或电加热为热源，用轴流风机经散热器对空气加热，在箱体内形成热风空气循环流通，被加热的空气直接通过烘盘与物料层进行热量的传递，新鲜空气从进风口不断补充加热进入烘箱、烘盘，再从排湿口排出，这样不断循环补充加热，湿热空气不断排出可以保持箱内适当的湿度，强化了传质传热过程。热风在箱内循环，起到了节约能源的作用，是一种高效节能通用的干燥设备。

2. 结构特征　CT-C-I 热风循环烘箱由机座、驱动系统、混合桶及电器控制系统等部件组成。

3. 技术参数　CT-C-I 型热风循环烘箱技术参数见表4-2。

表4-2　CT-C-I 型热风循环烘箱技术参数

型号	CT-C-I
产量（千克/次）	120
温度范围（℃）	50~120
工作室尺寸（mm）	170×100×147
外形尺寸（mm）	226×120 ×223
风机功率（kW）	0.45
加热功率（kW）	12
蒸汽压力（MPa）	0.2~0.8
蒸汽用量（kg/h）	20
烘盘尺寸（mm）	460×640×45

4. 设备特点　CT-C-I 热风循环烘箱配用低噪音、耐高温的轴流风机和自动控温系统，整个循环系统全封闭，烘箱的热效率可达80%以上。箱体内不留焊疤，烘箱内外进行抛光，墙板式装配便于清洗；电脑控制化温度显示；门封采用医用硅胶，密封情况良好；拉车盘圆角光洁。外型美观，操作方便。

5. 操作前的准备工作

（1）检查上一班次设备运行记录，有故障是否及时处理，严禁设备带故障运行。

（2）检查烘箱内有无上一班次遗留物，清除内部杂物、异物。

（3）打开压力表蒸汽阀门，检查压力表蒸汽压力是否符合要求。

（4）打开排放管疏水器旁路阀，再打开送蒸汽阀门，排放管道内冷凝水，清扫管道。

（5）检查阀门、管道是否有泄漏并及时排除，然后关闭蒸汽总阀门，关闭排放管疏水器旁路阀。

（6）接通电源，按正常生产设定相关参数，按"启动"按钮，检查电机转向是否正确，转动中有无异常声响，并及时排除相应故障。

（7）按"电加热""蒸汽加热"按钮，检查电磁阀是否灵活，启闭是否正常。

（8）检查测温探头、温控仪是否能正常工作，各指示灯是否正常。

（9）检查设备是否良好，按"停止"按钮关机，填写并悬挂设备运行状态标志牌。

6. 操作步骤

（1）打开烘箱门，拉出烘车，装上预干燥物品。

（2）推入烘车，关闭烘箱门，扣好紧固手柄。

（3）按预干燥物品性质设定相关参数（包括设定温度、上限温度、下限温度、风机延时、恒温时间、排温时间、关机时间）。

（4）按"启动"按钮，运行指示灯点亮。此时检查"自动"指示灯是否点亮，如果是"手动"指示灯点亮，按"自动/手动"按钮转换为自动状态。

（5）选择加热方式：电加热或蒸汽加热。①选择电加热时，按"电加热"按钮即可，此时电加热指示灯亮。②选择蒸汽加热时，先打开送蒸汽管道阀门，再按"蒸汽"按钮，此时蒸汽加热指示灯亮。③电加热和蒸汽加热可单独使用，也可同时使用或相互转换使用。

（6）将排湿手柄放在适当位置。

（7）物品烘干后，将电加热或蒸汽加热关闭，关闭送蒸汽管道阀门，打开出气管道疏水器旁路阀门，排放冷凝水。

（8）将排湿手柄置于全湿位置，风机继续运行一段时间（根据烘箱温度，通常约 10 分钟）后，待温度降至室温左右，按"停止"按钮，关闭风机。

（9）打开烘箱门，拉出烘车，取出干燥物品。

7. 清洁方法

（1）将烘车及烘盘移至清洗间。

（2）用洁净湿抹布擦洗烘车，直至烘车表面无残留物痕迹。

（3）用刮刀清除烘盘表面大量可见的残留物，并用饮用水冲洗或加饮用水浸泡 10~20 分钟（视具体品种而定）后冲洗，直至烘盘表面无残留物痕迹。

（4）再用纯化水冲洗一遍。

（5）用 75%乙醇溶液浸湿的抹布擦洗烘盘消毒，并将已消毒烘盘置烘车上。

（6）用洁净湿抹布擦洗烘箱内左右各叶片及箱顶内壁（每个品种结束后清洗一次，在烘箱内温度降到适宜时清洗）。

（7）用拖把将烘车轨道及烘箱底部清洁干净。

（8）用洁净湿抹布将设备外部及控制箱擦洗干净。

（9）将烘车推入烘箱中，关闭箱门；打开蒸汽阀门及鼓风，干燥烘盘。关闭蒸汽阀门及鼓风。

（10）清理现场，经检验合格后，挂上设备清洁状态标志牌，并填写清洁记录。

8. 维护保养

（1）定期检查电器系统中各元件和控制回路的绝缘电阻及接零是否正常，以确保用电安全。

（2）设备保持清洁，干燥箱内积粉应及时清扫干净。

（3）定期检查设备的阀门开关控制是否灵敏，发现问题及时修复。

（4）定期检查设备的进汽管、排水管是否畅通，检查自控系统是否正常运行，发现问题及时维护或更换。

（5）检查推车车轮是否损坏，及时更换已损零件。

9. 注意事项

（1）设备使用时应严格按照标准规程操作。

（2）检查温度指示与风机是否工作正常，否则应及时更换或维修。

（3）操作人员每天班前班后对烘箱进行检查。检查内容包括确认部件、配件齐全，确认管路无滴液或漏液，保持设备内外干净无油污、灰尘、铁锈、杂物。

（4）设备运行过程出现异常时，应关闭电源与汽源，待检查维修好后，方可重新进行操作。

（5）设备使用后应及时清洁，保持箱体内外（包括支架、箱门）整洁、无可见残留物、无油污。

（6）严禁将潮湿或腐蚀性物品、重物品放于箱体上盖。

（7）设备平时应保持整洁、干燥，每两周应仔细擦洗一次，特别要清洁平时不易接触的卫生死角。

（8）以维修为主，每 3 个月对烘箱进行整体检查，维修更换损件。

（9）维修工作完毕后应对烘架及整个烘箱进行彻底清理。

（10）烘箱每半年检修一次，指定专人对烘箱进行维修保养。

10. 故障原因及排除方法　CT-C-I 型热风循环烘箱故障原因及排除方法见表 4-3。

表 4-3 CT-C-I 型热风循环烘箱故障原因及排除方法

故障	原因	排除方法
温度低	1. 蒸汽压力太低 2. 疏水器失灵 3. 排湿阀处在常开状态 4. 风机转向不正确 5. 显示仪表不正确 6. 没有采取保温措施	1. 按要求提高蒸汽压力 2. 清除疏水器内杂物 3. 关闭排湿阀 4. 电源线两相任意对调 5. 检查热电阻是否固定良好，接线是否正确 6. 必要时用标准电阻箱校验温度仪
温度不匀	1. 百叶窗叶片调整不当 2. 烘箱门未关严	1. 调整百叶片的位置 2. 关好烘箱门
风机噪声大	1. 风机或电机螺栓松动 2. 风机叶片碰壳，轴承磨损 3. 电机缺相运转	1. 检查并排除 2. 检查并排除 3. 检查线路及电器开关
干燥速度太慢	1. 箱内温度太低 2. 排湿选择不当 3. 风量太小 4. 热量散失	1. 见故障第 1 条 2. 调整排湿阀开度 3. 检查风机及风管有无漏风，叶片是否有杂物吸入 4. 检查需保温部位是否进行保温

二、高速离心喷雾干燥器

喷雾干燥是液体干燥工艺和干燥工业中应用最广泛的方法，适用于将溶液、乳液、悬浮液和糊状液体制成粉状、颗粒状固体产品。因此，当成品的颗粒大小分布、残留水分含量、堆积密度和颗粒形状等均有一定要求时，宜使用喷雾干燥。下面以 LPG 系列高速离心喷雾干燥器为例进行介绍。

1. 结构原理 LPG 系列高速离心喷雾干燥器从干燥塔顶部导入热风，同时将料液送至塔顶部，通过离心雾化器喷成雾状液滴，这些液滴群的表面积很大，与高温热风接触后迅速蒸发，在极短时间内便完成干燥。从干燥塔底排出的热风与液滴接触后，温度显著降低，湿度增大，作为废气由排风机抽出，废气中夹带的微粒用分离装置回收。

2. 设备特点 ①干燥速度快，料液经雾化后表面积大大增加，在热风气流中，瞬间就可蒸发 95%~98% 的水分，完成时间仅需数秒钟，特别适用于热敏性物料的干燥。②产品具有良好的均匀度、流动性和溶解性，产品纯度高，质量好。

3. 技术参数 LPG 系列高速离心喷雾干燥器技术参数见表 4-4。

表 4-4 LPG 系列高速离心喷雾干燥器技术参数

型号	LPG-5	LPG-25	LPG-50	LPG-150	LPG-200-2000
入口温度（℃）	140~350（可控）				
出口温度（℃）	80~90				
水份最大蒸发量（kg/h）	5	25	50	150	200~2000
离心喷雾头传动形式	压缩空气传动	机械传动			
最高转速（rpm）	25000	18000	18000	15000	8000~15000
喷雾盘直径（mm）	50	120	120	150	180~240
热源	电	蒸汽+电	蒸汽+电，燃油、煤气、热风炉		
电加热最大功率（kW）	9	36	72	99	

型号	LPG-5	LPG-25	LPG-50	LPG-150	LPG-200~2000
外形尺寸：长×宽×高（m）	1.8×0.93×2.2	3×2.7×4.26	3.5×3.5×4.8	5.5×4×7	按实际情况确定（非标设备）
干粉回收率（%）	≥95				

4. 操作方法

（1）设备运行前准备 ①检查整机各部件安装是否正确。②检查加热器和进风管道之间的连接，出风管和旋风分离器之间的连接是否密封。③关闭干燥室，并检查是否密封。④检查旋风分离器下部接头的密封器是否脱落，把密封圈放置好后再旋紧收料器，并检查旋风分离器的连接处密封是否正常。⑤检查负压调节蝶阀是否处于开启状态，须注意不能关闭蝶阀。⑥检查离心风机旋转方向是否正确，运转是否正常。⑦预热时，禁止安装电动喷头。应用堵板封住洞口，严防冷风从顶部进入。⑧检查送料系统是否正常，并准备配制好的料液。料液的配制比例要根据物料的性质而定，配制好的料液应具有良好的流动性。⑨使用前必须充分清洗设备，并根据要求决定是否消毒。

（2）设备的启动 ①接通总电源。②将温度表调整到预定的进口温度。③开启风机。④接通电加热器，并检查是否漏电，如正常即可进行筒身预热，不能少于30分钟。⑤在进口温度达到200℃时，开启全部负荷，使加热器以最大工作能力达到预定的进口温度，预定进口温度不能超过400℃。⑥接通电动雾化器的电机冷却水，通水循环。当干燥室进口温度达到设定的温度时，拿掉洞口盖板，把雾化器装好。启动雾化器，转速逐渐增加至要求转速。⑦雾化器启动后迅速加入料液。

（3）料浆的雾化干燥 ①配制好的料浆要保证不结块、不结丝、不粘结，有良好的流动性。②启动雾化器后速度由低逐步升高，达到预定转速后，加料液，料液由喷头甩出雾化。必须从小到大逐步调节进料量，直至出口温度符合要求，稳定为止。③应注意，料液进入干燥室时，温度显示有滞后，故调节料液流量速度要慢，以保证雾化稳定。④干燥成品的温度及湿度，取决于出口湿度。在运行过程中，保证出口温度为一个常数是极为重要的条件，这主要取决于加料量的大小。当加料量调整好以后，出口温度通常不变。⑤若产品湿度太高，可减少加料量，以提高出口温度；产品湿度太低，可增加进料量，以降低出口温度。⑥当料液的固体含量和黏度发生变化时，会影响出口温度。⑦对于温度要求较低的热敏性物料，可增加进料量，以降低出口温度，但产品的湿度也相应提高。⑧干燥成品被收集在旋风分离器下部的收料器中，尚未充满前就应提前调换。⑨对于易吸湿的产品，应用绝热材料包裹旋风分离器和引风管道，以避免成品回潮。

（4）停机 ①当料液即将用尽时，关闭塔底与旋风分离器下部的收料器。②而进料管中加入清水，送入离心喷头，初步清洗雾化盘和进料管道。这时水量应立即调小，保持出口温度不变，否则会造成干燥室内剩余粉末含湿量增加。③卸下旋风分离器下部的收料筒，收集剩余产品，换上空的收料瓶。④为了清洗雾化盘和进料管道，用较大进水量运行15分钟。⑤关闭加热器，慢慢停止供水，停止喷头旋转。⑥取出雾化喷头，打开干燥塔门，清扫干燥室以及喷雾头附近的积粉。⑦打开风机蝶阀，使风机继续运转，直至干燥室进口温度降到80℃时，关闭风机开关。⑧对取出的雾化器进行彻底清洗。⑨若设备在运行中发生意外事故或必须突然停机时，应首先停止供料，然后关闭加热器和离心风机。

5. 维护保养 ①对喷雾干燥机的各部件进行不定期检查、调整，需要润滑的部件和部位要

及时添加润滑油。②保持喷雾干燥机的清洁,如有污垢要及时清理。③在使用干燥机时,打开电源后要观察油泵是否能正常供油,出现异常要立刻关机,对油泵进行维修,待正常供油后方可使用。④喷雾的喷头在运转过程中如果出现杂声和振动,可能是喷雾盘内有残留杂质,这时应立即关机,把杂质清理干净后再继续使用。⑤清洗系统风管时要确保每一个部位都清洗干净。⑥清洗设备时,要防止水流进入除湿机、气扫装置及进风风机等部件内。⑦拆卸组装雾化盘时,要防止把主轴碰弯;重新安装时,雾化盘的左旋螺母一定要拧紧,以免松动影响使用。⑧压力表、真空计、温度计、流量计等仪器仪表要时常进行检查,检验其运行是否灵敏,数据是否可靠。⑨除此之外,每次开机前都要检查阀门管道是否有泄漏的现象,风机、电控箱接地是否安全。

6. 注意事项 ①使用蒸汽前必须彻底排净汽凝水,蒸汽开启时要缓慢进行,进汽不能太急,特别是冬天,防止突然热胀而损坏加热器或其他部件。②配电柜及电器设备严禁进水。③高温罐内料液液面距罐口至少 30cm,以防料液溢出烫伤。④使用酸、碱时注意防护眼睛、皮肤。⑤ 高温罐、均质机、输送管道等设备部件在停车后必须清洗,使用前必须杀菌消毒,一般用沸水或蒸汽消毒。

三、脉冲式气流干燥机

气流干燥是将湿物料加入干燥器内,随热气流输送进行干燥,物料在热气流中分散成粉粒状,是一种热空气与湿物料直接接触进行干燥的方法。下面以 QG 系列脉冲式气流干燥机为例进行介绍。

1. 结构原理 QG 系列脉冲式气流干燥机是用于规模生产的干燥设备,具有分散作用的风机,特别适合热敏物料的气流干燥作业。高速飞旋的风机叶轮,能把潮湿甚至结块的物料粉碎,直到分散,在分散过程中同时搅拌、混合,使物料和热气流平行地流动。气流干燥能使易于脱水的颗粒、粉末状物料,迅速除去水分(主要是表面水分)。物料在干燥器内停留时间短,易于使干燥成品的品质达到理想的控制水平。

这种类型的设备适用于干燥滤饼结块但表面没有水分的物料,物料含湿量≤40%;如果处理量大或者成品要求含湿量在 15% 以下时,可采用二级气流干燥设备。

2. 设备特点 QG 系列脉冲式气流干燥机采用瞬间干燥的原理,利用载热空气快速运动带动湿物料,使湿物料悬浮在热空气中。这样不仅强化了整个干燥过程,提高了传热传质的速率,而且物料中的非结合水分经过气流干燥几乎可以全部除去。所干燥的物料不易产生变质现象,物料产量显著提高,用户可在短期内取得较高的经济效益。

(1) 该设备干燥强度大,体积小,投资成本低,干燥能力为 50~2000kg/h。

(2) 该设备自动化程度高,生产的产品污染小,质量好,气流干燥物科全在管道中进行,时间极短(只有 0.5~2 秒),可实现自动化。

(3) 该设备能成套供应,自由选择热源,基本型由空气过滤器、加热器、加料器、干燥管、风机、旋风分离器等组成。用户可根据需要添置除尘器或其他辅助设备。

(4) 该设备加热方式选择上气流干燥,具有较大的适用范围。用户可以根据所在地区的条件选用蒸汽、电、导热油、热风炉加热,同时又可根据物料耐热温度(或热风温度)选择。耐热温度≤150℃时,可选用蒸汽加热;15℃<耐热温度≤200℃时,可选择电加热(或蒸汽加热电补偿)或导热油加热;200℃<耐热温度≤300℃时,燃煤热风炉加热;300℃<耐热温度≤600℃时,可选择燃油热风炉加热。干燥时间短,适用于热敏性物料,成品不与外界接触、无污染、质量好。

(5) 该设备基本型为气流干燥设备,适用于松散状、黏性小、成品为颗粒及粉末的物料干燥。同时可根据产品特性需要选择负压气流干燥或正压干燥。

3. 技术参数 见表4-5。

表4-5 QG系列脉冲式气流干燥机技术参数

型号		QG-50	QG-100	QG-250	QG-500	QG-1500
空气过滤器	面积（m²）	4	6	18	36	60
	台数	1	1	1	2	2
	更换时间（h）	200（滤袋）	200（滤袋）	200（滤袋）	200（滤袋）	200（滤袋）
加热器	面积（m²）	30	43	186	365	940
	耗用蒸（kg）	120	235	450	972	2430
	工作压力（MPa）	0.6~0.8	0.6~0.8	0.6~0.8	0.6~0.8	0.6~0.8
通风机	型号	9-19-4.5	9-26-4.5	9-19-9	9-19-9	9-26-6.3
	台数	1	1	1	2	4
	功率（kW）	7.5	11	18.5	37	125
加料器	输送量（kg/h）	150	290	725	1740	4350
	控制方式	电磁调速电机	电磁调速电机	电磁调速电机	电磁调速电机	电磁调速电机
	功率（kW）	0.6	1.1	3	3	7.5
旋风分离器	型号	CLK-350-400	CLK-500-450	ZF12.5	ZF12.5	
	效率（%）	98	98	98	98	
	数量	2	2	2	3	
袋滤器	数量	1	1	1	1	
	耗水量（L/h）	3.6~20.0				

4. 操作方法

（1）开机前检查 开机前先检查各设备控制点、机械传动点有无异常情况，蒸汽、压缩空气供给是否就绪。一切准备就绪后开机。

（2）开机顺序 开启控制电源，开启引风机，待引风机启动完成，开启鼓风机，开启蒸汽阀门，待进风温度升至130℃以上、出风温度升至70℃以上，开启加料机，开启加料调速器电源，缓慢调节调速器调速旋钮。转速由出风温度确定，出风温度一般控制在60~70℃。出风温度高，加料速度可以适当加快；出风温度低，加料速度适当减慢。出风温度在实际生产中可以根据产品最终水分含量调节。开启除尘喷吹开关，开机完成。

（3）关机顺序 首先关闭加料器，设备继续运行5分钟后（视设备气流管道内有无物料而定），依次关闭蒸汽阀、鼓风机、引风机；待设备内无料后关闭卸料器，然后关闭振动筛；除尘喷吹继续喷吹半小时左右后，关闭喷吹开关；最后关闭控制柜电源，清理现场。

5. 维护保养 ①交接班时注意检查机器使用情况，如有问题及时处理。②检查各易堵位置或检查加料口处有无堵料现象，如果有应立即排除。③工作过程中应经常检查风机轴承、减速器、电机等驱动部件的升温情况，升温不得超过环境温度20℃。④定期检查易损件，如发现不合格，应及时修复或更换。定时检查传动件和紧固件，链条松动应及时调整，紧固螺钉松动。⑤干燥机应每半年进行一次保养，每年进行一次检修。

6. 注意事项 ①生产过程中，注意蒸汽压力高低，保证进风温度不低于130℃，锅炉压力不低于0.5MPa。②出风温度如果降低，需将加料速度减慢。③除尘用的压缩空气压力不得低于

0.5MPa，生产过程中要保持喷吹开启。④避免异物掉入螺旋加料器。⑤注意各电机电流情况，引风机电流≤60A，鼓风机电流≤12A，加料机电流≤6A。⑥经常检查各传动部位有无异常，轴承部位温升情况等。⑦根据实际情况定期用皮锤敲击旋风分离器和布袋除尘器，以便清除内壁上的积料。⑧布袋除尘器内布袋要视使用时间定期检查清理，一般每月一次。⑨振动筛内的杂质物要随时清理，勤检查，保证筛孔通畅。

四、流化床干燥器

流化床干燥器又称沸腾床干燥器，是流化态技术在干燥过程中的应用，利用热空气流使湿颗粒悬浮，呈流化态，似"沸腾状"，使热空气与湿颗粒在动态下进行热交换，达到干燥目的的设备。各种流化干燥器的基本结构都由原料输入系统、热空气供给系统、干燥室及空气分布板、气-固分离系统、产品回收系统和控制系统等组成。下面以 ZLG 系列振动流化床干燥机为例进行介绍。

ZLG 系列振动流化床干燥机适用于干燥颗粒粗大或颗粒不规则且不易流化的产品，或为使颗粒保持完整而要求较低流化速度的产品，以及易于黏结、对温度敏感的产品和含结晶水物料的表面水的脱湿。

1. 工作原理　ZLG 系列振动流化床干燥机由布料系统、进风过滤系统、加热冷却系统、主机、分离除尘系统、出料系统、排风系统、控制系统等组成。工作时，物料由布料器加入振动流化床干燥机干燥室，在干燥室中与热风、冷风相遇，形成流化态，进行传热、传质，完成干燥并冷却，少量物料细粉被风夹带，进入旋风分离器。在离心力的作用下，物料沿筒壁沉降，分离下来。微量未被旋风分离器分离的细粉进入布袋除尘器回收，而湿空气被排空。控制系统是通过采集进出风口压力、温度的变送器信号进行控制。其中热风进风处温度需实现远程控制，通过控制蒸汽比例调节阀，从而将进风温度控制在设定范围内。系统主要部位控制、显示信号（包括温度、风压等）均在仪表柜上显示。

2. 结构特点　ZLG 系列振动流化床干燥机主要由上盖、箱体、进风口、引风口、观察窗及测温孔等组成。其中上盖与流化床板之间形成物料的流化室，进风口引出湿空气，测温孔用来检测流化室内的温度，观察窗监视物料的运行情况。箱体为充气室，热风由进风口进入，形成一定压力，使通过流化床的气体均匀分布，该处的风温可以用测温的传感器检测，并且可以将非正常操作掉入箱体的物料排出。设备特点如下。①干燥系统主机截面的设计，充分考虑了物料流化并能减少粉尘夹带，干燥效率高。②干燥系统采用了旋风分离器和布袋除尘器二级分离、除尘进行物料回收，收粉率高，有效减少物料的损耗，使系统更环保。③对传统的主机进行了结构改进，使用寿命长、振动小、噪声低、布料均匀。④流态化匀称，无死角和吹穿现象，可以获得均匀干燥及冷却的产品。⑤料层厚度、物料停留时间及全振幅变更均，可实现无级调节，确保达到产品干燥要求。⑥对物料表面损伤小，可用于易碎物料干燥；物料颗粒不规则不影响干燥效果。⑦主机配有振动电机旋转装置，物料的停留时间范围可调，确保产品的干燥质量。⑧设备过滤部位材质采用不锈钢材料制作，并做酸洗钝化处理，结构过渡圆滑，主机设卫生级快开入孔及排污球阀，方便清洗检修。⑨干燥主机上、下床体有保温层，保温效果好，设备热损失较小；主机床板刚性好，开孔率合理，有效避免了漏料问题的产生。⑩出风管线根据风量的不同，在某些部位按变径设计，确保细粉不会沉留集聚。⑪整个系统在微负压下操作，且密闭，不会有粉尘飞扬，工作环境清洁。

3. 技术参数　ZLG 系列振动流化床干燥机的主要技术参数见表 4-6。

表 4-6　ZLG 系列振动流化床干燥机主要技术参数

型号		ZLG 3×0.30	ZLG 3×0.45	ZLG 6×0.45	ZLG 6×0.60	ZLG 6×0.75	ZLG 9×0.60	ZLG 9×0.75	ZLG 12×0.75	ZLG 15×0.75	ZLG 18×0.80
床体	A1 （mm）	300	300	600	600	600	900	900	1200	1500	1800
	B2 （mm）	3000	4500	4500	6000	7500	6000	7500	7500	7500	8000
外形	A	5005	5005	5005	6510	6510	6510	8010	8010	8010	8520
	B	5005	5005	6510	6510	8010	8010	8010	8520	8570	9100
	C	890	1116	1286	1286	1286	1830	1830	2400	2850	3250
振动电机功率（kW）		0.37×2	0.75×2	1.1×2	1.1×2	1.1×2	2.2×2	2.2×2	3×2	4×2	5.5×2
重量（kg）		1240	1570	1967	2743	2886	3540	4219	5223	6426	8600
水分蒸发量(kg/h)		30~50	45~70	90~150	120~200	150~250	180~300	220~370	300~500	370~620	450~700

4. 操作方法

（1）**启动程序**　①调节振动电机的激振力，使机器达到需要的振幅。②启动引风机，并注意给风机、引风机转向是否正确。③调整各参数使达到要求值，并稳定在一定范围内。④启动振动电机。

（2）**操作注意事项**　①启动时应注意机器的运行情况，如有异常应立即停机检查。②如与辅机接触摩擦，应立即停机予以调整。③连接螺栓处产生异常声音时，应立即停机检查是否松动，重新紧固松动的螺钉。④两台电机的转向应符合要求。⑤振幅应符合规定（全振幅）。⑥干燥机在正常工作情况下，应按确定的振幅值做垂直水平方向均匀振动，如产生前后振幅不一致或左右晃动的现象，应仔细检查振动电机的激振力是否相同，配重铁是否松动。⑦启动、停机时机器振幅较大属正常现象，不必调整。

（3）**给料**　启动给料机，使物料均匀地布满流化床板。

（4）**停机程序**　①停止给料，待机内物料全部处理完毕。②停止振动电机。③关闭其他附属设备。

（5）**各参数的调整**　①调整被处理物料在机内停留时间有以下两种方法：第一种是改变机器的振幅。通过调整振动电机的激振力来实现，也就是调整振动电机两个偏心块的安装角度。需要注意的是，调整振动电机的激振力时必须两台同时调整，而且所调的激振力必须相同，避免因机器偏振而影响使用寿命。第二种是改变激振角。通过改变电机的安装角度来实现，该安装角度由固定法兰和电机座法兰配孔安装，电机座法兰向左或向右转动一孔位置安装，改变激振角。但这一调整方法往往是在调整振幅至额定值仍不能满足要求时才采用。应该注意的是，无论采用哪种方法调整，调整后各部位的连接螺栓均应重新紧固。②调整风量，用以调整被处理物料的流化状态。流化状态的好坏对物料的处理效果和耗能指标影响很大，在整个工作过程中都应予以控制。良好的流化状态是指被处理物料在介质的作用下，具有了液体的某些性质。物料层高度增加，具有了液体的流动性，直观观察时，物料层上表层界限清楚，机内可见度良好，引风部分粉尘夹带少。相反，如被处理物料床层高度无变化，体积不膨胀，不具有液体的流动性质，或物料层与热风之间已无明显界限，气固难以分清，机内可见度低，粉尘夹带大等，则分别表示给风量过小或过大，应予调整。风量调整的标准是进料口和出料口既不排出热风也不吸入冷风。③依照上述方法调整风量后开始给料，给料的情况对物料处理的好坏也有很大的影响。给料均匀、连续，并使之均匀地散布在整个流化床上，是获得理想干燥状态的重要操作条件。给料的同时依然要进行风量的调整。开始给料时，由于物料尚未能布满整个床面，会出现热风偏流敷粉夹带较多的现象，待物料布满床面并进一步调整风量后，此现象就可消除。物料布满床面，达到要求的料层高度时，床层压降趋于稳定。这时就可以确定给风量与引风量，将给风、引风阀门的螺栓拧紧，并记下开度值。同时也确定给料机的给料量并予以保持。

（6）运转时的检查项目　正常运转时，定期检查下述项目：①给料是否均匀，连续。②进、出料口是否有冷风吸入或热风排出。③随时检测介质温度、物料温度和振动电机温度。④观察物料的流化状态。⑤辅助机件的间隙大小及辅机工作状态。⑥螺栓、螺帽是否松动，如有松动需及时紧固。⑦振动状态及噪音是否符合规定，观察有无振动异常及声音异常。⑧观察隔振簧的工作情况，发现龟裂需及时更换。⑨检查旋风除尘器的密封情况和排料状况，确认收集到的物料能否及时排出。

5. 注意事项　①每班检查设备主体、附属设备是否异常，固定螺栓是否松动。②每班干燥结束后对外部设备进行清扫，保证设备清洁无积尘、无油污、无杂物。③按照工艺要求清理设备内部，清洁后按技术要求检测。④每班要求清理旋风引风机内物料。⑤每班检查蒸汽总管处疏水阀的阀前温度是否正常，如温度较低说明过滤器堵塞，需立即更换。

6. 维护保养　①定期打开观察窗及积料排出口，清除滞留在流化床板上的物料及掉入箱体里的物料。流化床网板如有堵塞，应予处理。水洗后应将设备及时烘干除掉水分，以免设备锈蚀影响下次的物料处理效果。②振动电机应定期维护保养及加润滑油。③检查隔振橡胶簧的工作情况，当隔振簧出现老化龟裂或安装高度低于 105mm 时，应将全部隔振簧一起更换，每组橡胶簧自由高度误差不超过 3mm，且更换时只能采用一种方式。更换过程中，起吊成推顶时必须保持机体重心平衡，如千斤顶的升起量保持相同，并在最小转距的情况下更换。更换后的橡胶簧须经严格检查。④软接管发生破损时，应予以更换，以免造成给风量波动，影响物料处理效果。更换时，安装方法参见安装说明。

五、冷冻干燥器

真空冷冻干燥技术又称升华干燥，广泛应用于药品、生物制品、化工及食品工业，适用于热敏性物质如抗生素、疫苗、血液制品、酶激素及其他生物组织等的制剂制备。以 FD-1A-50 型冷冻干燥器为例介绍如下：

1. 结构及工作原理

（1）设备构成　冷冻干燥器由制冷系统、真空系统、加热系统、电器仪表控制系统所组成，主要部件为干燥箱、凝结器、冷冻机组、真空泵、加热/冷却装置等。

（2）工作原理　冷冻干燥器的工作原理是将被干燥的物品先冻结到三相点温度以下，然后在真空条件下使物品中的固态水分（冰）直接升华成水蒸气从物品中排出，使物品干燥。物料经前处理后，依次被送入速冻仓冻结、干燥仓升华脱水和后处理车间包装。真空系统为升华干燥仓提供低气压条件，加热系统向物料提供升华潜热，制冷系统向冷阱和干燥室提供所需的冷量。本设备采用高效辐射加热，使物料受热均匀；采用高效捕水冷阱，可实现快速化霜；采用高效真空机组，可实现油水分离；采用并联集中制冷系统，实现多路按需供冷，工况稳定，有利于节能；采用人工智能控制，可实现控制精度高，操作方便。

2. 设备特点　①台式设计紧凑，占用面积小。②人体工学设计，外形美观，操作方便。③原装进口全封闭压缩机，高效可靠，噪音低。④冷阱开口大，具有样品预冻功能。⑤冷阱为不锈钢制造，冷阱内无盘管，光洁耐腐蚀。⑥ 专利设计导流筒，提高了冷阱有效工作面积，可快速冻干。⑦采用原装进口充气阀，可填充干燥氮气或惰性气体。⑧透明钟罩式干燥室，安全直观。⑨国际标准真空接口，可与多种真空泵联用。⑩ 数字显示温度及真空度。

3. 技术参数　FD-1A-50 型冷冻干燥器技术参数见表 4-7。

表 4-7　FD-1A-50 型冷冻干燥器技术参数

设备指标	主要参数
冷凝温度（℃）	-50
真空度（Pa）	< 10
冻干面积（L/m²）	0.12
盘装物料（L）	1.2
捕水能力（kg/h）	3
样品盘（mm）	200×4 层
电源要求（V/Hz）	220/50
功率（W）	850
主机尺寸（mm）	380×600×345

4. 操作方法

（1）开机操作　①连接总电源线，打开黄色总电源开关。此时"冷阱温度"显示窗开始显示冷阱的温度。②按下"制冷机"开关，制冷机开始运转，冷阱温度逐渐降低。为使冷阱具有充分吸附水分的能力，预冷时间应不少于 30 分钟。③按下"真空计"开关，此时真空度显示为"999"。④预冷结束后，将已准备好的待干燥的物品置于干燥盘中，再将有机玻璃筒罩上。⑤按下快速充气阀上的不锈钢按片，听到咔嚓声后，将快速充气阀接嘴拔出，以自动密封。⑥按下"真空泵"开关，真空泵开始工作，真空度显示"999"，直到 1000Pa 以下，方可显示实际真空度，冷冻干燥进程开始。

注：待干燥物品置于机器内前，必须冷冻结实；在真空泵开始工作时，用力下压有机玻璃罩片刻，有利于密封。

（2）关机操作　①将快速充气阀接嘴插入快速充气阀座，同时关闭"真空泵"电源开关，使空气缓慢进入冷阱。②关闭"真空计""制冷机"和总电源开关，同时拔掉电源线。③提起有机玻璃罩，将物品取出、保存，冷冻干燥过程结束。④待冷阱中的冰化成水后，将水从快速充气阀出口排出，操作与充气类似。⑤清理冷阱内的水分和杂质，妥善保养设备。

5. 维护方法　①每半年维护一次电器部分。在断电的情况下，打开盖板，用螺丝刀对电控箱内部各端子接线螺丝进行检查，并扭紧。如果不定期维护，很容易因机器震动而造成电气元件松动，导致电流过大而损坏零件，甚至形成断路。查看内部电源线是否有破损，对破损的电源线进行包扎或更换。用油漆刷清除电箱内灰尘。②每年维护一次机械部分，检查紧固螺丝并进一步紧固。③每年清理检查一次机器外观，脱漆部位用同色油漆进行补漆。④每天检查一次自动排水是否正常，如动作不顺，须按下自动排水器按钮，进行清洗。⑤每天检查一次蒸发压力计，运转状态下蒸发压力计应指示在 3.55kg/cm²，即指示在蓝色范围是最佳状态。⑥每月卸下自动排水器清洗一次，可降低动作不良的发生率。⑦每月检查一次放空阀、电磁阀的灵敏度、密封性是否良好。⑧每周用吸尘器、刷子或喷嘴清扫一次散热网，清扫前方通风口。

6. 注意事项　①用冷冻干燥器制备样品时应尽可能扩大其表面积，样品中不得含有酸碱物质和挥发性有机溶剂。②样品必须完全冻结成冰，如有残留液体会造成气化喷射。③注意冷冻干燥机冷阱约为-65℃，可以作为低温冰箱使用，必须戴保温手套操作防止冻伤。④启动真空泵以前，检查出水阀是否拧紧，充气阀是否关闭，有机玻璃罩与橡胶圈的接触面是否清洁无污物且良好密封。⑤一般情况下，该冷冻干燥机不得连续使用超过48小时。⑥样品在冷冻过程中，温度逐渐降低，可以将样品取出回暖一段时间后，继续干燥，以缩短干燥时间。

第五章
粉碎原理与设备

扫一扫，查阅本章数字资源，含PPT、音视频、图片等

粉碎是中药材前处理的首要环节，是一个重要的单元操作。粉碎质量的优劣直接影响产品后续工艺的质量以及应用性能。因此，选择正确的粉碎设备是保证粉碎质量的重要环节。

第一节 概　述

粉碎是借助机械力将大块固体药材加工成适当大小的块状固体或具体规格的粉末状固体的操作过程。在中药制剂生产过程中，粉碎操作是药物原材料处理技术中的前序过程，粉碎质量的优劣直接影响中药成品的质量和药效。

一、粉碎的目的

粉碎的目的是减小固体药材的粒径，有利于药材中有效成分渗出或溶出；有利于后序特定剂型的制备，如散剂、颗粒剂、丸剂、片剂等剂型均需进行前序粉碎；便于调剂和服用，以适应多种给药途径；增加药物的表面积，有利于药物溶解与吸收，从而提高生物利用度，达到临床给药的应用目标。

二、粉碎的基本原理

物质中分子之间的引力叫内聚力，不同的内聚力显示出物质不同的硬度和性能。固体药物的粉碎过程主要是机械力，如冲击力、压缩力和剪切力的综合作用，破坏物质分子间部分内聚力，使物体内部产生相应的应力，当应力超过一定的弹性极限时，物体就会发生破碎或者塑性变形，塑性变形继续增大到一定程度后破碎。弹性变形范围内破碎称为弹性粉碎（或脆性粉碎），塑性变形之后的破碎成为韧性粉碎。一般来说，极性晶体药物的粉碎为弹性粉碎，非极性晶体药物的粉碎为韧性粉碎。

粉碎过程主要是机械能做功，作用于物料破碎前的变形能、物料粉碎新增的表面能、晶体结构或表面结构发生变化所消耗的能量及粉碎机械转动过程中的耗能等。为使机械能尽可能有效地用于粉碎过程，应该将已经达到要求的粉末随时收集、移除，使粗颗粒充分被粉碎，这种粉碎方法称为自由粉碎。反之，若细粉继续储存在粉碎设备里，会对粗颗粒粉碎起缓冲作用，消耗大量机械能，亦产生大量不必要的过细粉，这种现象称为缓冲粉碎。因此，在粉碎操作中必须将已达到要求的细粉及时分离，以保证粉碎顺利进行。粉碎作用力通常包括截切、挤压、研磨、撞击以及劈裂等。粗碎以撞击和挤压为主，细碎以截切和研磨为主。在实际运用中，粉碎往往是几种作用力综合作用的结果。

药物粉碎的难易程度，与其结构和性质有关。根据固体分子排列结构不同，可分为晶体和非晶体。晶体药物具有一定的晶格，粉碎时会沿着晶体的结合面破裂成小晶体，易于粉碎，如生石膏。非极性晶体药物被施加一定机械力粉碎时，易产生变形，如樟脑、冰片，可选择加入少量挥发性液体，降低分子间内聚力，使晶体易从裂隙处分开，有助于粉碎。非晶体药物如乳香、没药，分子呈现不规则排列，具有一定的弹性，当受到外加机械力作用时会引起弹性变形，而不易粉碎。若粉碎时温度较高，会使药物变软而降低粉碎效率，可通过降低温度来增加非晶体药物的脆性，以利于粉碎。

植物药材由多种结构和成分组成，性质更为复杂。薄壁组织的药材，如花、叶、部分根茎等易于粉碎；木质及角质结构的药材不易粉碎；黏性或油性药材需经相应处理后才能粉碎。动物筋、甲、骨等需经蒸制后粉碎。对于不溶于水的矿类药物如朱砂、雄黄，利用粗细粉末在水中悬浮性不同——细粒悬浮、粗粒下沉，分离可得极细粉。

经粉碎后的药物表面积增加，引起表面能增加，表面能有趋于缩小的倾向，因此已粉碎的粉末有重新聚集的倾向，部分药料混合后须使用前再粉碎。若共同粉碎的药物中含共熔成分，要注意潮湿或液化现象影响粉碎效率。

在药材粉碎的过程中，要遵循以下原则：①药材粉碎前后其组成、药理、药效作用不变；②根据药物性质、应用需求及剂型等控制粉碎程度；③需要粉碎的药材必须全部粉碎，植物叶脉、纤维等较难粉碎的部分不能随意丢弃，以免损失药物有效成分；④粉碎过程中要及时过筛，避免部分药材过度粉碎，同时能提高工作效率；⑤粉碎毒性、刺激性大的药物时，要做好安全防护；⑥正确使用粉碎装置，注意自身安全。

三、粉碎的方法

根据被粉碎物料的性质、产品粒度要求、物料多少等，在制剂生产中应采用不同的粉碎方法。包括干法粉碎、湿法粉碎、低温粉碎及超微粉碎等。

（一）干法粉碎

干法粉碎系指将药料经过适当干燥（一般温度不超过 80℃），含水量降低至一定程度（一般应少于 5%）再粉碎的方法。干法粉碎时可根据药料的性质，如脆性、硬度等不同，采取单独粉碎或混合粉碎。

1. 单独粉碎 单独粉碎系指将一味药料单独进行粉碎的方法。该法可根据药料性质选择合适的粉碎机械设备，还可避免粉碎时不同药料损耗不同导致含量不准确的现象发生。在实验生产中需单独粉碎的物料有以下几类：氧化性与还原性强的药物如火硝、硫黄、雄黄等，混合可引起爆炸，故必须单独粉碎；贵重细料药如牛黄、羚羊角、人参、珍珠等，单独粉碎可减少损耗；刺激性、毒性药物如蟾酥、马钱子等，单独粉碎可防止中毒和交叉污染；含树胶树脂类药物如乳香、没药等，应单独低温干燥。

2. 混合粉碎 混合粉碎系指将处方中的药料全部或部分掺合在一起进行粉碎的方法。此法适用于处方中性质及硬度相似的药物相互掺和粉碎，既可降低黏性或油性药物单独粉碎的难度，又可使粉碎和混合同时进行，提高生产效率。但由于中药原料质地差别较大，临床用药时，须对特殊药物进行特殊处理。

（1）串油 处方中含有大量油脂性成分的药物如黑芝麻、桃仁、苏子等，不易粉碎和过筛，须捣成糊状或不处理，再与已粉碎的其他药物粗粉掺研粉碎成所需粒度。先粉碎的药粉可及时将油吸收，降低黏性，易于粉碎。例如桑麻丸、柏子养心丸中的柏子仁、酸枣仁和五味子在粉碎时均采用"串油"操作。

（2）串料 处方中含有大量糖分、树脂、树胶、黏液质的药物如天冬、麦冬、熟地黄、乳香、没药等，吸湿性强，可先将处方中其他药物粉碎成粗粉，再陆续掺入黏性药物，逐步粉碎成所需粒度。例如六味地黄丸中的熟地黄、山萸肉，归脾丸中的龙眼肉在粉碎时均需"串料"操作。

（3）蒸罐 处方中一些药物不宜先加工炮制成饮片储存，如乌鸡、鹿肉等；有些药物入药前需进一步蒸制，如黄精、何首乌等。"蒸罐"的目的是使药物变熟，增加温补效果，而且经蒸制的药物干燥后更易于粉碎。需蒸罐粉碎的药物包括动物的皮、肉、筋、骨，以及部分植物药如制何首乌、酒黄芩、红参等。

有低共熔成分时，混合粉碎可能会产生潮湿或液化现象，此时需根据制剂需求，或单独粉碎，或混合粉碎。

（二）湿法粉碎

湿法粉碎系指在药料中加入适量水或其他液体共同研磨粉碎的方法。选用液体以药物遇其润湿不膨胀，二者不发生反应，不影响药效为原则。该法既可避免粉尘飞扬，同时液体又可防止粒子凝聚，从而提高粉碎效果。用量以能润湿药物成糊状为宜。湿法粉碎适用于某些刺激性较强，或有毒性，或产品细度要求较高的药物。

（1）水飞法 指利用粗细粉末在水中不同的悬浮性，将不溶于水的药物反复研磨至所需粒度的粉碎方法。具体方法是先将需粉碎的药物打成碎块，放入研钵或球磨机中，加入适量清水研磨，使细粉混悬于水中，后将此混悬液倾出，重复操作至全部研细为止。再将混悬液合并，沉淀得到湿粉，干燥研散即得到极细的粉末。矿物类、贝壳类中药，如朱砂、珍珠、炉甘石、滑石等要求细度高，常用"水飞法"进行粉碎。现在多用球磨机代替传统"水飞"手工操作，既保证了药粉细度，又提高了生产效率。

（2）加液研磨法 指在要粉碎的药物中加入少量液体研磨至所需粒度的方法。常用此法的药物有樟脑、冰片、薄荷脑等。在生产中研磨麝香时常加少量水，俗称"打潮"，尤其在研磨麝香渣时，"打潮"后更易粉碎。中药传统粉碎方法中，冰片和麝香的粉碎有其原则："轻研冰片，重研麝香。"

（三）低温粉碎

低温粉碎系指利用低温时物料脆性增加，韧性和延展性降低，易于粉碎的特性进行粉碎的方法。其特点包括：①适用于常温下粉碎困难的药料，即软化点、熔点低、有热可塑性的物料，如树脂、树胶、干浸膏等。②适用于富含糖分或黏性大的药物。③能够保留挥发性的有效成分。④获得更细的粉末。

低温粉碎常用的方法：①物料先进行冷却或在低温条件下，迅速通过粉碎机粉碎。②粉碎机壳通入低温冷却水，在循环冷却中粉碎。③待粉碎的物料与干冰或液化氮气混合后粉碎。④组合应用上述冷却法进行粉碎。

（四）超微粉碎

超微粉碎是指利用机械或流体动力的方法克服固体内部凝聚力使之破碎，从而将物料颗粒粉碎至微米甚至纳米级的操作技术。这是 20 世纪 70 年代以后为适应现代高新技术的发展而产生的一种物料加工高新技术。

超微粉体按大小通常可分为微米粉体、亚微米粉体、纳米粉体。粒径在 1~100nm 的粉体称为纳米粉体，粒径在 0.1~1μm 的粉体称为亚微米粉体，粒径在 1~100μm 的粉体称为微米粉体。

药物经超微粉碎后，具有良好的溶解性、分散性、吸附性、化学反应活性等，可增加有效成分溶出率，增强药效，提高生物利用度。目前，超微粉碎已广泛应用于制药等领域。

四、中药材粉碎的特点及影响因素

1. 中药材粉碎的特点　根据粉碎产品的粒度，中药材粉碎常分为破碎（>3mm）、磨碎（60μm~3mm）以及超细磨碎（<60μm）。中药散剂、丸剂所用药材粉末的粒径均属于磨碎范围，而浸提所用药材粉碎粒度属于破碎范围。

在粉碎操作中产生的低于规定粒度下限的药材粉末称为过粉碎。过粉碎并不能提高浸提效率，相反会使药材所含淀粉糊化，药渣药液难分离，而且粉碎时耗能更大，因此应尽可能避免。

2. 影响因素　粉碎过程中，除了不同的粉碎设备影响粉碎效果外，粉碎方法、粉碎时间、药料性质、进料粒度及进料速度亦是影响粉碎效果的重要因素。

（1）粉碎方法　生产中，不同的粉碎方法得到不同的产品粒度；在同一条件下，采用湿法粉碎获得的产品粒度较干法粉碎更细。若最终产品以湿态使用，可采用湿法粉碎；若最终产品以干态使用，可在湿法粉碎后进行干燥处理，但此过程细粉易再次聚结。

（2）粉碎时间　一般情况下，粉碎时间越长，产品粒度越细；但粉碎超出一定时间后，产品细度几乎不改变。因此，对于一些产品，粉碎时间要适宜。

（3）药料性质、进料粒度及进料速度　脆性、韧性好的药料易被粉碎。进料粒度太大不易粉碎，粒度太小则粉碎比减少，均会导致生产效率降低。进料速度过快，粉碎室中颗粒间碰撞机会增加，粉碎机械力作用减弱，药料在粉碎室滞留时间减短，最终导致产品粒度大。

第二节　常规粉碎设备

生产中使用的粉碎机械种类繁多，按照粉碎作用力可分为以下几种。以截切作用力为主，如切药机、切片机、截切机等；以撞击作用力为主，如冲钵、锤击式粉碎机、万能粉碎机等；以研磨作用为主，如研钵、球磨机等；以锉削作用为主，如羚羊角粉碎机。按粉碎机械作用件的运动方式可分为旋转式加速、振动式加速、搅拌式加速、滚动式加速、由流体引起的加速等；也可按操作方法不同分为干磨、湿磨、间歇和连续操作等。实际应用中，常分为破碎机、磨碎机和超细粉碎机三大类。

一、研钵

研钵亦称乳钵，如图 5-1 所示，配有钵杵，常用的有瓷制、玻璃制、玛瑙制、氧化铝制等，适合粉碎少量药物。瓷制研钵内壁有一定粗糙面，可加强研磨效能，但易残留药物且不易清洗。研磨或混合毒性、贵重药物时，宜采用玻璃制研钵。

进行研磨操作时，每次所加药料的量一般不超过研钵容积的1/3；研磨时杵棒以研钵中心为起点，按照螺旋方式逐渐向外围旋转扩至四壁，然后逐渐返回中心，反复操作提高研磨效率。需要

图 5-1　研钵

注意的是，大块固体药物只能压碎，不能用研杵捣碎，以免破坏容器。

研钵适用于粉碎少量结晶性、非纤维性的脆性药物或贵细药，也是水飞法常用工具。现代化生产中为实现大量药物的粉碎，常使用电动研钵大幅度提升粉碎效率和产量。

二、锤击式粉碎机

锤击式粉碎机如图 5-2 所示，是进行中碎和细碎的一种设备，主要由筛板、弧形内衬板、锤头、钢制壳体等组合而成。

电动机带动转子在破碎腔内高速旋转。物料自上部给料口进入机内，受高速运动的锤子打击、冲击、剪切、研磨作用而粉碎。转子下部设有筛板，粉碎物料中小于筛孔尺寸的粒级通过筛板排出，大于筛孔尺寸的粗粒级留在筛板上继续受锤子的打击和研磨，后通过筛板排出机外。粉末的细度可通过更换不同孔径的筛板进行调节。

锤击式粉碎机优点：①粉碎耗能小，生产能力大。②操作比较安全。③粉碎度很高。④磨损零件可以更换。缺点：①锤头磨损较快。②筛板易于堵塞，不适用于黏性物料的粉碎。③过度粉碎的粉尘较多。本机适用于干燥、脆性好的药料粉碎或做粗粉碎。

图 5-2 锤击式粉碎机示意图

1. 筛板；2. 转子盘；3. 出料口；4. 中心轴；
5. 支撑杆；6. 支撑环；7. 进料口；8. 锤头；
9. 反击板；10. 弧形内衬板；11. 连接机构

三、球磨机

球磨机的主要组成部分是一个由铁、不锈钢或瓷制成的圆形筒体，轴固定在轴承上，筒内装有物料以及钢制或瓷制的研磨介质。结构如图 5-3 所示。球磨机是减小散体、颗粒尺寸的重要设备，广泛应用于矿山、水泥、化工和制药等行业。根据介质运动特征，球磨机筒体内部可以划分为抛落区、泻落区、研磨区、破碎区，研磨介质冲击破碎散体颗粒形成的粒度，取决于破碎过程中作用于散体颗粒的机械能，即研磨介质的冲击能。

整机由滚动轴承支撑，通过传动装置带动筒体做回转运动。筒体在旋转的同时利用镶嵌在其内壁的衬板带动钢球运动并将其提升到一定的高度，由于筒体转速的不同，研磨介质（如钢球）在磨机内部做泻落、抛落、离心运动，利用其对药物的冲击、研磨等作用来粉碎药物。

球磨机适用于粉碎结晶类药物如朱砂、硫酸铜，树脂类药物如松香，树胶类药物如桃胶、阿拉伯胶，其他植物中药浸提物如儿茶，刺激性药物如蟾酥等（可防止粉尘飞扬），吸湿性强的浸膏如大黄浸膏等（可防止吸潮），具有挥发性的药物如麝香，贵细药如鹿茸，以及易与铁发生反应的药物。球磨机在无菌条件下还可进行无菌粉末的粉碎和混合。

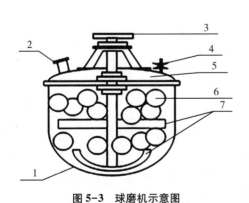

图 5-3 球磨机示意图

1. 筒体；2. 加料口；3. 转动轴；
4. 气孔；5. 筒盖；6. 磨介；7. 浆叶

四、万能磨粉机

万能磨粉机利用活动齿盘和固定齿盘间的高速相对运动，冲击、摩擦粉碎物及物料彼此间冲击等综合作用使粉碎物获得粉碎。如图 5-4 所示，万能磨粉机主要由两个带钢齿的圆盘和环形筛板组成。被粉碎物可直接由主机磨腔中排出，粒度大小可通过更换不同孔径的环形筛板改变。本机械具有结构简单、坚固、运转平稳、粉碎效果良好等特点。

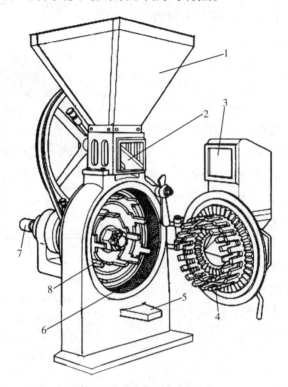

图 5-4　万能磨粉机示意图

1. 加料斗；2. 抖动装置；3. 加料口；4、8. 带钢齿圆盘；5. 出粉口；6. 筛板；7. 水平轴

万能磨粉机适用范围广泛，适用于干燥非组织性药物，如中草药的根、茎、皮以及干浸膏等，但不适用于腐蚀性强、毒剧药以及贵重药物。由于粉碎过程中有发热现象，也不宜粉碎含有大量挥发性成分、软化点低且黏性大的药物。

五、胶体磨

胶体磨又称分散磨，主要由磨头部件、底座传动部和专用电机三部分组成，结构如图 5-5 所示。其中动磨盘、静磨盘、机械密封组件是该机的关键部分。胶体磨的通用性极强，广泛应用于食品、药业、生物、化工等领域。

胶体磨是由电动机通过皮带传动带动转齿（或称为转子）与相配的定齿（或称为定子）做相对运动，其中一个高速旋转，另一个静止，被加工物料通过本身的重量或外部压力（可由泵产生）加压产生向下的螺旋冲击力，透过定齿、转齿之间的间隙（间隙可调）时受到强大的剪切力、摩擦力、高频振动、高速旋涡等物理作用，被有效地研磨、乳化、粉碎、均质和混合，达到超细粉碎或乳化的效果。

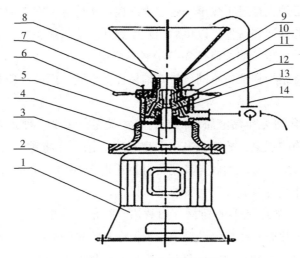

图 5-5　立式胶体磨示意图

1. 底座；2. 电动机；3. 壳体；4. 主轴；5. 机械密封组件；6. 手柄；7. 定位螺丝；
8. 加料斗；9. 进料通道；10. 旋叶刀；11. 调节盘；12. 静磨盘；13. 动磨盘；14. 循环管

六、羚羊角粉碎机

羚羊角粉碎机主要是由升降丝杆、皮带轮及齿轮锉组成。药料自加料筒装入固定，然后安装齿轮锉，关闭机盖，开启电动机。转向皮带轮转动可使丝杆下降，齿轮锉借助丝杆的下推转动，使药物逐渐被锉削而粉碎，落入接收器中。其主要用于羚羊角等角质类药物的粉碎。

第三节　粉碎机械的选择与使用

中药粉碎质量的好坏除了与药物本身的性质、粉碎方法有关外，设备的选型也是重要因素之一。因此，中药粉碎机械的选择十分重要。同时，机械的日常使用和养护与延长使用时间、保证产品质量亦息息相关。

一、粉碎机械的选择

在生产实验过程中，应根据被粉碎物料的性质，明确粉碎度要求，了解粉碎设备的原理，合理地设计粉碎流程和选择正确的粉碎设备，才能保证产品的质量，以供后期生产使用。

（一）掌握物料性质对粉碎的影响

明确粉碎目的，了解粉碎设备的原理，根据被粉碎物料特性，如物料的原始形状、大小、硬度、脆韧性、可磨性和腐蚀性等参数选择粉碎机。

同时，要全面了解粉碎产品的粒度大小及分布，粉碎机的生产速率、预期产量、能量消耗、磨损程度等，以便选择合适的粉碎机。如锤击式粉碎机，其原理是利用重锤对物料进行猛烈而迅速的冲击而使之粉碎，所得粉末较细；而万能粉碎机是利用撞击伴撕裂研磨而粉碎药物，而且更换不同规格的筛板可得到粗细不同的粉末，但不适用于黏性强的浸膏、结晶性物料的粉碎。应根据应用目的和欲制备药物剂型来控制合适的粉碎度。

在进行粉碎操作前对物料进行前处理，以提高粉碎效率、降低耗能以及保护机械，如按照规定进行净选加工，药材必须先经过干燥至一定程度以控制水分等。在粉碎进料时，在机械进料口设置磁石，吸附药料中的铁屑和铁丝，以免后期发生意外。待机械正常运转后，再放入物料。停机时，待机内物料全部排出后，继续运行 2~3 分钟后断电。

各类中药材因其自身结构和性质不同，粉碎难易程度不同。因此，应根据药材性质选择不同的粉碎方法。

1. 黏性强的药材 含糖类和黏液质多的药材，如天冬、麦冬、熟地黄、牛膝、黄精等，粉碎时易发生粘机和难过筛的现象，故应该采用"串料"方法。或将黏性大的药材冷却或烘干后，立即用粉碎机不加筛片打成粗粉，然后与其他药材粗粉混合均匀，选用适宜的筛片再粉碎一遍。实际运用时，应根据具体处方组成和药物特性具体操作。

2. 纤维性强的药材 含纤维多的药材，如黄柏、甘草、葛根等，如果直接用细筛网粉碎，纤维部分往往难以通过筛片而留在粉碎系统中，不但会对粗粉的粉碎过程起缓冲作用，而且还耗费大量机械能，即所谓的"缓冲粉碎"。纤维与高速旋转的粉碎机圆盘上的钢齿不断撞击而发热，时间过长可能引发火灾。对于此类药材，应先用 10 目筛片粉碎，分拣出粗粉中的纤维后，再用 40 目筛片粉碎，避免纤维阻滞在机械内造成的发热现象。

3. 质地坚硬的药材 此类多为矿物类、贝壳化石类药材如磁石、代赭石、龟甲等，因药材硬度大，粉碎时破坏分子间内聚力所需的机械力也大，故药材被粉碎时对筛片打击也越大，故粉碎此类药物可不加筛片。

（二）合理设计和选择粉碎流程、粉碎机械

粉碎流程与粉碎机械的选择及设计是完成粉碎操作的重要环节。如粉碎级数、开式或闭式、干法或湿法，需根据粉碎要求做出正确选择。如处理腐蚀性物料不宜采用高速冲击的粉碎机，避免使用昂贵的耐磨材料；处理非腐蚀性物料且粉碎粒度要求不是特别细（大于 $100\mu m$）时，不必选用耗能高的气流磨，可选耗能低的机械磨，若能配置高效分级器，则可避免过度粉碎并且能提高产量。

（三）周密的系统设计

一个完善的粉碎工序必须对整套工程进行系统考虑。除了粉碎机械主体结构外，其他配套设施如加料装置及计量、分级装置、粉尘及产品收集、计量包装、消声措施等必须充分注意。尤其是粉尘控制，要求产生的粉尘含量低于国家劳保限度标准，对厂区环境污染降到最低。

二、粉碎机械的使用与养护

1. 高速运转的粉碎机启动后，须待其转速稳定时再行加料。否则药物先进入粉碎室，使机器难以启动，引起发热，甚至会烧坏电动机。

2. 药物中不应夹杂硬物，如铁钉、铁丝、铁块等进入粉碎室会卡塞，引起电动机发热或烧坏。故粉碎前须将混入药物中的硬物杂质清除，可在加料斗内壁附加电磁铁装置，使药物依箭头方向流入加料口。当药物通过电磁区时，铁器即被吸除。

3. 各种传动机构如轴承、伞形齿轮等，必须保持良好的滑润性，以保证机件正常运转和减少磨损。

4. 运转时禁止任何调整、清理以及检查工作；运转时禁止打开活动门，以免发生危险和损坏机件。

5. 粉碎机停机前，先要停止加料，待粉碎腔内物料完全粉碎并被排出机外后，继续运行 2～3 分钟方可切断电源。

6. 电动机及传动机构应用防护罩罩好，以保证安全，同时应注意防尘、清洁与干燥等。电动机不得超负荷运行，否则易发生启动困难、停机或烧毁等事故。

7. 电源必须符合电动机的要求，一切电气设备都应装接地线，使用前应注意检查，确保安全。

8. 各种粉碎机在每次使用后应检查机件，清洁内外各部，添加滑润油后罩好，必要时加以检修后备用。

9. 粉碎刺激性和毒性药物时，必须按照 GMP 的要求，特别注意劳动保护，严格按照安全操作规范进行操作。

第四节　典型设备规范操作

设备的规范操作在生产中非常关键，设备操作规范可以分为"物"与"事"两大方面。"物"包括设备本身、材料、零部件、工具量具、备用配件、润滑油等；"事"指对设备的处理方法、使用方法、维修方法和使用程序。设备的规范操作是指操作遵照标准的形式，并加以贯彻实施，使生产合理化，达到高质量、高效率、低成本的目的。

一、WKF 系列粉碎机

WKF 系列粉碎机能对坚硬难粉碎的物料进行加工，如塑料、中草药、橡胶等均可被粉碎，也能作为微粉碎机、超微粉碎机加工前道工序的配套设备。集粉室采用全封闭消音结构，可有效减低工作噪音。机器中装存降温装置，使机温降低，确保工作更为平稳。采用 Icr18Ni9Ti 不锈钢材料制造，具有较强的耐磨耐腐蚀特点，适合加工高级和有腐蚀性物料。电机转速5000rpm，采用冲击式破碎方法，物料进入粉碎室后，受到高速回转的 6 只活动锤体冲击，经齿圈和物料相互撞击而粉碎。被粉碎的物料在气流的帮助下，通过筛孔进入盛粉袋，不留残渣。本机具有效率高、低噪声、工作性能优良、产品质量可靠、操作安全、药物卫生和损耗小等优点，适用于制药、化工、冶金、食品、建筑等行业。

1. 工作原理　物料从加料斗经抖动装置进入粉碎室，靠活动齿盘高速旋转产生的离心力由中心部位甩向室壁，在活动齿盘与固定齿盘之间受钢齿的冲击、剪切、研磨及物料间的撞击作用而粉碎。最后物料传送到转盘外壁环状空间，细粒经外形筛板由底部出料，粗粉在机内重复粉碎。

2. 结构特征　WKF 系列粉碎机由机座、电机、加料斗、粉碎室、固定齿盘、活动齿盘、环形筛板、抖动装量、出料口等组成。固定齿盘与活动齿盘呈不等径同心圆排列，对物料起粉碎作用。粉碎过程会产生大量粉尘，故设备一般都配有粉料收集和除尘装置。WKF 型粉碎机利用活动齿盘和固定齿盘间的高速相对运动，使被粉碎物经齿冲击、摩擦及物料彼此间冲击等综合作用获得粉碎。结构简单、坚固，运转平稳，粉碎效果良好，被粉碎物可直接由主机磨腔中排出，通过更换不同孔径的网筛获得不同粒度的物料。因为本机主要应用在食品、医药、化工领域，故大多数型号的万能粉碎机为全不锈钢结构。近几年，随着这类粉碎机的技术逐步成熟，基本改善了以前老式机型内壁粗糙、积粉的现象，使药品、食品、化工等生产更符合国家标准和 GMP 的要求。

3. 技术参数　WKF 系列粉碎机主要技术参数见表 5-1。

表 5-1　WKF 系列粉碎机主要技术参数

名称	转速（rpm）	粉碎细度（目）	理论产量（kg/h）	电源（V）	配用电机（kW）	外形尺寸（mm）	方式
WKF130	7000	8~120	2~10	220	1.1	420×300×700	锤式
WKF180	4000	8~120	10~20	380	2.2	660×420×900	齿盘
WKF20B	4500	8~120	60~150	380	4.0	850×530×1300	齿盘
WKF30B	3800	8~120	100~300	380	5.5	1000×620×1300	齿盘
WKF40B	3800	8~120	160~800	380	7.5	820×720×1520	齿盘
WKF50B	3800	8~120	300~1500	380	11	860×800×1800	齿盘
WKF20B 吸尘	4500	8~120	60~150	380	4+1.5	1170×550×1680	齿盘
WKF30B 吸尘	3800	8~120	100~300	380	5.5+1.5	1200×700×1650	齿盘
WKF40B 吸尘	3800	8~120	160~800	380	7.5+1.5	1400×700×1700	齿盘
WKF50B 吸尘	3800	8~120	300~1500	380	11+1.5	1600×750×1800	齿盘

4. 设备安装

（1）拆卸固定齿盘。只要卸去螺栓即可。

（2）拆卸轴承。首先打开机腔，卸去旋转齿盘或旋刀，取出迷宫和中心轴承盖，然后卸去外端皮带轮及轴承盖，由此分别将轴向两端推出，卸去两端轴承和轴。

（3）安装时，轴腔衬套油孔须保证对准油眼。

（4）安装筛网时，应将筛圈紧贴机腔内肩槽，否则关门时易损坏筛圈。

（5）制作筛圈。筛网展开长度应根据筛圈内肩尺寸制作。如果筛网损坏，应从生产厂家配做。

（6）安装筛网时，将两件筛圈合拼，对准记号，然后将筛网按入内筛圈。如筛网过紧，可将筛网向内弯曲按入后，然后再向外推即可。

5. 操作方法

（1）准备工作。检查设备是否挂有"清洁合格证"；检查配电箱台面、物料及辅助工具是否已定位摆放；检查主机皮带松紧度是否正常，防护罩是否牢固；检查机架、主机仓门锁定螺丝、机电底脚等紧固件是否牢固。

（2）检查集料带安装是否正确、牢固。用手转动主轴时，观察主轴活动是否灵活、无阻碍，如有明显卡滞现象，应查明原因，清除阻碍物；闭合控制配置电源电箱开关；启动起动机和吸尘电机，确认电机旋转方向与箭头方向是否一致。

（3）运行操作。按动除尘机组启动按钮，启动运行除尘机。待风机运行平稳后，按动粉碎主机启动按钮，启动运行主机。电机启动后，空载运行约 2 分钟，待主机、吸尘风机空载运行稳定后，可投料。将待粉碎物料投入料斗内堆放，调整进料阀门大小，依靠机器自身震动，使物料按设定速度定量送入粉碎锅。主电机负荷应控制在额定值工作（本机主电机额定功率为 5.5kW），视物料性质、粉碎细度及下料速度适当调整供料进给量，避免突然停机，保证主机在额定工作状态下工作。

（4）停机操作。粉碎工作结束后，关闭进料调节阀门，停止向粉碎仓内供料。停止送料后，整机继续运行约 2 分钟，确定集料桶内无粉料进入后，关闭主机。

6. 维护保养

（1）使用前应检查机器所有紧固螺钉，须全部拧紧。

（2）用手转动主轴时应无卡阻现象，主轴活动自如。

（3）开机前必须先检查主机腔内有无杂物。

（4）主轴旋转方向必须符合防护罩上指示箭头方向，以防主轴固定螺母松动；物料粉碎前必须先经检查，防止有金属等杂物混入损坏活动齿、固定齿和筛圈，引起燃烧等意外事故。

（5）每周给主轴注入适当的润滑油，每月检查活动齿的固定螺母有无松动，每月检查上下皮带轮是否在同一平面，皮带紧张度是否适中。

（6）每月检查电器部分的完整性；每年清洗、润滑轴承，如磨损应及时更换，所用润滑脂为黄油。

（7）测试电机绝缘度，保证绝对安全。

（8）工作结束后应及时做好设备使用和维护保养记录。

7. 注意事项　①使用前，先检查机器所有紧固件是否拧紧，皮带是否张紧。②主轴运转方向必须符合防护罩上所示箭头方向，否则将损坏机器，并可能造成人身伤害。③检查电器是否完整。④检查机器粉碎室内有无金属等硬性杂物，以免损坏刀具，影响机器运转。⑤物料在粉碎前一定要检查纯度，不允许有金属硬杂物混入，以免损坏刀具或引起燃烧等事故。⑥机器上的油杯应经常注入润滑油，保证机器正常运转。⑦停机前停止加料，如不继续使用，要清除机内遗留物。⑧定期检查刀具和筛网是否损坏，如有损坏，应立即更换。⑨使用时机体会有微小振动，一定要将机盖连接手柄拧紧，避免事故发生。

二、WFJ 系列超微粉碎机

该系列微粉碎机由主机、辅机、电控三个部分组成，设计紧凑，结构合理，具有风选式、无筛、无网、粒度大小均匀等多种性能。机内装有分级机构，能使粉碎、分级一次完成。负压输送使粉碎作业时机腔内产生的热量源源不断地排出，故适用于热敏性物料的粉碎。本机适应范围广，主要适用于油性、黏性、热敏性、纤维性等中低硬度物料的粉碎加工，细度可在 30～320 目之间调节，具有产量高、粒度细、噪声低、能耗低、维修简单、安装方便等优点，特别适用于化学制品、食品、药品、化妆品、染料、树脂、壳物等多种物料的粉碎及分级。

1. 工作原理　物料通过进料口螺旋送料器，被送入机体与导流圈之间的粉碎室，在粉碎室内高速旋转的刀片冲击下，被甩向固定在机体上的齿圈，与刀片、齿圈相互碰撞、摩擦、剪切，进行交替粉碎。粉碎后的物料，在负压气流的拉力作用下，随气流越过导流圈，进入分级室。分级叶轮由叶片组成，高速旋转的叶片产生与负压相反的离心力，使沉入叶道内的粉粒同时受到负压气流的向心力、粉粒自重及叶轮产生的离心力的作用，粉粒中大于临界直径（分级粒径）的颗粒因质量大，被甩回粉碎室继续粉碎，小于临界直径的颗粒经排料管进入旋风收集器经排料阀排出。

2. 结构特征　本机是一种立轴反射型微粉碎机，能同时完成微粉粉碎和微粉分选两道加工工序。由机体、机架、喂料装置、粉碎装置、出料管、传动装置和电机等组成，内部结构配套由主机、除尘器、高压离心机、关风器、旋风集料器和电控柜等组成整套气流涡旋微分机组。机体内腔为圆筒形，由一环形板将其分为上下两部分，下部为进气室，上部由分流环分隔成粉碎室和分级室。粉碎室由粉碎盘和衬套组成，用于将物料碎成细粉；分级室由分级叶轮组成，能把细粉分成粒度达标品和未达标品两种规格。达标品经出料管被吸出，由旋风集料器收集产品，未达标品沿分流环内壁回落到粉碎室。粉碎盘和分级叶轮分别由两根同心轴通过三角皮带轮单独驱动，分级叶轮的转速可调，用以调节产品粒度。

3. 技术参数　WFJ 系列超微粉碎机的主要技术参数见表 5-2。

表 5-2   WFJ 系列超微粉碎机主要技术参数

型号	15 型	20 型	30 型	60 型	80 型
生产能力（kg/h）	10~100	50~200	50~300	100~1200	100~1600
进料粒度（mm）	<10	<10	<10	<12	<12
出料粒度（mesh）	80~320	80~320	80~320	80~320	80~320
总功率（kW）	13.75	22.15	46	84.15	100.4
主轴转速（rpm）	5800	4200	3800	3200	2800
外形尺寸（mm）	4200×1250×2700	4700×1250×2900	6640×1300×3960	7500×2300×4530	8200×2500×4600
重量（kg）	850	850	960	3200	3200

4. 设备安装

（1）各设备应联接牢固，管道接合处应力求严密，防止气流泄漏。如密封不严，不但会产生粉尘污染，而且会使生产能力和产品质量下降。

（2）电器控制柜应安置在方便操作、便于观察设备运转情况的地方，各设备之间的电器联接线应按国家有关规定放置在走线管内。

（3）电器控制柜应装有各设备的开、停按钮，工作指示灯，粉碎电机电流表，喂料电机和分级电机的调速旋钮以及各种保护装置。

5. 操作方法

（1）开箱后首先仔细检查设备是否在运输途中受损，然后把高机及辅机电控装置到位，再接通主辅机的管道路。每个管道口法兰装配时须用密封件，并涂染"铁锚 609"液态密封胶，以保证管道的密封性；同时各单机及管道法兰均用接地导线连接，并接地，以避免静电火花引起的粉尘爆炸。

（2）每台单机试用运转之前，须检查机内是否有金属物品，螺栓是否牢固，皮带的松紧度是否适宜，防护罩是否可靠等。

（3）按下述顺序启动各台电动机：粉碎机、除尘器、分级装置、螺杆给料器，打开风门、闭风器。

（4）空车运行 5 分钟，操作人员要仔细观察控制柜上的各种仪表，待空载电流稳定后，方可投料。投料后，不允许电流超过额定值（32.6A），否则应减少给料量，确保正常运转排料电动机可定时工作。

（5）按下列顺序停机：螺旋给料器、粉碎主机、除尘器、分级器，然后关闭闭风器。

（6）操纵分级器的无级变速手柄，改变分级轮的转速，同时调整制品的精细程度。如要求制品粒度细，可提高转速，反之降低转速。

6. 维护保养   清洗粉碎室时，勿将水洒到电机和轴承密封上；当需要更换损坏的零件和维修保养时，应首先拉开电路总闸，挂上"勿合闸"标牌，然后按下述顺序拆卸：

（1）打开上盖后，卸下主轴顶部螺母，然后取出分级叶轮。取出时应注意勿碰触弯分机叶片，以免影响平衡。

（2）拧下支承拉杆，取出分流环。

（3）卸下螺母，取出粉碎盘。

（4）需清洗轴承或更换轴承时，可从机器底部将粉碎转子抽出，放在工作台上，分别卸下两个皮带轮、密封圈和挡圈，然后拉出分级叶轮轴和粉碎主轴，清洗，检查轴承及密封圈。

（5）拆卸喂料装置时，应先拆除皮带，松开联接螺栓。

（6）应定期检查粉碎室易损件的磨损情况，一般易损件的磨损时间可根据不同的物料性质和硬度使用时间而确定。要严格控制易损件（磨块、齿圈）的磨损程度，当磨损影响到固定联接螺栓时，应及时更换，以免脱落后损坏整个粉碎室，导致事故发生。

7. 注意事项　①生产过程中，须经常检查轴承升温情况，当温升超过50℃时，应停机检查，查明原因，并排除故障。②新机运行时，传动皮带容易伸长，应注意调整皮带的松紧度，确保皮带的工作寿命；易损件要经常检查，及时更换，确保生产量。③刀片、衬圈要经常检查磨损情况，磨损会导致生产力下降，粒度变粗，因此发现磨损后应即刻更换；主机及分级滚动轴承均采用脂润滑，采用2号白色特殊脂（Q/SY-5-79），针入度265~295（1/10mm）。④轴承的换脂期为2000小时，润滑脂应填充至轴承腔内空间的1/2（上侧）或3/4（下侧），切不可过多地填充润滑脂，以免引起轴承温度过高。⑤润滑螺旋给料器轴承，无须加润滑脂，但要定期清洗。

三、FW 系列高速万能粉碎机

FW 系列高速万能粉碎机（不锈钢粉碎机）适用于制药、化工、食品等行业的物料粉碎，禁用于粉碎易燃、易爆炸的物品。其中 FW80 高速万能粉碎机主要用于工业、农业、工矿、医药卫生、煤炭地质等科研单位，可对各种植物、药物、土壤、粮食、沙石（直径1~5mm）、矿物质等进行粉碎；FW100 高速万能粉碎机用于测定麦、稻谷、豆类及其他粮食作物的水分、蛋白质、含油试样的粉碎处理。

1. 工作原理　高速万能粉碎机是利用活动齿盘和固定齿盘间的高速相对运动，使被粉碎物经齿冲击、摩擦及物料彼此间冲击等综合作用获得粉碎。

2. 结构特征　高速万能粉碎机结构简单、坚固、运转平稳、粉碎效果良好，被粉碎物可直接由主机磨腔中排出，通过更换不同孔径的网筛获得不同大小的粒度。另外，该万能粉碎机采用全不锈钢材质，机壳内壁全部经机加工达到表面平滑，改变了以前机型内壁粗糙、积粉的现象，达到 GMP 的要求，使药品、食品、化工等生产更符合国家标准。该机具有体积小、粉碎效率高、操作简单、造型美观、用途广等特点。

3. 技术参数　FW 系列高速万能粉碎机的主要技术参数见表 5-3。

表 5-3　FW 系列高速万能粉碎机主要技术参数

名称		高速万能粉碎机		中草药粉碎机	
型号		FW80	FW100	FW135	FW177
方式		高速碰撞破碎			
性能和结构	工作时间	持续			
	外装	冷轧钢板，表面耐药品性涂装			
	粉碎室	不锈钢一次拉伸			
	破碎刀	合金钢			
	粉碎室盖	树脂	不锈钢		
	粉碎室直径（mm）	φ80	φ100	φ135	φ177
	一次投入量（g）	50	100	200	400
	电机转数（rpm）	10000	24000		
	粉碎效果（目）	60~200			
	额定功率（kW）	0.2	0.46	0.8	1.2
	外形尺寸：宽×深×高（mm）	φ130×280	φ140×290	200×220×330	200×240×430
	外包装尺寸：宽×深×高（mm）	300×160×180	325×180×190	250×250×400	250×250×430
	电源（50/60Hz）额定电流	AC220V/0.9A	AC220V/2.1A	AC220V/3.6A	AC220V/5.5A
	净重/毛重（kg）	4/4.5	3/3.5	6.5/7	9.5/10
附件		毛刷、保险、扳手、破碎刀			

4. 设备安装

（1）卸下固定齿盘，只要卸去螺栓即可。

（2）拆卸轴承时，首先打开机腔，卸去旋转齿盘或旋刀，取出迷宫和中心轴承盖，然后卸去外端皮带轮及轴承盖，随后分别将轴向两端推出，卸去两端轴。

（3）在安装时，保证轴腔衬套油孔对准油眼。

（4）安装筛网时，应将筛圈紧贴机腔内肩槽，否则关门时易损坏筛圈。

（5）制作筛圈时，筛网展开长度应根据筛圈内肩尺寸制作，如果筛网损坏应从生产厂家配制。

（6）安装筛网时，将两件筛圈合拼，对准记号，然后将筛网按入内筛圈，如筛网过紧，可将筛网向内按入后，然后再向外推。

5. 操作方法

（1）打开粉碎机上盖，将粉碎物装入粉碎室内，然后将上盖拧好。

（2）接通电源，检查仪器是否放平，然后打开开关（一般物料在 1~3 分钟内可粉碎成细末），检查仪器是否正常工作（会发出滚动的声响），仪器工作约 2 分钟时关闭开关。

（3）打开上盖，松动手柄，将粉碎物倒出过筛，如果细度达不到要求，应重新粉碎。

6. 维护保养

（1）粉碎机应置于稳定的平台上，使用后应将粉碎物及时清理干净，保持干燥清洁。

（2）开机前必须先检查粉碎室内有无杂物，物料粉碎前必须先经检查，防止混有任何杂质。

（3）定期检查活动齿盘的固定螺母及所有固紧部件有否松动，尤其应注意检查固定齿盘内螺钉。

（4）更换易损件及滚动轴承时注意使用工艺螺孔，操作时由熟悉本机的修理工进行。

（5）储存运输过程应存放于 −20~+40℃ 阴凉干燥处，防止潮湿，搬运时严禁剧烈振动或碰撞。

7. 注意事项

（1）接通与本设备要求相一致的电源，并将所使用供电电源插座的接地端接地。

（2）取试样前，先断开电源，以防发生危险，一次粉碎试样量勿超过粉碎室容量的 1/2。

（3）粉碎物必须保持干燥。

（4）粉碎时间每次应小于 3 分钟，间歇 3 分钟后可再继续使用。

（5）长期使用导致碳刷和刀片磨损严重时，要及时更换。更换时，应注意切断电源和固定螺丝，并随时检查各部件是否松动。

四、QLJ 系列气流粉碎机

气流粉碎机有适用范围广、成品细度高等特点，适用的物料有超硬的金刚石、碳化硅、金属粉末等，高纯要求的陶瓷色料、医药、生化等，低温要求的医药、PVC。本机气源部分的普通空气变更为氮气、二氧化碳气等惰性气体，可保护设备，适用于易燃、易爆、易氧化等物料的粉碎分级加工。

1. 工作原理　气流粉碎机是一种利用高速气流实现干式物料超细粉碎的设备。它由气流粉碎机、旋风收集器、除尘器、引风机、电控柜等组成。压缩空气经过滤干燥除油后，通过特殊配置的喷嘴高速喷射入粉碎腔内，在多股高压气流的交汇点处把物料粉碎。粉碎后的物料随上升气流进入分级室，在高速旋转的分级涡轮产生的离心力和气流产生的向心力作用下，粗细颗粒分开，符合粒径要求的细颗粒通过分级轮叶片间隙进入旋风收集器和除尘器收集，粗颗粒被分级轮叶片挡住并下降至粉碎区继续粉碎。

2. 结构特征　气流粉碎机适用于莫氏硬度9以下的各种物料的干法超细粉碎。物料在气流的带动下自身碰撞粉碎，不带入外界杂质，在粉碎过程中不会被污染。内带分级装置，可一次得到想要的产品粒径，也可与多级分级机串联使用，一次生产多个粒径段的产品。因为物料是在气体膨胀状态下粉碎，所以粉碎腔体内温度控制在常温状态，温度不会升高。设备内壁光滑无死角，拆装清洗方便；整套系统密闭运行，噪音低，生产过程清洁环保。

3. 技术参数　QLJ系列气流粉碎机的主要技术参数见表5-4。

表5-4　QLJ系列气流粉碎机主要技术参数

型号参数	QLJ03	QLJ06	QLJ10	QLJ20	QLJ40	QLJ60	QLJ80	QLJ120
产品粒径 d97（μm）	5~150	5~150	5~150	6~150	8~150	8~150	10~150	10~150
研磨气量（m³/min）	3	6	10	20	40	60	80	120
空气压力（MPa）	0.7~1.0							
分级功率（kW）	4	5.5	7.5	11	18.5	22	30	37/45

4. 设备安装

（1）粉碎机械安装前的准备　①应根据使用场合以及图纸等来确定工艺等。②粉碎设备周围应留有足够的空间，以便进行喂料及检修等工作。③设备基础应牢固，而且有足够的强度，以保证顺利进行其主机及电动机的安装。

（2）粉碎设备的安装　①一般粉碎设备在安装时不需要进行平衡试验，因为其产品在出厂前已经进行过。②设备安装前要进行必要的巡查，如有问题应及时处理。③巡查设备的接线等，并检查电动机的转动方向是否正确。④按照要求进行安装，安装好以后，手动盘动转子，检查其转动是否灵活。

5. 操作方法

（1）备料　需注意物料必须干燥，如果物料不干，可以晒干或烘干，然后准备接料盘等必需品。含有油脂较多、糖分较多、纤维较高的物料不便粉碎。

（2）入料　打开上盖（逆时针开，顺时针关），把干燥药物放入粉碎箱内。将盖关紧，旋紧摇摆固定旋钮。

（3）粉碎　插上电源，打开定时器开关。一般中药粉半分钟即可，硬药粉1分钟左右即可，不宜时间过长。

（4）出料　当滚动的声音比较均匀时，说明药物已粉碎成粉，即可关机。旋松摇摆固定旋扭，打开上盖，倒出粉末。

6. 维护保养

（1）超微气流粉碎机设备易损件要经常检查，及时更换，确保生产质量及数量。

（2）超微气流粉碎机设备主机及分级流动轴承均为脂润滑，润滑超微气流粉碎机设备采用2号特种脂，针入度265~295（1/10mm）。

（3）生产过程中，超微气流粉碎机设备须经常检查轴承的升温情况，当温升超过50℃时，应停机检查，查明原因并排除故障。

（4）新机运转时，传动皮带易伸长，应注意调整超微气流粉碎机设备皮带的松紧度，确保皮带的工作寿命。

（5）轴承的换脂期为 2000 小时，润滑脂的填充量为超微气流粉碎机设备轴承腔内空间容量的 1/2。

7. 注意事项

（1）使用前，检查所有的紧固件是否紧固，皮带是否处于张紧状态，主轴的运转方向是否正确，以免对机器造成损伤。

（2）主轴运转方向需符合防护罩上所示箭头方向，以免损坏机器甚至造成人身伤害。

（3）粉碎机内如有异物或者杂物，应及时清理掉，以免损坏零件部位。

（4）物料在加入粉碎机前，不能混入杂物，以免损坏粉碎机。

（5）粉碎机应按照规定要求进行润滑工作，以便机器正常运行。

（6）粉碎机在使用过程中，如发现异常应立即处理，以免造成更大的损失。

（7）定期巡查某些部件，如有损坏应立即更换。

第六章

筛分与混合设备

筛分是药品生产过程中，利用工具将颗粒按照要求的颗粒粒径大小分成各种粒度级别的单元操作，通常用筛孔尺寸不同的筛子将固体物料按所要求的颗粒大小分开。在药物生产过程中，物料经过粉碎或者是制粒以后，因各种药物制剂或者是加工过程对颗粒度的要求不同，需要对粉末均匀度进行控制，则要用到筛分设备，以获得满足不同物料混合所需要的均匀程度和各种药物制剂制备对颗粒度的要求等。混合通常是采用一些机械方法使两种或两种以上的物料相互分散而达到均匀状态的单元操作，混合操作在制备丸剂、片剂、胶囊剂、散剂、颗粒剂等多种固体制剂的生产中十分重要。筛分和混合对最终制剂的质量起着关键的作用。

第一节　筛　分

筛分是一种传统的颗粒分级方法，在众多行业和领域中均有着广泛的应用。在制药行业中，筛分对粉剂和颗粒制剂的质量控制和研发，起着重要的作用。无论是《欧洲药典》、《美国药典》还是《中华人民共和国药典》（2020年版），都对有筛分操作的成品药、药用辅料等进行了详细的规范。筛分是将颗粒大小不同的混合物料，通过单层或多层筛子按照一定的粒度大小分成若干个不同粒度级别的过程，以获得大小均匀、便于进行下一步操作的颗粒。

一、筛分原理

筛分一般适用于较粗的物料，即粒度大于0.5mm或0.25mm的物料。较细的（小于0.2mm）则采用分级，分级是根据物料在介质（水或空气）中沉降速度的不同而分成不同的粒级的作业。筛分通常与粉碎作业配合，使粉碎后的物料颗粒大小近似相等，以保证符合要求或避免过分的粉碎。松散物料的筛分过程由两个阶段组成：①易于穿过筛孔的颗粒通过不能穿过筛孔的颗粒所组成的物料层到达筛面。②易于穿过筛孔的颗粒透过筛孔。要使这两个阶段能够实现，需让物料在筛面上适当的运动，一方面使筛面上的物料层处于松散状态，物料层产生析离（按粒度分层），大颗粒位于上层，小颗粒位于下层，容易到达筛面，并透过筛孔。另一方面，物料和筛子的运动都促使堵在筛孔上的颗粒脱离筛面，有利于颗粒透过筛孔。

1. 筛分作业的分类　根据筛分目的不同，筛分作业可以分为以下几类：

（1）独立筛分　其目的是直接获得合乎粒度要求的最终产品。

（2）辅助筛分　辅助筛分主要用于粉碎作业中，对粉碎作业起辅助作用。

辅助筛分又有预先筛分和检查筛分之别。预先筛分是指物料进入粉碎机前进行的筛分，用筛子从物料中分出对于该粉碎机而言已经是合格的部分，如粗碎机前安装的格条筛，筛出其筛下产品。这样就可以减少进入粉碎机的物料量，可提高粉碎机的产出率。检查筛分是指物料经过粉碎之后进行的筛分，目的是保证最终的粉碎产品符合下一步作业的粒度要求，不合格的粉碎产品返回粉碎作业，如中、细碎粉碎机前的筛分，既起到预先筛分，又起到检查筛分的作用。所以检查筛分可以改善粉碎设备的利用情况，类似于筛分机和粉碎机构成闭路循环工作，以提高粉碎效率。

（3）准备筛分　这一过程的目的主要是为下一作业阶段做准备。

（4）选择筛分　如果物料中有效成分在各个粒级的分布差别很大，可以经筛分分级得到质量不同的粒级，有时又把这种筛分称为筛选。

2. 筛分机理　粉粒物料通过筛孔的可能性称为筛分概率，一般来说，物料通过筛孔的概率受到下列因素影响：①筛孔大小；②物料与筛孔的相对大小；③筛子的有效面积；④物料运动方向与筛面所成的角度；⑤物料的含水量和含泥量。

筛分过程是许多复杂现象和因素的综合，不易用数学形式来全面地描述。一般而言，松散物料中粒度比筛孔尺寸小得多的颗粒，在筛分开始后，很快就落到筛下产物中，粒度与筛孔尺寸愈接近的颗粒，透过筛孔所需的时间愈长。所以，物料在筛分过程中通过筛孔的速度取决于颗粒直径与筛孔尺寸的比值。

3. 筛分效率　使用时，筛子既要有较大的处理能力，又要尽可能多地将小于筛孔的细粒物料过筛到筛下产物中去。因此，筛子有两个重要的工艺指标：①处理能力，即筛孔大小，一个筛子每平方米筛面面积每小时所处理的物料数，它是表明筛分工作的数量指标。②筛分效率，它是表明筛分工作的质量指标。

在筛分过程中，从理论上说比筛孔尺寸小的细级别物料应该全部透过筛孔，但实际上并不是如此，要根据筛分机械的性能和操作情况以及物料含水量、含泥量等而定。因此，总有一部分细级别物料不能透过筛孔，而是随筛上产品一起排出。筛上产品中，未透过筛孔的细级别数量愈多，说明筛分的效果愈差。为了从数量上评定筛分的完全程度，要用筛分效率这个指标。

所谓筛分效率是指实际得到的筛下产物重量与入筛物料中所含粒度小于筛孔尺寸的物料的重量之比，表示筛分作业进行的程度和筛分产品的质量。筛分效率用百分数或小数表示。

即
$$E = \frac{Q_1}{Q_0} \times 100\% \tag{6-1}$$

式中：E 为筛分效率；Q_0 为筛分作业初始物料中小于筛孔尺寸的细粒重量；Q_1 为筛下产物中小于筛孔尺寸的细粒重量。

实际生产中很难把筛分的产品的重量称出来，但可以对筛分的各产品进行筛析，从而测得筛分后初始物料、筛下产物和筛上产物所通过筛孔尺寸的细粒重量的百分数。因此，筛分效率可用下式计算：

$$E = \frac{\beta(\alpha - \theta)}{\alpha(\beta - \theta)} \times 100\% \tag{6-2}$$

式中：α 为初始物料中小于筛孔尺寸粒级的含量；β 为筛下产品中小于筛孔尺寸粒级的含量；θ 为筛上产品中小于筛孔尺寸粒级的含量。

在式 6-2 中，如果认为筛下产品中小于筛孔尺寸粒级 $\beta = 100\%$，则该式可简化为

$$E = \frac{100(\alpha - \theta)}{\alpha(100 - \theta)} \times 100\% \tag{6-3}$$

所以，按式 6-3 测定筛分效率时，第一步取待筛分物料平均试样，进行筛析，得到数据 α；第二步取筛上产品的平均试样，得到数据 θ，然后将数据代入式 6-3 中，则可得到相应粒级的筛分效率。

筛分效率的测定方法如下：在入筛的物料流和筛上物料流中每隔 15~20 分钟取一次样，连续取样 2~4 小时，将取得的平均试样在检查筛里筛分。检查筛的筛孔应与生产用筛的筛孔大小相同。分别求出 α、θ，代入式 6-3 中可求出筛分效率。如果没有与所测定筛的筛孔尺寸相等的检查筛时，可以用套筛进行筛分分析，将分析结果绘成筛析曲线，然后由筛析曲线图求出该级别的百分含量 α、θ。

有时用全部小于筛孔的物料计算筛分效率，算得的结果叫总筛分效率。有时只对其中的几个粒级计算，算得的结果叫部分筛分效率。全部小于筛孔的物料，包含易筛粒和难筛粒，所以总筛分效率就是由这两类分效率组成的。倘若部分筛分效率是用易筛粒求得的，它必然比总筛分效率大；如果是用难筛粒算出的，它就比总筛分效率小。在计算的时候，需分清是总筛分效率还是部分筛分效率。

4. 筛分效果的影响因素　筛分过程的技术经济指标是筛分效率和处理能力。前者为质量指标，后者为数量指标。它们之间有一定的关系，同时还与其他许多因素有关，这些因素决定筛分的结果。影响筛分过程的因素大体可以分三类。

（1）筛面性质及其结构参数的影响　振动筛使粒子和筛面做垂直运动，筛分效率高，生产能力大。粒子与筛面的相对运动主要是通过平行运动的棒条筛、平面振动筛、筒筛等，其筛分效率和生产能力都较低。筛子的生产率和筛分效率取决于筛孔尺寸。生产率取决于筛面宽度，筛面宽，生产率高；筛分效率取决于筛面长度，筛面长，筛分效率高。筛面的长宽比一般为 2。有效的筛面面积（即筛孔面积与整个筛面面积之比）愈大，筛面的单位面积生产率和筛分效率愈高。筛孔尺寸愈大，单位筛面的生产率越大，筛分效率越高。

（2）被筛分物料的物理性质　包括物料本身的粒度组成、湿度、含泥量和粒子的形状等。当物料细粒含量较大时，筛子的生产率也大。当物料的湿度较大时，筛分效率会降低。但筛孔尺寸愈大，水分影响愈小，所以为了改善含水分较大的湿物料的筛分过程，一般可以采用加大筛孔的办法，或者采用湿式筛分。含泥量大（当含泥量大于 8% 时）的物料应当采用湿式筛分，或预先清洗。

（3）生产条件的影响　当筛子的负荷较大时，筛分效率低。筛子的生产率很大程度上取决于筛孔大小和总筛分效率，筛孔愈大，要求筛分效率愈低时，生产率愈高。给料均匀性对筛分过程也有很大意义。筛子的倾角要适宜，一般通过试验来确定。再者，筛子的振幅与频率与筛子的结构物性有关，在一定的范围内增强振动可以提高筛分指标。

5. 药筛类型与标准　药筛是药物筛分过程中最为重要的部件，其类型直接影响着筛分操作的最终结果。

（1）药筛的类型　根据药筛的制作方法，可以将药筛分为编织筛和冲制筛两类。

编织筛采用金属丝或具有一定强度的非金属丝编织而成，也有用马鬃或竹丝编织的编织筛。编织筛网的方式又可分为平纹编织、斜纹编织、平纹荷兰编织、斜纹荷兰编织、反向荷兰编织等多种工艺。但编织筛的筛线容易移位造成筛孔的变形，从而导致比筛孔尺寸大的物料颗粒通过筛网进入筛下产品中，降低筛分效率，因此需要将金属筛线交叉处压扁固定。编织筛常用于粗、细粉的筛分过程。

冲制筛是在金属板上面冲出一系列形状固定的筛孔而制成。与编织筛相比较，冲制筛筛孔坚固，孔径不易变化，一定程度上能保证筛分的效率。但这类筛的孔径不能太细，常用于高速旋转的粉碎机的筛板辅助筛分或是用于对药丸的分档筛选。

（2）药筛的标准　药筛代表用于药品筛分的筛盘。因为筛盘（也称筛网）的制作标准有国际通用标准（ISO3310-1）、美国标准（ASTM E11）、德国标准（DIN4183）、英国标准（B.S410）、中国标准（GB/T6003.1）、泰勒筛制等，所以在各国药典中对药筛的规定也各不相同。药筛筛孔大小是影响筛分过程的关键因素，明确所要筛分的药品应符合的标准，选择适宜的筛网和筛分方法是非常重要的。我国制药工业用筛的标准主要采用泰勒标准和《中华人民共和国药典》（2020年版）标准两种。泰勒标准筛是指1英寸（25.4mm）的长度上含一个孔径和一个线径之和的个数（近似数）加上单位目作为筛的名称，共有32个等级。例如每英寸长度上共有100个单个孔径和单个线径的筛称为100目筛，这是比较常用的一种药筛标准。《中华人民共和国药典》（2020年版）中共规定有9种筛号，其中一号筛孔径最大，九号筛孔径最小，其筛孔大小及与泰勒标准单位换算见表6-1。《美国药典》的推荐筛盘尺寸见表6-2。另外还有日本JIS标准筛、德国标准筛孔等其他筛孔标准。具体孔径及标准换算可查阅相关手册。

表6-1　《中华人民共和国药典》（2020年版）九种筛号筛孔大小及与泰勒标准换算

筛号	筛孔内径（平均值）（μm）	目数
一号筛	2000±70	10
二号筛	850±29	24
三号筛	355±13	50
四号筛	250±9.9	65
五号筛	180±7.6	80
六号筛	150±6.6	100
七号筛	125±5.08	120
八号筛	90±4.6	150
九号筛	75±4.1	200

表6-2　《美国药典》的药筛推荐尺寸

美国标准筛号	筛孔内径（平均值）（μm）
5	4000±130
7	2800±90
10	2000±70
14	1400±50
18	1000±30
25	710±25
35	500±18
45	355±13
60	250±9.9

续表

美国标准筛号	筛孔内径（平均值）μm
80	180±7.6
120	125±5.8
170	90±4.6
230	63±3.7
325	45±3.1

6. 粉末等级　根据各种药物制剂对药粉颗粒度的不同要求，需要对药粉进行分级，同时需要控制粉末的均匀度。粉末的等级是用两种不同规格的筛网经过两次筛选确定的。《中华人民共和国药典》（2020 年版）规定了 6 种粉末等级及其分等标准，见表 6-3。

表6-3　粉末的等级及分等标准

等级	分等标准
最粗粉	能全部通过一号筛，但混有能通过三号筛的粉末不超过 20%
粗粉	能全部通过二号筛，但混有能通过四号筛的粉末不超过 40%
中粉	能全部通过四号筛，但混有能通过五号筛的粉末不超过 60%
细粉	能全部通过五号筛，并含能通过六号筛的粉末不少于 95%
最细粉	能全部通过六号筛，并含能通过七号筛的粉末不少于 95%
极细粉	能全部通过八号筛，并含能通过九号筛的粉末不少于 95%

二、筛分机械

筛分机械的种类很多，经常按照结构、工作原理和用途对其进行分类。工业生产中，常将筛分机械分为固定筛、回转筛、摇动筛、振动筛等种类。药筛系指按照国家药典规定，全国统一的用于药物制剂生产的筛，也称为标准药筛。实际生产中，也可以使用工业用筛，但这类筛的选用，应与药筛标准相近，且不应影响制剂质量。在药用筛分机械中常用的有手动筛（如手摇筛）、机械筛（如振动筛粉机、电磁簸动筛粉机和电磁振动筛粉机等），下面对其结构及工作原理进行简单介绍。

1. 手摇筛　手摇筛多由不锈钢丝、铜丝、尼龙丝等编织成筛网，然后将其固定在长方形或圆形的金属边框上制成。在使用的过程中，通常按筛号大小依次套叠在一起，所以也称为套筛。最粗筛在顶上，在上面加上盖子；最细筛在最底下，将其套在接收器上。使用时，取所需号数的药筛，套在接受器上，盖好上盖，用手摇动药筛使物料过筛。此种手摇筛主要适用于毒性、刺激性或是质地较轻的药粉，可以避免粉尘飞扬。但处理量很小，只能用于少量粉末的筛分过程，其结构图见图6-1。

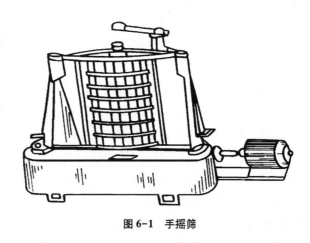

图 6-1　手摇筛

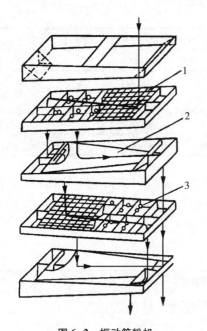

图 6-2 振动筛粉机
1. 筛内格栅；2. 筛内圆形轨迹旋面；
3. 筛网内小球

2. 振动筛粉机 又称为筛箱或旋转筛，系利用偏心轮对连杆作用产生的往复振动实现筛选粉末的装置。由一长方形筛子安装于振动筛粉机的木箱中组成，需要过筛的物料由加料斗加入，落入到筛子上。木框是固定在轴上，筛子斜置于木箱中可以移动，借助电动机带动皮带轮，使偏心轮产生往复运动，从而使木箱中的筛子产生往复振动，对药粉过筛。而木框撞击两端，振动力又增强了过筛的作用。细粉通过筛网落入接收器中，粗粉由粗粉分离处进入粗粉接收器中，继续粉碎后再次过筛。其结构图见图6-2。

这种振动筛适用于无黏性的植物药、化学药物、毒性药物、刺激性药物以及易风化或易潮解的药物粉末的过筛。过筛完毕后需要静置一段时间，等待细粉下沉后再开启，避免粉尘飞扬。

目前在药厂中使用较多的筛粉机是将筛网固定于金属架上组成的四片弧形筛，合在一起即构成圆筒状筛。在筒内装有毛刷，需要过筛的药粉由加料斗加入，进入滚动的圆筒内，借助转动以及毛刷的搅拌作用，通过筛网，然后分别对细粉及粗粉进行收集即完成筛分过程。

3. 圆形振动筛粉机 圆形振动筛粉机的结构见图 6-3。其结构与工作原理较为简单，在电动机的传动轴上装载两个不平衡的重锤，上部的重锤使筛网发生水平圆周运动，下部的重锤使筛网发生垂直方向的运动，二者造成的筛网运动叠加在一起就合成了筛网的三维运动。物料从振动筛粉机的顶部中心加入，经过筛分后，筛网上部未通过的粗物料从上部出口排出，筛分出来的细料则从下部出口排出。其筛网直径根据生产能力不同加以选择，一般为 0.4~1.5m，每台机器可以由 1~5 层筛网组成。

圆形振动筛粉机又被称为旋转式振动筛粉机，可以连续进行筛分操作，并具有分离效率较高、维修费用较低、占地面积较小以及重量比较轻等一系列优点。因此，这种筛分机械在药物制剂生产过程中常常用来对药物粉粒进行分级。

4. 电磁簸动筛粉机 由电磁铁、筛网架、弹簧接触器等组成的，其结构见图6-4，系利用每秒 200 次以上的较高频率和在 3mm 以内的较小振动幅度造成簸动。筛粉机振动振幅小、频率高，使药粉在筛网上跳动，故能使粉粒散离，易于通过筛网，增加了其筛分的效率。此种筛分机械按照电磁原理设

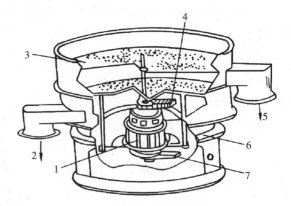

图 6-3 圆形振动筛粉机
1. 电机；2. 细料出口；3. 筛网；4. 上部重锤；
5. 粗料出口；6. 弹簧；7. 下部重锤

计，在筛网的一边装有磁铁，另一边则装有弹簧。当弹簧把筛拉紧时，接触器相互接触，来自电源的电流得以通过电路，使磁铁发生磁性而吸引衔铁，使筛子向磁铁方向移动；此时接触器会被

拉脱而阻断电流，电磁铁失去磁性，筛子被弹簧拉回，接触器重新接触引起第二次电磁吸引，如此连续不停地发生簸动作用，完成筛分操作。

电磁簸动筛粉机具有较强的振荡性能，因此适用于黏性较强的药粉如含油或是含树脂的药粉等的筛分，其过筛效率较振动筛高。

5. 电磁振动筛粉机　电磁振动筛粉机由电磁铁、筛网、架、弹簧接触器等组成，结构图见图 6-5。其工作原理与电磁簸动筛粉机的工作原理基本相同，利用较高的频率与较小的振幅产生振动。筛内在支架上倾斜安装滑轨，筛的边框安装电磁振动装置，使筛网沿滑轨做往复运动。物料从加料口加入，粗料由筛网上面的下端口排出，细料从筛网下面的出口排出。这种筛粉机的振动频率高，3000～3600 次/分钟，振幅小，只有 0.5～1mm，适用于黏性药分的筛分，筛分效率也比较高。

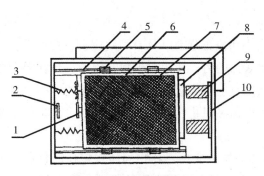

图 6-4　电磁簸动筛粉机

1. 网框接触器；2. 筛框接触器；3. 弹簧；4. 滑道；
5. 滑轨；6. 网框；7. 筛网；8. 衔铁；9. 磁铁；10. 筛框

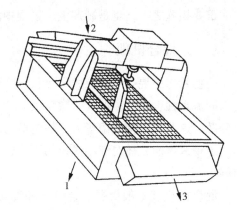

图 6-5　电磁振动筛粉机

1. 细料出口；2. 加料口；3. 粗料出口

目前采用的新型振动筛粉机已经不再使用电磁振动，而是使用振动电机，利用电机的振动来促进药粉与筛网接触，并且噪音较低，筛体的密封性能比较好，应用日趋普及。

三、筛分设备的选择

筛分设备的种类很多，选择一般遵循下列原则：①筛分设备所用的筛网规格应按物料粒径进行选择。②筛面要耐磨损，抗腐蚀。要使筛分机能长时间安全可靠运行，选择耐磨损的筛面是保证设备可靠运行的重要基础。③设备单位处理能力强，维修时间短，噪声低。这样既可以减小筛子的规格尺寸和占地面积，又可以节约能源。

第二节　混　合

所谓混合就是指将两种或两种以上固体组分的物料，在混合设备中借助外力相互掺和，达到均匀状态的操作，是固体制剂生产过程中的基本操作之一。广义上的混合系指使两种或多种物料相互分散达到一定均匀程度的单元操作，包括固-固、固-液以及液-液等组分的混合。狭义上的混合是指两种或两种以上的固体粒子均匀分散的过程。本节我们主要讨论固体粒子之间的混合，也就是狭义上的混合。

一、概述

在固体粉末的生产过程中，对于原料配制或产品标准化、均匀化，混合机都是不可缺少的装置。混合使处方中多组分物质含量均匀一致，以保证用药剂量准确、安全、有效，保证制剂产品中各成分均匀分布。混合操作在药物制剂生产中的应用极为广泛，是制备丸剂、片剂、胶囊剂、散剂等多种固体剂型非常重要的单元操作。混合结果的好坏直接关系到最终制剂的外观及内在质量。如果制剂生产过程中混合效果不好，容易出现色斑、崩解时限及硬度不合格等不良现象，而且会影响药效。特别是对于一些含量非常低的毒性药物、长期连续服用的药物、有效血药浓度和中毒浓度接近的药物等，如果混合不好，主药含量不均匀将对生物利用度及治疗效果带来极大的影响，甚至会带来危险。因此混合操作直接关系到制剂产品质量，合理的混合操作是保证制剂质量的重要措施之一，也是制剂生产过程中的重要操作之一。

（一）混合机理

药物粉末的混合效果与微粒形状、密度、粒度大小和分布范围以及表面效应有直接关系，与粉末的流动性也相关。混合时微粒之间会产生作用于表面的力，使微粒聚集，阻碍微粒在混合器中分散，这些力包括范德华力、静电荷力及微粒间接触点上吸附液体薄膜的表面张力。因这些力作用于粉末表面，故对细小微粒的影响较大。其中静电荷是阻止物料在混合器中混合均匀的主要原因。

混合的机理一般根据混合设备和混合物料的不同而发生变化，药物固体颗粒在混合器内进行混合时，粒子的运动非常复杂。1954 年，Lacey 提出，混合过程中固体粒子在混合器中主要有对流混合、剪切混合和扩散混合三种运动方式。这一理论逐渐成为目前普遍认可的混合机理。

1. 对流混合　固体粒子在混合设备内翻转或依靠混合器内设置的搅拌器、浆片、相对旋转螺旋等作用实现粒子群的较大位移，大量的物料从一处转移到另一处。经过多次转移，物料在对流作用下完成混合，也就是固体粒子在机械转动的作用下，产生较大的位移时进行总体混合。对流混合的效率取决于混合器的种类。

2. 剪切混合　固体粒子在运动的过程中产生滑动平面，在需要混合的不同成分粒子界面间发生剪切，剪切力作用于粒子的交界面，具有混合粒子和粉碎的作用。其效率主要取决于混合机械的类型和混合的操作方法，例如研磨混合过程。剪切混合实质上是由于粒子群内部力的作用结果，产生滑动面，破坏粒子群的凝聚状态进行局部混合。

3. 扩散混合　一般是由于固体粒子的紊乱运动导致相邻粒子之间相互交换位置产生的一种局部混合作用，通过颗粒在倾斜的滑动面上滚动发生，当粒子的形状、充填状态或者流动速度不同时，即可产生扩散混合。另外，搅拌也可以使粉末间产生运动，从而扩散混合，例如有搅拌型混合机。

需要注意的是，在混合操作的过程中，上述三种混合方式并不是独立进行，而是三种方式相互结合进行。由于混合机械、粉体性质和混合方法的不同，一般很难同时发生，多以某种方式为主。例如圆筒形的混合机械多以对流混合为主，搅拌类型的混合机械多以强制对流混合和剪切混合为主。一般来说，在混合开始阶段以对流混合与剪切混合为主导作用，随后扩散的作用增加。

必须注意，不同粒径的自由流动粉体以剪切和扩散机理混合时，常伴随分离，影响混合程度。达到一定混合程度后，混合与分离过程就呈动态平衡状态。如果物料的物性差异较大时，混合时间的延长反而能增加颗粒的分离程度，因此要避免混合时间过长。

（二）混合程度

混合程度是混合过程中物料混合均匀程度的指标。

固体间的混合不能达到完全均匀排列，只能达到宏观的均匀性，因此，常用统计分析的方法表示混合的均匀程度。以统计的混合限度作为完全混合状态，并以此为基准表示实际的混合程度。

混合程度能有效地反映混合物的均匀程度，常以统计学方法统计的完全混合状态为基准求得。混合程度 M 常用 Lacey 式表示。

$$M = \frac{\sigma_0^2 - \sigma_t^2}{\sigma_0^2 - \sigma_\infty^2} \tag{6-4}$$

式中：σ_0^2 为两组分完全分离状态下的方差；σ_∞^2 为两组分完全均匀混合状态下的方差；σ_t^2 为混合时间为 t 时的方差。

完全分离时，$M_0 = 0$；完全混合时，$M_\infty = 1$。因此，一般混合状态下，混合程度 M 介于 $0 \sim 1$。在混合过程中，可以随时测定混合程度，找出混合程度随时间的变化关系，从而把握和研究各种混合操作的控制机理及混合速度等。

图 6-6 为混合程度随时间的变化曲线。混合初期（Ⅰ区）以对流混合为主，中期（Ⅱ区）以对流与剪切混合为主，最后（Ⅲ区）以扩散混合为主，曲线高低不平表现出混合与离析同时进行的动态平衡状态。

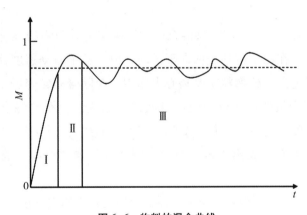

图 6-6 物料的混合曲线

图中纵坐标 M 为混合程度，横坐标 t 为混合时间

（三）混合方法

常用的混合方法有搅拌混合、研磨混合、过筛混合等。

大批量生产中的混合过程多采用搅拌或容器旋转，使物料产生整体和局部的移动，达到混合均匀的目的。

1. 搅拌混合 在配制少量药物时，可以反复搅拌使之混合均匀。而药物量大时用这种方法则不易混匀。在生产过程中，采用搅拌混合机，经过一定时间的混合操作，即可达到使物料混匀的效果。

2. 研磨混合　是指将待混合药物的粉末在容器中研磨，达到物料混合均匀的目的。该法适用于一些结晶体药物，不适用于具有吸湿性或含有爆炸性成分的物料混合。

3. 过筛混合　是指几种组分的药物混合可以通过过筛的方法进行混合操作。对于组分密度相差比较大的药物来说，过筛混合以后必须加以搅拌才能达到混合均匀的目的。

4. 混合原则及混合操作要点

（1）组分药物比例量　就混合比例而言，两种物理状态和粉末粗细相近的等量药物混合时，一般容易混合均匀；若组分比例量相差悬殊时，则不易混合均匀。此时应采用等量递加法（配研法）混合。所谓等量递加，即将量大的药物研细，以饱和乳钵的内壁，倒出；加入量小的药物研细后，加入等量其他细粉混匀；如此倍量递增混合至全部混匀，再过筛混合即成。主要适用于含有剧毒药品、贵重药品或各组分混合比例相差悬殊的药物。

（2）组分药物的密度　对于固体物料来讲，如果组分密度差较大时，应先加密度小的物料，再加密度大的物料。如果药物色泽相差较大时，先加色深的物料，再加色浅的物料，习称"套色法"。

（3）在混合过程中需要避免液化或润湿。这种现象是指药物与药物之间或药物与辅料之间在混合过程中可能出现低共熔、吸湿或失水而导致混合物出现液化或润湿的现象。防止办法有以下几种：①避免形成低共熔的混合比；②混合物料中含有少量的液体成分时，用固体组分或吸收剂吸收该液体至不显润湿为止；③含结晶水的药物可采用等摩尔无水物代替；④吸湿性强的药物应在低于其临界相对湿度以下的环境中配制；⑤若混合后吸湿增强，可分别包装。

5. 影响因素　影响混合的因素很多，除药物的密度和组分药物的混合比例量外，还有以下几种影响因素：

（1）设备转速的影响　尤其是回转型混合机的回转速度对药物的混合效果有显著影响。机器回转速度较低时，粒子在粒子层的表面向下滑动，由于粒子滑动速度存在差异，会造成明显的分离现象；如果转速过高，药物粒子受离心力作用，会随着回转容器一起旋转，不能达到混合的效果，例如V型混合机的转速过高或者过低都不能达到应有的混合效果。只有在容器具备了适宜程度的回转速度的情况下，粒子受到一定大小的离心力作用，随着转筒上升到一定的高度，然后按照抛物线的轨迹脱离下落，粒子之间相互碰撞、粉碎、混合，达到较好的混合效果。

（2）药物充填量的影响　一般情况下，容器旋转型混合机的充填量要小于容器固定型混合机的充填量，因为在容器固定型混合机中，物料之间的相互移动是依靠搅拌或其他装置的运动实现的，故可以达到较高的药物充填量，而容器旋转型混合机械则必须留有一定的空间提供给药物粒子以相对运动。实际的情况表明，V型混合机的充填量在30%左右时，混合效果最为理想；而槽型混合机其装料量达到80%的体积分数时，混合效果佳。

（3）药物装料方式的影响　一般混合机的装料方式有三种：①分层加料，两种待混合的物料呈上下对流的纵向混合方式；②左右加料，两种待混合的药物粒子呈横向扩散的混合方式；③左右都是分层加料，两种待混合的粒子初始以对流混合为主，然后转变为以扩散混合为主。实验已经证明，分层加料方式的混合效果优于其他加料方式。

（4）药物粒径的影响　在混合操作过程中，各组分粒子的粒径越接近，物料就越容易被混合均匀。反之，如果粒径不同甚至相差比较大时，粒子之间存在分离作用，会使混合程度降低。因此待混合的物料粒径相差比较大的时候，应该在混合之前进行预粉碎的处理，使各组分的粒子直径基本一致，然后再进行混合，可以达到更好的混合效果。

（5）粒子形状的影响　待混合的粒子形状不同，粒径大小相近时，所能达到的最终混合程度也大致相同；而如果粒子形状不同，粒径也相差比较大时，所能达到的最终混合状态也就不同。例如，待混合的物料粒径大小相差比较大时，圆柱形粒子所能达到的混合程度最高，而球形粒子所能达到的混合程度则最低。其原因在于球形粒子粒径差距较大时，小球粒子容易在大球粒子的间隙当中流动，从而造成小球粒子与大球粒子分离，混合程度降低。其余形状的粒子在粒径不同的情况下能达到的最终混合程度介于圆柱形粒子的混合程度和球形粒子的混合程度之间。

二、旋转型混合设备

混合机械的种类较多，按其对粉体施加的动能，可以分为容器回转式、容器固定式（又称机械搅拌式）、气流式以及这几种类型的组合形式；按操作形式不同，可以分为间歇式和连续式。容器回转式混合机的原理是依靠容器本身的回转作用，带动物料上下运动进行混合；容器固定式混合机则是利用容器内叶片、螺旋带或气流的搅拌使药物混合；气流式混合机是利用气流的上升流动或喷射作用，使粉体达到均匀混合的一种操作方法，适用于流动性好、物性差异小的粉体间混合；组合式混合机是前述几种混合机的有机结合，例如在回转式容器中设置机械搅拌装置以及折流板，在气流搅拌中加上机械搅拌。对于粉碎机而言，如果同时粉碎两种以上的物料，实际上也成为一种混合器。

容器回转式混合机又称为旋转筒式混合机或转鼓式混合机，是依靠容器本身的旋转作用来带动物料上下运动而促使其混合的设备。通过混合容器的旋转发生垂直方向的运动，使被混合物料在容器壁或者是容器内部安装的固定抄板上折流，造成物料上下翻滚及侧向运动，不断扩散，从而达到混合的目的。容器回转式混合机通常为间歇式，装卸物料时需停机，因间歇式混合机易控制混合质量，可适应粉群配比经常改变的情况，故应用较多。常见的容器回转式混合机有水平圆筒型混合机、倾斜圆筒型混合机、V型混合机、双锥型混合机、方锥型混合机、双立柱提升料斗混合机、三维运动混合机等，下面分别予以介绍。

1. 水平圆筒型混合机　该类混合机通过筒体在轴向旋转时带动物料向上运动，并在重力作用下滑落的反复运动中进行混合。其工作原理简图见图6-7。总体混合主要以对流、剪切混合为主，而轴向混合以扩散混合为主。

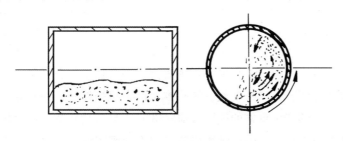

图6-7　水平圆筒型混合机

这一类混合机械具有以下特点：①其圆筒轴线与回转轴线重合；②操作时，粉料的流型简单；③粉粒沿水平轴线的运动困难；④容器内两端位置有混合死角；⑤卸料不方便。

水平圆筒型混合机的混合程度较低，混合效果不够理想，所需混合时间较长，但具有结构简单、成本低的优势，因此还在应用。操作中这种类型的设备最适宜转速为临界转速的 70%~90%，最适宜充填量或容积比（物料容积/混合机全容积）约为 30%。

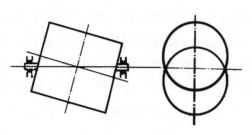

图 6-8　倾斜圆筒型混合机

2. 倾斜圆筒型混合机　倾斜圆筒型混合机是在水平圆筒型混合机的基础上将盛料圆筒的回转轴线与其轴线错开成一定角度，以达到较好的混合效果。其结构见图 6-8。

其特点为，容器轴线与回转轴线之间有一定的角度，因此粉料运动时有 3 个方向的速度；流型复杂，加强了混合能力；工作转速在 40~100rpm。

3. V 型混合机　又称为双联混合机，旋转容器是由两段圆筒成一定角度组成的 V 型连接，两筒轴线夹角在 60°~90°，两筒连接处切面与回转轴垂直，容器与回转轴非对称布置。混合时物料被分成两部分在圆筒内旋转，使这两部分物料重新汇合在一起，反复循环，较短时间内即能混合均匀。这种混合机械以对流混合为主。其结构见图 6-9。

V 型混合机具有以下特点：①转速 6~25rpm，混合时间每次 4 分钟；②容器呈非对称性，操作时，物料时聚时散，效果比双锥型混合机更好；③适用于干粉类药物混合。

4. 双锥型混合机　该混合机的容器是由两个锥筒和一段短柱筒焊接而成，其锥角有 90°和 60°两种结构，旋转轴与容器中心线垂直。混合机内物料的运动状态与混合效果类似于 V 型混合机。

生产过程中，将粉末或粒状物料通过真空输送或人工加料到双锥容器中，随着容器不断旋转，物料在容器中进行复杂的撞击运动，达到均匀混合。其结构见图 6-10。

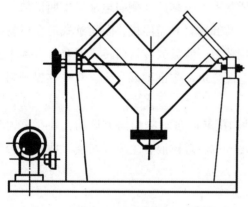

图 6-9　V 型混合机

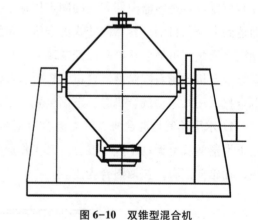

图 6-10　双锥型混合机

双锥型混合机具有以下特点：①克服了水平圆筒型混合机中物料翻滚不良的缺点，工作效率较高，节约能源，操作方便，劳动强度低；②双锥型混合机操作时，粉料在容器内剧烈翻滚，由于流动断面不断变化，能够产生良好的横流效应；③对于易流动药物，混合较快。

5. 方锥型混合机　方锥型混合机系将物料装入方锥形密闭混合桶内，和出料口对称的轴线与回转轴线成一夹角，不同组分的物料在密闭的混合桶中进行三维空间运动，产生强烈翻转和扩散收缩作用，能均匀地混合粉体或颗粒，其基本结构见图 6-11。

方锥型混合机具有结构紧凑、混合均匀度高达 95% 以上、装载系数高等优点。此外，其整机外形美观，回转高度低，运转平稳，性能可靠，操作方便；桶体内外壁均经镜面抛光，无死角，易出料，易清洗，无交叉污染，符合 GMP 要求。

6. 双立柱提升料斗混合机　是在双立柱固定料斗混合机的基础上发展起来的，其混合过程发生在密闭的混合料斗中，可有效避免粉尘泄露，具有较高的混合均匀度，按照 GMP 的要求，所有进出混合桶的物料均应在密闭状态下进行，以减少粉尘的产生和生产环境及操作人员对药品的污染。因此，混合后的产品应以密闭的连接方式与周转料筒连接，解决粉料进入和排出时的污染问题。其基本结构如图 6-12 所示。

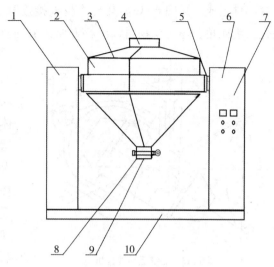

图 6-11　方锥型混合机

1、6. 支架；2. 框架；3. 料筒；4. 加料口；5. 转轴；
7. 控制系统；8. 阀门；9. 出料口；10. 底座

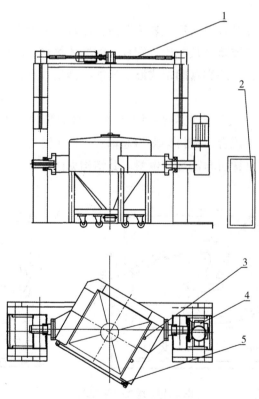

图 6-12　双立柱提升料斗混合机

1. 提升机构；2. 电气控制系统；3. 定位机构；4. 驱动回转机构；5. 料桶夹持机构

双立柱提升料斗混合机能快速加持混合桶混合和提升放料。本设备引入自动提升机构，可在混合结束以后，根据需要在不同高度进行密闭连接出料，同时兼具混合机和提升机的功能。该设备运转安全平稳，生产效率较高，与药物接触部件易拆卸、易清洗，操作及维修保养较方便。

7. 三维运动混合机　这种混合机是由机座、传动系统、电器控制系统、多向运动机构、混合桶等部件组成，见图6-13。其与物料直接接触的混合桶采用不锈钢材料制造，桶体内外壁均经抛光，无死角，不污染物料，出料方便，清洗容易，操作简单。

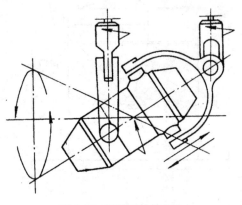

图6-13 三维运动混合机

三维运动混合机混合圆筒与两个带有万向节的轴连接，其中一个作为主动轴，另一个作为从动轴，主动轴转动时带动混合容器运动。混合桶体利用三维摆动、平移转动和摇滚原理，多方向运转，产生强大的交替脉动，并且混合时产生的涡流具有变化的能量梯度，使各种物料在混合过程中，加速了流动和扩散作用，同时避免了一般混合机因离心力作用产生的物料比重偏析和积累现象，混合无死角，能有效确保混合物料的最佳品质。

三维运动混合机混合的均匀程度可以达到99.9%以上，最佳填充率在80%左右，最大填充率可达90%，远远超过了一般的回转型混合机；混合时间短，混合时无升温现象。但是该机只能间歇式操作，每批的最大装载能力较低。

三、固定式混合设备

容器固定式混合机的特点是容器固定，靠旋转搅拌器带动物料上下及左右翻滚，以对流混合为主，主要适用于混合物理性质差别及配比差别较大的散体物料，容器固定式混合机有间歇和连续两种，依生产工艺而定。典型的容器固定式混合机的结构型式有搅拌槽型混合机、双螺旋锥型混合机和圆盘型混合机几种。

1. 搅拌槽型混合机 这一类混合机主要用于混合粉状或糊状的物料，使不同性质物料混合均匀。本设备是卧式槽形单桨混合，搅拌桨多为通轴式，便于清洗；与物体接触处采用不锈钢制成，有良好的耐腐蚀性，混合槽可自动翻转倒料。其结构见图6-14。

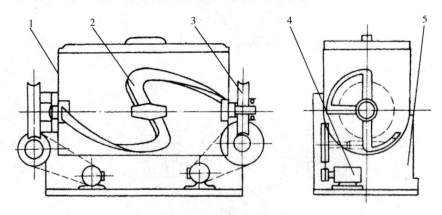

图6-14 搅拌槽型混合机

1. 混合槽；2. 搅拌桨；3. 蜗轮减速器；4. 电机；5. 机座

搅拌槽型混合机一般用于称量后或制粒前的混合，与摇摆式颗粒机配套使用，目的是使物料均匀混合，以保证药物剂量准确。用于干粉混合时，一般要加黏合剂或润湿剂。该机器有主电机和副电机两台电机。工作过程中，主电机带动搅拌桨旋转，由于桨叶具有一定的曲线形状，在转动时对物料产生各方向的推力，使物料翻动，达到均匀混合的目的；副电机可使混合槽倾斜105°，使物料倾出。一般装料约占混合槽容积的80%。

　　槽型混合机有搅拌效率低、混合时间长、搅拌轴两端的密封件容易漏粉、搅拌时粉尘外溢、污染环境、对人体健康不利等缺点。但其价格低、使用寿命长、操作简便、易于维修的优点也非常明显。

　　2. 双螺旋锥型混合机　双螺旋锥型混合机结构如图6-15所示，主要由传动系统、锥形筒体、两根倾斜螺旋杆、转臂和出料阀等组成。两根螺旋杆的轴线平行于锥形筒体，对称分布于锥体中心线两侧，并且交汇于锥底，与中心拉杆相连。两根螺旋杆在容器内既有自转运动又有随转臂沿筒壁周转的公转运动。被混合的粒子在螺旋推进器的自转作用下自底部上升，还在公转的作用下，在整个容器内循环运动，短时间内即可达到最大混合程度。

　　这种混合机械具有动力消耗小、混合效率高、容积比高、不破损颗粒、不发热变质、不离析分层等优点，适用于密度相差较为悬殊、混配比较大的物料。另外该设备还具有无粉尘、易清理的优点。

　　3. 圆盘型混合机　圆盘型混合机依靠内部平盘的高速旋转实现混合。其结构如图6-16所示。待混合的物料从加料口3和4分别加入到高速旋转的环形平盘和下部圆盘上，由于惯性离心力作用，粒子被甩开，在散开的过程中粒子之间相互混合，然后从出料口排出。

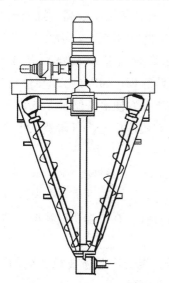

图6-15　双螺旋锥型混合机

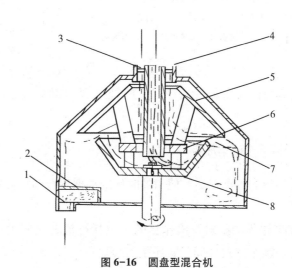

图6-16　圆盘型混合机

1. 出料口；2. 出料挡板；3、4. 加料口；5. 上锥形板；
6. 环形圆盘；7. 混合区；8. 下部圆盘

　　回转圆盘型混合机回转圆盘的转速为1500～5400rpm；混合机处理量较大，可连续操作，混合时间短，但处理量随圆盘的大小而定；其混合程度与加料是否均匀有关，物料的混合比可通过加料器进行调节。

四、气流式混合设备

　　气流式混合设备常以压缩空气（压力多在0.6～0.8MPa，气体消耗量多在1000～60000NL/min）为搅拌动力，工作过程系将压缩空气经混合头上的喷嘴送入混合仓内，混合仓压力快速释放从而带动物料随压缩空气沿筒壁螺旋式上升，形成流态化混合状态，经过若干个脉冲吹气和停顿间隔，使物料活化、对流、扩散，实现全容积内物料的快速、高均匀度混合。进入混合器的空气经由顶部过滤器过滤处理后排出。气流混合设备无机械搅拌部件，不会产生磨损和阻塞问题，没有摩擦生热，也不存在润滑剂污染产品的情况，解决了机械式混合设备的诸多缺陷。且本设备可以通过自控程序实现动能脉冲控制，经过多次脉冲循环喷吹，实现低耗能、高效率的混合工艺，一般混合时间仅需几分钟，因此得到广泛应用。气流式混合机适用于粉料与粉料之间的密闭混合，基本结构见图6-17。

气流式混合机具有以下优势特点：①密闭洁净混合，混合容积大（1～100m³），混合时间短，混合均匀度高。②结构简单，无运动部件、无死角，维护工作量少；无磨损异物，使用能耗低，物料破碎率低；物料污染少，特别适合大批量物料短时间均匀混合的操作。③有效容积利用率高（20%～70%），物料装填系数高，批处理能力强，占地空间小，空间利用率高。④大批量粉体物料的配混或均化混合含量比最小可达1∶1000。⑤气流混合机具备CIP/SIP（自动在位清洗/自动在位消毒）功能，方便清洗维护。⑥可使用惰性

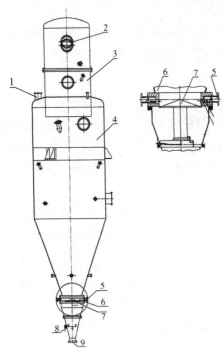

图6-17　气流式混合机
1. 加料口；2. 出气口；3. 过滤器；4. 混合仓；5. 进气口；
6. 混合头；7. 排料阀；8. 喷气口；9. 出料口

气体作为动力源（如氮气），气体可回收。⑦自动化程度高，方便进出料，可与整条生产线配合使用。

五、混合机的选型

混合机械的种类很多，使用的时候应根据混合的需要进行选择，在混合机选型时主要考虑以下几方面：

1. 工艺过程的要求及操作目的　包括待混合物料的性质、混合产品所要求达到的混合度、生产能力、操作方式（间歇式还是连续式）。

2. 分析待混合物料的物性对混合操作的影响　物料物性主要包括有粉粒大小、形状、分布、密度、流动性，粉体附着性、凝聚性、润湿程度等，同时也要考虑各组分物性的差异程度，初步确定适合的混合机型式。

3. 混合机的操作条件　通常包括混合机的转速、装填率，原料组分比，各组分物料的加料方法、加入顺序、加入速率和混合时间等。根据物料的物性及混合机型来确定操作条件与混合速度（或混合度）的关系以及混合规模。

4. 设备能力　设备的功率，操作的可靠性，包括装料、混合、卸料、清洗等操作工序。

5. 经济性　主要指设备购置费用、操作费用和维修费用等。

第七章

分离原理与设备

分离操作是制药工业中重要的操作单元之一，是指对混合物的不同成分进行分离的操作流程。制药生产中常遇到的混合物可以分为两类：一类为均相体系，如混合气体、溶液，内部没有相界面，体系内各成分性质相同；一类为非均相体系，如含固体颗粒的混悬液、互不相溶的液体组成的乳浊液、由固体颗粒（液体雾滴）与气体构成的含尘气体（或含雾气体）、气泡与液体构成的泡沫液等，这种体系内有相界面，其中分散的物质称为分散相，而另一相称为连续相，分散相和连续相之间的物性存在明显差异。

第一节　过滤分离

过滤是一种分离悬浮于液体或气体中的固体微粒的单元操作。通常所说的过滤是指将悬浮于液体中的固体微粒进行分离的操作，即悬浮液的过滤。过滤操作是分离悬浮液最普遍和有效的单元操作过程之一。它是利用流态混合物系中各物质粒径不同，以某种多孔物质为筛分介质，在外力作用下，使悬浮液中的液体通过介质孔道流出，而固体颗粒被介质截留，从而实现固液分离的操作。

一、过滤的原理

过滤操作中采用的多孔物质称为过滤介质，所处理的悬浮液称为滤浆，通过介质得到的悬浮液称为滤液，被截留的固体物质称为滤饼或滤渣。过滤过程一般分为四个阶段：①过滤，刚开始操作时，由于过滤介质的孔径大于料液中部分粒径较细的颗粒，往往不能阻止微粒通过，所得滤液是不符合要求的浑浊液。随着过滤的进行，细小颗粒在孔道上出现"架桥"现象，固体颗粒多被截留而形成滤饼，滤饼中的孔道比介质孔道细，能阻止微粒通过而得到澄清的滤液。有效的过滤操作往往是在滤饼层形成后开始的。②洗涤，滤饼随过滤越积越厚，滤液通过阻力逐渐增大，过滤速度降低。如果所需的是滤液，则残留在滤饼中的滤液应回收；如果所需的是滤饼，则应避免滤液影响其纯度。因此，需要借助清水，冲去残存在滤饼孔道中的滤液，此时的排出液称为洗液。③去湿，洗涤完毕后，需将滤饼孔道中残存的洗液除掉，以利于滤饼后续工序的进行。常用的办法是用加压空气通过滤饼以排出残留洗液。④卸料，将滤饼从滤布上卸下来的操作称为卸料。卸料力求彻底干净，若滤饼不是所需产品，可用清水清洗。滤布使用一段时间后，应彻底进行清洗，以减小过滤阻力，此操作过程称为滤布的再生。过滤操作分为表面过滤和深层过滤。

1. 表面过滤　又称为饼层过滤。过滤时，悬浮液置于过滤介质的一侧，固体颗粒沉积于介质表面形成滤饼层。过滤介质中微细孔道的直径不一定小于被截留的颗粒直径，过滤开始时会有部分颗粒在孔眼处发生架桥现象，也会有一些细小颗粒穿过介质而使滤液浑浊，因此需要在滤饼层形成后将初滤液重新过滤。滤饼形成后，产生的阻力远远大于过滤介质引起的阻力，成为真正发挥截留颗粒作用的过滤介质。

表面过滤适用于处理固体含量较高（固相体积分率1%以上）的悬浮液，不适宜过滤颗粒小且含量少（固体体积浓度大于1%）的悬浮液。如中药生产中大多是药液的澄清过滤，所处理的悬浮液固相浓度较高，主要采取表面过滤。

表面过滤时，过滤介质和滤饼对滤液的流动有阻力。要克服这种阻力，就需要一定的外加推动力，即在滤饼和过滤介质两侧维持一定的压强差。实现过滤操作的外力可以是重力、压力差或惯性离心力。根据推动力不同，过滤可以分为常压过滤、真空过滤、加压过滤和离心过滤。常压过滤依靠悬浮液自身的液位差进行过滤；真空过滤依靠在过滤介质一侧抽真空的方法来增加推动力；加压过滤利用压缩空气、离心泵、往复泵等输送悬浮液形成的压力作为推动力；离心过滤则将高速旋转产生的离心力作为过滤过程中的推动力。常压过滤的生产能力很低，很少在制药生产中应用，应用最多的是以压力差为推动力的过滤。

2. 深层过滤　在深层过滤中，固体颗粒不会在介质表面上形成滤饼，而是沉积在较厚的颗粒过滤介质床层内部。悬浮液中的颗粒尺寸小于床层孔道尺寸，当颗粒随液体流径床层内的曲折孔道时，被截留在过滤介质内。

深层过滤适用于悬浮液中颗粒小、滤浆浓度极低（一般固相体积浓度低于0.1%）的情况，如饮用水的净化。因其吸附能力较强，过滤过程中药物成分损失较大。

二、过滤的基本理论

过滤是在多孔的过滤介质上加入悬浮液，借助重力及压强差的作用，使滤液从滤布及滤饼的孔隙间流出的过程。滤饼是由大量细小的固体颗粒组成，颗粒之间存在空隙，这些空隙互相连通，形成不规则的网状结构。由于颗粒很小，其形成的孔道直径也很小，流体在其中的阻力很大，流速很低，因此流体通过孔隙的流动可以认为是滞流运动。假设滤饼在过滤过程中所形成的网状结构是均匀的，把流体流过的孔隙看成是许多垂直的通道，其当量直径为d_e，孔隙率始终不变。则有

$$d_e = \frac{4 \times 流通截面积}{流体浸润周边} \tag{7-1}$$

通常是将单位时间内通过单位过滤面积的滤液体积称为过滤速度，单位为 $m^3/(m^2 \cdot s)$，即 m/s。假设过滤设备的过滤面积为A，在过滤时间dt内所得的滤液量为dV，则过滤速度为dV/Adt，过滤速率为dV/dt。

多孔床层指由多孔介质所截留的颗粒组成的具有许多小的孔道的床层，颗粒床层的厚度越厚，过滤阻力越大。因此过滤阻力与床层厚度及床层孔隙率有关。

床层孔隙率 $$\varepsilon = \frac{床层体积 - 颗粒体积}{床层体积}$$

床层孔隙率与粒度分布、颗粒形状及颗粒表面粗糙度等有关。

由经验及推导得

$$d_e \propto \frac{孔隙体积}{形成滤饼的颗粒的全部表面积} \tag{7-2}$$

$$d_e \propto \frac{\varepsilon}{(1-\varepsilon)\ a_s} \tag{7-3}$$

其中：a_s—颗粒的比表面积，或单位体积颗粒的表面积，m^2/m^3。

对于球形颗粒：

$$a_s = \frac{\pi d^2}{\frac{1}{6}\pi d^3} = 6/d \tag{7-4}$$

滞流时：

$$\Delta p^* = \Delta p_c{}^* + \Delta p_m{}^* = \frac{23\mu\delta u_{ml}}{d_e{}^2} \tag{7-5}$$

其中：Δp^*—过滤压力差（阻力损失）；

　　　$\Delta p_c{}^*$—滤饼两侧的压力差；

　　　$\Delta p_m{}^*$—过滤介质两侧的压力差；

　　　u_{ml}—滤液在床层垂直孔道中的平均流速，m/s；

　　　δ—床层厚度，m；

　　　μ—液体的黏度，$Pa\cdot s$。

将比例常数用 k' 代替，则有

$$u_{ml} = \frac{\Delta p^* \cdot d_e{}^2}{k'\mu\delta} \tag{7-6}$$

设按滤饼层横截面积计算的滤液的平均流速为 u_m，即单位时间内单位过滤面积上的滤液体积量。则有

$$\frac{u_m}{u_{ml}} = \varepsilon \tag{7-7}$$

$$u_m = \frac{dV}{Adt} = \varepsilon u_{ml} = \frac{\Delta p^*}{k'\mu\delta} \cdot \frac{\varepsilon^3}{(1-\varepsilon)^2 a_s{}^2} \tag{7-8}$$

比例常数 k' 与滤饼的空隙率、颗粒的形状、排列及粒度范围有关，对于颗粒床层内的滞留流动可取式 7-5。因此式 7-8 可写为

$$u_m = \frac{dV}{Adt} = \frac{\varepsilon^3}{5a_s{}^2\ (1-\varepsilon)^2} \cdot \frac{\Delta p^*}{\mu\delta} \tag{7-9}$$

其中：u_m—过滤速度，为单位时间单位过滤面积的滤液体积量，m/s；

　　　V—滤液体积，m^3；

　　　A—过滤面积，m^2；

　　　t—过滤时间，s。

根据式 7-7 和式 7-9 可知：

$$\frac{dV}{dt} = \frac{\varepsilon^3}{5a_s{}^2\ (1-\varepsilon)^2} \cdot \frac{A\Delta p^*}{\mu\delta} \tag{7-10}$$

其中：dV/dT—过滤速率，即单位时间所获滤液量，m^3/s。

对于球形颗粒：

$$a_s = \frac{\pi d^2}{\frac{1}{6}\pi d^3} = 6/d \tag{7-11}$$

【例 7-1】假设将床层空间均匀分成长等于球形颗粒直径的立方格，每一立方格放置一颗固体颗粒。现有直径为 0.1mm 和 10mm 的球形颗粒，按上述规定进行填充，填充高度为 1m。试求：

（1）两种颗粒层的空隙率各为多少？

（2）若将常温常压的空气在 981Pa 的压差下通入两层床，床层的空速各为多少？

（3）欲使细颗粒床层通过与（2）中的粗颗粒床层同样的流量，所需压差为多少？

解：（1）由床层空隙率定义可得

$$\varepsilon = \frac{V_{床} - V_{颗}}{V_{床}} = \frac{d^3 - (\pi/6)\ d^3}{d^3} = 1 - \frac{\pi}{6} = 0.476$$

可见，空隙率 ε 与颗粒的绝对尺寸无关，皆为 0.476。

（2）常温常压下空气的密度和黏度为

$$\rho = 1.2\text{kg/m}^3,\ \mu = 1.81 \times 10^{-5}\text{Pa} \cdot \text{s}$$

对于细颗粒，比表面积 $a = 6/d = 6 \times 10^4 \text{m}^2/\text{m}^3$，假定康采尼公式适用，即

$$\frac{\Delta P}{L} = 5 \frac{a^2\ (1-\varepsilon)^2}{\varepsilon^3} \mu u$$

对于气体，$\Delta P \approx 981\text{Pa}$，

$$u = \frac{(\frac{\Delta P}{L})\ \varepsilon^3}{5a^2\ (1-\varepsilon)^2 \mu} = \frac{(\frac{981}{L})\ \varepsilon^3}{5a^2\ (1-\varepsilon)^2 \mu}$$

$$= \frac{981 \times 0.476^3}{5 \times (6 \times 10^4)^2 \times (1-0.476)^2 \times 1.81 \times 10^{-5}} = 1.183 \times 10^{-3} \text{m/s}$$

$$R'_e = \frac{\rho u}{a\ (1-\varepsilon)\ \mu} = \frac{1.2 \times 1.183 \times 10^{-3}}{6 \times 10^4 \times 0.524 \times 1.81 \times 10^{-5}} = 2.49 \times 10^{-3} < 2$$

故计算结果正确。

对于粗颗粒，$a = 6/d = 600\text{m}^2/\text{m}^3$，假定欧根公式中黏性力项可忽略，即

$$\frac{\Delta P}{L} = 0.29 \frac{a^2\ (1-\varepsilon)}{\varepsilon^3} \rho u^2$$

$$u = \sqrt{\frac{(\Delta P/L)\ \varepsilon^3}{0.29a\ (1-\varepsilon)\ \rho}} = \sqrt{\frac{981 \times 0.476^3}{0.29 \times 600 \times (1-0.476)\ \times 1.2}} = 0.983\text{m/s}$$

$$R'_e = \frac{\rho u}{a\ (1-\varepsilon)\ \mu} = \frac{1.2 \times 0.983}{600 \times (1-0.476)\ \times 1.81 \times 10^{-5}} = 108 > 100$$

故计算结果正确。

（3）若细颗粒层空速 $u = 0.983\text{m/s}$，则

$$R'_e = \frac{\rho u}{a\ (1-\varepsilon)\ \mu} = \frac{1.2 \times 0.983}{6 \times 10^4 \times (1-0.476)\ \times 1.81 \times 10^{-5}} = 2.07 < 3$$

故康采尼公式已不适用，但可以忽略欧根公式中的惯性力项，即

$$\frac{\Delta P}{L} = 4.17 \frac{a^2\ (1-\varepsilon)^2}{\varepsilon^3} \mu u$$

$$= 4.17 \frac{(6 \times 10^4)^2\ (1-0.476)^2}{0.476^3} \times 1.81 \times 10^{-5} \times 0.983 = 1.43 \times 10^5 \text{Pa/m}$$

三、过滤的基本方程式

过滤过程中形成的滤饼分为可压缩滤饼和不可压缩滤饼，过滤时的滤液流过的孔道随滤饼两侧压力差的变化而变化的滤饼称为可压缩滤饼，过滤时颗粒的排列方式及孔道大小不随滤饼两侧压力差的变化而变化的滤饼称为不可压缩滤饼。

1. 不可压缩滤饼过滤的基本方程

若令

$$r = \frac{5a_s^2 (1-\varepsilon)^2}{\varepsilon^3} \tag{7-12}$$

那么，式7-9可写成

$$u_m = \frac{dV}{Adt} = \frac{\varepsilon^3}{5a_s^2 (1-\varepsilon)^2} \cdot \frac{\Delta P^*}{\mu\delta} = \frac{\Delta P^*}{r\mu\delta} \tag{7-13}$$

其中：r—滤饼的比阻，$1/m^2$。

比阻反映了颗粒形状、尺寸及床层孔隙率对滤液流动的影响，一般 ε 减小和 a_s 增大，r 增大，u_m 减小，流体流动的阻滞力越大。

由于过滤时压力差包括滤饼的压力及过滤介质的压力，过滤介质的压力可虚拟等于相对应的滤饼的压力，其所对应的各参数也虚拟为与其相应滤饼所对应的参数。

若生成厚度为 δ 的滤饼所需时间为 t，产生滤液体积 V，产生单位面积的滤液体积 q（$q = V/A$），生成当量滤饼厚度 δ_e 所获得当量滤液体积 V_e，则过滤介质阻力相对应的虚拟过滤时间为 t_e，与过滤介质相当的当量滤饼厚度为 δ_e，过滤介质相对应的当量单位面积的滤液量为 q_e。t_e，q_e，V_e，δ_e 均为过滤介质所具有的常数，反映过滤介质阻力的大小。

经推导得到不可压缩滤饼过滤基本方程为

$$\delta \frac{滤饼体积}{过滤面积} = \frac{\nu (V+V_e)}{A} \tag{7-14}$$

代入过滤速度公式整理得

$$u_m = \frac{dV}{Adt} = \frac{\Delta P^*}{r\mu\delta} = \frac{\Delta p^*}{r\mu \dfrac{\nu (V+V_e)}{A}} \tag{7-15}$$

$$u_{ml} = \frac{dV}{dt} = \frac{A^2 \Delta P^*}{r\nu\mu (V+V_e)} \tag{7-16}$$

其中：V—滤饼体积与滤液体积之比。

式7-16为不可压缩滤饼过滤基本方程。

【例7-2】一小型板框压滤机有5个框，长宽各为0.2 m，在300kPa（表压）下恒压过滤2小时，滤饼充满滤框，且得滤液80L，每次洗涤与装卸时间各为0.5小时。若滤饼不可压缩，且过滤介质阻力可忽略不计。求：

（1）洗涤速率为多少 $m^3/(m^2 \cdot h)$？

（2）若操作压强增加一倍，其他条件不变，过滤机的生产能力为多少？

解：（1）洗涤速率

因过滤介质阻力可忽略不计，即

$$q^2 = K\tau$$

过滤面积

$$A = 5\times0.2^2\times2 = 0.4m^2$$

单位过滤面积上的滤液量

$$q=V/A=80\times10^{-3}/0.4=0.2\ (\text{m}^3/\text{m}^2)$$

过滤常数

$$K=q^2/\tau=0.2^2/2=0.02\ (\text{m}^2/\text{h})$$

过滤终了时的速率

$$(\text{d}q/\text{d}\tau)_E=K/2q=0.02/\ (2\times0.2)\ =0.05\ (\text{m}/\text{h})$$

洗涤速率

$$(\text{d}q/\text{d}\tau)_W=0.5\ (\text{d}q/\text{d}\tau)_E=0.5\times0.05=0.025\ (\text{m}/\text{h})$$

（2）$\Delta p'=2\Delta p$ 时的生产能力

因滤饼不可压缩，所以 $K'=K\Delta p'/\Delta p=2K=2\times0.02=0.04$（m²/h）

因在原板框压滤机过滤，悬浮液浓度未变，则当 5 个板框充满滤饼时所得滤液量仍为 $V'=0.08\text{m}^3$，故此时所用的过滤时间为

$$\tau=q'^2/K'=q^2/K=0.2^2/0.04=1\ (\text{h})$$

生产能力

$$Q=V'/\ (\tau+\tau_w+\tau_D)\ =0.08/\ (1+0.5+0.5)\ =0.04\ (\text{m}^3/\text{h})$$

2. 可压缩滤饼的过滤基本方程

对于可压缩滤饼：
$$r=r'\ (\Delta P^*)^S$$

其中：S—压缩指数；

r—滤饼的比阻；

r'—为单位压力差下滤饼的比阻。

则可压缩滤饼过滤基本方程为

$$u_{\text{ml}}=\frac{\text{d}V}{\text{d}t}=\frac{A^2\ (\Delta P^*)^{1-S}}{r'\nu\mu\ (V+V_e)} \tag{7-17}$$

其中：S 多由实验测得，$S=0\sim1$，不可压缩滤饼 $S=0$。

式 7-17 称为过滤的基本方程式，它表示过滤进程中任一瞬间的过滤速率与物系性质、压力差、过滤面积、累计滤液量、过滤介质的当量滤液量等各因素之间的关系，是过滤计算及强化过滤操作的基本依据。该式适用于可压缩滤饼及不可压缩滤饼。

应用过滤基本方程式时，需针对操作的具体方式而积分。过滤操作的特点是随着过滤操作的进行，滤饼层厚度逐渐增大，过滤阻力也相应增大。若在恒定压力差下操作，过滤速率必将逐渐减小；若要保持恒定的过滤速率，则需要逐渐增大压力差。有时，为避免过滤初期因压力差过高而引起滤液浑浊或滤布堵塞，可在过滤开始时以较低的恒定速率操作，当表压升至给定数值后，再转入恒压操作。因此，过滤操作常用恒压过滤、恒速过滤以及先恒速后恒压过滤三种。

（1）**恒压过滤**　恒压过滤是最常见的过滤方式，连续过滤机内进行的过滤都是恒压过滤，间歇过滤机内进行的过滤也多为恒压过滤。恒压过滤时，由于滤饼不断变厚，过滤阻力逐渐增加，但过滤推动力 ΔP^* 保持恒定，即为一常数，因而过滤速率逐渐变小。

对于一定的悬浮液，μ、r'、S 及 ν 为常数，若令

$$\kappa=\frac{1}{r'\mu\nu} \tag{7-18}$$

则有

$$\frac{\text{d}V}{\text{d}t}=\frac{A^2\ (\Delta P^*)^{1-S}}{r'\nu\mu\ (V+V_e)}=\frac{\kappa A^2\ (\Delta P^*)^{1-S}}{(V+V_e)} \tag{7-19}$$

其中：κ—悬浮液物性的常数，$m^4/N \cdot s$。

若令 $K = 2\kappa (\Delta P^*)^{(1-S)}$，对滤饼和过滤介质基本方程分别积分再相加得

$$\frac{dV}{dt} = \frac{KA^2}{2(V+V_e)} \tag{7-20}$$

将 7-20 积分得

$$\int_0^{V+V_e} 2(V+V_e)dV = \int_0^{t+t_e} KA^2 dt \tag{7-21}$$

得

$$(V+V_e)^2 = KA^2(t+t_e) \tag{7-22}$$

令 $q = \dfrac{V}{A}$ 代入，则

$$(q+q_e)^2 = K(t+t_e) \tag{7-23}$$

其中：q—单位过滤面积的累计滤液量，m^3/m^2；

q_e—过滤介质的当量单位面积所得累计滤液量，m^3/m^2。

当忽略 q_e，t_e 时，则有

$$q^2 = Kt \tag{7-24}$$

$$V^2 = KA^2 t \tag{7-25}$$

当 $q=0$，$t=0$ 时，即刚开始过滤时，则有

$$q_e^2 = Kt_e \tag{7-26}$$

$$V_e^2 = KA^2 t_e \tag{7-27}$$

将以上二式与恒压过滤方程相减整理得

$$q^2 + 2qq_e = Kt \tag{7-28}$$

$$V^2 + 2VV_e = KA^2 t \tag{7-29}$$

式 7-28 与式 7-29 均为恒压过滤方程式，表示恒压操作时，滤液体积（或单位面积滤液量）与过滤时间的关系，是恒压过滤计算的重要方程式。t_e 与 q_e 是表示过滤介质阻力大小的常数，其单位分别为 s，m^3/m^2，均称为介质常数。K、t_e 与 q_e 三者总称为过滤常数。对于一定的滤浆与过滤设备，K、t_e 与 q_e 均为定值。

（2）恒速过滤　恒速过滤时过滤速率 dV/dt 为一常数。在恒速过滤操作中，滤饼阻力不断提高，要保持过滤速率恒定则必须不断提高过滤的压力差。

由于过滤速率为常数，故式 7-20 可写成

$$\frac{dV}{dt} = \frac{V}{t} = \frac{KA^2}{2(V+V_e)} \tag{7-30}$$

$$V^2 + VV_e = \frac{K}{2} A^2 t \tag{7-31}$$

令 $q = \dfrac{V}{A}$，$q_e = \dfrac{V_e}{A}$，代入式 7-31 可得

$$q^2 + qq_e = \frac{K}{2} t \tag{7-32}$$

式 7-31 与式 7-32 均为恒速过滤方程式，表示恒速操作时，滤液体积（或单位面积滤液量）与过滤时间的关系，在恒速过滤方程中，K 虽称为滤饼常数，但实际上随压力差而变化。

（3）先恒速后恒压过滤　先恒速后恒压过程综合了恒压过滤和恒速过滤两种方法的优点。假设经过时间 t_1 后，达到要求的压力差 Δp^*，在此时间段内，滤液体积为 V_1。然后过滤在此恒压下进行。恒压阶段的过滤可在 t_1 至 t 的区间内对式 7-21 进行积分。

$$\int_{V_1}^{V} (V + V_e) \, dV = KA^2 \int_{t_1}^{t} dt \qquad (7-33)$$

$$(V - V_e)^2 - (V_1 + V_e)^2 = KA^2 (t - t_1) \qquad (7-34)$$

$$(V^2 - V_1^2) - 2V_e (V - V_1) = KA^2 (t - t_1) \qquad (7-35)$$

将 $q = \dfrac{V}{A}$，$q_e = \dfrac{V_e}{A}$ 代入式 7-35 可得

$$(q^2 - q_1^2) - 2q_e (q - q_1) = K (t - t_1) \qquad (7-36)$$

式 7-35 和式 7-36 即为先恒速后恒压过程的过滤方程。

3. 过滤常数的测定　上述方程式进行过滤计算时都涉及到过滤常数 K 和 q_e。过滤阻力与滤饼厚度及滤饼内部结构有关，当悬浮液、过滤压力差或过滤介质不同时，K 会有很大差别，理论上无法准确计算，多通过实验或经验得到。对于恒压过滤，由式 7-28 可微分变化为

$$(2q + 2q_e) \, dq = K dt \qquad (7-37)$$

$$\frac{dt}{dq} = \frac{2}{K} q + \frac{2}{K} q_e \qquad (7-38)$$

由式 7-38 可以看出，恒压过滤时，$\dfrac{dt}{dq}$ 与 q 之间成线性关系，直线的斜率为 $2/K$、截距为 $2q_e/K$。实验时，用已知过滤面积设备进行过滤，测定不同过滤时间所获得的滤液量，求得 q 及 $\dfrac{dt}{dq}$ 的数据，以 $\dfrac{dt}{dq}$ 为纵坐标，以 $\bar{q}$（用前后两点的算数平均值）为横坐标，可得一条直线，由此直线的斜率和截距可求出 K 与 q_e 值，进而求出 t_e 值。

四、过滤的介质

过滤介质是过滤设备的关键部分，是滤饼的支撑物，不论是滤饼过滤，还是深层过滤，都要通过过滤介质来截留固体。因此选择合适的过滤介质是过滤操作中的一个重要步骤。工业上使用的过滤介质种类很多，选择时应该根据悬浮液的性质、固形物含量及粒径大小、操作参数以及介质本身的性能和价格等综合考虑。

1. 过滤介质的选用及要求　过滤介质选用时主要应考虑的因素包括以下几项：①过滤性能，比如阻力大小，截留精度高低；②物理、机械特性，比如强度、耐磨性；③化学稳定性，如耐温、耐腐蚀、耐微生物性等；④介质的再生性能及价格等。

对于表面过滤使用的介质，技术特性还应该满足以下要求：①当过滤开始后，微粒能快速在介质上"架桥"，不发生"穿滤"（即细微粒子随滤液穿过介质）现象；②微粒留在介质孔道内的比例低；③过滤后滤饼的卸除要尽可能完全；④介质的结构要便于过滤后清洗。

2. 常用的过滤介质　制药工业生产中可供选择的过滤介质非常多，若以介质本身结构区分，过滤介质主要有以下三种：①颗粒状松散型介质，如细沙、硅藻土、膨胀珍珠岩粉、纤维素粉、白土等，此类介质颗粒坚硬，不变性。堆积时，颗粒间有很多微细孔道，足以在液体通过介质层时把其中的固形物截留下来。②柔性过滤介质，主要以编织状介质为主，包括棉、毛、丝、麻等天然纤维及各种合成纤维，如涤纶、锦纶、丙纶、维纶等制成的织物，以及由玻璃丝、金属丝等织成的网。这类介质能截留颗粒的直径范围为 $5 \sim 65 \mu m$。织物介质在工业上应用最为广泛。③刚性烧结介质，这类介质是有很多微细孔道的固体材料，如多孔陶瓷板、多孔烧结金属及高分子微孔烧结板等。

五、助滤剂

在过滤过程中，滤饼可分为几种情况。一类是不因操作压力的增加而变形，称为不可压缩滤饼；另一类是滤饼在压力作用下发生变形，称为可压缩滤饼；此外，在过滤非常细小而黏性的颗粒时，形成的滤饼非常致密。在后两种情况下，过滤过程中的阻力逐渐变大，甚至使介质中的微孔闭塞。此时为了减小过滤过程中的流体阻力，需要将某种质地坚硬、能形成疏松饼层的另一种固体颗粒混入悬浮液或预涂于过滤介质上，以形成疏松滤饼层，减小过滤时的阻力。这种预混或预涂的颗粒状物质称为助滤剂。

1. 助滤剂的基本要求　助滤剂的基本作用在于防止胶状颗粒堵塞滤孔。它们本身颗粒细小坚硬，不会在常压下变形，通常应该具备以下特点：①能形成多孔滤饼层的刚性颗粒，使滤饼具有良好渗透性及较低的流体阻力。②具备化学稳定性，不与悬浮液发生化学反应，不含有可溶性的盐类和色素，不溶于液相，不同大小的颗粒分布适当。③在过滤操作的压力差范围内具备不可压缩性，以保持滤饼有较高的孔隙率。

2. 常用的助滤剂　助滤剂是一种细小、坚硬、一般不可压缩的微小粒状物质，常用的有硅藻土、膨胀珍珠岩粉、炭粉、纤维素末、石棉粉与硅藻土混合物等。使用最广泛的是硅藻土，它可使滤饼孔隙率高达85%。

3. 助滤剂的使用方法　助滤剂的使用方法通常有以下三种：①预涂法，助滤剂单独配成悬浮液先行过滤，在过滤介质表面形成助滤剂预涂层，和原来的滤布一起构成过滤介质。如果所有的固体颗粒都能被助滤剂截留，则这一层成为实际意义的过滤介质。过滤结束后，助滤剂可与滤饼一起被除去。②混合法，过滤时直接把助滤剂按一定比例分散在待过滤的悬浮液中，然后通入过滤机进行过滤，过滤时助滤剂在滤饼中形成支撑骨架，从而大大降低滤饼的压缩程度，减小可压缩滤饼的过滤阻力。③生成法，在反应过程中产生大量的无机盐沉淀物，使滤饼变得疏松，从而起到助滤的作用，如新生霉素发酵液中加入 $CaCl_2$ 和 Na_2HPO_4 生成 $CaHPO_4$ 沉淀，起到助滤的作用。

实际生产中，助滤剂的添加量应该根据实验来确定。由于过滤结束后，助滤剂混在滤饼中不易分离，所以当滤饼是产品时一般不使用助滤剂。只有当过滤的目的是得到滤液时，才可考虑加入助滤剂的方式。

六、过滤的设备

工业上使用的过滤设备称为过滤机。过滤机有多种类型，以适应不同的生产工艺要求。按照操作方式不同可分为间歇过滤机和连续过滤机。若过滤的几个阶段（如进料、过滤、洗涤、卸饼等）能在同一设备上连续进行，则为连续式，否则称为间歇式。按照过滤推动力的来源可分为压滤机、真空过滤机和离心过滤机。

（一）过滤机的选择原则

过滤机应该能够满足生产对分离质量和产量的要求，对物料适应范围广，操作简便，设备、操作和维护的综合费用较低。根据物料特性选择过滤机时，应考虑以下因素。①悬浮液的性质，主要考虑黏度、密度、温度及腐蚀性等，是选择过滤机和过滤介质的基本依据。②悬浮液中固体颗粒的性质，主要是粒度、硬度、可压缩性、固体颗粒在料液中的体积比。③产品的类型及价格，所需产品是滤饼还是滤液，或者二者均需要，滤饼是否需要洗涤以及产品价格等。④其他，如料液所需采用的预处理方式，设备构件对与其接触的悬浮液轻微污染是否会对产品产生不利的影响等。

（二）常用的过滤机

目前大多数采用间歇式过滤机，它具有结构简单、价格低廉、适用于具有腐蚀性的介质的操作、生产强度高等优点，同时能满足大部分生产的一般要求，故广泛应用于制药业。但是，随着制药工业向综合化、联合化的方向发展，原料、中间体、副产品的利用集于一体，生产规模越来越大，故连续过滤设备也逐渐被广泛采用。下面介绍制药生产中常用的一些过滤机类型。

1. 板框压滤机　板框压滤机是间歇操作过滤机中使用最广泛的一种。结构如图 7-1 所示。它是由多块带凸凹纹路的滤板和滤框交替排列于机架上构成。板和框一般制成方形，其角端均开有圆孔，板、框装合压紧后即构成供滤浆、滤液或洗涤液流动的通道。框的两侧覆以滤布，空框与滤布围成了容纳滤浆和滤饼的空间。

滤板和滤框是板框压滤机的主要工作部件。滤板为棱状表面，凸部用于支撑滤布，凹槽便于滤液流出。滤板和滤框的一个对角分别开有小孔，其中滤框上角的孔有小通道与滤框中心相通，而滤板下角的孔有小通道与滤板中心相通，板与框组合后分别构成供滤液和滤浆流通的管路。滤板与滤框之间夹有滤布，围成容纳滤浆及滤饼的空间；滤板中心呈纵横贯通的空心网状，起到支撑滤布和滤液流出通路的作用。滤板与滤框数目由过滤的生产任务及悬浮液的性质而定。

滤液的排出方式有明流和暗流之分。若滤液经每块板底部旋塞直接排出，称为明流；若滤液不宜暴露于空气中，需要将各板流出的滤液汇集于总管后排出，称为暗流。

滤板有两种，一种是左上角的洗液通道与其表面两侧的凹槽相通，使洗液进入凹槽，称作洗涤板；另一种洗液通道与其两侧凹槽不相通，称作非洗涤板。为避免这两种板与框的组装次序错误，铸造时通常在非洗涤板外侧铸一个钮，滤框外侧铸两个钮，洗涤板外侧铸三个钮。

过滤时，每个操作周期由装合、过滤、洗涤、卸渣、整理五个阶段组成。悬浮液在一定压力下经进料管由滤框上角的通孔压入各个滤框，滤液穿过滤框两侧的滤布进入滤板，沿滤板中心的网状滤液通道经由滤板下角的通孔汇入滤液管，然后排出。不能透过滤布的固体颗粒被滤布截留在滤框内，待滤饼充满滤框后，停止过滤。

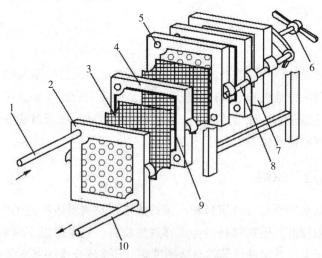

图 7-1　板框压滤机装置图

1. 滤浆进口；2. 滤板；3. 滤布；4. 滤框；5. 通道孔；

6. 螺旋杆；7. 终板；8. 支架；9. 密封圈；10. 滤液出口

板框压滤机的洗涤水路径与滤液经由路径相同。对滤饼洗涤时，由进料管压入洗涤水，洗涤完毕后，旋开压紧装置，拉开滤板、滤框，卸出滤渣，更换滤布，重新装合，进行下一次过滤。

板框压滤机的滤板与滤框可采用铸铁、碳钢、不锈钢、铝、铜等金属制造，也可用塑料、木材等制造。操作压力一般为300~800kPa。滤板与滤框多为正方形，边长为320~1000mm，滤框厚度为25~75mm。如中药生产使用的板框压滤机为不锈钢材料制造。板框的个数由几个到60个不等，可随生产量需要灵活组装。

板框压滤机的优点是构造简单，过滤面积大而占地面积小，过滤压力高，制造材料耐腐蚀，操作灵活，过滤面积可根据生产任务调节。主要缺点是间歇操作，劳动强度大，生产效率低。

板框压滤机适用于含细小颗粒、黏度较大的悬浮液、腐蚀性物料及可压缩物料。目前该设备正朝着操作自动化的方向发展。

2. 加压叶滤机 叶滤机由许多滤叶组成。滤叶是由金属多孔板或多孔网制造的扁平框架，内有空间，外包滤布，装在密闭的机壳内，为滤浆所浸没。滤浆中的液体在压力作用下透过滤布进入滤叶内部，成为滤液后从一端排出。过滤完毕，机壳内充清水，使水循着与滤液相同的路径通过滤饼进行洗涤，称为置换洗涤。最后，可用振动器使滤饼脱落，或用压缩空气将其吹下。滤叶可垂直放置或水平放置。

3. 全自动板式加压过滤机 全自动板式加压过滤机由若干块耐压的中空矩形滤板平行排列在耐压机壳内组装而成，属于间歇式加压过滤机。滤板是过滤部件，是由金属多孔板或其他多孔固体材料制成的中空的矩形板式支承体，每块滤板下端有滤液管使滤板中心与滤液总管相连通，滤板外可覆盖滤布。如图7-2所示。

过滤时，用泵将滤浆压入过滤机内，全部滤板浸入滤浆中加压过滤，滤液穿透滤布和滤板进入滤板中心，并汇集于滤液总管排出，滤渣被滤布截留，经过一段时间的过滤，滤渣在滤布外部沉积较厚，停止进料，洗涤并滤干滤饼（洗涤水经由路径与滤液相同），经压缩空气反吹使滤饼从滤板上分离，并从机壳下部的排渣口自动排出。

全自动板式加压过滤机的优点是过滤面积大，结构紧凑，占地面积较小；密闭操作，可避免药液污染；过滤温度不受限制；加压过滤，过滤效率高；可自动排除滤渣，整个过程可实现自动化控制。

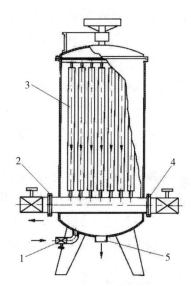

图7-2 全自动板式加压过滤机
1. 进料管；2. 滤液总管；3. 滤板；
4. 连接压缩空气管；5. 排渣口

4. 高分子精密微孔过滤机 高分子精密微孔过滤机由顶盖、筒体、锥形底部和配有快开底盖的卸料口组成。筒体内安装若干根垂直排列的耐压的中空高分子精密微孔滤管，滤管的根数由要求的过滤面积决定。微孔滤管一端封闭，开口端与滤液汇总管、滤液出口管连接。过滤机下端有卸载固体滤渣的出口。

过滤时，用泵将滤浆由进料管压入过滤机内，加压过滤，滤液透过微孔滤管流入微孔管内部，然后汇集于过滤器上部的滤液室，由滤液出口排出，滤渣被截留在高分子微孔滤管外。经过一段时间过滤，滤渣在滤管外沉积较厚，过滤停止。该机过滤面积大，滤液在介质中呈三维流向，因而过滤阻力升高缓慢，对含胶质及黏软悬浮颗粒的中药浸提液的过滤有优势，进料、出料、排渣、清理、冲洗全部自动化，利用压缩气体反吹法，可将滤渣卸除，通过滤渣出口落到过滤机外，再用压缩气体-水反吹法对微孔滤管进行再生，以进行下一轮的过滤操作。

高分子精密微孔过滤机的过滤介质系利用各种高分子聚合物通过烧结工艺制成的刚性微孔过滤介质。不同于发泡法、纤维黏结法或混合溶剂挥发法等工艺制备的柔性过滤介质，它具备刚性微孔过滤介质与高分子聚合物两者的优点。微孔滤管主要是聚乙烯烧结成的微孔 PE 管及其改性的微孔 PA 管，具有以下优点：过滤效率高，可滤除粒径大于 0.5μm 的微粒液体；化学稳定性好，耐强酸、强碱、盐及 60℃ 以下大部分有机溶剂；可采用气-液混合流体反吹再生或化学再生，机械强度高，使用寿命长；耐热性较好，PE 管使用温度≤80℃，PA 管使用温度≤110℃，孔径有多种规格；滤渣易卸除，特别适宜黏度较大的滤渣等。

5. 转筒真空过滤机 设备的主体是一个转动的水平圆筒，表面有一层金属网支撑，网的外围覆盖滤布，筒的下部浸入滤浆中。圆筒沿径向被分割成若干扇形格，每格都有管与位于筒中心的分配头相连。通过分配头，这些孔道分别与真空管和压缩空气管相连通，从而使相应的转筒表面分别处于被抽吸或吹送的状态。这样，在圆筒旋转一周的过程中，每个扇形表面可依次进行过滤、洗涤、吸干、吹松、卸渣等操作。

转筒真空过滤机的优点是连续自动操作，单位过滤面积的生产能力大；操作方便，改变过滤机的转速便可调节滤饼的厚度。缺点是过滤面积小且结构复杂，投资高；滤饼含湿量较高，一般为 10%~30%；洗涤不够彻底等。因此，转筒真空过滤机适用于处理量较大而固相体积浓度较高的滤浆过滤；用于含黏软性可压缩滤饼的滤浆过滤时，须采用预涂助滤剂的方法，并调整刮刀切削深度，使助滤剂层能在较长操作时间内发挥作用；由于是真空过滤，悬浮液温度不宜过高，以免滤液的蒸汽压过大而使真空失效。

第二节 重力沉降分离

沉降操作是指在某种力场中利用分散相和连续相之间的密度差异，使颗粒在力的作用下发生相对运动而实现分离的操作过程。其中重力沉降是指颗粒在地球的引力作用下发生沉降的过程。在中药生产中利用重力沉降实现分离的典型操作是中药提取液的静置澄清工艺，它是利用混合分散体系中固体颗粒的密度大于提取液的密度而使颗粒分离的方法。

一、重力沉降速度

（一）球形颗粒的自由沉降速度

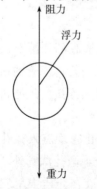

图 7-3 沉降颗粒受力情况

颗粒在静止流体中的沉降过程，不受其他颗粒的干扰及器壁的影响，称为自由沉降。例如较稀的混悬液或者含尘气体中的固体颗粒的沉降可视为自由沉降。

单个球形颗粒在重力沉降过程中受三个力作用：重力、浮力和阻力。受力情况如图 7-3 所示。将表面光滑的刚性球形颗粒置于静止的流体介质中，当颗粒密度大于流体密度时，颗粒将下沉。颗粒开始沉降的瞬间，速度为零，加速度为最大值；颗粒开始沉降后，随着速度的增加，阻力也增大，速度增大到一定值后，重力、浮力、阻力三者达到平衡，加速度（a）等于零，颗粒做匀速沉降运动，此时颗粒

（分散相）相对于连续相的运动速度叫沉降速度或终端速度（u_t），单位 m/s。

重力−浮力＝阻力，其中：

重力 $F_g = \dfrac{\pi}{6}d^3\rho_s g$，方向垂直向下；

浮力 $F_b = \dfrac{\pi}{6}d^3\rho g$，由连续相引起，方向向上；

阻力 $F_d = \zeta\dfrac{\pi}{4}d^2\dfrac{\rho u_t^2}{2}$，方向向上。

当颗粒以 u_t 做匀速沉降运动时，根据牛顿第二定律有

$$F_g - F_b - F_d = ma = 0 \tag{7-39}$$

即

$$\frac{\pi}{6}d^3(\rho_s - \rho)g - \zeta\frac{\pi}{4}d^2\frac{\rho u_t^2}{2} = 0 \tag{7-40}$$

$$u_t = \sqrt{\frac{4gd(\rho_s - \rho)}{3\rho\zeta}} \tag{7-41}$$

式中：m—颗粒的质量，kg；

$\quad a$—加速度，m/s^2；

$\quad u_t$—颗粒的自由沉降速度，m/s；

$\quad d$—颗粒直径，m；

$\quad \rho_s$，ρ—分别为颗粒和流体的密度，kg/m^3；

$\quad g$—重力加速度，m/s^2；

$\quad \zeta$—阻力系数。

用式 7-41 计算沉降速度时，需确定阻力系数 ζ 值。由因次分析可知，ζ 是颗粒与流体相对运动时雷诺准数 R_{et} 的函数。

$$R_{et} = \frac{du_t\rho}{\mu} \tag{7-42}$$

在滞流区或斯托克斯（Stokes）定律区（$10^{-4} < R_{et} < 1$），$\zeta24 = Re_t$，代入公式，得

$$u_t = \frac{d^2(\rho_s - \rho)g}{18\mu} \tag{7-43}$$

过渡区或艾仑（Allen）定律区（$1 < R_{et} < 10^3$），$\zeta = 18.5/Re_t^{0.6}$，代入公式得

$$u_t = 0.27\sqrt{\frac{d(\rho_s - \rho)g}{\rho}R_{et}^{0.6}} \tag{7-44}$$

湍流区或牛顿（Newton）定律区（$10^3 < R_{et} < 2\times10^5$），光滑的球型颗粒=0.44，代入公式得

$$u_t = 1.74\sqrt{\frac{d(\rho_s - \rho)g}{\rho}} \tag{7-45}$$

式 7-43、式 7-44、式 7-45 分别称为斯托克斯公式，艾仑公式及牛顿公式。滞流沉降区内由流体黏性引起的表面摩擦力占主要地位。因此层流区的沉降速度与流体黏度成反比。

【例 7-3】直径为 30μm 的球形颗粒，在大气压及 20℃ 下，在某气体中的沉降速度为在水中沉降速度的 88 倍，又知此颗粒在此气体中的有效重量为水中有效重量的 1.6 倍。试求此颗粒在此气体中的沉降速度。

20℃的水：$\mu = 1CP$，$\rho = 1000kg/m^3$

气体的密度为 1.2kg/m³（有效重量指重力减浮力）

解：因为　　$(\rho_s - \rho_水) g = (\rho_s - \rho_气) g/1.6$

所以　　$(\rho_s - 1000) g = (\rho_s - 1.2) g/1.6$

解得 $\rho_s = 2665kg/m^3$

设球形颗粒在水中的沉降为层流，则在水中沉降速度：

$$u_{01} = \frac{d^2 (\rho_s - \rho_1) g}{18\mu_1} = \frac{(30 \times 10^{-6})^2 (2665 - 1000) \times 9.81}{18 \times 10^{-3}} = 8.17 \times 10^{-4} m/s$$

校验：

$$R_{g1} = \frac{du_1\rho}{\mu} = \frac{30 \times 10^{-6} \times 8.17 \times 10^{-4} \times 1000}{10^{-3}} = 0.0245 < 1$$

假设正确。

则此颗粒在气体中的沉降速度为

$$u_{02} = 88u_{01} = 88 \times 0.0245 = 2.16m/s$$

（二）非球形颗粒的自由沉降速度

颗粒的几何形状及投影面积对沉降速度都具有一定影响。颗粒在沉降方向的投影面积愈大，沉降速度愈慢。通常，相同密度的颗粒，球形或近似球形颗粒的沉降速度要大于同体积非球形颗粒的沉降速度。

颗粒几何形状与球形的差异程度，用球形度表示，即

$$\phi_s = \frac{S}{S_p} \tag{7-46}$$

式中：ϕ_s——颗粒的球形度或称球形系数，无因次；

　　　　S_p——颗粒的表面积，m^2；

　　　　S——与该颗粒体积相等的一个圆球的表面积，m^2。

对于球形颗粒，$\phi_s = 1$。颗粒形状与球形的差异愈大，球形度 ϕ_s 值愈低。

对于非球形颗粒的自由沉降速度，可以采用球形颗粒公式计算，其中 d 用当量直径d_e 代替，ζ 用不同球形度下 ϕ 代替。

$$u_t = \sqrt{\frac{4d_e (\rho_s - \rho) g}{3\zeta\rho}} \tag{7-47}$$

二、常用重力沉降设备

沉降槽是利用重力沉降使悬浮液中的固相与液相分离，同时得到澄清液体与稠厚沉渣的设备。分为间歇沉降槽和连续沉降槽。

间歇沉降槽通常为底部呈锥形并带有出渣口的大直径贮液罐。需要处理的悬浮料液在罐内静置足够长时间后，用泵或虹吸管将上清液抽出，沉渣由罐底排出。中药前处理工艺中的水提醇沉工艺或醇提水沉工艺常常是采用间歇沉降槽完成。

第三节 离心分离

离心分离是利用惯性离心力分离液态非均相物系中两种比重不同的物质的操作。利用离心力，分离液体与固体颗粒或液体与液体混合物中各组分的机械，称为离心分离机，简称离心机。离心机的主要构件是一个装在垂直或水平转轴上高速旋转的转鼓，转鼓的侧壁上无孔或者有孔。滤浆进入转鼓，其中的物料在高速旋转产生的强大离心力作用下，加快过滤或沉降。故可用于分离一般方法难以分离的悬浮液或乳浊液，如除去结晶和沉淀上的母液、处理血浆、分离抗生素和溶媒等。

一、离心分离原理

在一个旋转的筒形容器中，由一种或多种颗粒悬浮在连续相组成系统，所有的颗粒都受到离心力的作用。离心力即物体旋转时，与向心力大小相等而方向相反的力，是物体运动方向改变时的惯性力。离心分离设备是利用分离筒的高速旋转，使物料中具有不同比重的分散介质、分散相或其他杂质在离心力场中获得不同的离心力，从而形成不同的沉降速度，达到分离的目的。如密度大于液体的固体颗粒沿半径向旋转的器壁迁移（称为沉降）；密度小于液体的颗粒则沿半径向旋转的轴迁移，直至达到气液界面（称为浮选）；如果器壁是开孔的或者是可渗透的，则液体可穿过沉积的固体颗粒的器壁。

二、离心分离因数

同一颗粒在相同介质中的离心沉降速度与重力沉降速度的比值就是粒子所在位置的惯性离心力场强度与重力场强度之比，称为离心分离因数（K_c）。

$$K_c = \frac{\omega^2 R}{g} = \frac{u^2}{gR} \tag{7-48}$$

式中：ω—旋转角速度（弧度/秒）；

R—旋转半径（米）；

g—重力加速度。

即

$$K_c = \frac{u_r}{u_t} = \frac{u_T^2}{gR} \tag{7-49}$$

离心分离因数是离心分离设备的重要指标。设备的离心分离因数越大，分离性能越好。从式 7-49 可以看出，同一颗粒在同种介质中的离心速度要比重力速度大 u_T^2/R 倍，重力加速度 g 是一定的，而离心力随切向速度发生改变，增加 u_T 可改变该比值，从而使沉降速度增加。因此影响离心的主要因素是离心力的大小，离心力越大，分离效果越好。在机械驱动的离心机中，K_c 值可达数千以上；对于某些高速离心机，分离因数 K_c 值可高达十万，可见离心分离设备较重力沉降设备的分离效果要高得多。

三、离心分离的方法

（一）差速离心

采用不同的离心速度和离心时间，使沉降速度不同的颗粒分批分离的方法，称为差速离心。

操作时，将悬浮液混合均匀后进行离心，选择合适的离心力和离心时间，使大颗粒先沉降，提取上清液，然后加大离心力再次进行离心，分离较小的颗粒。如此多次离心，使不同大小的颗粒分批分离。差速离心得到的沉降物含有较多杂质，需经过重新悬浮和离心若干次，才能获得较纯的分离产物。差速离心主要用于分离大小和密度差异较大的颗粒，操作简单方便，但分离效果较差。

（二）密度梯度离心

密度梯度离心是样品在密度梯度介质中进行离心，使密度不同的组分得以分离的一种区带分离方法。密度梯度系统是在溶剂中加入一定量的梯度介质制成的。梯度介质应有足够大的溶解度，以形成所需的密度，且不与分离组分反应，不会引起分离组分的凝聚、变性或失活。常用的有蔗糖、甘油等。使用最多的是蔗糖密度梯度系统，其梯度范围是浓度 5%～60%，密度 1.02～1.30 g/cm³。

密度梯度的制备可采用梯度混合器，也可将不同浓度的蔗糖溶液一层一层加入离心管中，越靠近管底，浓度越高，形成阶梯梯度。离心前，把样品铺放在预先制备好的密度梯度溶液的表面。离心后，不同大小、不同形状、有一定沉降系数差异的颗粒在密度梯度溶液中形成若干条界面清晰的不连续区带。各区带内的颗粒较均一，分离效果较好。

在密度梯度离心过程中，区带的位置和宽度随离心时间不同而改变。离心时间越长，颗粒扩散越远，区带越宽。因此，适当增大离心力而缩短离心时间，可减少区带扩宽。

（三）等密度离心

将 $CsCl_2$、$CsSO_4$ 等介质溶液与样品溶液混合，然后在选定的离心力作用下，经足够长的离心时间，铯盐在离心场中沉降形成密度梯度，样品中不同浮力密度的颗粒在各自等密度点位置上形成区带。前述密度梯度离心法中，欲分离的颗粒不易达到其等密度位置，故分离效果不如等密度离心法好。

应当注意的是，铯盐浓度过高和离心力过大时，铯盐会沉淀管底，严重时会造成事故，故等密度梯度离心需由专业人员经严格计算确定铯盐浓度和离心机转速及离心时间。此外，铯盐对铝合金转子有很强的腐蚀性，故最好使用钛合金转子，转子使用后要仔细清洗并干燥。

四、离心机分类

（一）按分离方式分类

按分离方式分类，离心机可分为过滤式、分离式、沉降式三种基本类型。

1. 过滤式离心机　转鼓壁上有孔，鼓内壁附有滤布，借助离心力实现过滤分离操作。典型的过滤式离心机有三足式离心机、上悬式离心机、卧式刮刀卸料离心机、活塞推料式离心机等。由于此类分离机转速一般在 1000～1500rpm，离心分离因素不大，适用于易过滤的晶体悬浮液和较大颗粒悬浮液的分离，以及物料脱水，如用于结晶类食品的精制、脱水蔬菜制造的预脱水过程、淀粉脱水，也可用于水果蔬菜榨汁，回收植物蛋白以及冷冻浓缩的冰晶分离等。

2. 分离式离心机　此类离心机转鼓壁上无孔，有分离型和澄清型两种类型，分别适用于乳浊液和悬浮液的分离。乳浊液和悬浮液被转鼓带动高速旋转时，密度较大的物相沉积于转鼓内壁而密度较小的物相趋向旋转中心而使两相分离。如管式离心机、碟式离心机。

3. 沉降式离心机　鼓壁上无孔，借离心力实现沉降分离，如管式分离机、碟式离心机、螺旋卸料式离心机等，用于不易过滤的悬浮液。

不同类型离心机具有不同的特点和适用范围，选择离心机要从分离物料的性质、分离工艺的要求以及经济效益等方面综合考虑。比如，当处理的对象是固相浓度较高、固体颗粒直径较大（≥0.1mm）的悬浊液，或者固相密度等于或低于液相密度时，应先考虑使用过滤式离心机。若悬浮液中液相黏度较大，固相浓度较低，固体颗粒直径较小（<0.1mm），固体具有可压缩性时，或者工艺上要求获得澄清的液相，滤网容易被固相物料堵塞无法再生时，则首先应考虑使用沉降式离心机。

（二）按分离因数分类

根据分离因数 K_c 大小可将离心机分为以下三类：

（1）常速离心机　$K_c<3000$（一般为600~1200），又称为低速离心机。其转速在8000 rpm以内，相对离心力（RCF）在 10^4g 以下，主要用于分离细胞、细胞碎片以及培养基残渣等固形物和粗结晶等较大颗粒。常速离心机的分离形式、操作方式和结构特点多种多样，可根据需要选择使用。

（2）高速离心机　K_c 介于3000~50000，相对离心力达 1×10^4~1×10^5g，主要用于分离各种沉淀物、细胞碎片和较大的细胞器等。为了防止高速离心过程中温度升高使酶等生物分子变性失活，有些高速离心机装设了冷冻装置，称高速冷冻离心机。

（3）超高速离心机　$K_c>50000$，超速离心机的精密度相当高。为了防止样品液溅出，超高速离心机一般附有离心管帽；为防止温度升高，此类离心机均有冷冻装置和温度控制系统；为了减少空气阻力和摩擦，设置有真空系统。此外还有一系列安全保护系统、制动系统及各种指示仪表等。

（三）按操作方式不同分类

根据操作方式可将离心机分为间歇式离心机以及连续式离心机两类。

（1）间歇式离心机　加料、分离、洗涤和卸渣等过程都是间歇操作，并采用人工或机械方法卸渣，如上悬式离心机和三足式离心机。

（2）连续式离心机　加料、分离、洗涤和卸渣等过程都是间歇自动进行或连续自动进行。

此外根据转鼓轴线在空间的位置不同可以将离心机分为立式离心机与卧式离心机；根据卸料方式不同可以分为活塞推料离心机、人工卸料离心机、重力卸料离心机、螺旋卸料离心机、离心卸料离心机等。

五、常用离心分离设备

（一）三足式离心机

三足式离心机是世界上出现最早的离心机，属于间歇式离心机。主要结构为底盘、外壳以及装在底盘上的主轴和转鼓，借助三根摆杆悬挂在球面座上，离心机转鼓借助装有缓冲弹簧的杆支撑，以减少由于加料或其他原因造成的冲击。三足式离心机有过滤式和沉降式两种类型，两类机型的主要区别是转鼓结构。如图7-4所示，其卸料方式有上部卸料与下部卸料之分。

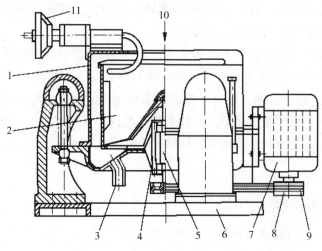

（a）人工卸料三足式沉降离心机

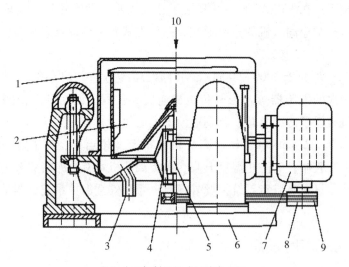

（b）人工卸料三足式过滤离心机

图7-4　三足式离心机

1. 机壳；2. 转鼓；3. 排出口；4. 轴承座；5. 主轴；6. 底盘；7. 电动机；
8. 皮带轮；9. 三角皮带；10. 吸液装置；11. 浆液入口

　　三足式离心机转鼓转速为 300～2800rpm，K_c 为 300～1500，适合分离含固体颗粒粒径 ≥10μm 的悬浮液。该机结构简单，适应性强，滤渣颗粒不易受损伤，操作方便，机器运转平稳，制造容易；缺点是需间歇或周期循环操作，操作周期较长，产能较低。适合过滤周期较长、处理量不大、滤渣要求含液量较低的操作。另外该机转鼓内径较大，K_c 较小，对微细混悬颗粒分离不够彻底，必要时可配合使用高离心因数的离心机。近年来本类设备在卸料方式等方面不断改进，出现了自动卸料及连续生产的三足式离心机。

（二）卧式活塞推料离心机

　　卧式活塞推料离心机为连续过滤式离心机，除单级外，还有双级、四级等各种型式。单级活塞推料离心机主要由转鼓、活塞推进器、圆锥形进料斗组成。在全速运转的情况下，加料、分离、洗涤等操作可以同时连续进行，滤渣由一个往复运动的活塞推动器脉动地推送出来。整个操作自动进行。该机主要用于浓度适中并能很快脱水和失去流动性的悬浮液。其优点是生产能力大，颗粒破碎程度小，控制系统简单，功率消耗较均匀；缺点是对混悬液中固相浓度较为敏感。若料浆太稀，则滤饼来不及生成，料液直接流出转鼓，并可冲走已经形成的滤饼；若料浆太稠，则流动性差，使滤渣分布不均匀，引起转鼓振动。采用多级活塞推料离心机能改善其工作状态，提高转速及分离较难处理的物料。

（三）卧式刮刀卸料离心机

卧式刮刀卸料离心机由机座、机壳、篮式转鼓、主轴、进料管、洗水管、卸料机构（包括刮刀、溜槽、液压缸）等组成。特点是转鼓在全速运转的情况下，能自动地依次进行加料、分离、洗涤、甩干、卸料、洗网（筛网再生）等工序的循环操作。各工序的操作时间可按预定要求实现自动控制。

操作时物料经加料管进入转鼓，滤液经筛网和转鼓壁上的小孔甩出转鼓外，截留在筛网上的滤饼经洗涤和甩干后，由刮刀卸下，沿排料槽卸出，在下次加料前需清洗筛网以使滤饼再生。

这种离心机转鼓转速为 450~3800rpm，K_c 为 250~2500，操作简便，可自动操作，也可人工操作，生产能力大且分离效果好，适宜于大规模连续生产。此机适于含固体颗粒粒径大于 10μm、固相质量浓度大于 25%、液相黏度小于 10^{-2}Pa·s 的悬浮液的分离。由于刮刀自动卸料，颗粒破碎严重，对于必须保持颗粒完整的物料不宜选用。

（四）螺旋卸料离心机

螺旋卸料离心机是一种连续型离心机，可同时而连续进行进料、分液、排液、出渣。按转鼓结构和分离机理可分为过滤式和沉降式，按转鼓和转轴位置可分为立式和卧式，具有分离效果好、适用性强、应用范围广、连续操作、结构紧凑且能密闭操作等优点。

卧式螺旋卸料沉降型离心机结构主要由转鼓、螺旋卸料器、布料器、主轴、机壳、机座等部件构成。沉降式的转鼓壁无孔，悬浮液按离心沉降原理进行分离。

（五）管式高速离心机

管式高速离心机为高转速的沉降式离心机，是一种能生产高强度离心力场的离心机。鼓壁无孔，K_c 很高（15000~65000），转鼓的转速可达 10000~50000rpm。主要结构为细长的管状机壳和转鼓等，转鼓的长径比约为 6∶8。

管式高速离心机为尽量减小转鼓所受的应力，采用相对较小的鼓径，因而在一定的进料量下，悬浮液沿转鼓轴向运动的速度较大。为此应该适当增加转鼓长度，以保证物料在鼓内有足够的沉降时间。管式高速离心机的生产能力小，效率较低，不宜用来分离固相浓度较高的悬浮液，但能分离普通离心机难以处理的物料，如含有稀薄微细颗粒的悬浮液及乳浊液。

乳浊液或悬浮液由底部进料管送入转鼓，鼓内有径向安装的挡板，以带动液体迅速旋转。如处理乳浊液，液体分轻重两层通过上部不同的出口流出；如处理悬浮液，可只用一个液体出口，而微粒附着在鼓壁上，经过一定时间后停机取出。

（六）室式离心机

室式离心机是由管式离心机发展而来，其转鼓可看成是由若干个管式离心机的转鼓套叠组成，实际上是在转鼓内装入多个同心圆隔板，把转鼓分割成多个同心小室以增加沉降面积，延长物料在转鼓内的停留时间。室式离心机的作用原理是悬浮液由转鼓中心加入，依次流经各小室，最后液相达到外层小室，沿转鼓内壁向上由转鼓顶部引出。而固相颗粒则依次向各同心小室的内壁沉降，颗粒较大的固相在内层小室即可沉降下来，微小颗粒则到达外层小室进一步沉降，沉渣需停机拆开转鼓取出。

室式离心机的优点是转鼓直径较管式高速离心机大，沉降面积较大而沉降距离较小，生产能力高，澄清效果好，主要用于悬浮液的澄清；缺点是转鼓长径较小，转速较低，K_c 相对较小。

（七）碟片式离心机

碟片式离心机由室式离心机进一步发展而来，为沉降式离心机。转鼓内装有许多互相保持一定距离的锥形碟片，液体在碟片间呈薄层流动而进行分离，减少液体扰动和沉降距离，增加沉降面积，从而大大提高生产能力和分离效率。鼓壁上无孔，借助离心力实现沉降分离，适用于一般固体和液体物料分离。碟片式离心机由转轴、转鼓、倒锥形碟片、锁环等主要部件构成。碟式离心机的驱动结构使离心机转子高速旋转，是离心机设计中的核心技术之一，应保证离心机稳定运行，以保证较高的分离效率和高质量的分离效果。

本机转速为 4000~7000rpm，K_c 可达 4000~10000，适合分离含微细颗粒且固相浓度较小的悬浮液，特别是一般离心机难以处理的两相密度差较小的液-液相高度分散的乳浊液，分离效率较高，可连续操作。

碟式离心机是高速旋转的分离机，回转离心力极大，要注意操作安全。开机前，必须按规定对离心机进行细致的清洗和正确的装配，以达到动平衡状态；每次开机前必须认真检查转鼓的转动是否灵活，各机件是否锁紧，刹车是否处于松开状态；注意观察机座的油箱油面是否处于玻璃刻度位上，要防止虚油面的产生。若停机 12 小时以上，开机前应将排油螺栓旋松几圈，排出可能沉降的水分。

第四节　膜分离

膜分离现象广泛存在于自然界中。膜分离过程在我国的应用历史可追溯到 2000 多年以前，当时酿造、烹饪、炼丹和制药等已有相应的记载。由于当时受人类认识能力和科技条件的限制，对膜技术的理论研究和技术应用并没有产生实质性的突破。从世界范围来看，1960 年美国加利福尼亚大学的 Loeb 和 Sourirajan 研制出第一张可实用的反渗透膜，膜分离技术才进入了大规模工业化应用时代。膜分离技术兼有分离、浓缩、纯化和精制的功能，又具有高效、环保、分子级过滤及简单易于控制等特征。目前，膜分离作为一种新型的分离技术已广泛应用于生物产品、医药、食品、生物化工等领域，是药物生产过程中制水、澄清、除菌、精制纯化以及浓缩等加工过程的重要手段，产生了巨大的社会效益和经济效益。

膜分离是借助一种特殊制造的、具有选择透过性能的薄膜，在某种推动力的作用下，利用流体中各组分对膜渗透速率的差别实现组分分离的单元操作。适用于热敏性介质的分离。此外，该技术操作方便，设备结构简单、维护费用低。

一、膜分离技术和特点

膜分离是 20 世纪初出现，20 世纪 80 年代后迅速崛起的一门分离新技术。膜是具有选择性分离功能的材料。利用膜的选择性分离实现料液不同组分的分离、纯化、浓缩的过程称为膜分离。它与传统过滤的不同在于，膜可以在分子范围内进行分离，并且这个过程是一种物理过程，不发生相的变化和添加助剂。

（一）膜分离技术

膜分离技术是以选择性透过膜为分离介质，在膜两侧的一定推动力的作用下，如压力差、浓度差、电位差等，原料侧组分选择性地透过膜，大于膜孔径的物质分子被截留，以实现溶质的分离、分级和浓缩，从而达到分离或纯化的目的。膜是分隔两种流体的阻挡层，通过这个阻挡层可阻止两种流体间的力学流动，借助于吸着作用及扩散作用来实现膜的传递。

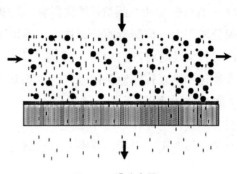

图 7-5　膜分离原理

膜的传递性能是膜的渗透性。气体渗透是指气体透过膜的高压侧至膜的低压侧；液体渗透是指液相进料组分从膜的一侧渗透至膜另一侧的液相或气相中。这是一种具有一定特殊性能的分离膜，可将它看作两相之间的半渗透隔层，阻止两相的直接接触，但可按一定的方式截留分子。该隔层可以是固体、液体，甚至是气体。半渗透性质主要是为了保证分离效果，也称为半透膜。如果所有物质不按比例均可通过，那就失去了分离的意义。膜截留分子的方式有多种，如按分子大小截留，按不同渗透系数截留，按不同的溶解度截留，按电荷大小截留等。

膜过滤时，采用切向流过滤，即原料液沿着与膜平行的方向流动，在过滤的同时对膜表面进行冲洗，使膜表面保持干净以保证过滤速度。原料液中小分子物质可以透过膜，而大分子物质被膜截留于原料液中，使两种物质分离。膜分离原理如图 7-5 所示。

（二）膜分离特点

膜分离过程是利用天然的或合成的、具有选择透过性的薄膜作为分离介质，在浓度差、压力差、电位差等作用下，使混合液体或气体混合物中某一组分选择性地透过膜，以达到分离、分级、提纯后浓缩等目的。因此，膜分离兼有分离、浓缩、纯化和精制的功能，与蒸馏、吸附、吸收、萃取等传统分离技术相比，具有以下特点：

（1）选择性好，分离效率较高　膜分离用具有选择透过性的膜分离两相界面，被膜分离的两相之间依靠不同组分透过膜的速率差来实现组分分离。如在按物质颗粒大小分离时，以重力为基础的分离技术的最小极限是微米级，而膜分离可以达到纳米级的分离；氢和氮的相对挥发度很小，分离时一般需要非常低的温度，在膜分离中，聚砜膜分离系数为 80 左右，聚酰亚胺膜分离系数超过 120，这是因为蒸馏的分离系数主要取决于两者的物理和化学性质，而膜分离还受高聚物材料的物性、结构和形态等因素的影响。

（2）膜分离过程能耗较低　相变化的潜热很大。大多数膜分离过程在室温下进行，膜分离过程不发生相变化，被分离物料加热或冷却的能耗很小。另外，膜分离无需外加物质，不会对环境造成二次污染。

（3）特别适用于热敏性物质　大多数膜分离过程的工作温度接近室温，特别适用于热敏性物质的分离、分级与浓缩等处理，因此在医药工业、食品加工和生物技术等领域有独特的适用性。如在抗生素的生产中，一般用减压蒸馏法除水，难以避免抗生素在设备局部过热的区域受热，或被破坏，甚至产生有毒物质，从而引起抗生素针剂副作用。若采用膜分离，可以在室温甚至更低的温度下进行脱水，确保不发生局部过热现象，大大提高了药品的安全性。

（4）膜分离规模 膜分离过程的规模和处理能力可在大范围内灵活变化，但其效率、设备单价、运送费用等变化不大。

（5）膜分离效率 膜分离效率高，设备体积通常比较小，不需要对生产线进行很大改变，可以直接应用到已有的生产工艺流程中。例如，在合成氨生产过程中，利用原反应压力，仅在尾气排放口安装氮氢膜分离器，就可将尾气中的氢气浓缩到原料浓度，通过管道直接输送，作为原料使用，在不增加原料和其他设备的情况下可提高4%左右的产量。

（6）膜组件结构 膜组件结构紧凑，处理系统集成化，操作方便，易于自动化，且生产效率高。

膜分离作为一种新型的分离技术，不但可以单独使用，还可以投入到生产中，如在发酵、化工生产过程中及时将产物取出，提高产率或反应速度。大量研究表明，经过膜分离或纯化处理后，产物仍然可以较好地保留原有的风味和营养，因此膜分离过程在食品加工、医药、生化技术领域有着独特的适用性。

膜分离过程也存在一些不足之处。膜的强度较差、使用寿命不长、易被污染而影响分离效果，增加操作费用。因此，研究和有效解决这些问题一直是广大研究人员努力的方向。

二、膜的分类与膜材料

膜分离过程以选择性透过膜为分离介质。膜是膜分离技术的核心，膜材料的化学性质和膜的结构对膜分离的性能起着决定性作用。

（一）膜的分类

膜从不同的角度进行分类，有以下类型：

（1）从膜的材料来看，主要有树脂膜、陶瓷膜及金属膜等。一般分离膜由高分子、金属和陶瓷等材料制造，其中以高分子材料居多，可制成多孔的或致密的、对称的或不对称的高分子膜。近年来，无机陶瓷膜材料发展迅猛，并进入工业应用，尤其是在超滤、微滤、膜催化反应及高温气体分离中的应用中，充分展示了其化学性质稳定、机械强度高、耐高温等优点。陶瓷膜和金属膜制造可以对称也可以不对称，二者的制备方法完全不同。

（2）按膜的来源，可分为天然膜和合成膜。

（3）按其物态又可分为固膜、液膜与气膜三类。目前大规模工业应用的多为固膜，固膜主要以高分子合成膜为主。

（4）按膜的结构可分为对称膜和不对称膜两大类。若膜的横断面形态结构均一，为对称膜，如多数的微孔滤膜；若膜的断面形态呈不同的层次结构，则为不对称膜。

（5）按膜的形状可分为平板膜、管式膜、中空纤维膜及核孔膜等。核孔膜是具有垂直膜表面的圆柱形孔的核孔蚀刻膜。

（6）按膜中高分子的排布状态及结构紧密疏松的程度又可分为多孔膜和致密膜。多孔膜结构较疏松，膜中的高分子多以聚集的胶束存在和排布，如超滤膜；致密膜一般结构紧密，通常市售的玻璃纸可以认为是致密膜。

（7）按膜的功能分类来分，可分为离子交换膜、渗析膜、微滤膜、超滤膜、反渗透膜、渗透气化膜和气体渗透膜。

（二）膜的材料

选择性透过膜材料有高分子膜材料和无机膜材料两大类。高分子膜材料包括纤维素类、聚酰胺类、聚砜类、聚酯类、聚烯烃类、含硅聚合物、含氟聚合物等，具体见表7-1。

表 7-1 高分子膜材料的种类

材料类别	具体种类
纤维素类	再生纤维素、二醋酸纤维素、三醋酸纤维素、硝酸纤维素、乙基纤维素等
聚酰胺类	芳香族聚酰胺、脂肪族聚酰胺、聚砜酰胺、交联芳香聚酰胺
聚酰亚胺类	全芳香酰亚胺、脂肪族二酸聚酰亚胺、含氟聚酰亚胺
聚砜类	聚砜、聚醚砜、磺化聚砜、双酚 A 型聚砜、聚芳醚酚、聚醚酮
聚酯类	涤纶、聚对苯二甲酸丁二醇酯、聚碳酸酯
聚烯烃类	聚乙烯、聚丙烯、聚 4-甲基-1-戊烯、聚乙烯醇、聚丙烯腈、聚氟乙烯
含硅聚合物	聚二甲基硅氧烷、聚三甲基硅烷丙炔、聚乙烯基三甲基硅烷
含氟聚合物	聚四氟乙烯、聚偏氟乙烯、聚全氟磺酸

纤维素类膜材料是应用最早，也是目前应用最多的膜材料，主要用于制作反渗透、超滤和微滤分离膜。聚酰胺类和杂环类膜材料目前主要用于制作反渗透分离膜。聚酰亚胺类膜材料是近年来开发应用的耐高温和抗化学试剂的优良膜材料，已用于超滤、反渗透等分离膜的制造。聚砜类膜材料性能稳定、机械强度高，是许多复合膜的支撑材料，如超滤膜和微滤膜。聚丙烯腈也是超滤和微滤膜的常用材料，它的亲水性使膜的水通量比聚砜类膜的水通量大。聚烯烃、聚丙烯腈、聚丙烯酸、聚乙烯醇、含氟聚合物等多用于制作气体分离和渗透气化膜。

无机膜是指采用陶瓷、金属、硅胶盐、金属氧化物、玻璃及碳素等无机材料制成的半透膜。无机膜根据其表面结构可分为致密膜和多孔膜。致密膜主要包括金属膜、致密的固体电解质膜、致密的"液体充实固体化"多孔载体膜和动态原位形成的致密膜；多孔膜分为多孔陶瓷膜、多孔金属膜和分子筛膜。根据化学组成不同，分为 Al_2O_3、SiO_2 和 ZrO_2 等单组分膜，Al_2O_3-SiO_2、Al_2O_3-TiO_2、TiO_2-ZrO_2 等双组分膜和 Al_2O_3-SiO_2-TiO_2 多组分膜。

与高分子膜材料相比，无机膜热稳定性好，适用于高温体系和高压体系；使用温度一般可达 400℃，甚至高达 800℃；耐酸、耐碱，酸碱度适用范围宽，化学稳定性好；与一般的微生物不发生生化及化学反应，抗微生物能力强；以载体膜形式应用，载体都是经过高压和焙烧制成的微孔陶瓷材料和多孔玻璃等，涂膜后再经高温焙烧，使膜牢固，不易脱落和破裂，组件机械强度高；清洁状态好，本身无毒，不会污染被分离体系；易再生和清洗，可进行反冲或反吹，可在高温下进行化学清洗。

工业应用膜应具有良好的成膜性、较大的透过性、较高的选择性外，还必须具有以下特点：

（1）耐压。膜孔径小，要保持高通量就必须施加较高的压力，机械强度好，一般膜操作的压力范围在 0.1~0.5MPa，反渗透膜的压力更高，压力范围为 1~10MPa。

（2）耐高温。满足高通量导致的温度升高和清洗需要，热稳定性好。

（3）耐酸碱。防止分离过程中，以及清洗过程中发生水解。

（4）化学性能稳定。保持膜的稳定性。

（5）生物相容性。防止生物大分子的变性。

（6）成本低。

不同的膜材料适用范围不同。反渗透、微滤、超滤用膜最好为亲水性，有利于高水通量和抗污染；电渗析特别强调膜的耐酸碱性和热稳定性；目前的材料很少有为某一分离过程而设计和合成的特定材料，可以通过膜材料改性或膜表面改性的方法，使膜具有某些需要的性能。几种常用膜的适用范围见表7-2。

表7-2　几种常用膜的适用范围

膜材料	pH范围	使用的上限温度	适用膜类型
醋酸纤维	3~8	40~45	反渗透膜
聚丙烯	2~10	45~50	超滤膜
聚烯烃	1~13	45~50	超滤膜
聚砜	1~13	80	超滤膜
聚醚砜	1~13	90	超滤膜

三、常见的膜分离过程

膜分离过程以压力差为推动力，在膜两侧施加一定的压力可使一部分溶剂组分透过膜，而微粒、大分子物质和小分子物质等被膜截留下来，从而达到分离的目的。

不同膜分离过程的主要区别在于被分离物粒子的大小和所采用膜的结构域性能，膜分离法与物质大小的关系见图7-6。常见的膜分离过程有反渗透、超滤、电渗析、渗透、透析、微过滤、气体透过等。

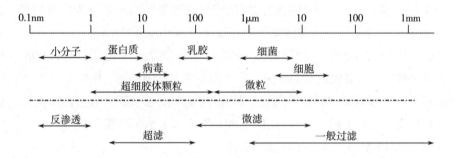

图7-6　膜分离法与物质大小的关系

反渗透是利用反渗透膜选择性透过溶剂（水）的性质，通过对溶液施加压力，克服溶液的渗透压，使溶剂通过膜从溶液中分离出来。当把相同体积的稀溶液和浓溶液置于同一容器的两侧，中间用半透膜阻隔，稀溶液中的溶剂将自然地穿过半透膜，向浓溶液侧流动，浓溶液侧的液面会比稀溶液的液面高出一定高度，形成一个压力差，达到渗透平衡状态，此种压力差即为渗透压。若在浓溶液侧施加一个大于渗透压的压力时，浓溶液中的溶剂会向稀溶液侧流动，流动方向与原来渗透的方向相反，这一过程称为反渗透。

超滤又称超过滤（ultrafiltration，UF），是指超过滤膜在透过溶剂的同时，透过小分子溶质，截留大分子溶质。截留的粒径范围是1~20nm，相当于分子量为300~300000蛋白质分子，也可截留相应粒径的胶体微粒。超滤技术的优点是操作简便，成本低廉，不需增加任何化学试剂，尤其是超滤技术的实验条件温和，与蒸发、冰冻干燥相比没有相的变化，而且不引起温度、酸碱度的变化，因而可以防止生物大分子变性、失活和自溶。在生物大分子的制备技术中，超滤主要用于生物大分子脱盐、脱水和浓缩等。但超滤法也有一定的局限性，不能直接得到干粉制剂。对于蛋白质溶液，一般只能达到10%~50%的浓度。

电渗析装置是由许多阳膜和阴膜相间安置，并在膜间放置隔板，组合成膜组，在膜组两侧安装电极组成的。电渗析原理使用具有选择性透过性能的离子交换膜，在直流电场作用下，以电位差为推动力，使溶液中的离子选择性透过，定向迁移。利用阴、阳离子交换膜对溶液中阴、阳离子的选择透过性（即阳膜只允许阳离子通过，阴膜只允许阴离子通过），使溶液中的溶质与水分离。从而实现溶液浓缩、淡化、精制和提纯的一种膜过程。

电渗析常用于以下用途。①溶液脱盐：从料液中迁出大量阴、阳离子，从而降低溶液的电解质含量。海水或原水脱盐，分别称为海水纯化或原水纯化；含无机盐的有机物水溶液脱盐，则称为溶液脱盐。②溶液的浓缩：料液是盐类溶液，浓集其中的阴、阳离子，制成浓度较高的溶液。产品是浓缩液。③溶液的脱酸或脱碱：通过离子的迁移，将碱性溶液中的金属阳离子置换成氢离子，或将酸性溶液中的阴离子置换成氢氧根离子，二者结合成水，达到对溶液脱碱或脱酸的作用。④盐溶液的水解：将盐溶液中的阳离子和阴离子分别迁出，分别结合氢氧根离子和氢离子生成相应的碱和酸。

工业生产中常用的膜分离过程有超滤、反渗透、渗析等，见表7-3。

表 7-3 工业生产中常用的膜分离过程

名称	推动力	传递机理	膜类型	应用
超滤	压力差	按径粒选择分离溶液所含的微粒和大分子	非对称性膜	溶液过滤和澄清，以及大分子溶质的澄清
反渗透	压力差	对膜一侧的料液施加压力，当压力超过渗透压时，溶剂就会逆着自然渗透的方向做反向渗透	非对称性膜或复合膜	海水和苦咸水的淡化、废水处理、乳品和果汁的浓缩以及生化和生物制剂的分离和浓缩等
电渗析	电位差	利用离子交换膜的选择透过性，从溶液中析出电解质	离子交换膜	海水经过电渗析，得到的淡化液是脱盐水，浓缩液是卤水
渗析	浓度差	利用膜对溶质的选择透过性，实现不同性质组分的分离	非对称性膜、离子交换膜	人工肾、废酸回收、溶液脱酸和碱液精制等方面
气体分离	压力差	利用各组分渗透速率的差别，分离气体混合物	均匀膜、复合膜、非对称性膜	合成氨或从其他气体中回收氨
液膜分离	化学反应	以液膜为分离介质分离两个液相	液膜	烃类分离、废水处理、金属离子的提取和回收

随着膜制备技术不断提高，膜分离机理研究不断深入，膜分离技术得到了迅速发展，逐渐成为药物分离和纯化的重要方法之一。

四、膜分离设备

各种膜材料通常制成各种形状的产品如平板、管道和中空纤维等备用，以方便制成各种过滤组件出售。膜分离装置主要包括膜组件与泵，其中膜组件是膜分离装置里的核心部分。

所谓膜组件，就是将膜以某种形式组装在一个单元设备内，使料液在外界压力作用下实现溶质与溶剂分离。在工业膜分离装置中，可根据需要设置数个至数千个膜组件。

膜组件的结构要求：流动均匀，无死角；装填密度大；有良好的机械稳定性、化学稳定性和热稳定性；成本低；易于清洗；易于更换膜；压力损失小。

目前，工业上常用的膜组件有板框式、管式、螺旋卷式、中空纤维式和毛细管式几种类型。

（一）板框式

板框式膜组件是最早将平面膜直接加以应用的一种膜组件。板框式膜组件使用的膜为平板式，结构与常用的板框压滤机类似，由导流板、膜和支撑板交替重叠组成，如图7-7所示。二者的区别是板框式过滤机的过滤介质是帆布等材料，板框式膜组件的过滤介质是膜。这种平板式膜的一般厚度为50~500μm，膜固定在支撑材料上。支承板相当于过滤板，它的两侧表面有窄缝，内有供透过液通过的通道，支承板的表面与膜相贴，对膜起支撑作用。导流板相当于滤框，但与板框压滤机不同，操作时料液从下部进入，在导流板的导流作用下经过膜面，透过液透过膜，经支撑板面上的多流孔流入支撑板的内腔，再从支撑板外侧的出口流出；料液沿导流板上的流道与孔道一层一层往上流，从膜过滤器上部的出口流出，即得浓缩液。导流板上设有不同形状的流道，以使料液在膜面上流动时保持一定的流速与湍动，没有死角，减少浓差极化和防止微粒、胶体等的沉积。

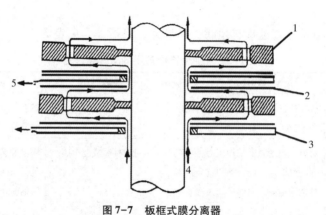

图7-7　板框式膜分离器

1. 导流板；2. 膜；3. 支撑板；4. 料液；5. 透过液

许多厂家在板框式膜组件的生产发展过程中对支撑膜的平盘结构进行了大幅度改良，以更大程度地提高抗污染能力，主要通过设计平盘上各种类型的凹凸结构，来增加物料流动的湍流程度以减小浓差极化。如图7-8所示，导流板与支撑板的作用合在一块板上，板上弧形条突出板面，起导流板的作用，每块板的两侧各放一张膜，然后叠在一起。膜紧贴板面，两张膜之间形成弧形流道，料液从进料通道送入板间两膜间的通道，透过膜，经过板面上的孔道，进入板的内腔，然后从板侧面的出口流出。

通过结构上的改良，板框式膜组件取代了板框过滤、絮凝等传统工艺，成功解决了絮凝、助滤处理发酵液时带来的产品损失，目前广泛运用于含固量较高的发酵、食品行业。

板框式膜组件在膜技术工业中已经广泛使用。其突出优点是，每两片膜之间的渗透物都是被单独引出的，可以通过关闭个别膜组件来消除操作时发生的故障，不必将整个膜组件停止运转。膜片无需粘合就能使用，组装方便，可以简单地通过增加膜的层数以提高处理量；膜的清洗、更换比较容易，并且换膜片的成本是所有膜系统中最低廉的；料液流通截面较大，不易堵塞。

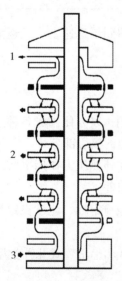

图7-8　板框式膜组件

1. 浓缩液；2. 渗透液；3. 进料

板框式膜组件的缺点是需密封的边界线长，需要个别密封的部位多；内部压力损耗也相对较高（取决于物料转折流动的状况）；对膜的机械强度要求较高；由于组件流程较短，单程的回收率较低；为保证膜两侧的密封性，对板框及起密封作用的部件加工精度要求高；组件的装填密度较低，一般为30~500m²/m³；每块板上料液的流程短，一次通过板面的透过液相对量少，为了使料液达到一定的浓缩度，需多次循环操作；组件基本都由不锈钢制作，成本昂贵。

板框式膜组件一般保留体积小，能量消耗介于管式和螺旋卷式之间，但体积大，适合于处理悬浮液较高的料液。

板框式膜组件在使用中还受到以下条件限制：不能用于高温环境；不能用于强酸强碱的环境；耐有机溶剂性能较差；膜组件单位体积内的膜面积较小。

（二）螺旋卷式

螺旋卷式结构，简称卷式结构，用平板膜制成，结构与螺旋板式换热器类似，如图 7-9 所示。这种膜的结构是双层的，中间为多孔支撑材料，两侧是膜，其中三边被密封成膜袋状，开放边与一根多孔中心产品收集管密封连接，在膜袋外部的原水侧垫一层网眼型间隔材料，也就是把膜-多孔支撑体-膜-原水侧间隔材料依次叠合，绕中央渗透物管紧密地卷成一个膜卷，再装入圆柱型压力容器里，成为一个螺旋卷组件。工作时，原料从端部进入组件后，在隔网中的流道沿平行于中心管的方向流动，而透过物进入膜袋后沿螺旋方向旋转流动，最后汇集在中央渗透物管中再排出，浓液则从组件另一端排出。

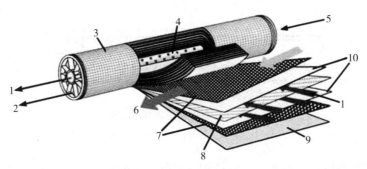

图 7-9　螺旋卷式膜分离器

1. 渗透物；2. 浓缩液；3. 膜组件外壳；4. 中央渗透物管；5. 原料液；
6. 浓缩液通道；7. 料液隔网；8. 透过液隔网；9. 外罩；10. 膜

螺旋卷式膜分离器的优点有单位体积膜的填充密度相对较高，膜面积大；有进料分隔板，物料的交换效果良好；设备较简单紧凑，制造工艺简单，价格低廉；处理能力高；占地面积小；安装操作方便，更换新膜容易等。

其缺点在于不能处理含有悬浮物的液体，料液需要预处理；原水流程短，压力损失大；浓水难以循环，以及密封长度大；膜必须是可焊接或可粘连的；易污染，易堵塞，清洗、维修不方便；膜元件如有一处破损，不能更换，将导致整个元件失效。

螺旋卷式膜分离器主要应用于制药（维生素浓缩，抗生素树脂解析液的脱盐浓缩），食品（果汁浓缩，低聚糖、淀粉糖分离纯化，植物提取），染料（脱盐浓缩，取代盐析、酸析），母液回收（味精母液除杂，葡萄糖结晶母液除杂等），水处理（印染废水处理，中水回用，超纯水制备），酸碱回收（制药行业洗柱酸、碱废液）。

（三）圆管式

圆管式膜组件主要是将膜和多孔支撑体均制成管状，如图 7-10 所示，结构类似于管式换热

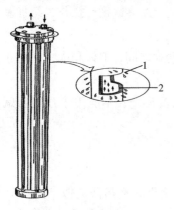

图 7-10 管式膜组件
1. 透过液；2. 膜

器。管式膜组件由管式膜制成，膜粘在支撑管的内壁或外壁。外管为多孔金属管，中间为多层纤维布，内层为管状超滤或反渗透膜。原液在压力作用下在管内流动，产品由管内透过管膜向外迁移，管内与管外分别为料液与渗透液，最终达到分离的目的。

管式膜组件可分为内压型和外压型两种，如图 7-11 所示。内压型膜组件膜指将料液直接浇注在多孔的不锈钢管内，加压透过膜成为渗透液，在管外被收集；外压型膜组件膜指将料液浇注在多孔支撑管外侧面，加压使液由管外侧渗透通过膜进入多孔支撑管内。无论是内压式还是外压式，都可以根据需要设计成串联或并联装置。

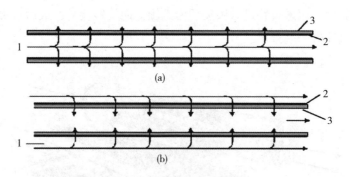

图 7-11 管式膜组件两种类型
a：内压管型；b：外压管型；1. 料液；2. 膜；3. 多孔管

管式膜分离器易清洗、无死角，适宜处理含固体较多的料液，单根管可以调换；但保留体积大，单位体积中所含过滤面积较小，压力较大。

管式膜组件的优点有膜通量大，浓缩倍数高，可达到较高的含固量；流动状态好，流速易控制，合适的流动状态还可以防止浓差极化和污染；料液通道宽，允许含有高含量悬浮物的料液进入膜组件，预处理简单；对堵塞不敏感，安装、拆卸、换膜和维修均较简单方便，如果某根管损坏，更换方便，膜芯使用寿命长；机械清除杂质也较容易。

缺点为与平板膜相比，管膜的制备比较难控制，若采用普通的管径（1.27cm），则单位体积内有效膜面积的比率较低，不利于提高浓缩比；装填密度不高，流速高，能耗较高；管口的密封比较困难。

因此管式膜组件一般应用于物料含固量高、回收率要求高、有机污染严重并且难以运用预处理的环境。其在果汁和染料行业中运用非常广泛，特别是染料行业，大部分采用管式膜。

扫一扫，查阅本章数字资源，含PPT、音视频、图片等

中药固体制剂作为大众化的中药剂型，约占全部制剂品种的2/3，应用广泛。中药固体制剂常见剂型有颗粒剂、片剂、丸剂、胶囊剂、散剂等。中药固体制剂的制备过程是将中药材粉碎、过筛或经提取、精制、浓缩等操作后得到的提取物，添加不同的辅料经加工制成各种剂型的过程。本章主要介绍颗粒剂、片剂、胶囊剂及丸剂生产过程中的主要设备的结构、工作原理及车间布局。

第一节　颗粒剂制备设备

颗粒剂系指原料药物与适宜的辅料混合制成具有一定粒度的干燥颗粒状制剂。制粒是颗粒剂成型的关键技术操作，是把粉末、熔融液、水溶液等状态的物料加工制成一定形状与大小的粒状物的操作。得到的颗粒可以是中间体，如片剂生产中的制粒，也可以是产品，如颗粒剂、胶囊剂等。通过制粒，使粒子具有良好的流动性，有利于药物的充填、包装；防止由于粒度、密度的差异引起的离析现象，使各种成分能均匀混合；避免操作过程中粉尘飞扬；调整堆密度，使生产过程中压力均匀传递；便于服用，携带方便。

一、摇摆式颗粒机

摇摆式颗粒机的工作原理是强制挤出制粒。如图8-1所示，七角滚轮借机械传动做正反向转动，当这种运动连续进行时，被左右夹管夹紧的筛网紧贴于滚轮的轮缘上，而此时的轮缘处，筛网孔内的软材呈挤压状，轮缘将软材挤向筛孔，从筛孔中排出，得到湿颗粒。这种原理是模仿人工用手在筛网上搓压，使软材通过筛网而制成颗粒的过程。

摇摆式制粒机是由机座、减速器、加料斗、颗粒制造装置及活塞式油泵等组成。电机通过皮带传动，将动力传送到蜗杆和与之相啮合的涡轮上。由于涡轮的偏心位置安装有齿轮轴，齿条一端的轴承孔套在该偏心轴上，每当涡轮旋转一周，齿条上下移动一次。齿条上下反复运动使得与之啮合的涡轮转轴齿轮持续正反向旋转，七角滚轮也随之正反向旋转。涡轮上的曲柄的偏心距可以调整，改变曲柄的偏心距可以改变齿轮轴摇摆的幅度。

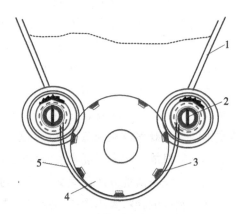

图8-1　摇摆式制粒机示意图

1. 料斗；2. 夹管；3. 七角滚轮；4. 软材；5. 筛网

　　摇摆式颗粒机对物料（软材）的性能有一定要求，物料黏度必须适当。太黏，挤出的颗粒呈长条状，容易重新黏合在一起；太松则不能制成颗粒，多成粉末。摇摆式颗粒机的主要有以下特点：① 颗粒的粒度由筛网的孔径大小调节，粒子表面较粗糙，粒径分布较窄。② 筛网装拆简易，可适当调节松紧，七角滚筒拆卸方便、容易清洗，机械传动系统全部封闭在机体内，并附有润滑系统，整机运转平稳。③加料量和筛网的松紧度可影响颗粒质量。加料斗中软材存量多，筛网比较松，转动轴反复搅拌可增加软材的黏性，制得的湿颗粒粗而紧，反之制得的颗粒细而松。④制粒过程包括混合、制软材、制粒、分离整粒，工序多，时间长，劳动强度大，不适用于对湿热敏感的药物。⑤ 制备成型方法的经验性强，无固定参数，在大生产中波动较大，适用于小试及中试。

二、高剪切制粒机

　　高剪切制粒机是通过搅拌器混合及高速造粒刀切割将湿物料制成颗粒的装置，是一种集混合与造粒功能于一体的设备，在制药工业中被广泛应用。

　　本机的工作原理是将粉体物料与黏合剂在底部搅拌桨高速旋转的作用下混合、碰撞、翻滚运动，形成从盛料器底部沿器壁抛起旋转的波浪，波峰正好通过位于锅壁水平轴的切割刀，切割刀将混合均匀的团块物料绞碎、切割成带有一定棱角的颗粒，颗粒在搅拌桨和切割刀作用下做翻滚运动，相互摩擦、挤压，经剪切和捏合形成均匀的颗粒。

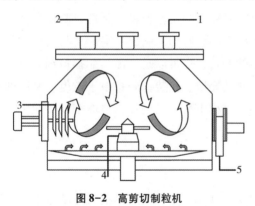

图 8-2　高剪切制粒机

1. 黏合剂；2. 物料口；3. 切割刀；4. 搅拌桨；5. 出料口

　　本机主要是由盛料器、搅拌器、制粒刀、电动机和控制器等组成，结构如图 8-2 所示。操作过程是先将原、辅料按处方比例加入盛料器，启动搅拌电机混合干粉 1~2 分钟，待混合均匀后由加料斗加入黏合剂或中药浸膏，继续搅拌 4~5 分钟即成为软材。此时，启动造粒电机，利用高速旋转的造粒刀将湿物料切割成颗粒状。制粒完成后，打开出料口，调节搅拌桨转速，在搅拌桨的推动下，颗粒从出料口排出。

　　在高剪切制粒过程中，颗粒目数大小与致密性受物料特性、搅拌桨和切割刀的转速及制粒时间等因素制约，通常中药提取物的粒度越小，越有利于制粒。制粒过程中，喷嘴的大小和形状、雾化压力器的喷液速度与加入粉体前的黏合剂雾化程度有关，如黏合剂雾化效果越好，则黏合剂液滴与物料接触的比表面积越大，混合越均匀。此外，改变搅拌桨的结构，调节切割刀的转速，改变黏合剂的种类、用量及操作时间亦可改变颗粒的密度和强度。另外，高剪切制粒机的载药量不宜太少或太多，否则无法达到使所有物料在锅内翻滚的效果，药量一般为容量的 30%~70%。高剪切制粒的难点在于制粒终点的判断，可根据"握之成团触之即散"判断，也可依据扭力矩判断，或拿筛网过筛观察成粒状态等方式判断。

　　高剪切制粒机能一次完成混合、制粒工序，与传统挤出制粒相比，具有省工序、操作简单、快速等优点，且设备清洗方便，无交叉污染的风险，符合 GMP 标准。制备过程中黏合剂用量少、黏合能力强，制成的颗粒大小均匀、圆整、质地结实、细粉少，适合改善粉体的流动性，也可用于灌装胶囊、压片前制粒及细粒剂的制备。

三、流化床制粒机

流化床制粒是以沸腾形式集混合、制粒、干燥于一体的制粒方式，又称"一步制粒"或"沸腾制粒"。在中药制药领域，该技术已广泛用于颗粒剂、胶囊剂、片剂等多种中药口服固体制剂的研发与生产过程，如芩梅颗粒、紫参胶囊、复方丹参片等。根据喷枪的位置，可分为顶喷、底喷和切线喷，流化床制粒中应用最广泛的为顶喷技术。

流化床顶喷制粒的过程见图8-3。粉状物料投入流化室内，受到经净化后的热气流作用，粉末由下而上到最高点时向四周散落，至底部再汇集于中间向上悬浮成流化状，循环流动，达到均匀混合；随后喷入雾状黏合剂溶液，使粉末凝成疏松的小颗粒，成粒的同时，经热气流高效干燥，使团粒中水分不断蒸发，黏合剂凝固，粉末聚集。此过程重复进行，形成均匀的多微孔颗粒。

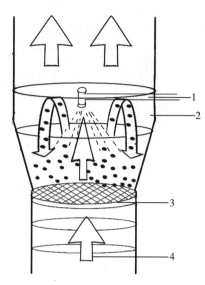

图8-3　流化床顶喷制粒

1. 喷枪；2. 物料槽；3. 底部筛网；4. 进风

在流化床制粒过程中，颗粒以团聚方式形成。如图8-4所示，两个或两个以上的粒子通过黏合剂形成"液桥"，团聚在一起形成一个大粒子，被黏合剂浸润的粒子与周围粒子发生碰撞而黏附在一起，这样颗粒间通过"固桥"连在一起形成大颗粒。

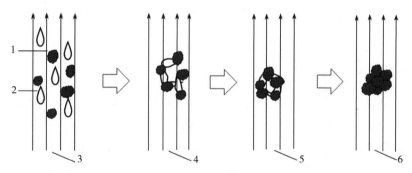

图8-4　流化床顶喷制粒原理

1. 物料粉末；2. 黏合剂液滴；3. 喷液过程；4. 湿润过程；5. 干燥过程；6. 粉末聚集成颗粒

流化床制粒装置主要由进风和排风系统、流化床机身、气体分布装置（如筛网等）、喷雾系统、气固分离装置（如袋滤器）、物料进出装置、控制系统等组成。如图8-5所示。进风风源一般为空气，经过滤器和加热器后，从流化床下部的筛网吹入，使物料在热空气的作用下呈流化状态。随后，黏合剂溶液由蠕动泵经管道打入喷枪，再均匀喷到物料中，使粉末凝结成粒，经过反复喷雾和干燥，颗粒开始不断增大，当颗粒大小符合要求时停止喷雾，形成的颗粒继续在床层内经热风干燥，出料。而随气流上升到床体顶部的颗粒被袋滤器阻挡下来，穿过袋滤器的气流随即被外置的排风机吸走。流化床体多采用倒锥形，以消除流动"盲区"。气流分布器通常为多孔倒锥体，上面覆盖有60~100目的不锈钢筛网。流化室上部设有袋滤器及反冲装置或振动装置，以防袋滤器堵塞。

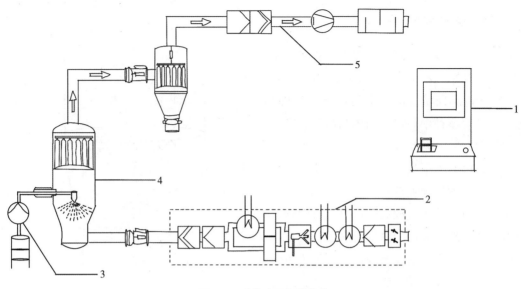

图 8-5　流化床设备的构造

1. 控制系统；2. 进风处理系统；3. 喷液系统；4. 流化床机身；5. 出风处理系统

　　流化制粒机可完成混合、制粒、干燥等多种操作，简化了工序和设备，提高了生产效率，增强了生产能力。整个生产过程在密闭容器内操作，无粉尘飞扬，符合 GMP 要求。制得的颗粒外形比较圆整，流动性和可压性好，压片时片重差异小，所得片剂崩解性能好、外观质量佳，且颗粒间较少发生可溶性成分迁移，减少了由此造成片剂含量不均匀的可能性。物料受热温度低，适合对湿、热敏感的药物制粒。流化床制粒能减少辅料用量，使中药浸膏在颗粒中的含量可达 50%~70%，很适合低辅料、无糖颗粒剂以及大部分中成药固体制剂制粒。缺点是动力消耗较大，极细粉不易全部回收。

四、喷雾干燥制粒机

　　喷雾干燥制粒是集喷雾干燥、流化制粒结合为一体的新型制粒技术，通过机械作用，将药物浓缩液、乳浊液或混悬液用雾化器分散成雾滴，经热气流迅速蒸发以直接获得干燥细颗粒的方法。该法在数秒内即可完成药液的浓缩与干燥，原料液含水量可达 70%~80%。

　　喷雾干燥制粒设备主要由原料泵、雾化器、空气加热器、喷雾干燥制粒器等部分构成。结构如图 8-6 所示。制粒时，原料液经过滤器由原料泵输入雾化器中喷成液滴分散于热气流中，空气经蒸汽加热器及电加热器加热后沿切线方向进入干燥室与液滴接触，液滴中的水分迅速蒸发，干燥后形成固体粉末落于器底，干品可连续或间歇出料，废弃物由干燥室下方的出口流入旋风分离器，进一步分离固体粉末，然后经风机和袋滤器后放空。

　　喷雾干燥制粒过程分为三个基本阶段。第一阶段，原料药的雾化。雾化后的原料液分散为微细的雾滴，蒸发面积变大，雾滴中的水分能够与热空气充分接触，迅速汽化而干燥成粉末或颗粒状产品。第二阶段，干燥制粒。原料药雾滴与热空气充分接触、混合，并迅速汽化干燥成粉末或颗粒状产品。第三阶段，颗粒产品与空气分离。喷雾制粒的产品从塔底出料，需要注意废气中夹带部分细粉。因此废气排放前必须回收细粉，以提高产品收率，防止环境污染。

　　喷雾干燥制粒适用于微粉辅料、热敏性物料以及固体分散体、微囊、包合物、抗生素粉针等的生产，并适用于中药全浸膏浓缩液直接制粒。中药浸膏提取物因黏性大易导致料液粘壁，因此要掌握好液体密度、黏度及喷雾速度等重要参数，必要时可加入辅料降低黏度。

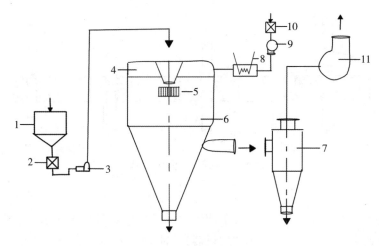

图 8-6　喷雾干燥制粒

1. 原料罐；2. 过滤器；3. 原料泵；4. 热风分配器；5. 喷头；6. 干燥室；7. 旋风分离器；
8. 空气加热器；9. 鼓风机；10. 空气过滤器；11. 风机

在喷雾干燥制粒中，由于热风温度高，雾滴比表面积大，干燥速度非常快（通常只需数秒至数十秒），物料受热时间短，干燥温度低，适合处理热敏物料。制得的颗粒粒径比较小，中空球状粒子较多，具有良好的溶解性、流动性和分散性。此外，喷雾干燥制粒是从液体原料直接制得粉状固体颗粒，可以节省工序，生产效率高，整个过程都处于密闭状态，可避免粉尘飞扬，能满足生产环境洁净度的要求。但是喷雾干燥制粒设备体积大，耗能高，企业一次性投入成本大。

第二节　片剂制备设备

片剂系指原料药物或与适宜的辅料制成的圆形或异形的片状固体制剂。片剂的制备方法有湿法制粒压片、干法制粒压片和粉末或结晶直接压片。由于中药饮片细粉或提取物普遍存在流动性、可压性的问题，因此湿法制粒压片是中药片剂常用的生产工艺。

压片是借压力把颗粒间间距缩小至能产生足够的内聚力而紧密结合的过程。疏松的颗粒在未加压时，彼此间接触面积小，只有颗粒内的内聚力而没有颗粒间的黏着力。颗粒间有很大间隙，间隙充满空气。加压后，颗粒滑动、挤压，粒子间间距逐渐缩小，空气被排出，若干颗粒被压碎，比表面积增加。当到达一定的压力，颗粒间接近到一定程度时，可产生足够的范德华力，使疏松的颗粒结合成片剂。

将颗粒或粉状物料置于模孔内，经冲头压制成圆形片或异形片的机器，称为压片机。压片机按照冲头数分为单冲压片机和多冲压片机。

一、单冲压片机

单冲压片机仅有一副冲模，原理是利用偏心轮及凸轮机构的联合作用，将圆周运动转化为上冲和下冲的往复运动，从而完成填充、压片和出片操作。其工作过程如图 8-7 所示，下冲首先降到最低，上冲离开模孔，饲料靴在模孔内摆动，使颗粒填充在模孔内，完成加料。然后饲料靴从模孔上面移开，上冲压入模孔，实现压片。最后，上冲和下冲同时上升，将药片顶出冲模。接着饲料靴转移至模圈上面把片剂推下冲模台，使之落入接收器中，完成压片的一个循环。同时，下冲下降，使模孔内又填满颗粒，开始下一组压片过程。如此反复压片出片。

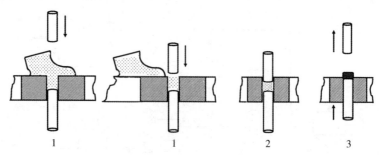

图 8-7　单冲压片机的工作过程

1. 填充；2. 压片；3. 出片

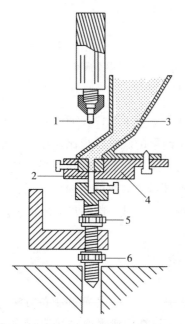

图 8-8　单冲压片机冲头结构示意图

1. 上冲；2. 下冲；3. 饲料靴；4. 中模；

5. 出片调节器；6. 片重调节器

单冲压片机的结构如图 8-8 所示，主要由加料机构（料斗和加料器）、冲模（上冲、下冲、模圈）及调节器（压力调节器、片重调节器及出片调节器）组成。加料机构由料斗和加料器通过挠性导管连接，物料自料斗加入，通过导管进入加料器。冲模是直接实施压片的结构，决定了片剂的大小、形状和硬度。通过调节上冲与曲柄相连的位置，改变上冲下降的深度，调节压力。上冲下降越低，上、下冲头之间的距离越近，压片压力越大，制得的片剂硬度越大。反之，片剂硬度越小。

单冲压片机通过调节下冲在模孔中的伸入深度来改变药物的填充容积。如图 8-8 所示，旋转片重调节器可使下冲上升或下降。当下冲下降时，模孔内容积增大，药物填充量增加，片重增大。相反，下冲上调时，模孔容积减小，片重降低。

单冲压片机利用凸轮带动拔叉上下往复运动，使下冲大幅度上升，从而将压制成的药片从中模孔中推出。调节出片调节器使下冲端口上升至最高时与中模对平，即可顺利出片。如果下冲顶出过高，加料器在拔动药片时受到阻碍，易损坏下冲；如果下冲顶出过低，药片不能完全露出中模上表面，拔动时容易碎裂。

单冲压片机的优点是结构简单，操作方便，适应能力强。由于其是单向压片，即压片时仅上冲加压，下冲固定不动，上下冲受力不一致造成片剂内部的密度不均匀，易产生裂片等问题，同时生产效率低（80~100 片/分），目前多用于新产品的试制或小量生产。

二、旋转式压片机

旋转式压片机是基于单冲压片机的基本原理，针对瞬时无法排出空气的缺点，采用上下冲同时加压，使内存的空气有充裕的时间逸出模孔，且物料受力均匀，保证了片剂的质量。其工作过程可分为填充、压片和推片 3 个阶段，原理如图 8-9 所示。当冲头运行到填充段时，上冲头向上运动绕过加料器，下冲头向下移动，此时下冲头上表面与模孔形成一个空腔，药粉颗粒由加料器填入空腔内，当下冲经过片重调节器上方时，调节器的上部凸轮使下冲上升到适当位置而将过量的颗粒推出，推出的颗粒会被刮粉器刮离模孔，保证每个中模孔内的药粉颗粒填充量一致。接着，上冲在上压轮的作用下下降进入模孔，下冲在下压轮的作用下上升，将颗粒压制成片。最后通过出片凸轮，上冲上移，下冲上推，将压制的药片推出模孔进入出片装置，完成整个压片流程。

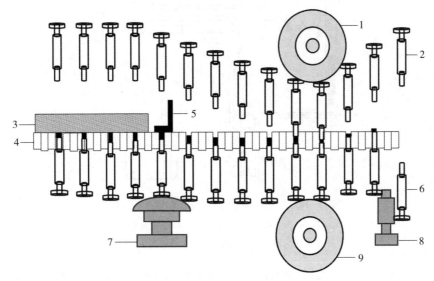

图 8-9　旋转式压片机工作原理

1. 上压轮；2. 上冲；3. 加料器；4. 模圈；5. 刮粉器；
6. 下冲；7. 片重调节器；8. 出片调节器；9. 下压轮

　　旋转式压片机按压力可分为 50kN 以下、50～100kN 和 100kN 以上等不同规格；按转盘上的模孔分为为 16 冲、19 冲、27 冲、33 冲等，按转盘旋转一周充填、压缩、出片等操作的次数，可分为单压、双压等。单冲压片机的冲数有 10 冲、12 冲、14 冲、16 冲、19 冲、20 冲、23 冲等；双冲压片机的冲数有 25 冲、27 冲、31 冲、33 冲、41 冲、45 冲、55 冲等。虽然旋转式压片机机型各异，但原理基本相同，下面以生产中常用的 ZP-33 型压片机做一介绍。

　　ZP-33 型旋转式压片机主要包括传动机构、工作机构以及电器装置、机身等部件。

　　传动机构的作用是为压片提供动力，主要有电动机、变速装置、传动皮带轮、离合器、蜗轮、蜗杆等组成。一般要求传动机构速度可调，同时具有足够的扭矩，在大的冲击载荷下，速度稳定可靠。传动过程如图 8-10 所示。电动机带动无级变速转盘 2 转动，由皮带将动力传递给无级变速转盘 4，再带动同轴的小皮带轮转动。大小皮带轮之间用三角皮带连接，可获得较大速比。大皮带轮通过摩擦离合器使传动轴旋转。在工作转盘的下层外缘，有与其配合一体的蜗轮和传动轴上的蜗杆相啮合，带动工作转盘做旋转运动。传动轴装在轴承托架内，一端装有试车手轮供手动试车之用，另一端装有圆锥形摩擦离合器，并设有开关手柄控制开车和停车。当拉下离合器时，皮带轮将空转，工作转盘脱离传动系统静止不动。合上离合器，利用试车手轮转动传递轴，带动工作转盘旋转，可用来安装冲模，检查压片机各部运转情况和排出故障。需要特别指出的是，旋转式压片机上的无级变速盘及摩擦离合器的正常工作均由弹簧压力来保证，当机器某个部位发生故障，使负载超过弹簧压力时，就会发生打滑，导致机器受到严重损坏。

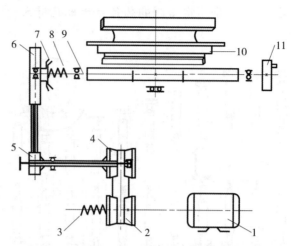

图 8-10 ZP-33 型旋转压片机的传动系统示意图

1. 电动机；2、4. 变速转盘；3、8. 弹簧；5. 小皮带轮；6. 大皮带轮；
7. 摩擦离合器；9. 传动轴；10. 工作转盘；11. 手轮

工作机构包括转盘、上下冲模、导轨装置、压轮及调节装置、加料装置、填充装置等。

（1）**转盘** 转盘是一个整体铸件，为压片机压制的核心结构。转盘分为上、中、下三层，在它的中层沿圆周方向装有 33 个等间距模圈，上层和下层装有与上述模圈相对应的上冲和下冲。

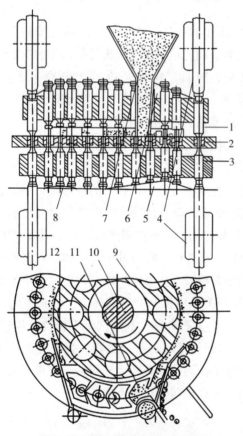

图 8-11 月栅型加料器结构示意图

1. 上冲；2. 中模；3. 下冲；4. 上、下压轮；
5. 下冲导轨；6. 上冲导轨；7. 料斗；8. 填充轴；
9. 转盘；10. 中心数轴偶；11. 栅式加料板；12. 刮料板

当转盘旋转时，带动上、下冲及中模旋转运动，同时受各自导轨控制的上、下冲在转盘孔中做上下轴向运动，以完成压片及出片工作。

（2）**上下冲导轨装置** 压片机在完成填充、压片、推片等过程中需要不断调节上、下冲的相对位置，由导轨装置调节冲杆升降。上、下冲导轨均为圆环形，上导轨装置位于转盘上方，由导轨盘和导轨片组成。导轨盘为圆盘形，中间有轴孔，用键将其固定于立轴上，导轨盘的外缘镶有经过热处理的导轨片，经螺丝固定在导轨盘上。工作时，导轨静止不动，上冲尾部的凹槽沿着导轨片的凸边做有规律的升降。下冲导管经螺丝固定在主体之上，当下冲在运行时，它的尾部嵌在导轨槽内，随着导轨槽的坡度变化做有规律的升降。下冲导轨的圆周上平面装有下压轮装置和填充调节装置。

（3）**加料装置** ZP-33 型旋转压片机的加料装置是月形栅式加料器，如图 8-11 所示。月形栅式加料器固定在机架上，工作时相对机架不动。其下底面固定在工作转盘上的中模上表面保持一定间隙（0.05～0.1mm），当旋转中的中模从加料器下方通过时，栅格中的药物颗粒落入模孔中，弯曲的栅格板造成药物需多次填充的形式。加料器的最末栅格上装有刮料板，刮料板紧贴于转盘的工作平面，可将转盘及中模上表面的多余药物刮平或带走。固定在机架上的料斗可以随时向加料器补充药粉，填充轴的作用是控制剂量，当下冲升至最高点时，模孔对准加料器，下冲再一次升降，使模孔中的药粉振实。

（4）填充调节装置 片剂的填充剂量主要靠填充轴。转动刻度调节盘，即可带动轴转动，与其固联的蜗杆轴也随之转动。蜗轮转动时，内部的螺纹迫使升降杆产生轴向移动，与升降杆固联的月形填充轴也随之上下移动，即可调节下冲在中模孔的位置，从而调节填充量。

（5）压轮及调节装置 压力调节装置是决定片剂硬度、厚度的装置，由上下压轮组成。当上下冲正置于机架上的一对上下压轮处时，处于加压阶段。上下压轮轴线间的距离决定压力的大小和成形片剂的厚度，如果将下压轮的轴线升高或降低，就可以使压力增大或减小，片剂的厚度随之增大或减小。

三、双层片压片机

双层片系指有两层构造的片剂，每层含有不用的药物，可以避免不同复方制剂中不同药物之间发生反应，更好地发挥治疗作用，减少不良反应，或者达到缓释、控释的效果。

双层片可由高速压片机制备，工作过程包括第一层物料填充、定量、预压，第二层物料填充、定量、主压、出片等工序。

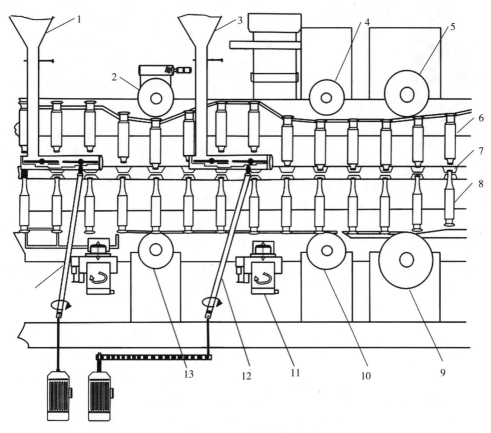

图 8-12 双层片压片机工作原理

1. 第一层饲料斗；2、13. 第一层预压轮；3. 第二层饲料斗；4、10. 第二层预压轮；
5、9. 第二层主压轮；6. 上冲；7. 模圈；8. 下冲；11. 调节装量电机；12、14. 饲料器轴

工作原理如图 8-12 所示，上、下冲模由转台带动，分别沿上、下轨道运动。在重力的驱动下，第一层物料流入料斗（第一层）上方。此时，上冲向上运动绕过第一层物料加料器，同时下

冲经下行轨向下移动，其表面与中模孔形成一个空腔，饲料器杆带动齿轮将药粉颗粒填入空腔内，当下冲经过下行轨最低点时形成过量充填（最大充填）；压片机冲头随转台继续运动，通过调节装量电机控制下冲下降距离（片重），同时中模内孔内多余药粉颗粒被推出，以保证恒定填充体积（片重）。此后上下冲同时经过第一层预压轮，完成第一层物料的预压。然后，上冲水平运动，绕过第二层物料的加料器，同时下冲水平运动，第一层物料预压制成片剂，下冲至中模之间的空腔将被第二层物料饲料器杆填充，经定量后的颗粒粉体再经过预压轮和主压轮两次压制，形成双层片。

四、普通包衣机

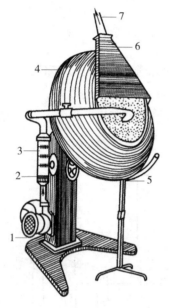

图 8-13 包衣锅结构示意图

1. 鼓风机；2. 衣锅角度调节器；3. 电加热器；
4. 包衣锅；5. 辅助加热器；6. 吸粉罩；7. 接排风

包衣锅的工作原理是药片在锅内借助离心力和摩擦力的作用，随锅内壁向上移动，直至药片克服离心力的束缚在重力作用下沿弧线滚落而下，此过程中连续不断地加入包衣物料，在片剂外面附着形成衣层。

整个设备主要由包衣锅、动力系统、加热鼓风系统和排风及吸粉装置系统四部分组成，如图 8-13。包衣锅一般用不锈钢或紫铜等性质稳定并具有良好导热性的材料制成，常见形状有荸荠形和莲蓬形。片剂包衣多采用荸荠形，微丸包衣多采用莲蓬形。包衣锅安装在轴上，由动力系统带动轴一起转动。为了使片剂在转动时既能随锅的转动方向滚动，又能沿轴方向的运动，包衣锅的转轴常与水平呈 30°~40°倾斜；转轴的转速可根据包衣锅的体积、片剂性质和不同包衣阶段加以调节。生产中常用的转速范围为 12~40rpm。

药片在包衣锅的不同部位有不同的运动速度，其中在旋涡部和底部时速度较慢。因此，在实际操作中，加入包衣材料后要加以搅拌，防止包衣层厚度不一致。实际生产中也常常采用加挡板的方式改善药片在锅内运动状态，克服包衣锅的"包衣死角"，使包衣材料能均匀包裹片芯。挡板的形状、数量可根据包衣锅的形状、包衣片剂的形状和脆碎性进行设计和调整。

包衣锅附有加热装备，以加速包衣液中溶剂的挥发。常用的加热方法为电热丝加热和干热空气加热。电热丝加热直接对锅体加热升温快，但容易造成受热不均匀，可能对包衣质量产生不利影响。此外，粉尘落在电热丝上易引起燃烧，影响电热丝寿命，故最好将纯净空气通入到旋转包衣锅内加热。为了防止粉尘飞扬和加速溶剂挥散，包衣锅内装有送风和排风装置。

第三节 胶囊剂制备设备

胶囊剂是指将原料药物或加适宜辅料充填于空心胶囊或密封于软质囊材中制成的固体制剂。囊材一般均以明胶为主要原料，按照硬度不同，胶囊剂可分为硬胶囊剂与软胶囊剂；按溶解或释放特性不同，胶囊剂可分为肠溶胶囊、缓释胶囊与控释胶囊。

　　药物制成胶囊剂能够改善臭味，增强稳定性，提高生物利用度；将液态或含油量高的中药成分固体化，同时可延缓药物的释放或使其定位释放。胶囊剂服用方便，生产工艺简单。并且，胶囊体表面便于印刷品名和商标，若加入少量色素，可增加其美观性和便于识别。胶囊剂现已是一种非常重要的中药固体剂型，但由于中药剂量大、吸湿性强、流动性差，中药胶囊剂的应用与发展受制剂工艺与设备影响很大。

一、硬胶囊制备工艺与设备

　　硬胶囊是指采用适宜的制剂技术，将原料药物或加适宜辅料制成的均匀粉末、颗粒、小片、小丸、半固体或液体等，充填于空心胶囊中制成的胶囊剂。空心硬胶囊呈圆筒状，是由帽和体两节套合的质硬且具有弹性的空囊，具有不同的锁合结构。按容量不同，空心硬胶囊分为00、0、1、2、3、4、5及其他特殊规格型号，其中常用规格为0~5号；按透明程度不同，空心硬胶囊分为透明（两节均不含遮光剂）、半透明（仅一节均含遮光剂）、不透明（两节均含遮光剂）三种。在实际选择时，可根据药物剂量及性质的具体情况而定。

（一）硬胶囊的制备工艺

　　硬胶囊的生产工艺流程一般包括空胶囊的制备，内容物的制备、填充，套合囊胶帽等。空胶囊由明胶、增塑剂、防腐剂、遮光剂、芳香矫味剂及色素等组成，其中主要成分为明胶。空胶囊的制备工艺流程一般是溶胶→保温脱泡→蘸胶制胚→干燥→脱模→切割→整理→印字→套合→包装。由于明胶的含水量易受环境温度和湿度影响，因此操作环境的温度应为10~25℃，相对湿度为35%~45%，空气净化度达到C级。空胶囊可用10%环氧乙烷与90%卤烃的混合气体进行灭菌。制得的空胶囊囊体应光洁，色泽均匀，切口平整，无变形，无异臭；松紧度、脆碎度、崩解时限、干燥湿重、微生物限度等指标应符合《中华人民共和国药典》（2020年版）规定。

　　在硬胶囊制备过程中，首先将预套合的胶囊壳及药粉、颗粒或其他内容物分别放入胶囊贮桶及药粉贮桶中，然后由填充机自动完成填充药粉。其灌装生产工序一般包括胶囊供给、排列、方向校准、帽体分离、药物填充、胶囊闭合和输送，可由胶囊填充设备完成。

（二）全自动胶囊填充机

　　胶囊填充机是生产硬胶囊剂的关键设备，根据机械化程度不同，一般分为手工填充设备、半自动胶囊填充设备，全自动胶囊填充设备。其中，手工填充设备完全由人工操作完成，主要用于实验室小批量制备；半自动胶囊填充设备的自动化程度与生产效率虽然较手工填充大幅度提高，但生产效率仍不能满足需求，且粉尘大、容易污染，目前主要用于实验或小批量生产；全自动胶囊充填机能够实现密封环境生产，满足生产效率需求，是目前国内外硬胶囊生产广泛使用的胶囊充填设备。

　　1. 全自动胶囊填充机的结构原理　全自动胶囊填充机由机架、胶囊回转机构、胶囊送进机构、真空泵系统、颗粒填充机构、废胶囊剔出机构、合囊机构、成品胶囊排出机构、清洁吸尘机构、传动装置、电气控制系统等组成。按工作台运动形式，可分为间歇运转式和连续回转式。

　　机器工作时，首先将胶囊送进机构，使杂乱无序的空胶囊自动按轴线方向排列一致，并且保证胶囊帽在上、胶囊体在下，逐个落入主工作盘的上囊板孔中；在真空吸力作用下，胶囊体落入下囊板孔中，而胶囊帽则留在上囊板孔中；然后，上囊板连同胶囊帽向外移，使胶囊体的上口置于填充装置的下方，为药物填充做准备；此时，药物由定量填充装置冲入胶囊体中，未分离

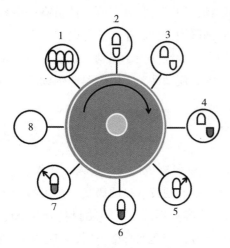

图 8-14　全自动胶囊填充机工作过程示意图

1. 送囊；2. 拔囊；3. 错位；4. 填充；

5. 剔囊；6. 闭合；7. 出囊；8. 清洁

的空胶囊被剔出装置从上囊板孔中剔除；之后，上、下囊板孔的轴线对正，并通过外加压力使囊帽与囊体闭合；闭合胶囊由出囊装置顶出，并经出囊滑道进入包装工序；清洁装置将上、下囊板孔中的胶囊皮屑、药粉等清除，随后进入下一个操作循环。整个过程如图 8-14 所示。

2. 全自动胶囊填充机的主要组成部分

（1）机架　机架对整机起到支撑和防护作用，一般由上部铝合金框架及钢化玻璃防护门、中间的工作台座板、下部的支撑架及不锈钢门三部分组成。

（2）回转机构　回转机构的功能是实现工位转换，通过涡旋凸轮间歇分度机构使回转盘依次转动至各个工位并作停留，完成送囊、拔囊、充填、剔囊、闭囊、出囊等工序。

（3）送进机构　为防止胶囊变形，出厂的空心硬胶囊均为帽体合一的套合状态，胶囊送进机构的功能就是将胶囊斗中的空心胶囊经过调整，按胶囊体在下、胶囊帽在上的顺序，分批送入回转机构的胶囊模具内，这也是全自动胶囊填充机开始工作的第一工位（如图 8-15 所示）。将空心胶囊置于贮囊斗中，落料器做上下往复运动，使空胶囊进入落料器的孔中，在重力作用下下降；当落料器上行时，孔道下部的卡囊簧片将一个胶囊卡住；落料器下行时，卡囊簧片松开，胶囊下落至出口排出；随着落料器再次上行，循环上述操作。

从落料孔道中滑落的空心胶囊可能是囊帽朝上，也可能是囊体朝上，因此必须对其进行定向处理。滑槽中的推爪可使胶囊做水平运动，由于胶囊帽直径大于胶囊体直径，而滑槽宽度略大于胶囊体直径而小于胶囊帽直径，使滑槽与胶囊帽之间存在夹紧力，但与囊体保持不接触状态。当推爪推动胶囊运动时，可与胶囊帽的加紧点形成一个力矩，从而保证胶囊体朝前并被推到定向底座的右边缘，再由垂直运动的压囊爪将其旋转 90°，进而落到胶囊膜孔中，实现胶囊体的定向。

（4）拔囊机构　拔囊机构的功能是利用真空系统将胶囊帽体分离，以便进行后续填充工作。如图 8-16 所示，拔囊机构通常配有真空气体分配板，以保证准备同时拔开的胶囊受到相同的真空吸力。当主工作盘上囊板接住定向排列的胶囊后，真空气体分配板上升至紧贴下囊板，接通真空后，产生的吸力使胶囊帽体分离。上囊板的台阶小孔可阻挡囊帽下行，而下囊板的台阶小孔可保证囊体下落到一定位置即自行停止，完成胶囊帽体分离过程。

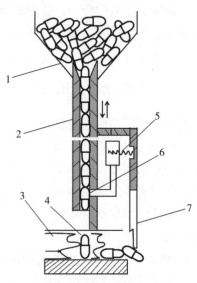

图 8-15　送进机构结构与工作示意图

1. 贮囊斗；2. 落料器；3. 推爪；

4. 滑槽；5. 压簧；6. 卡囊簧片；7. 压囊爪

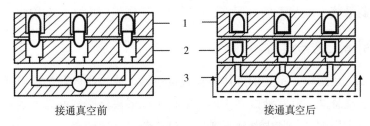

接通真空前　　　　　　　　接通真空后

图 8-16　拔囊机构结构与工作示意图

1. 上囊板；2. 下囊板；3. 真空气体分配板

（5）填充机构　在胶囊帽体分离后，回转工作转位盘时，上囊板孔的轴线在组合凸轮作用下与下囊板轴线错开以供药粉填充。目前市场上各种胶囊填充机的不同之处在于药粉充填形式和计量机构不同。按填充形式可分为重力自流式和强迫式；按计量机构可分为冲程法、填塞式定量法、插管式定量法。如图 8-17 所示，冲程法是依据药物的密度、容积和剂量之间的关系，直接将粉末及颗粒填充到胶囊中定量；填充式定量法是通过填塞杆将药物装粉夯实在定量盘上，达到所需填充量后将药粉冲入胶囊而实现定量填充；插管式定量法是将空心计量管插入贮料斗使其充满药粉，然后利用冲塞将药粉压紧，再压入胶囊体中，完成定量填充。插管定量法又分为间歇插管定量法和连续插管定量法。不同充填方式的充填机适用于不同药物的分装，具体要根据药物的流动性、吸湿性、物料状态来选择。

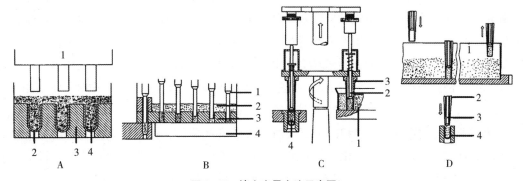

图 8-17　填充定量方法示意图

A（冲程法）：1. 充填装置；2. 囊体；3. 囊体盘；4. 药粉；

B（填塞式定量法）：1. 冲杆；2. 药粉；3. 定量盘；4. 托板；

C（间歇插管式定量法）：1. 药粉；2. 冲杆；3. 计量管；4. 囊体；

D（连续插管式定量法）：1. 计量槽；2. 剂量管；3. 冲杆；4. 囊体

（6）剔除机构　该机构主要功能是将前面工序中未分开、未填充药粉的空、废胶囊剔除，以免混入成品。将一个可以上下往复运动的顶杆架置于上、下囊板之间，当其上行时可带动顶杆插入上囊板中。若此时囊板孔中存有未拔开的空胶囊，即可被顶出并借助风力将其吹入集囊袋。

（7）胶囊闭合机构　该机构的功能是将充填好药粉的胶囊体与胶囊帽进行锁合封闭，由弹性压板和顶杆组成。当上、下囊板的轴线对准并旋转到闭合工位时，弹性压板下行并将胶囊帽压住；顶杆上行深入下囊板孔中顶住胶囊体下部，使胶囊体随之上升即可将胶囊帽与胶囊体闭合锁紧。

（8）出囊机构　当携带闭合胶囊的上、下囊板转至出囊装置上方并停止时，胶囊被出料顶杆顶出囊孔，进入抛光机清理，以备包装。

（9）其他机构　清洁机构是利用吸尘系统将囊板孔中的药粉、碎胶囊皮等物质清除，以准备下一循环；电气控制系统一般装于机器下方，可对整机工作程序实现自动控制。

二、软胶囊制备工艺与设备

软胶囊亦称胶丸，是指将一定量的液体药物直接包封，或将固体药物溶解或分散在适宜的赋形剂中制备成溶液、混悬液、乳状液或半固体，密封于球形或椭圆形的软质囊材中的胶囊剂。常用的囊壳基质为明胶和增塑剂，其中增塑剂所占比例一般高于硬胶囊。

（一）软胶囊制备的工艺流程

软胶囊的制备工艺流程一般是溶胶、内容物配制、制丸、清洗、干燥和包装。制丸工艺可采用压制法或滴制法完成。其中，压制法是将囊材溶解后制成厚薄均匀的胶板，再将药液置于两块胶板之间，用钢模或旋转模压制而成；滴制法是将明胶液与药液按不同速度由同心管喷出，在管下端出口处，胶液包住药液后滴入另一种不相混溶的冷却液中，由于表面张力作用明胶囊收缩成球形，凝固后即形成软胶囊。最后，再将其收集、拭去冷却液，并用石油醚和乙醇先后洗涤、烘干、包装，可得到成品软胶囊。

（二）软胶囊制备设备

制丸是比较关键的工序，制备方法不同，与之相匹配的设备也有区别。其中，压制法可采用压囊机制备，滴制法可采用滴制式软胶囊机制备。前者制备得到的是有缝软胶囊，后者制备得到的是无缝软胶囊。软胶囊大规模生产多是通过压囊机完成。

1. 压囊机 分为平板模式和滚模式两种，其中滚模式应用较为普遍。滚模式压囊机主要由贮液槽、填充泵、导管、楔形注入器、滚模和明胶盒等部分组成（图8-18）。工作时，将配制好的胶液置于明胶盒中，由主机两侧的胶带鼓轮制备胶带，通过明胶盒下部开口大小可以调节胶带的厚度。成型的胶带被送入楔形注入器和两个滚模所形成的夹缝之间，楔形注入器的温度保持在37~40℃，使明胶带内表面被加热而软化。药液通过导管进入楔形注入器并被注入旋转滚模的明胶带内，注入的药液体积可由计量泵的活塞控制。在药液压力的作用下，胶带在两滚模的凹槽中被充分地挤压，形成两个含有药液的半囊。然后，滚模继续旋转产生的机械压力将二者压制成一个完整的含药软胶囊。随后成型的软胶囊被切离胶带，剩余的废胶带回收后可以重新利用。

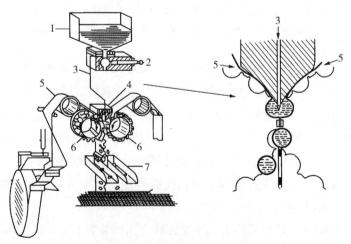

图8-18 滚模式压囊机示意图

1. 贮液槽；2. 填充泵；3. 导管；4. 楔形注入器；5. 明胶带；6. 滚模；7. 斜槽

2. 滴制式软胶囊机　滴制式软胶囊机也称滴丸机，主要由药液贮槽、明胶贮槽、定量控制器、喷头、冷却器等组成（图8-19）。工作时，脂溶性药液与明胶液置于保温的贮槽内，分别经内、外双层喷头按不同速度定量喷出；二者在喷体内互不混溶，胶液包裹着药液滴入与之不相混溶的液状石蜡中，在界面张力的作用下收缩为球形，并逐渐凝固成软胶囊；成型的软胶囊需要经过清洗，以除去表面的液体石蜡。在操作过程中，喷头滴制速度及先后顺序的控制非常重要，否则容易出现偏心、拖尾、破损等，产生不合格产品。

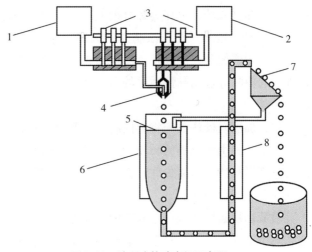

图8-19　滴制式软胶囊机示意图

1. 药液；2. 明胶液；3. 定量控制器；4. 喷头；
5. 液体石蜡；6. 冷却箱；7. 收集器；8. 循环泵

第四节　中药丸剂制备设备

丸剂是我国中医药传统剂型之一，是指药物细粉或药材提取物加适宜的赋形剂制成的球形或类球形制剂。按赋形剂不同，丸剂可分为蜜丸、水丸、水蜜丸、糊丸、蜡丸等；按制法不同，丸剂可分为泛制丸、塑制丸和滴制丸。丸剂主要供口服使用，作用一般缓和、持久，能降低药物毒性，减少不良反应，适用于慢性疾病用药或毒性药物制剂；通过包衣技术，丸剂还可掩盖不良气味，提高药物稳定性；丸剂容纳药物能力较强，固体、半固体药物以及液体药物均可制成丸剂；此外，利用固体分散技术将不溶或难溶的中药成分制成固体分散体药丸，可改善生物利用度。但是，丸剂服用剂量大，儿童和昏迷者服用较为困难；若生产操作不当，会导致丸剂溶散困难，影响治疗效果；丸剂还易受微生物污染而生霉变质。

一、泛制丸制备工艺与设备

泛制丸是指利用泛制法制备的丸剂，例如水丸、水蜜丸、糊丸、浓缩丸、微丸等均可采用泛制法制备。泛制丸的制备工艺对药物在体内的吸收过程影响较大，因此必须对其工艺过程进行深入研究，以提高药物的生物利用度与疗效。

（一）泛制法工艺流程

泛制法是在转动的适宜容器或机械中，将药材细粉用水或其他黏合剂、赋形剂交替润湿、撒布，使原料凝聚成丸，不断翻滚并逐渐增大的一种制丸方法。其制备工艺一般包括原辅料的准备、起模、成型、盖面和干燥、选丸等过程，在生产中主要采用包衣锅完成。

1. 原辅料的准备　泛制法制丸的粉末粗细会影响药物与体液的接触面积，进而导致不同的释放速度，因此需要对原辅料进行适当粉碎以提高药物吸收的速度与程度。但是，如果粉末过细会导致粉粒间隙和毛细管孔径减小，这样制备的丸剂结构紧密、质地坚硬，会阻碍水分渗透而影响有效成分的释放。因此，供泛制丸使用的原辅料粒径应适中，一般用100目左右的细粉。需要注意的是，用于起模和盖面用的药粉要更细一些，与成型用药粉应分开。泛制丸所用的润湿剂或黏合剂应是8小时以内新鲜配制的纯化水或其他溶液。对于有些不宜或不易粉碎的中药，可以经提取、浓缩制成药汁，作为黏合剂使用；或经酒精等适宜溶剂溶解后，作为润湿剂加入。

2. 起模　起模是泛制法制丸的关键工序，也是泛制丸成型的基础。它是利用水或其他溶剂的润湿作用增加药粉的黏性，使药粉相互黏着成细小的颗粒，并在此基础上层层增大而成丸模的过程。起模时应选用黏性适中的药物细粉，方法有粉末加液起模法、喷液加粉起模法、湿粉制粒起模法等。

粉末加液起模法是先将起模用的一部分药粉置于包衣锅中使其随锅转动，将雾化的润湿剂喷于药粉上，利用包衣锅的转动和人工揉搓使药粉分散以达到全部、均匀的润湿，继续转动至部分药粉成细颗粒状，再撒少许干粉并搅拌均匀，使药粉黏附于颗粒表面，然后喷入雾化润湿剂，如此反复直至药粉用完。

喷液加粉起模法是在包衣锅内首先喷入适量润湿剂使其内壁润湿，然后撒少许药粉将其均匀地黏附于锅壁上，用塑料毛刷沿转动的反方向刷下，使其成为细小颗粒，包衣锅继续转动，再喷入润湿剂、撒布药粉，搅拌搓揉使黏粒分开，如此反复直至药粉用完。

湿粉制粒起模法是将起模用的药粉先制成软材，再过筛制成颗粒，然后将颗粒置于包衣锅内，加少许干粉并充分搅匀，继续转动使颗粒抹去棱角，成为球形颗粒。在起模过程中，母核形状直接影响成品的圆整度，母核大小和数目会影响成型过程中筛选的次数、丸粒的规格以及药物含量的均匀性。

3. 成型　将一筛选均匀的球形模子逐渐加大至接近成丸的过程。其方法和起模过程基本相同，将母核置于包衣锅中并使其转动，润湿、加粉、筛分依次反复操作，直至增大至要求粒径大小的丸粒。

4. 盖面　将成型丸粒用干粉、清水或清浆继续泛制的过程。其作用是使丸粒大小均匀、色泽一致，提高丸粒圆整度和光洁度。

5. 干燥　丸剂的含水量与其溶散速率有一定关系。一般情况下，含水量高可缩短丸剂溶散时间，但易使丸剂变质。泛制法制备的丸剂含水量一般都较高，因此需进行适当干燥，干燥温度一般控制在80℃以下，对于具有挥发性或遇热分解变质的药物，不宜超过60℃，可采用流化床干燥的方法完成。

6. 选丸　泛制法生产的丸剂往往会出现粒度不匀或畸形，所以干燥后需经筛选，得到均匀一致的丸剂，以确保临床使用剂量准确。这个过程可由筛丸机或选丸机完成。

（二）泛制法设备

泛制法的主要设备包括包衣锅、选丸机或筛丸机等，以下将对选丸机、筛丸机以及集多功能于一体的连续成丸机进行叙述。

1. 筛丸机　采用三节孔径不同的筛网构成滚筒，药丸由加料斗进入旋转的滚筒筛内，随滚筒筛在主动轴盘的带动下绕中心轴顺时针旋转，丸粒随之转动并向前运动，通过筛孔完成筛分以选出符合要求的各种丸剂。当筛孔发生堵塞时，可由安装在滚筒侧面并与滚筒切向接触的固定板刷将堵塞的丸粒挤出。

2. 选丸机　将药丸置于顶端的加料斗内，经等螺距、不等径的螺旋轨道，利用离心力产生的速度差将符合圆整度的药丸与不合格的药丸自动分开，并在底部分别收集于合格丸容器和废品容器中。

3. 连续成丸机　该机操作过程包括进料、成丸和选丸三部分。工作时，由加料斗均匀地将药粉加入成丸锅，待药粉盖满成丸锅底面时，喷液泵开始喷入润湿液，药粉开始形成微粒，交替加入药粉和液体，微粒逐渐增大成丸，直至达到规定的规格。然后，丸粒经滑板滚入圆筒筛中，收集大小不同的丸粒。该设备可实现泛制丸生产过程的自动化与连续化，并且制得丸剂圆整光滑，质量可控。

二、塑制丸制备工艺与设备

塑制丸是指利用塑制法制备的丸剂，例如蜜丸、水蜜丸、糊丸、浓缩丸、蜡丸等均可采用泛制法制备。该类丸剂制备工艺简单、自动化程度高，制得的丸粒大小均匀、表面光滑，而且粉尘少、污染少、效率高。

（一）塑制法工艺流程

塑制法又称丸块制丸法，是在药材细粉中加入适量黏合剂，混合均匀制成软硬适宜的塑性丸块，再依次制成丸条、分粒、搓圆而成丸剂的制丸方法。其制备工艺一般包括原辅料的准备、制丸块、制丸条、分割、搓圆、干燥等过程。与泛制法相比，塑制法具有生产效率高、产量大、丸剂质量稳定性好等优势。

1. 原辅料的准备　将药材粉碎成细粉或最细粉备用，粉末细腻则制得的丸粒紧实、均一度好。作为蜜丸或水蜜丸黏合剂使用的蜂蜜需炼制成工艺要求的类型，一般嫩蜜适用于黏性较强的药材；中蜜适用于黏性中等的药材，也是大部分蜜丸所采用的蜂蜜类型；老蜜适用于黏性差的矿物性和纤维性药材。

2. 制丸块　将药材细粉加黏合剂制成湿度适宜、软硬适度、色泽一致的可塑性软材即丸块，中药行业也将此过程称之为"合坨"。该操作是塑制法的关键，可采用捏合机完成。软材黏性过大，会出现丸条不易切断、丸粒圆整度差、丸药溶散困难等现象；软材黏性过小，会导致丸条易断、丸粒破碎、丸粒易有空心或者大小不一等问题。软材黏性的控制缺乏定量的标准，目前多以经验为主，以握之成团且不宜松散为宜。

3. 制丸条、分割和搓圆　是将丸块分段后制成粗细适宜的长条，再将丸条分割成小段后，塑造成圆球形丸粒的过程。该过程可采用多功能联动制丸机完成。生产中出条速度和搓丸速度应相互协调，如果出条太快，丸条易脱离联动线，导致制丸停止；若出条太慢，丸条会被拉伸、变细，制得的丸粒过小且圆整度差。

4. 干燥　一般成丸后应立即分装，以保证丸药的滋润状态。有时为了防止丸剂霉变，可根据不同药物要求选择适当的干燥条件进行干燥处理。

（二）塑制法设备

塑制法的发展与应用依赖于现代化生产设备，主要包括捏合机、丸条机、轧丸机，其他辅助设备还有炼蜜锅、干燥设备等。目前，规模性生产可采用联动或全自动制丸机，在同一机器上即可完成多个制丸操作。

1. 捏合机　常用机型为槽型混合机，其结构和功能与片剂制软材所用捏合机类似。该机由金属槽及两组强力的S形桨叶构成，利用桨叶旋转所产生的强烈剪切作用以及桨与槽壁间的研磨作用使半干状态的物料紧密接触，混合搅拌均匀从而制备丸块。根据需要可设计加热和不加热形式，其中加热方式有电加热、蒸汽加热、循环热油加热、循环水加热等。

2. 丸条机　分为螺旋式和挤压式两种（如图8-20所示），其中螺旋式丸条机较为常用。螺旋式丸条机由皮带轮、加料斗、螺旋输送器、轴上叶片和机架等组成。工作时丸块从加料斗加入，通过轴上叶片的旋转被挤入螺旋输送器中，即由出口处挤出丸条，出口丸条管的粗细可根据需要进行更换。挤压式丸条机由加料筒、活塞、螺旋杆、端盖和机架等组成。工作时丸块放入料筒，利用机械能推进螺旋杆，使活塞不断前进，挤压丸块，由出口挤出丸条。丸条机模口处可配备丸条微量调节器，通过调整丸条直径，控制丸重。

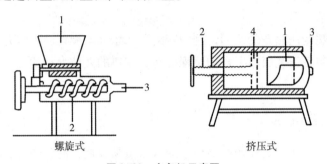

图 8-20 丸条机示意图

1. 加料口；2. 螺旋杆；3. 出条口；4. 挤压活塞

3. 轧丸机 用于切割和滚圆操作以得到均匀的丸粒。分为双滚筒式和三滚筒式（如图 8-21 所示）两种，其中三滚筒式最为常见。其中，双滚筒式轧丸机主要由两个半圆形切丸槽的铜制滚筒组成，二者刀口相吻合并以不同速度向同一方向旋转，将丸条置于两滚筒切丸槽的刃口上，滚筒转动将丸条切断，并将丸粒搓圆，经滑板落入接收器中。三滚筒式轧丸机主要结构是呈三角形排列的三只槽滚筒，其中下部滚筒固定且直径较小，而上面两只滚筒直径较大且式样相同，靠里面的滚筒固定，工作时外部的滚筒定时移动，此时将丸条放在上面两只滚筒间即可完成分割与搓圆工序；上部两只滚筒间宜随时揩拭润滑剂以免粘软材。三滚筒式轧丸机适用于制备蜜丸，不适用于质地疏松的软材制备丸剂，其得到的丸粒呈椭圆形，通过更换不同槽径的滚筒可制得不同丸重的蜜丸。

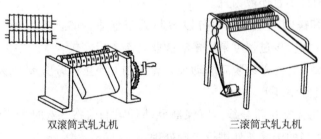

图 8-21 滚筒式轧丸机示意图

4. 联动制丸机和全自动制丸机 联动制丸机可实现制备丸条、分割和搓圆多操作于一体。工作时首先将混合、炼制均匀的药料膏坨送入料仓中，在螺旋推进器的挤压下，制成多条规格相同的药条，再经过自控轮、导条轮同步进入搓丸刀轮，连续、快速地切搓出圆整均匀的药丸。全自动制丸机比联动制丸机增加了捏合部件，工作时首先将药粉置于捏合设备中，加入适量润湿剂或黏合剂制成软材即丸块，再通过制条机制成丸条，丸条通过顺条器进入槽滚筒切割，搓圆成丸。该机器结构简单、占地小，可用于水丸、水蜜丸及蜜丸的生产。

三、滴制丸制备工艺与设备

滴制丸即滴丸剂，系指原料药物与适宜的基质加热熔融混匀，滴入不相混溶、互不作用的冷凝介质中制成的球形或类球形制剂。滴丸剂难以制成大丸，一般适用于剂量较小的药物，主要通过滴制法制备。与其他传统丸剂相比，滴丸剂受热时间短，可增加药物稳定性，并且溶出速度快，吸收迅速，具有较高的生物利用度。

（一）滴制法工艺流程

滴制法工艺流程包括准备原辅料、分散药物、保温脱气、滴制、冷却、洗丸、干燥等过程。其中，滴制过程是核心步骤，滴制时冷凝液的温度、药物在基质中的分散程度、滴制速度、料液温度等因素均会影响滴丸剂的质量。

1. 原辅料的准备　滴丸的原辅料包括药物、基质和冷却剂。根据药物性质一般选择与其溶解性相近的基质，在基质中不溶的药物需进行粉碎与筛分，严格控制其粒度；确定基质后，再根据基质的性质选择与其不相溶的溶液作为冷凝液，并且要求冷凝液不与药物或基质发生反应，对人体无害，有一定的相对密度，能使滴丸缓慢上升或下降。

2. 药物的分散　主要有熔融法和溶剂-熔融法两种。前者是将药物与基质混合均匀后，加热熔融；后者是先将药物溶于适当溶剂中，再将获得的溶液直接加入熔融基质中搅拌均匀。

3. 保温脱气　由于药物分散过程中可能会带入一定量的空气，如果立即滴制成丸可能会将气体带入滴丸中，导致剂量不准确。因此，分散好的基质需在保温装置（80~90℃）中放置一定时间，以便除尽其中空气。

4. 滴制　保持药液温度恒定不变，将其经过一定管径大小的分散装置，等速滴入冷却剂中，冷凝收缩形成的丸粒缓慢沉入冷凝液柱底部或浮于冷凝液表面，即得滴丸。在此过程中，料液温度要根据药物和基质性质来选择和控制，如果过低容易堵塞滴头且滴丸易拖尾，过高则会发生焦糊现象且使滴丸表面出现皱褶；滴头内径和外径差异不宜过大，管壁越薄越好，可以减小丸重差异；滴距不宜过大或过小，过大会导致滴制时出现细粒，过小则会影响液滴冷缩而导致成型性和圆整度差，并且增加丸重差异；虽然滴速越快产量越高，但会导致滴丸粘结，因此滴速不宜过快；冷凝液温度低会改善滴丸粘连现象，有助于滴丸成形，但是温度过低，滴丸表面容易出现小气孔。

5. 洗丸　滴制成型的丸剂表面黏附有冷却剂，此时可采用离心、滤纸吸附、低沸点有机溶剂洗涤等方法将其去除。

（二）滴制法设备

滴丸剂在我国的发展已经进入产业化和规模化阶段，因此对滴丸剂生产设备的要求也越来越高。滴丸剂的大规模生产依靠滴丸生产线完成，主要设备为滴丸机。滴丸机的结构、原理与滴制式软胶囊机类似，主要部件有滴管系统、保温贮液设备、冷凝设备及滴丸收集器等。按药液在冷却剂中运行方向分为自然坠落滴制和浮力上行滴制。在实际应用中，应根据滴丸与冷凝液相对密度的差异选用不同的滴制设备。

四、其他制丸工艺与设备

随着制药技术的发展，一些新型制丸方法已用于各种丸剂的生产中，例如离心制丸法、挤出滚圆制丸法、流化床制丸法等。这些方法设备集多功能于一体，性能稳定且生产效率高，进一步推动了丸剂的发展。

1. 离心制丸法　可采用离心制丸机进行制备。将部分药物与辅料的混合细粉或丸芯投入离心机并鼓风，粉粒在转盘离心力、摩擦力和环隙气体浮力的共同作用下，形成涡旋回转运动的粒子流，并与通过喷枪喷入的适量雾化浆液混合，黏合聚集，进而完成起模、造粒、放大颗粒、滚圆、成丸以及包衣等操作。丸粒在机内处于泛丸状态，制得的丸粒圆整度好，表面致密光滑且组分分布均匀。中药的水丸、糊丸以及微丸等可用此法制得。

2. 挤出滚圆制丸法　可采用挤出滚圆制丸机进行制备。将药物与辅料定量加入进料装置，再通过单螺杆或多螺杆以一定速度和压力均匀输送，螺杆分段加热使物料在中间段实现熔融，再经过逐级降温，最后通过相应的孔板挤出，自然跌落至转盘中高速旋转，经过干燥即可得到丸剂。该设备利用塑性制丸原理，实现连续生产，可重复性高，且无溶剂。

3. 流化床制丸法　可采用流化床制丸机进行制备，主要有顶喷、底喷、侧喷等几种类型。药物与辅料在流化床内处于流化状态并达到均匀混合，黏合剂液体喷射至物料上，使其润湿聚结，形成微丸。该设备可完成混合、制丸、干燥、包衣等多个操作，工艺简单，可实现连续化和自动化生产。

第五节　中药固体制剂车间生产管理与车间布局

《药品生产质量管理规范》（2010 年修订）第一百八十四条规定，所有药品的生产和包装均应当按照批准的工艺规程和操作规程进行操作，并有相关记录，以确保药品达到规定的质量标准，并符合药品生产许可和注册批准的要求。中药固体制剂剂型较多，一条生产线生产多个品种规格的产品，产尘多，应严格执行 GMP 相关管理规定，对制剂生产的全过程进行控制和管理，以满足药品生产的需要。

车间布局是车间工艺设计的重要环节之一，也是工艺专业向其他专业提供开展车间设计的基础资料之一。有效的车间布置将会使车间内的人、设备和物料在空间上实现最合理的组合，以降低劳动成本，减少事故发生，增加地面可用空间，提高材料利用率，改善工作条件。

一、生产过程的管理

生产过程的管理在制药企业中是非常重要的，根据 GMP 的中心思想"任何药品质量形成是设计和生产出来的，而不是检验出来的"，生产的过程就是药品质量形成的过程，这就要求制药企业注重生产过程的管理，强调预防为主，在生产过程中建立质量保证体系，实行全面质量保证，确保药品质量。

（一）人员管理

人员管理也称人员配备（staffing），是对各种人员进行恰当而有效的选聘、培训和考评。目的是配备合适人员去完成组织机构中所规定的各项服务，以保证组织工作的正常进行，进而实现组织的既定目标。

在药品生产的过程中，员工是最为活跃的积极因素，现代企业如何用好人是管理中的重要问题。药品生产企业应该以药品生产特点为出发点，建立起完善的组织构架以及管理体系，并严格遵守 GMP 相关工作要求，保证药品质量。另一方面，开展关于药品生产的相关竞赛活动，以车间班组为单位进行，从而有效调动员工的积极性，也能使员工以更好的状态投入到工作中，为药品质量的提高创造有利条件。

（二）设备管理

设备管理是指设备的论证调研、选型购置、开箱验收、安装调试、润滑、备品备件、维护保养等方面的管理。设备管理的原则是坚持安全第一、预防为主，确保设备安全可靠运行。

设备管理的主要任务是对设备进行综合管理，做到全面规划、合理配置、择优选购、正确使用、精心维护、适时改造更新，不断改善设备的不足和提高检修水平，保证设备状态完好，顺利完成生产任务，以实现寿命周期费用最佳化、设备综合效能最高的目标。

设备管理是对设备寿命周期全过程的管理，包括设备的安装、调试、使用、检查、维护保养、修理、改造、更新等。

GMP 对设备的要求除了设备的设计应符合生产工艺的要求外，最重要的原则是能防止交叉污染，设备本身不影响产品质量，并便于清洁和维护，设备的设计和布局能使产生差错的概率降至最低限度。

（三）生产管理

生产管理，是指计划、组织、控制生产活动的综合管理活动，是对企业设置生产系统和运行各项管理工作的总称。生产管理的目标是以最少的资源损耗，获得最大的成果。车间生产管理在整个车间管理中占有重要位置，是实现工业企业安全、稳定、长周期运行的根本保证，是降低消耗、提高企业效益的关键环节。

生产管理的目的是高效、低耗、灵活、准时地生产合格产品，提供高品质和令客户满意的服务，做到投入少、产出多，取得最佳的经济效益。生产管理包括如下几个方面的内容：

1. 生产运行计划　现代化制药企业内部是一个具有结构复杂、分工细密、互相依存与制约特点的完整体系。企业的各个生产经营环节和一切管理部门，都分别担负着定量的任务，需通过计划将其有机地结合起来，使其相互协调，以保证企业目标的实现。

企业要实现全面计划管理，使计划成为指导企业各个部门一切生产经营和经济活动的准绳。全面计划管理，就是要做到内容全面，指标明确，措施得力，使企业各部门的一切工作，均纳入计划管理轨道。各部门应积极组织实施并完成，以保证生产协调发展。

2. 生产运行控制　生产运行控制是指对生产运行全过程进行监督、检查、调查和控制。它是生产与运行管理的重要职能之一，是实现生产运行主生产计划和生产作业计划的手段。主生产计划和生产作业计划仅仅是对生产运行过程事前的"预测性"安排。在计划执行过程中，管理者必须监督、检查对于出现的偏差及时进行必要的调节和校正，也就是对生产系统进行实时控制，以确保计划实现。

3. 生产运行现场管理　现场管理是指用科学的管理制度、标准和方法对生产现场各生产要素，包括人（工人和管理人员）、机（设备、工具、工位器具）、料（原材料）、法（工艺、检测方法）、环（环境）、信（信息）等进行合理有效的计划、组织、协调、控制和检测，使其处于良好的结合状态，达到优质、高效、低耗、均衡、安全、文明生产的目的。现场管理是生产第一线的综合管理，是生产管理的重要内容。

生产现场的管理者要针对出现的问题适时地进行协调，围绕企业目标实行综合治理，使生产现场管理达到整体优化。企业各职能部门要树立为生产现场服务的观点，克服部门的本位主义，主动帮助生产现场解决困难和矛盾，做到不推诿、不搪塞。

现场管理的方法中，"三直三现"法是一种高效处理问题的方法，是日本《现场管理者》一书提出的。"三直三现"法是指马上现场、马上现品、马上现象，意思是当生产现场出现问题时，作为管理者，应具有"马上赶到现场，马上检查出现问题的产品或机器设备，马上观察分析出现的不良现象"的工作态度，准确把握问题现状，查明真相，从而制定最有效的对策。

（四）卫生管理

卫生管理在企业实施 GMP 时有重要的地位，加强药品生产卫生管理能有效地降低药品被污染的可能性，确保药品高质量。企业应按 GMP 规定制定全厂各项卫生管理制度，并由专人执行。企业应有明确的卫生检查制度，由专人负责，定时检查，检查记录内容应完整。中药固体制剂生产中，卫生管理的基本要求如下：

1. 操作间环境要求　操作间或生产线、设备、机械、容器等均应有卫生状态标志，生产区域不得存放与药品无关的物品或杂物，生产中的废弃物应及时处理。

2. 生产中使用的器具要求　生产中使用的各种器具应清洁，表面不得有异物、遗留物、霉斑等。器具用完后应立即按清洁规程清洗干净，必要时灭菌后使用，应有详细记录。

3. 操作间工艺要求　操作间的每道工序只能加工生产一种原料或成品。更换品种时，要严格执行清场制度，保证容器清、设备清、包装物清、场地清，防止混杂和污染。

4. 人员进出洁净区要求　人员进出洁净区有严格的监控和管理制度，严格控制洁净区的人数，并对经批准的非本生产区进出人员及时进行登记或记录。

5. 洁净区消毒要求　洁净区有定期消毒规定，并能严格执行，记录完整。

6. 洁净区卫生工具　洁净区内应使用无脱落物、易清洗、易消毒的卫生工具，卫生工具要存放于对产品不造成污染的指定地点，并限定使用区域。

二、清场管理

所谓清场，就是在每批药品的每一个生产阶段结束后进行的清理与小结工作。药品生产中，生产一批药品或一个生产阶段结束后，生产现场的产品、半成品、原辅料、包装材料以及设备上总会留下若干残留物、原辅料等，如果这些残留物、原辅料进入下一个生产过程，将产生不良影响。所以，必须通过清场，将这些污染物从药品生产的循环中清除。

清场的目的是防止产品生产中，不同批号、品种、规格的药品之间的污染和交叉污染事故发生，或者避免产生混批、混品种、混规格等现象，导致产品无法溯源。清场是药品生产与质量管理的一项重要内容，企业应有明确的清场管理制度。

（一）清场管理制度

《药品生产质量管理规范》（2010 年修订）明确规定，每批产品的每一个生产阶段完成后必须由生产操作人员清场，填写清场记录。清场记录内容包括操作间编号、生产工序、品名、生产批号、清场日期、检查项目及结果、清场负责人及复查人签名。清场记录应纳入批生产记录。

（二）设备的清洁

生产设备清洁的目的是防止发生可能改变药品质量，使药品安全性、均一性、浓度、纯度达不到规定要求的事故或污染。

生产设备清洁的操作规程，应当规定具体而完整的清洁方法、清洁用设备或工具、清洁剂的名称和配制方法、去除前一批次标识的方法、保护已清洁设备在使用前免受污染的方法、已清洁设备最长的保存时限、使用前检查设备清洁状况的方法，使操作者能以可重现的、有效的方式对各类设备进行清洁。

采用的清洁方式通常分为手动清洁和自动清洁两种。手动清洁是指由操作工在生产结束后，按一定程序对生产设备进行清洗。目前国内大部分生产设备都采用这种方法进行清洁。手动清洁因受多种因素（如操作者的差异、操作条件的差异等）的影响，不能保证所有设备表面都能达到要求的清洁水平，清洁验证有一定的难度。自动清洁也可称为原地清洁（CIP），它是将生产设备与各种清洁液、冲洗介质的输送管道连接，生产结束后可在原地按固定程序自动进行清洗，主要用于清洗封闭的设备或生产系统。与手动清洁相比，CIP 系统可达到均匀一致的清洁效果，并可再现。CIP 系统在食品加工及奶制品业已使用多年。许多制药企业也已开始使用，最初用于配液罐和输送管道的清洗。

三、车间布局

车间布局是指对车间各基本工段、辅助工段、生产服务部门、设施、设备、仓库、通道等在空间和平面上的相对位置进行统筹安排。车间布局旨在最有效地利用厂房空间，一方面便于工作操作，避免生产设备的过度拥挤；另一方面确保厂房的通风和防火防爆，确保安全生产。

车间布局的目的是合理安排厂房的配置和设备的排列。进行车间布局设计时应遵守设计程序，按布置设计原则，合理布置设计，否则会造成造价高，能耗高，施工安装不便，人流、物流混乱，易发生事故等问题。

（一）技术要求

1. 中药固体制剂车间的布局　应依据《药品生产质量管理规范》（2010 年修订）《洁净厂房设计规范》《医药工业洁净厂房厂设计规范》《建筑结构设计统一标准》《建筑设计防火规范》《工业"三废"排放执行标准》《工业企业采暖通风与空气调节设计规范》等国家有关建筑、环保、能源、消防、安全等方面的规范。

2. 工艺要求　若无特殊工艺要求，一般固体制剂车间生产类别为丙类，耐火等级为二级。洁净区洁净度为 D 级，温度为 18~26℃，相对湿度为 45%~65%，洁净区设紫外灯，内设火灾报警系统及应急照明设施。洁净区与非洁净区至少保持 10Pa 的正压；洁净级别高的房间与洁净级别低的房间保持不小于 5Pa 的正压。

3. 工作室照度　主要工作室一般照明的照度不低于 300Lx，辅助工作室、走廊、气闸室、人员净化用室（区）不宜低于 150Lx，对照度有特殊要求的生产部位可设置局部照明。

（二）中药固体制剂车间布局

中药固体制剂车间的布局设计首先要把握好整体的布局模式、人与物流的关系，再考虑具体房间的功能从布置上充分满足不同设备的特殊需求，以符合 GMP 要求。

中药固体制剂常用的剂型有颗粒剂、片剂、胶囊剂、丸剂等。虽然剂型不同，但同属于固体制剂，在生产工艺和设备方面有相同或相似之处，固体制剂的生产车间洁净度要求不高，主要生产车间均为 D 级。

车间平面布置在满足工艺生产、GMP 规范、安全、防火等方面有关标准和规范条件下，尽可能做到人流、物流分开，工艺路线通顺，物流路线短捷，不反流。车间规划应合理，车间人流、物流出口尽量与厂区人流、物流道路相吻合，方便运输。由于固体制剂发尘量较大，其总图位置应不影响洁净级别较高的生产车间如大输液车间等。车间布置如图 8-22、图 8-23 所示。

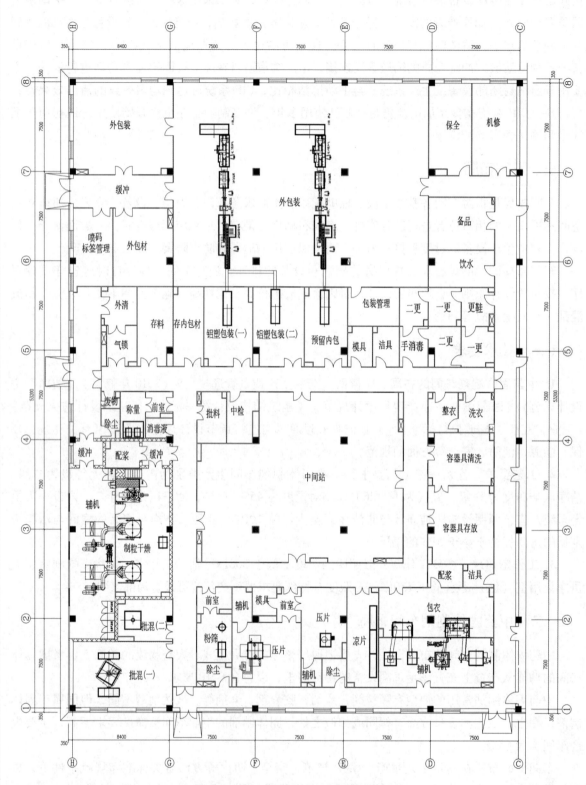

图 8-22 片剂、胶囊、颗粒剂车间布局图

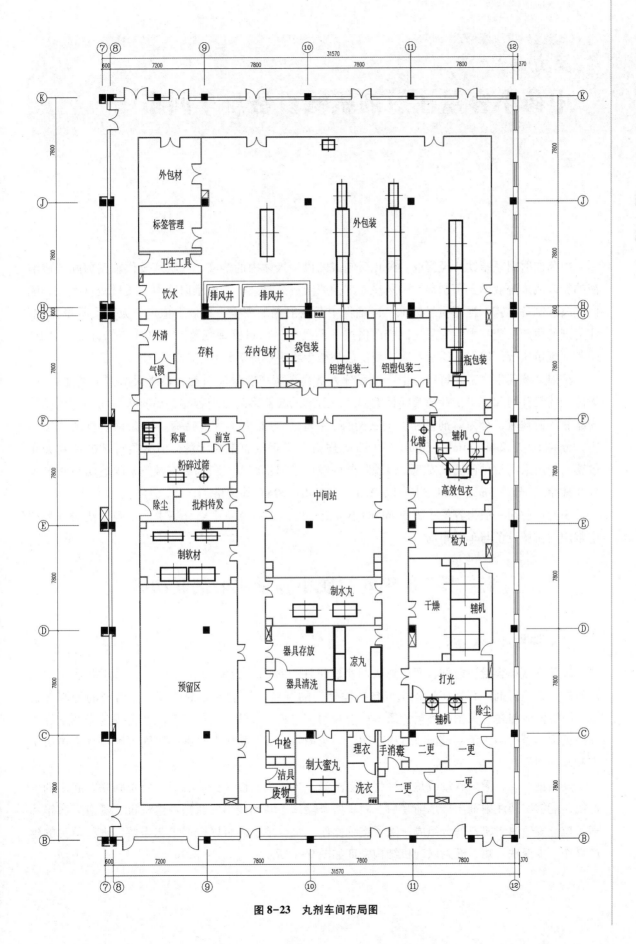

图 8-23　丸剂车间布局图

中药小容量注射剂机械设备与车间布局

中药注射剂系指饮片经提取、纯化后制成的供注入体内的溶液、乳状液及供临用前配置成溶液的粉末或浓溶液的无菌制剂。中药注射剂的原液成分复杂，杂质难以除尽，质量较难控制，因此应改进制备工艺，提高质量标准，以确保中药注射剂的安全、有效、稳定、无菌、质量可控。注射剂的生产工艺技术、质量控制应严格按《药品生产质量管理规范》（2010年修订）（GMP）的各项规定执行，以保证质量，防止变质或被微生物、热原等污染。

注射剂按其生产工艺特点、生产过程分为最终灭菌小容量注射剂、最终灭菌大容量注射剂、无菌分装粉针剂和冻干粉针剂等四种类型。注射剂的容器多为玻璃容器，小容量注射剂常用的是安瓿瓶和西林瓶，分为单剂量和多剂量两种。单剂量容器大多为安瓿瓶，以曲颈易折的式样为主，分为1mL、2mL、5mL、10mL、20mL等规格。安瓿瓶通常为无色，但某些特殊的药物如光敏感药物可采用琥珀色玻璃安瓿，以滤除紫外线。多剂量容器一般为具有橡胶塞的玻璃小瓶（也称西林瓶），分为3mL、5mL、10mL、20mL、30mL、50mL等规格。

中药注射剂一般为容量小于50mL的小容量注射剂，本章将主要介绍中药小容量注射剂生产中常用的机械设备与车间布局。

第一节　玻璃安瓿瓶小容量注射剂联动线

一、概述

玻璃安瓿小容量注射剂，即最终灭菌小容量注射剂，是指装量小于50mL，采用湿热灭菌法制备的灭菌注射剂。其生产过程主要包括原辅料的制备、注射容器的处理、注射液的配制与过滤、注射液的灌封、灭菌与检漏、质量检查和印字包装等步骤。具体生产工艺流程为安瓿洗涤→安瓿灭菌→灌封→灭菌→检漏→灯检→印包→装箱→入库。按工艺设备的不同形式可分为单机生产和联动线生产。

安瓿洗、烘、灌封联动线是一种将安瓿洗涤、烘干灭菌以及药液灌封三个步骤联合起来的生产线，能够实现注射剂生产承前联后、同步协调操作。联动线由安瓿超声清洗机、隧道灭菌箱和多针拉丝安瓿灌封机三部分组成。除了连续操作，每台单机还可以根据工艺需要，进行单独的生产操作。安瓿洗、烘、灌封联动机结构原理如图9-1所示。

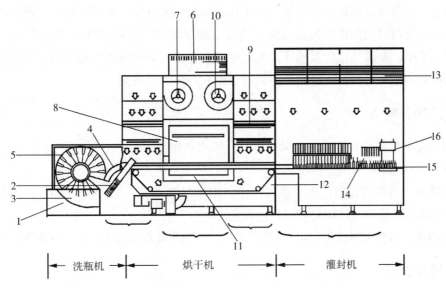

图 9-1 安瓿洗、烘灌封联动机结构及工作原理示意图

1. 水加热器；2. 超声波换能器；3. 喷淋水；4. 冲水、气喷嘴；5. 转鼓；6. 预热器；

7、10. 风机；8. 高温灭菌区；9. 高效过滤器；11. 冷却区；12. 不等距螺杆分离；

13. 洁净层流罩；14. 充气灌药工位；15. 拉丝封口工位；16. 成品出口

其主要特点如下：

（1）采用了先进的超声波清洗、多针水气交替冲洗、热空气层流消毒、层流净化、多针灌装和拉丝封口等先进生产工艺和技术，全机结构清晰、明朗、紧凑，不仅节省了车间、厂房场地的投资，而且减少了半成品的中间周转时间，使药物受污染的可能降到最低限度。

（2）适合于 1mL、2mL、5mL、10mL、20mL 等 5 种规格安瓿，通用性强，规格更换件少，更换容易。但联动机价格昂贵，部件结构复杂，对操作人员的管理知识和操作水平要求较高，维修也较困难。

（3）全机设计考虑了运转过程的稳定可靠性和自动化程度，采用了先进的电子技术和微机控制，实现［机电一体化，使整个生产过程达到］自动平衡、监控保护、自动控温、自动记录、自动报警和故障显示的水平。

二、安瓿回转式超声波清洗设备

安瓿在其制造及运输过程中难免会被微生物及尘埃粒子污染，因此在灌装针剂药液前必须进行洗涤，要求在最后一次清洗时，须采用经微孔滤膜精滤过的注射用水加压冲洗，然后再经灭菌干燥方能灌注药液。超声安瓿洗瓶机，自动化程度高，适合于 1~20mL 规格的安瓿、2~100mL 西林瓶、模子瓶、口服液瓶等，是目前制药工业界较为先进且能实现连续生产的洗瓶设备。

（一）工作原理

浸没在清洗液中的安瓿在超声波发生器的作用下，与液体接触的界面处于剧烈的超声振动状态，产生空化现象。所谓空化是在超声波作用下，液体中产生微小气泡，小气泡在超声波作用下逐渐变大，尺寸适当时产生共振而闭合。在小泡湮灭时自中心向外产生微驻波，随之产生高压、高温，小泡涨大时会摩擦生电，湮灭时又中和了静电，伴随有放电、发光现象，气泡附近的微冲流增强了流体搅拌及冲刷作用。超声波的洗涤效果是其他清洗方法不能比拟的。将安瓿浸没在超声波清洗槽中，不仅可以保证外壁洁净，也可保证安瓿内部无尘、无菌，达到洁净标准。

　　一般安瓿清洗时以蒸馏水作为清洗液。清洗液温度越高，污物溶解越快；同时，温度越高，清洗液的黏度越小，振荡空化效果越好。但温度增高会影响压电陶瓷及振子的正常工作，易将超声能转化成热能，做无用功，所以通常将温度控制在 60~70℃为宜。

（二）结构与特点

1. 结构　结构简单，性能稳定，操作容易，维修费用低。

2. 规格　多规格，多用途。

3. 使用特点　可联动使用，也可单机使用；采用气动系统，无污染；采用了 PLC 自控装置控制操作洗瓶工艺，超声波清洗时间可自由设定。

4. 清洗特点　清洗质量符合 GMP 规范要求，后处理具有残水去除装置，可充分节约水资源。

（三）操作过程

　　工业上常用连续操作的机器来实现大规模处理安瓿的要求。运用针头单支清洗技术与超声技术相结合的原理构成连续回转超声洗瓶机，其原理如图 9-2 所示。

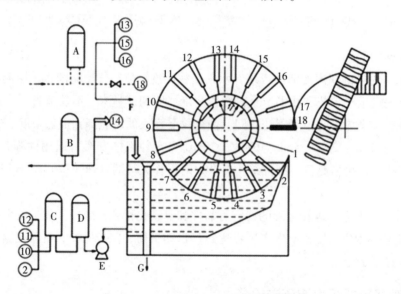

图 9-2　18 工位连续回转超声波洗瓶机原理图

1. 引瓶；2. 注循环水；3~7. 超声清洗；8、9. 空位；10~12. 循环水冲洗；
13. 吹气排水；14. 注新蒸馏水；15、16. 吹净化气；17. 空位；18. 吹气送瓶；
A、B、C、D. 过滤器；E. 循环泵；F. 吹除玻璃屑；G. 溢流回收

　　清洗流程：利用一个水平卧装的轴，拖动针鼓转盘间歇旋转。针鼓有 18 排针管，每排针管有 18 支针头，共 324 个针头。与转盘相对的固定盘上，不同工位配制有不同的水、气管路接口，在转盘间歇转动时，各排针头座依次与循环水、压缩空气、新鲜蒸馏水等接口相通。针鼓上回转的铁片控制继电器触点来带动水、气路的电磁阀启闭。

　　从图中所标的顺序看，安瓿被引进针管后先灌满循环水（1、2 工位），而后于 60℃的超声水槽中经过五个工位（3~7 工位），共停留 25 秒左右接受超声波空化清洗，使污物振散、脱落或溶解。安瓿经针鼓旋转离开水面后空两个（8、9 工位）工位，再经三个（10~12 工位）工位的循环水倒置冲洗，进行一次空气吹除（13 工位），于第 14 工位接受新鲜蒸馏水的最后倒置冲洗，

而后再经两个（15、16 工位）工位的空气吹净，即可确保安瓿的洁净质量。最后处于水平位置的安瓿由洁净的压缩空气推出清洗机。

清洗过程中，利用水槽液位带动限位棒，使晶体管继电器启闭，从而控制循环水泵；预先调节电接点压力式温度计的上、下限，控制接触器的常开触点，使得电热管工作，保持水温；另有一个调节用电热管，供开机时迅速升温用，当水温达到上限时打开常闭触点，关闭调节用电热管。

三、隧道式灭菌干燥设备

安瓿洗净后应进行干燥和灭菌，通常放入烘箱中用 120~140℃进行干燥；用于无菌分装或低温灭菌的安瓿则须在 180℃下干热灭菌 1.5 小时。

安瓿灭菌干燥机是将洗净的安瓿进行干燥并杀灭细菌和除去热原的设备，主要有干热灭菌柜和隧道式灭菌干燥机。目前大量生产多采用隧道式安瓿灭菌干燥机，隧道内平均温度在 200℃以上，采用高温短时方法进行干燥、灭菌。隧道式结构可与超声波安瓿清洗机和安瓿拉丝灌封机配套组成联动生产线使用，有利于连续自动化生产。安瓿干燥、灭菌后要密闭保存，防止污染，并且存放时间不得超过 24 小时。隧道式灭菌干燥机可以进行连续操作，能满足大规模处理安瓿的要求，已越来越多用于制剂生产。隧道式灭菌干燥机有热空气循环型电热隧道灭菌烘箱和远红外隧道灭菌烘箱两种形式。

（一）电热隧道灭菌烘箱

电热隧道灭菌烘箱采用热空气平行流灭菌方式，将高湿热空气流经高效空气过滤器过滤，获得洁净度为 A 级的平行流空气，然后直接对安瓿加热，进行干燥灭菌。这种灭菌方法具有传热速度快、加热均匀、灭菌充分、温度分布均匀、无尘埃污染源的优点，是目前国际公认的先进方法。

隧道加热分三段：预热段、灭菌段及降温段。预热段内安瓿由室温升至 100℃左右，大部分水分在这里蒸发；灭菌段为高温干燥灭菌区，温度达 300~450℃，残余水分进一步蒸干，细菌及热原被杀灭；降温区是由高温降至 100℃左右的区域。

烘箱由传送带、加热器、层流箱、隔热机架等组成，如图 9-3 所示，各部分机构作用原理如下。

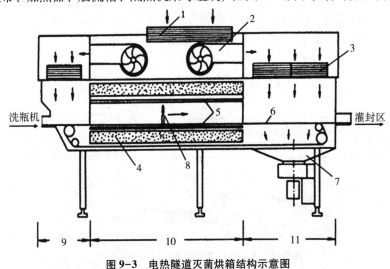

图 9-3　电热隧道灭菌烘箱结构示意图

1. 中效过滤器；2. 送风机；3. 高效过滤器；4. 隔热层；5. 电热石英管；
6. 水平网带；7. 排风；8. 安瓿；9. 预热区；10. 灭菌区；11. 冷却区

1. 传动带　清洗好且瓶口朝上的盘装安瓿由隧道的进口一端用传送带送进烘箱。传送带由三条不锈钢丝编织的网带组成，水平传送带宽 400mm，两侧的垂直带高 60mm，三者同步移动，将安瓿水平运送至烘箱，并能防止安瓿滑出传送带。

2. 层流箱　该机组的前后均提供 A 级净化的层流空气形成垂直气流空气幕，目的是保证隧道的进、出口与外部环境隔离并使安瓿在出口处冷却降温。外部的空气经过送风机前后两级过滤达到 A 级洁净级别要求。在烘箱中段灭菌区域的湿热气体经另外一个可调风机排出箱体，但灭菌干燥区内需保持正压，必要时由 A 级净化空气补充。

3. 加热器　多根电热石英加热管顺隧道长度的方向安装，在隧道横切面上呈包围安瓿盘的状态。电热丝安装在有反射层的石英管内，热能经反射聚集到安瓿上。电热丝分为两组，一组为电路常通的基本加热丝，另一组为调节加热丝，根据烘箱内预定温度控制其自动接通或断电。

4. 排风机　隧道下部装有排风机，并设有调节阀门，控制排出的空气量。在排气管的出口处设有玻璃收集装置，以减少废气中玻璃细屑的含量。

5. 电路控制　电路控制能确保灭菌质量，保证箱体内的温度要求，以及整机或联动机组的协调运转功能。如层流箱未开启或不正常时，电热器不工作；平行流风速低于设定流速时，自动停机，待层流正常时才能开机；箱体内温度不够时，传送带不工作，甚至洗瓶机也不能开机；生产完毕后，灭菌区缓缓降温，当温度下降至设定值（通常设为 100℃）时，风机会自动停机。

（二）远红外隧道式灭菌烘箱

远红外线是指波长大于 5.6μm 的红外线。远红外隧道式灭菌烘箱是利用红外线进行加热，是以电磁波形式直接辐射至被加热的物体上，不需要其他介质传递。因此，加热迅速、热量损失小，能快速实现干燥灭菌。

不同物质由于原子、分子结构不同，对红外线的吸收能力也不相同。如显示极性分子结构的物质不吸收红外线，而水、玻璃及绝大多数有机物和高分子物质均能吸收红外线，而且能够强烈地吸收红外线，这些物质采用红外线加热效果更好。实验证明，物质在近红外区和远红外区均有吸收红外峰，且远红外区的峰值更宽，表明能强烈吸收远红外辐射能量。因此，均选用远红外加热。

远红外灭菌烘箱由远红外发生器、传送带和保温排气罩等组成，结构如图 9-4 所示。

为保证烘箱的干燥速率，隧道顶部设有强制抽风系统，能及时将湿热的气体排出；隧道上方的罩壳上部保持 5~20Pa 的负压，保证远红外发生器的燃烧状态稳定。

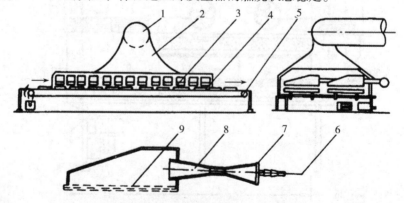

图 9-4　远红外隧道式灭菌烘箱结构示意图

1. 排风管；2. 罩壳；3. 远红外发生器；4. 盘装安瓿；5. 传送链；6. 煤气管；
7. 通风板；8. 喷射器；9. 铁铬铝网

操作及检修时应注意以下事项：

（1）安瓿规格要和隧道尺寸相匹配，且安瓿顶部和远红外发生器面的距离为15~20cm，以保持最高烘干效率，否则应及时调整距离。

（2）根据煤气成分不同而调节调风板的开启度。喷射器在开机前需要逐一调节通风板，在燃烧器赤红无焰时拧紧固定通风板。

（3）防止远红外发生器回火。压紧发生器内网周边，避免漏气，防止火焰自周边缝隙窜入喷射器内部引起发生器或喷射器内燃烧，即回火。

此外，需要定期清扫隧道并加油润滑，保持运转部位正常工作。

四、灌装设备

灌封是注射剂装入容器的最后一道工序，也是最重要的工序，注射剂质量直接由灌封区域环境和灌封设备决定。因此，灌封区域是整个注射剂生产车间的关键部位，应保持较高的洁净度。同时，灌封设备的合理设计及正确使用也直接影响注射剂产品质量的优劣。

目前国内药厂所采用的安瓿灌封设备主要是拉丝灌封机，为满足不同规格安瓿灌封的要求，共有1~2mL、5~10mL和20mL三种机型。虽然三种机型不能通用，但结构特点差别不大，灌封过程基本相同。在此以应用最多的1~2mL安瓿灌封机为例，介绍其结构与工作原理。

安瓿灌封的工艺过程一般应包含安瓿的排整、灌注、充氮、封口等工序。安瓿灌封机主要由送瓶机构、灌装机构及封口机构等组成。

（一）送瓶机构

送瓶机构是将密集堆排的灭菌安瓿依照灌封机的要求，在一定时间（灌封机工作周期）内，按一定的距离间隔排放于灌封机的传送装置上，并由传送装置输送至灌封机的各工位，完成相应的工序操作，最后将安瓿送出灌封机。

送瓶机构的结构与工作原理如图9-5所示。将洗净灭菌后的安瓿放置在与水平呈45°倾角的进瓶斗内，由链条带动梅花盘，每旋转1/3周即可将2支安瓿推至固定齿板的齿槽中。固定齿板有上、下两条，使安瓿上、下两端恰好置于其上而固定，且能够与水平保持45°倾角，瓶口朝上，以便灌注药液。与此同时，移瓶齿板在其偏心轴的带动下开始运动，移瓶齿板有上、下两条，与固定齿板等距地装置在其内侧，齿形为椭圆形，以防在送瓶过程中将瓶撞碎。当偏心轴带动移瓶齿板运动时，先将安瓿从固定齿板上托起，然后越过齿顶，将安瓿移动2个齿距。

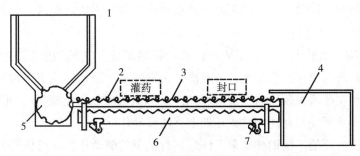

图9-5　安瓿灌封机送瓶机构

1. 安瓿斗；2. 安瓿；3. 梅花盘；4. 固定齿板；5. 移瓶齿板；6. 偏心轴；7. 出瓶斗

随着偏心轴的转动，安瓿不断前移，并依次通过灌注区和封口区，完成灌封过程。在偏心轴的一个转动周期内，前1/3个周期用来使移瓶齿板完成托瓶、移瓶和放瓶动作；在后2/3个周期内，安瓿在固定齿板上滞留不动，以便完成灌注、充氮和封口等工序操作。完成灌封的安瓿在进入出瓶斗前仍与水平成45°倾角，但出瓶斗前设有一块舌板，该板呈一定角度倾斜，在移瓶齿板推动的惯性力作用下，安瓿在舌板处转动40°，并呈竖立状态进入出瓶斗。

（二）灌封机构

图9-6为LAG1-2安瓿拉丝灌封机示意图。该灌装机构的执行动作由以下三个分支机构组成。

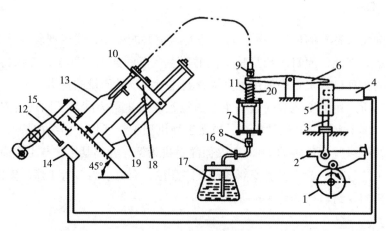

图9-6　LAG1-2安瓿拉丝灌封机灌装机构的结构示意图

1. 凸轮；2. 扇形板；3. 顶杆；4. 顶杆座；5. 电磁阀；6. 压杆；7. 针筒；
8、9. 单向玻璃阀；10. 针头；11. 针筒芯；12. 摆杆；13. 安瓿；14. 行程开关；
15. 拉簧；16. 螺丝夹；17. 贮液罐；18. 针头托架；19. 托架座；20. 压簧

1. 凸轮-杠杆机构　由凸轮、扇形板、顶杆、顶杆座及针筒等部件组成。凸轮的连续转动，通过扇形板转换为顶杆的上下往复移动，再转换为压杆的上下摆动，最后转换为筒芯在针筒内的上下往复移动，将药液从贮液罐中吸入针筒内并输向针头进行灌装。

实际上，这里的针筒与一般容积式医用注射器相仿。不同的是它的上、下端各装有一个单向玻璃阀。当筒芯在针筒内向上移动时，筒内下部产生真空；下单向阀开启，药液从贮液罐被吸入针筒的下部；当筒芯向下运动时，下单向阀关闭、上单向阀开启，针筒下部的药液通过底部的小孔进入针筒上部。筒芯继续上移，上单向阀受压而自动开启，药液通过导管及伸入安瓿内的针头注入安瓿内。与此同时，针筒下部因筒芯上提而造成真空而再次吸取药液。如此循环完成安瓿的灌装。

2. 注射灌液机构　由针头、针头托架及针头托架座组成。它的功能是使针头完成进出安瓿灌注药液的动作。针头固定在针头架上，一起沿针头架座上的圆柱导轨上下滑动，完成对安瓿的药液灌装。一般针剂在药液灌装后需充入惰性气体（如氮气或二氧化碳），以增加制剂的稳定性。充气针头与灌液针头并列安装在同一针头托架上，同步动作。

灌液泵采用无密封环的不锈钢柱塞泵，该泵装有精密的驱动机构，可快速调节装量（有粗调和微调）；此外还可以进一步调整吸回量，避免药液溅溢。

3. 缺瓶止灌机构　由摆杆、行程开关、拉簧及电磁阀组成。当送瓶机构因某种原因致使灌液工位出现缺瓶时，拉簧将摆杆下拉，直至摆杆触头与行程开关触头相接触，行程开关闭合，致使电磁阀动作，使顶杆失去对压杆的上顶动作，从而自动停止灌液，达到止灌的作用，以免药液的浪费和污染。

（三）封口机构

图 9-7 为 LAG1-2 安瓿拉丝灌封机的气动拉丝封口机构示意图。安瓿拉丝封口机构由拉丝、加热和压瓶组成。拉丝机构的动作包括拉丝钳的上下移动及钳口的启闭。按其传动形式可分为气动拉丝和机械拉丝两种，主要区别在于前者是借助于气阀凸轮控制压缩空气进入拉丝钳管路使钳口启闭，后者是通过连杆—凸轮机构带动钢丝绳控制钳口的启闭。气动拉丝机构结构简单、造价低、维修方便，但亦存在噪声大、有排气污染等缺点；机械拉丝机构复杂，制造精度要求高，但无污染、噪声低，适用于无气源的场所。气动封口过程如下：

1. 拉丝 当灌好药液的安瓿到达封口工位时，由于压瓶凸轮—摆杆机构的作用，被压瓶滚轮压住不能移动，但由于受到蜗轮蜗杆箱的传动，能在固定位置绕自身轴线做缓慢转动。此时瓶颈受到来自喷嘴火焰的高温加热而呈熔融状态。与此同时，气动拉丝钳沿钳座导轨下移并张开钳口将安瓿头钳住，然后拉丝钳上移将熔融态的瓶口玻璃拉成丝头。

2. 封口 当拉丝钳上移到一定位置时，钳口再次启闭两次，将拉出的玻璃丝头拉断并甩掉。拉丝钳的启闭由偏心凸轮及气动阀机构控制；加热火焰由煤气、氧气及压缩空气的混合气体燃烧而得，火焰温度约 1400℃，煤气压力 ≥0.98kPa，氧气压力为 0.02~0.05MPa。火焰头部与安瓿瓶颈的最佳距离为 10mm。安瓿封口后，由压瓶凸轮—摆杆机构将压瓶滚轮拉开，安瓿则被移动齿板送出。

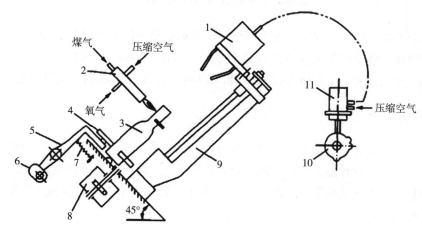

图 9-7 LAG1-2 安瓿拉丝灌封机气动拉丝封口机构的结构示意图
1. 拉丝钳；2. 燃气喷嘴；3. 安瓿；4. 固定齿板；5. 摆杆；6. 压瓶滚轮；
7. 拉簧；8. 蜗轮蜗杆箱；9. 钳座；10. 滚轮；11. 气阀

第二节 西林瓶小容量注射剂联动线

一、概述

西林瓶小容量注射剂即注射用无菌分装粉针剂，系指在无菌条件下将经过无菌精制的药物粉末分装于灭菌容器（西林瓶）内的注射剂，临用前用灭菌注射用水或其他适当溶剂溶解。凡对热敏感或在水中不稳定的药物，均需用无菌操作法制成粉针剂，临用前加适当溶剂溶解、分散，供注射用。

无菌分装的注射剂吸湿性强，在生产过程中应特别注意无菌室的相对湿度、胶塞和瓶子的水分、工具的干燥和成品包装的严密性。为保证产品的无菌性质，需严格检测洁净室的空气洁净度，监控空调净化系统的运行。无菌分装粉针剂的生产工序包括原辅料的准备、包装容器的处理、无菌分装、轧盖、异物检查、包装等。

无菌分装粉针剂的生产是以设备联动线的形式来完成的，其工艺流程如图9-8所示。粉针剂生产过程包括清洗粉针剂玻璃瓶（西林瓶）、灭菌和干燥、充填粉针剂、盖胶塞、轧封铝盖、半成品检查、粘贴标签等。

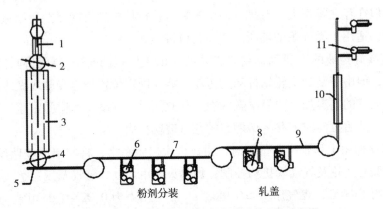

图 9-8　无菌分装粉针剂生产设备联动线工艺流程图
1. 超声波洗瓶机；2、4. 转盘；3. 隧道烘箱；5、7、9. 传送带；
6. 分装机；8. 轧盖机；10. 灯检机；11. 贴标机

目前，国内粉针剂的分装容器一般为西林瓶，根据制造方法的不同分为管制抗生素玻璃瓶和模制抗生素玻璃瓶。管制抗生素玻璃瓶规格有 3mL、7mL、10mL、25mL 4 种。模制抗生素瓶按形状分为 A 型、B 型两种，A 型瓶 5~100mL 共 10 种规格，B 型瓶 5~12mL 共 3 种规格。

二、西林瓶分装设备

西林瓶分装设备是将药物定量灌入西林瓶内，并加入橡皮塞的设备。这是无菌粉针剂生产过程中最重要的工序，依据计量方式的不同常分为两种类型：螺杆分装机和气流分装机。两种方法都是按体积计量的，因此药粉黏度、流动性、比容积、颗粒大小和分布都直接影响装量的精度，也影响分装机构的选择。

装粉后及时盖塞是防止药品再污染的最后措施，所以盖塞及装粉多是在同一装置上先后进行的。轧铝盖是防止橡胶塞绷弹的必要手段，但为了避免铝屑污染药品，轧铝盖都是与前面的工序分开进行的，甚至不在同室进行。

（一）螺杆式分装机

螺杆式分装机是利用螺杆的间歇旋转，将药物装入瓶内，达到定量分装的目的。螺杆分装机由理瓶转盘、粉斗、分装机构、胶塞振荡器、压塞机构、传动机构和故障自动停车装置组成，分为单头分装机和多头分装机两种。螺杆分装机具有结构简单，无须净化压缩空气，使用中不会产生漏粉、喷粉现象，调节装置范围大以及原料药粉损耗小等优点；但速度较慢。

图 9-9 为一种螺杆分装头示意图。料斗下部有落粉头，内部有单向间歇旋转的计量螺杆，每个螺距有相同的容积，计量螺杆与导料管的壁间有均匀的间隙（约 0.2mm）。将粉剂置于料斗

中，螺杆转动时，料斗内的药粉则被沿轴移送到送药嘴处，并落入位于送药嘴下方的药瓶中，精确地控制螺杆的转角就能获得药粉的准确计量，其容积计量精度误差不超过2%。为使粉剂加料均匀，料斗内有一搅拌桨，连续反向旋转以疏松药粉。

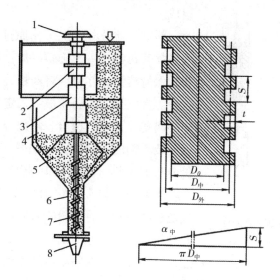

图9-9　螺杆式分装机工作原理图

1. 传动齿轮；2. 单向离合器；3. 支承座；4. 搅拌叶；5. 料斗；6. 导料管；7. 计量螺杆；8. 送药嘴

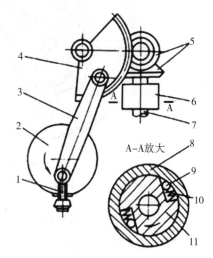

图9-10　螺杆计量的控制与调节结构

1. 调节螺丝；2. 偏心轮；3. 曲柄；4. 扇形齿轮；
5. 中间齿轮；6. 单向离合器；7. 螺杆轴；8. 离合器套；
9. 制动滚珠；10. 弹簧；11. 离合器轴

　　控制离合器间歇，定时"离"或"合"是保证计量准确的关键。图9-10所示为螺杆计量的控制与调节机构。扇形齿轮通过中间齿轮带动离合器套，当离合器套顺时针转动时，滚珠压迫弹簧，离合器轴也被带动，与离合器轴同轴的搅拌叶和计量螺杆一同回转。当偏心轮带动扇形齿轮反向回转时，弹簧不再受力，滚珠只自转，不拖带离合器轴转动。现在也有使用两个反向弹簧构成的单向离合器，较滚珠式离合器简单、可靠。

　　利用调节螺丝可改变曲柄在偏心轮上的偏心距，从而改变扇形齿轮连续摆动的角度，达到改变计量螺杆转角，使剂量得到微调的目的。当装量要求变化较大时，需要更换具有不同螺距及根径尺寸的螺杆，才能满足计量要求。

（二）气流分装机

　　气流分装机原理是利用真空吸取定量容积粉剂，通过净化干燥压缩空气将粉剂吹入西林瓶中，装量误差小、速度快、机器性能稳定。这是一种较为先进的粉针分装设备，实现了机械半自动流水线生产，提高了生产能力和产品质量，减轻了工人的劳动强度。但辅助设备多、价格高，特别是对药粉细度、粒度要求较高。若药粉中细粉较多则会影响生产成品率。

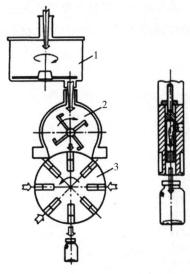

图9-11　粉剂气流分装系统工作原理

1. 装粉筒；2. 搅粉斗；3. 粉剂分装头

AFG320A 型气流分装机是目前我国引进最多的一种，由粉剂分装系统、盖胶塞机构、床身及主传动系统、玻璃瓶输送系统、拨瓶转盘机构、真空系统、压缩空气系统组成。

粉剂气流分装系统工作原理如图 9-11 所示。搅粉斗内搅拌浆每吸粉一次旋转一周，其作用是使装粉筒落下的药粉保持疏松，并协助将药粉装进粉剂分装头的定量分装孔中。真空接通，药粉被吸入定量分装孔内，并有粉剂吸附隔离塞，让空气逸出。粉剂分装头是气流分装机实现定量分装粉剂的主要构件，如图 9-12 所示。分装盘有八等份分布的单排（或两排）直径一定的光滑圆孔，即分装孔。当粉剂分装头回转 180° 至装粉工位时，净化压缩空气通过吹粉阀门将药粉吹入瓶中。分装盘后端面有与装粉孔数量相同且相通的圆孔，靠分配盘与真空和压缩空气相连，实现分装头在间歇回转中的吸粉和卸粉。

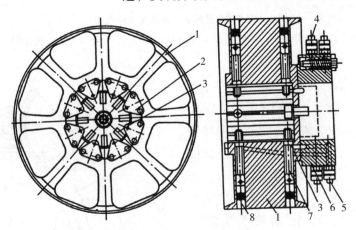

图9-12　粉剂分装头原理示意图

1. 分装盘；2. 压板；3. 调塞嘴；4. 真空管路；5. 压缩空气管路；6. 分配器；7. 粉剂隔离塞；8. 分装孔

当缺瓶时机器自动停车，剂量孔内药粉经废粉回收收集。为了防止细小粉末阻塞吸附隔离塞而影响装置，在分装孔转至与装粉工位前相隔 60° 的位置时，用净化空气吹净吸附隔离塞。装粉剂量的调节是通过一个阿基米德螺旋槽来调节隔离塞顶部与分装头圆柱面的距离（孔深），调节粉剂装量。

根据药粉的不同特性，分装头可配备不同规格的粉剂吸附隔离塞。粉剂吸附隔离塞有两种形式：活塞柱和吸粉柱。其头部滤粉部分可用烧结金属（图 9-13 和图 9-14）或细不锈钢纤维压制的隔离刷（图 9-15），外罩不锈钢丝网，吸粉和出粉过程如图 9-16 所示。经处理后的胶塞在胶塞振荡器中由振荡盘送入导轨内，再由吸塞嘴通过胶塞卡扣在盖塞点，将胶塞塞入瓶口中。

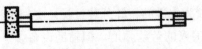

图9-13　烧结金属活塞柱示意图

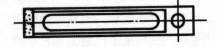

图9-14　烧结金属吸粉柱示意图

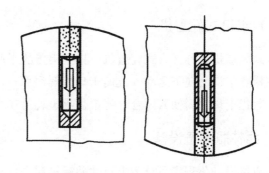

图 9-15 隔离刷吸粉柱示意图   图 9-16 吸粉和出粉示意图

压缩空气系统是由动力部门送来的压缩空气预先进行净化和干燥，并经过除菌处理。空气通过机内过滤器后分成两路，分别通过压缩空气缓冲缸上下室和气量控制阀门，一路通过吹析阀门接入装粉盘吹气口，用于卸粉；另一路则直接接入清扫器，用于清理卸粉后的装粉孔。

真空系统的真空管由装粉盘清扫口接入缓冲瓶，再通过真空滤粉器接入真空泵，通过该泵附带的排气过滤器接至无菌室外排空。

气流分装机生产中常见问题及解决办法如下：

1. 装量差异 主要因真空度过大或过小，料斗内药粉量过少，隔离塞堵塞或活塞个别位置不准确，应根据具体情况逐一排除。

2. 盖塞效果不好 缺塞的原因是胶塞硅化不适或加盖部分位置不当。若胶塞从瓶口弹出，可能是胶塞硅化时硅油量多或容器温度过高，引起其内空气膨胀所致。可以调节盖塞部分位置，减少硅油用量或待玻璃瓶温度降低后再用。

3. 缺灌 原因是分装头内粉剂吸附隔离塞堵塞，应及时调换隔离塞。

4. 机器停动 缺瓶、缺塞、防护罩未关好均可造成机器停动，应按故障指示灯的显示排除故障。

三、西林瓶轧盖设备

粉针剂一般易吸湿，在有水分的情况下会使药物稳定性下降，因此粉针在分装塞胶塞后应轧上铝盖，保证瓶内药粉密封不透气，确保药物在贮存期内的质量。粉针轧盖机按工作部件的数量可分为单刀式和多头式，按轧盖方式可分为卡口式和滚压式。卡口式是利用分瓣的卡口模具将铝盖收口包封在瓶口上；滚压式则是利用旋转的滚刀将铝盖滚压在瓶口上，其中三刀滚压式又分瓶子不动和瓶子随动两种。

（一）瓶子不动三刀滚压式轧盖机

滚压刀头高速旋转，轧盖装置整体向下运动，压住边沿，盖住铝盖，露出铝盖边沿待收边的部分；轧盖装置继续下降，滚压刀头在沿压边套外壁下滑的同时，在高速旋转离心力的作用下向中心收拢，滚压铝盖边沿使其收口。

（二）瓶子随动三刀滚压式轧盖机

扣上铝盖的小瓶在拨瓶盘带动下进入滚压刀下，压边套首先压住铝盖，在转动的过程中，滚压刀通过槽形凸轮下降同时自转，在弹簧作用下，将铝盖收边轧封在小瓶口上。

（三）卡口式轧盖机

卡口式轧盖机亦称开合式轧盖机。扣上铝盖的小瓶由拨瓶盘送到轧盖装置下方，当间歇停止时，卡口模、卡口套向下运动（此时卡口模瓣呈张开状态），卡口模先到达收口位置，卡口套机械向下，收拢卡口模瓣使其闭合，将铝盖收边轧封在小瓶口上。

四、西林瓶贴签设备

贴标机按自动化程度可分为半自动贴标机和全自动贴标机，按容器的运行方向可分为立式贴标机和卧式贴标机。以 LYTB-Y1 型全自动立式西林瓶贴标机为例，该机采用标准 PLC、触摸屏、步进电机以及标准传感器电控系统控制，安全系数高，使用方便，维护简单，可实现高速而准确的贴标。

将需贴标的小瓶放在理瓶器上，由理瓶器将小瓶送到链板上（或从其他流水线直接送到链板上），小瓶经过调距装置成等距排列进入光电传感区域，由伺服电机控制的卷筒贴标纸得到讯号后自动送标，正确无误地将自动剥离的标纸贴到瓶身上。另一组光电传感器及时地限制后一张标纸送出。在连续不断的进瓶过程中，标纸逐张正确地贴到瓶身上，经过滚轮压平后，自动输出，完成整个贴标工艺过程。

当小瓶运动到贴标工位时，送标装置开始工作，标签纸带从标签卷筒拉出，经导向辊，绕标签剥离杆移动一定长度。标签在经过剥离杆时，前端被剥离的部分被贴标装置贴在输送带传送过来的小瓶上。原理示意图如图 9-17 所示。

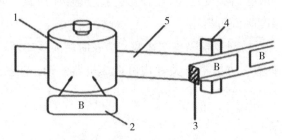

图 9-17　贴标原理示意图

1. 西林瓶；2. 标签；3. 黏合剂；4. 剥离杆；5. 标签纸带

（一）送标纸传动

由伺服电机通过分配器将回转运动传给卷标轮，卷标轮上装有压紧装置，在摩擦传动下，将贴有标纸的卷料（标纸等距离分布在防粘卷带上）迅速传送到贴标位置。当需贴标的小瓶通过时，光电通讯装置发出讯号，伺服电机转动，贴标纸送出，粘贴在小瓶上。当送完一张贴标纸后，预先设定的光电发讯装置使伺服电机停止转动。如此循环，每进入一只小瓶，送标装置都能正确地送出一张贴标纸，然后立即停止送标。当小瓶再一次通过时，重复实现上述过程。

1. 转动贴标　转贴运动由调速电机驱动特殊辊压机构，辊压在已贴上标纸的瓶身上，使瓶身上的标纸平整而牢固。

2. 调整机构　上下升降调整机构，通过操纵垂直升降调整手轮，转动导向丝杆，整套机构（包括卷料般、传动箱及打印装置等）一起做上下位置调节，便于调整标贴纸贴在瓶身上的位置。

3. 前后调节机构　操作前后调整手轮，使卷料中心位置与小瓶的位置达到预定的要求，使该机构能在不同直径的小瓶上贴标。

（二）标贴卷料筒放料

为了使卷料带不处于过于松弛或紧张的状态，使贴标纸从卷料纸盘上逐张送出，必须有相应的机构控制。在贴标过程中，当拉动标贴纸时，卷料摩擦机构放开，卷料带被自由拉出。此时，中间滚轮在拉簧作用下张紧卷料带，再加上压紧块对卷料架的摩擦制动作用，依靠拉簧的拉力作用，使卷料带始终保持在一定拉力的松紧状态中。

（三）发讯装置

该机包含两套光电发讯装置。一套光电装置安装在压标机构一侧，采用直射式光电传感器，主要用来发出指令，使伺服电机转动，实现贴有标纸的料带送料；另一套光电发讯装置安装在卷料带的中部，采用对射式光电传感器，使卷纸每送出一张后，依靠纸标之间的透明间隙发讯停止移动，两者配合实现贴标过程中的一个工作循环。如果小瓶继续输入，则贴标过程连续进行；若由于某种原因无小瓶输入，标纸就不再送出，达到无瓶不送标纸的要求。

（四）调速装置

调速电机的转速可根据贴标的生产速度和贴标的长度等各种因素进行调整。

（五）机械调速

先松动卷筒纸盘上的固定螺钉，将有机玻璃盘上下调整，使有机玻璃的高度能使卷筒纸盘处在纸带中心线位置，固定螺丝后，装上纸盘。最后检查卷筒纸盘的转动是否灵活（此时应松开压紧块），如不灵活则按照上述步骤进行进一步调整直到灵活为止。

安装贴标纸带的要求：首先检查安装标贴纸带的路线上所有的滚轮是否灵活，如果不灵活，必须要调整到灵活为止。特别注意，贴标纸带要在两套光电发讯装置的中间通过，以保证光电发讯装置正常工作。

进行试贴标：在输送带上放上需贴标的小瓶，调整左右轨条，使小瓶紧靠卷标装置，调整前后上下距离，按下各个开关按钮，再按手动按钮，进行试贴，检查贴出的标纸是否达到所需的要求。如果达到要求，表明试贴标阶段通过，可以进行批量生产。

第三节　中药小容量注射剂生产管理及车间布局

中药注射剂大多由成方加工或提取中药有效成分制成，因使用方便和起效快捷逐渐被广泛应用。但同时也出现了一些不良反应，严重者甚至危及生命，应引起高度重视。为保障医疗安全和用药安全，进一步加强中药注射剂生产管理，药品生产企业应严格按照《药品生产质量管理规范》（2010年修订）（GMP）组织生产，加强中药注射剂生产全过程的质量管理和检验，确保中药注射剂的生产质量。

车间布局是车间工艺设计的重要环节之一。车间布局是否合理，关系到基建时工程造价的高低，施工安全是否便利，车间建成后人流和物流秩序能否正常，以及设备维修和检修等诸多问题。因此，车间布局应遵守设计程序、安装设计的基本原则，进行细致而周密的设计。中药注射剂洁净车间布局除需遵循一般车间常用的设计规范和规定外，还需遵照《医药工业洁净厂房设计规范》和 GMP 进行布局。

一、生产管理

中药注射剂生产企业应严格按照《药品生产质量管理规范》（2010 年修订）组织生产，加强中药注射剂生产全过程的质量管理和检验，确保中药注射剂的生产质量；应加强中药注射剂销售管理，必要时须能及时召回全部售出药品。

为提高中药注射剂的生产及质量控制水平，生产企业必须对照国家药品监督管理局制定的《中药注射剂安全性再评价质量控制要点》要求，全面排查本企业在药品生产质量控制方面存在的问题和安全风险，主动采取有效措施，切实控制安全风险，提高产品质量。同时要强化对原辅料供应商的审计，加强对制剂稳定性、产品批间一致性的研究工作，要特别注意对热原、细菌和无效高分子物质控制的自我检查，并开展关键工艺的验证工作，保证产品质量。

1. 中药材应当按照规定进行拣选、整理、剪切、洗涤、浸润或其他炮制加工。未经处理的中药材不得直接用于提取加工。

2. 中药注射剂所需的原药材应当由企业采购并自行加工处理。

3. 鲜用中药材采收后应当在规定的期限内投料，可存放的鲜用中药材应当采取适当的措施贮存，贮存的条件和期限应当遵从有关规定并经验证，不得对产品质量和预定用途有不利影响。

4. 在生产过程中应当采取以下措施防止微生物污染。

（1）处理后的中药材不得直接接触地面，不得露天干燥。

（2）应当使用流动的工艺用水洗涤拣选后的中药材，用过的水不得用于洗涤其他药材，不同的中药材不得同时在同一容器中洗涤。

5. 毒性中药材和中药饮片的操作应当有防止污染和交叉污染的措施。

6. 中药材洗涤、浸润、提取用水的质量标准不得低于饮用水标准，无菌制剂的提取用水应当采用纯化水。

7. 中药提取溶剂需回收使用的，应当制定回收操作规程。回收后溶剂的再使用不得对产品造成交叉污染，不得对产品的质量和安全性有不利影响。

8. 无菌注射剂的生产须满足其质量和预定用途的要求，应最大限度降低微生物、各种微粒和热原的污染。生产人员的技能、所接受的培训及工作态度，是达到上述目标的关键因素。无菌药品的生产必须严格按照精心设计并经验证的方法及规程进行，产品的无菌或其他质量特性绝不能只依赖于任何形式的最终处理或成品检验。

二、车间布局

根据生产工艺和产品质量的要求，中药小容量注射剂生产车间的环境可划分为一般生产区、控制区和洁净区。一般生产区系指无洁净度要求的生产区域及辅助区域等；控制区系指虽非洁净区，但对洁净度或菌落数有一定要求的生产区域及辅助区域；洁净区系指有较高洁净度或菌落数要求的生产区域。

（一）技术条件

如工艺无特殊要求，一般洁净区温度为 18～26℃，相对湿度为 45%～65%。各工序需安装紫外线灯。洁净级别高的区域相对于洁净级别低的区域要保持 5～10Pa 的正压差，每个房间应安装测压装置。

　　辅助用房的合理设置是制剂车间 GMP 设计的一个重要环节。厂房内设置与生产规模相适应的原辅材料、半成品、成品存放区域，且尽可能靠近与其联系的生产区域，减少运输过程中产生的混杂与污染。存放区域内应安排待验区、合格品区和不合格品区、贮料称量室，并且要有包括空调风管在内的公用管线的布置。

　　车间内地面一般采用耐清洗的环氧自流坪地面，隔墙采用轻质彩钢板，墙与墙、墙与地面、墙与吊顶之间接缝处采用圆弧角处理，不得留有死角。洁净生产区需用洁净地漏，A 级区域不得设置地漏。

　　1. 生产环境　按照 GMP 的规定，玻璃安瓿小容量注射剂（水针剂）生产环境分为三个区域：一般生产区、C 级洁净区、B 级洁净区。一般生产区包括安瓿外清处理、半成品的灭菌检漏、异物检查、印刷包装等；C 级洁净区包括物料称量、浓配、质检、安瓿的洗烘、工作服的洗涤等；B 级洁净区包括稀配、灌封，且灌封机自带局部 A 级层流。

　　水针剂车间需要排热、排湿，车间设有浓配间、稀配间、工具清洗间、灭菌间、洗瓶间、洁具室等，灭菌检漏需考虑通风。公用工程包括给排水、供气、供热、强弱电、制冷通风、采暖等专业设计，应符合 GMP 标准。

　　2. 生产工序　西林瓶小容量注射剂（粉针剂）的生产工序包括原辅料的擦洗消毒，西林瓶粗洗、精洗，灭菌干燥，胶塞处理及灭菌，铝盖洗涤及灭菌，分装，轧盖，灯检，包装等步骤。按 GMP 规定，其生产区域空气洁净度级别分为 A 级、B 级和 C 级。其中无菌分装、西林瓶出隧道烘箱、胶塞出灭菌柜及存放等工序需要局部 A 级层流保护，原辅料的擦洗消毒、瓶塞精洗、瓶塞干燥灭菌为 B 级环境，瓶塞粗洗、轧盖为 C 级环境。

（二）车间布局

　　车间布局要贯彻人流、物流分开的原则。人员在进入各个级别的生产车间时要先更衣，不同级别的生产区需有相应级别的更衣净化措施。生产区要严格按照生产工艺流向及生产工序的相关性，有机地将不同洁净要求的功能区布置在一起。按照工艺流程布置，各个级别相同的生产区相对集中，洁净级别不同的房间之间设立传递窗或缓冲间相互联系，使物料传递路线短捷、流畅。

　　1. 物流线　玻璃安瓿小容量注射剂（水针剂）物流路线的一条线是原辅料路线，物料经过外包装清理，进行浓配、稀配；另一条线是安瓿路线，安瓿经过外包装清理后，进入洗灌封联动线清洗、烘干，两条线汇聚于灌封工序。灌封后的安瓿再经过灭菌、检漏、擦瓶、异物检查，最后外包，完成整个生产过程。水针生产联动机组车间布局采用浓配加稀配的配料方式，具体布局如图 9-18 所示。西林瓶小容量注射剂（粉针剂）物流包括原辅料、西林瓶、胶塞、铝盖、外包材及成品的输出。

　　2. 人流线　进入车间的人员必须经过不同程度的更衣后才能分别进入 B 级和 C 级洁净区。

　　车间设置净化空调和舒适性空调系统，能有效控制温度、湿度；并能确保培养室的温度、湿度要求。车间内需要排热、排湿的工作间一般有洗瓶区隧道烘箱灭菌间、洗胶塞铝盖间、胶塞灭菌间、工具清洗间、洁具室等。如果是生产高致敏性药品，分装室应保持相对负压。

　　该工艺选用联动线生产，西林瓶的灭菌设备为隧道式远红外灭菌干燥机，西林瓶出隧道后，即受到局部 A 级的层流保护。胶塞处理选用胶塞清洗灭菌一体化设备，出胶塞及胶塞的存放设置 A 级层流保护。铝盖的处理需另设一套人流通道，以避免人流、物流之间有大的交叉。图 9-18 为小容量注射剂车间布局图。

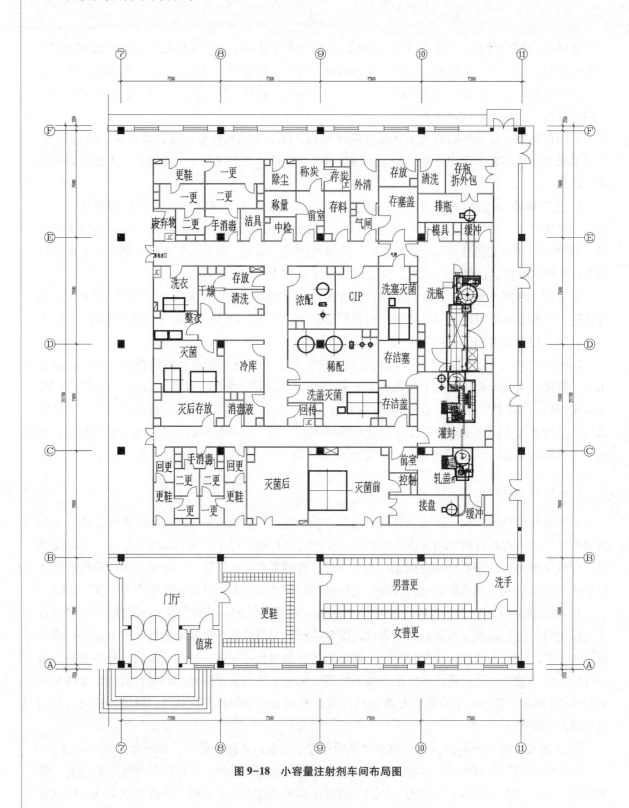

图 9-18　小容量注射剂车间布局图

第四节　中药小容量注射剂制备案例

一、枳实注射液

本品系湘枳实提取物的灭菌水溶液，每毫升溶液相当于原药材 4g。

【处方】枳实 4000g，依地酸二钠 0.5g，制成注射液 1000g。

【制法】取枳实饮片 4000g，水煎两次，每次 1 小时，滤过，滤液浓缩至 4000mL，加 95% 乙醇溶液使含醇量达 70%，静置 24 小时后，滤过，滤液浓缩至约 2000mL，加一倍量蒸馏水，通过已转成氢型并洗至中性的 732 型阳离子交换树脂柱。依次用水、75% 乙醇洗涤，至洗涤液澄清，然后用 2mol/L 氢氧化铵溶液洗脱，收集洗脱液，浓缩去氨，至每毫升相当于原药材 4.5g，放置过滤，滤液用盐酸将 pH 值调至 3，滤过。滤液加 2% 活性炭煮沸 15 分钟，滤过，滤液加依地酸二钠溶解，并用 20% 氢氧化钠溶液调 pH 值至 4~5，加适量注射用水至 1000mL。滤过，灌封，100℃ 流通蒸汽灭菌 30 分钟，即得。其制备流程如图 9-19 所示。

【作用与用途】升压药。本品具有明显而持久的升压作用，并能改善微循环，适用于治疗休克。

【用法与用量】静注或静滴。初次静脉推注 5mL。病情严重者，可酌情增加用量。

【注释】

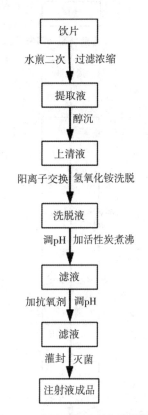

图 9-19　枳实注射液制备流程图

1. 本品所采用的枳实系芸香科植物酸橙的未成熟幼果。并已分离出两种升压作用的单体，为新福林和 N-甲基酪胺。它们在枳实中的含量很低，前者含 0.024%~0.18%，后者约含 0.02%，现已可人工合成。

2. 有效成分易氧化，故在提取过程中应尽量避免直火加热，采用减压浓缩药液。

3. 将枳实注射液与部分抗生素、中枢神经兴奋药等进行配伍，试验，观察理化变化。选择外观无理化变化的中西药 28 种，用载体麻醉狗试验，观察对枳实注射液升压作用有无影响，来判断有无协同和拮抗作用。实验结果证实如下：

从外观变化，薄层层析及药理升压试验说明，枳实注射液与硫酸庆大霉素、硫酸黏菌素、乳糖酸红霉素、硫酸阿托品、洛贝林、盐酸消山莨菪碱、尼可刹米、盐酸二甲弗林、细胞色素 C、酚磺乙胺、维生素 C、氯化钾、6-氨基己酸、生理盐水、葡萄糖溶液、复方氯化钠溶液、乳酸林格液可以配伍，无禁忌产生。

枳实注射液与去甲肾上腺素、新福林、γ-氨酪酸有协同作用。

盐酸四环素、氢化可的松、乳酸钠、谷氨酸钠在药理上与枳实注射液无配伍禁忌，但浓度较高时配伍有沉淀产生，若经稀释则得澄明溶液，静脉滴注时仍可配伍。

甘露醇、青霉素钠、磺胺嘧啶钠、碳酸氢钠，与枳实注射液配伍产生沉淀或浑浊，禁止配伍。

二、板蓝根注射液

本品为板蓝根经提取制成的灭菌水溶液。每 2mL 溶液相当于药材 1g。

【处方】 板蓝根 500g，苯甲醇 10mL，吐温-80 10mL，蒸馏水共制 1000mL。

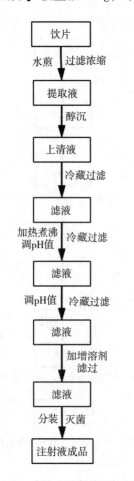

图 9-20 板蓝根注射液制备流程图

【制法】取板蓝根饮片加 6~7 倍量水煎煮 1 小时，滤过，药渣再加 5 倍量水煎煮 1 小时，滤过，合并煎液浓缩至 600~700mL，加 95% 乙醇溶液使含醇量达 60%，放置 24 小时，滤过，回收乙醇，使体积缩至 500mL，冷藏，滤过，加热煮沸除氨，使 pH 值为 5.8~6.0，冷藏，过滤，以 10% 碳酸钠溶液调 pH 至 7.0~7.5，冷藏，滤过。加吐温-80、苯甲酸，加注射用水至 1000mL，滤过，分装，100℃ 灭菌 30 分钟，即得。其制备流程如图 9-20 所示。

【作用与用途】对多种革兰阳性细菌和革兰阴性细菌均有抗菌作用。常用于流行性感冒、流行性腮腺炎、急性黄疸型及无黄疸型肝炎。

【用法与用量】肌内注射，每次 2~4mL，每日 1~2 次。

静脉滴注或静脉注射，每次 10~20mL，用 10% 葡萄糖注射液稀释后给药，每日 1~2 次。

【注释】

1. 板蓝根为十字花科植物菘蓝的根。主要含菘蓝苷（即吲羟 5-酮基葡萄糖酸）、β-谷甾醇豉红、芥子苷、木苏糖及多种氨基酸等（如精、脯、谷、酪、缬、亮氨酸、γ-氨基丁酸等）。

2. 加氨处理主要除去鞣质、蛋白质、无机盐等，其沉淀初步分析含有 K^+、Na^+、Ca^{2+}、Mg^{2+}、Li^+ 等。

3. 用碳酸钠调 pH 至弱碱性，是使菘蓝苷分子中的酮基葡萄糖酸成盐而增加其在水中的溶解度。

三、参麦注射液

本品为红参、麦冬等提取物的灭菌水溶液，每毫升含总皂苷以人参皂苷 Re（$C_{48}H_{82}O_{18}$）计，不得少于 0.80mg。

【处方】红参 100g，麦冬 200g，注射用水加至 1000mL。

【制法】取红参、麦冬，用 80% 乙醇溶液 600mL 置水浴上回流提取两次，每次 2 小时，滤过，药渣用 80% 乙醇溶液 200mL 分次洗涤，合并上述滤液和洗涤液，冷藏，静置 12 小时，滤过，于滤液中按体积加入 1% 活性炭，搅拌 1 个小时，滤过，滤液减压回收乙醇至无醇味，添加注射用水至 1000mL，于 100℃ 灭菌 30 分钟，加 10% 氢氧化钠溶液调节 pH 值至 7.5，冷藏 48 小时以上，滤过，滤液加吐温-80 适量，并调 pH 值至 7.5，加注射用水至 1000mL，滤过，灌封，100℃ 流通蒸汽灭菌，即得。其制备流程如图 9-21 所示。

【性状】本品为微黄色至淡棕色的澄明液体。

【功能与主治】养阴生津，生脉。用于治疗气阴两虚性休克、冠心病、病毒性心肌炎、慢性肺心病、粒细胞减少症。

【用法与用量】肌肉注射，每次 2～4mL，每日 1 次。静脉滴注，每次 20～100mL，用 5% 葡萄糖注射液稀释后使用，或遵医嘱。

【规格】2mL；5mL；10mL；20mL；50mL；100mL。

【贮藏】密封，避光。

【注释】

1. 本品以醇提水沉法制备。在制备过程中，若采用大孔树脂吸附处理，则可有效提高提取物中人参皂苷的含量。

2. 制备过程中，用活性炭吸附杂质和脱色，所用活性炭应选用针用规格，为保证吸附完全，也可用水浴适当加热。

3. 药液中含有吐温-80，灭菌后应注意及时振摇，防止产生浑浊现象而影响注射剂澄明度。

四、复方柴胡注射液

本品为中药北柴胡、细辛的挥发性成分的无菌水溶液。2mL 溶液相当于北柴胡 5g、细辛 0.5g。

【处方】北柴胡 2500g，细辛 250g，吐温－80 40mL，氯化钠 8g，制成注射液 1000mL。

【制法】取北柴胡、细辛饮片加 4～5 倍量水浸泡，使药材充分膨胀后，进行水蒸气蒸馏，收集蒸馏液约 5500mL。蒸馏液重蒸馏，收集重蒸馏液约 950mL，重蒸馏液加吐温-80 40mL，振摇使挥发油完全溶解，再加氯化钠 8g，加注射用水至 1000mL。然后加 0.5% 活性炭，充分搅拌，最后以微孔滤膜滤过，灌封，100℃流通蒸气灭菌 30 分钟即得。其制备流程如图 9-22 所示。

【作用与用途】本品为解热镇痛药。用于感冒、流行性感冒等上呼吸道感染。

【用法与用量】常用量：肌肉注射，首次 4mL，以后每次 2mL，每日 1～2 次。

【注释】

1. 北柴胡为伞形科植物北柴胡 *Bupleurum Chinense* DC. 及狭叶柴胡 *Bupleurum scorzonerifolium* Willd 的干燥根。含有柴胡皂苷及挥发油，油中含柴胡醇等。

2. 细辛为马兜铃科植物北细辛 *Asarum heterotropoides* Fr. Schmidt var. Mandshuricum（maxim）Kitag 或华细辛 *Asarum siebodi* Miq. 的带根全草。其化学成分含挥发油及一种中性化合物左旋细辛素和软脂酸等。挥发油的主要成分为甲基丁香酚、优香芹酮、黄樟醚、蒎烯、龙脑、异茴香醚、细辛酮等。

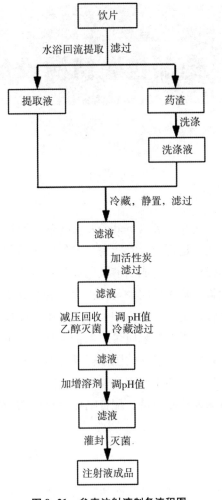

图 9-21　参麦注射液制备流程图

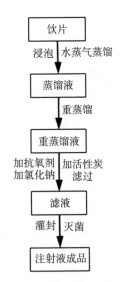

图 9-22　复方柴胡注射液制备流程图

药品包装机械设备

药品包装（medicine packaging）是指选用适宜的包装材料或容器，利用一定技术对药物制剂的成品进行分、管、封、贴等加工过程的总称。包装的药品是药品进入流通领域的最终形式，它的操作和最终成品涉及药品生产企业，生产包装材料企业，药品流转过程的交通、运输、仓贮、销售等众多部门。药品作为一种特殊商品，必须采用适当的材料、容器进行包装，从而在运输、保管、装卸、供应和销售过程中均能保护药品的质量。为了加强包装管理工作，提高包装机械化水平，提高包装质量，保护商品及减少商品在流通领域的损失，实现合理包装，我国先后颁布了一系列有关包装的国家标准和行业标准，以及《医药包装管理办法》和《直接接触药品的包装材料、容器生产质量管理规范》。学习、研究和革新药品的包装及其设备并使之更完善，是一项与保证药品质量、配合临床治疗密切相关的重要课题。

第一节　包装的概述

包装是药品生产的延续，是对药品施加的最后一道工序。药品从原料、中间体、成品、包装到使用，一般要经过生产和流通两个领域。在整个转化过程中，药品包装起到了桥梁的作用。现在，药品的包装已经成为方便临床使用的重要形式，亦会对药品的价值起到重要的影响作用。在发达国家，医药包装可占到医药产品价值的30%。

一、包装技术

药品包装作用可概括为保护、使用、流通和销售四大功能。

1. 药品包装的保护功能　包装材料的保护功能是防止药品变质的重要因素，合适的药品包装对于药品的质量起到关键性的保护作用，主要表现在稳定性、机械性和防替换性三个方面。

2. 药品包装的使用功能　包装不仅要供消费者方便使用，更要让消费者安全使用，尤其是针对儿童使用的包装设计。如避免在包装上使用带有尖刺、锋利的薄边、细环等不恰当设计。

3. 药品包装的流通功能　药品的包装必须保证药品从生产企业贮运、装卸、批发、销售到消费者手里的流通全过程，均能符合出厂标准。如以方便贮运为目的的集合包装、运输包装，以方便销售为目的销营包装，以保护药品为目的的防震包装、隔热包装等。

4. 药品包装的销售功能　药品包装是吸引消费者购买的最好媒介，其销售功能是通过药品包装的装潢设计来体现的。

二、包装机械

包装机械是指完成全部或部分包装过程的机器。包装过程包括成型、充填、封口、裹包等主要包装工序以及清洗、干燥、杀菌、贴标、捆扎、集装、拆卸等前后包装工序，转送、选别等其他辅助包装工序。包装机械是包装工业的重要基础，在轻工机械行业中占有重要的地位。包装机械为包装业提供重要的技术保障，对包装业的发展起重要的作用，同时在食品、医药、日用品、化工产品等生产中也起重要的作用。包装机械是使产品包装实现机械化、自动化的根本保证，能大幅度提高生产效率；能节约材料，降低成本，保护环境；降低劳动强度，改善劳动条件；保证被包装产品的卫生，提高产品质量，增强市场销售的竞争力；延长产品的保质期，方便产品的流通。

（一）包装机械的分类

1. 按包装机械的自动化程度分类。①全自动包装机，是指能够自动提供包装材料和内容物，并能自动完成其他包装工序的机器。②半自动包装机，是指包装材料和内容物的供送必须由人工完成，可自动完成其他包装工序的机器。③手动包装机，是指由人工供送包装材料和内容物，并通过手动操作机器完成包装工序的机器。

2. 按包装产品的类型分类。①专用包装机，是专门用于包装某一种产品的机器。②多用包装机，可以包装两种或两种以上同一类型药品，一般是通过调整或更换有关工作部件，实现多品种包装的机器。如包装同一种但直径大小不同片剂的机器。③通用包装机，是指在指定范围内适用于包装两种或两种以上不同类型药品的机器。

3. 按包装机械的功能分类。可分为充填机械、灌装机械、裹包机械、封口机械、贴标机械、清洗机械、干燥机械、杀菌机械、捆扎机械、集装机械、多功能机械、辅助包装机械等。

（二）包装机械的组成

药用包装机械的组成包括七个主要部分。①药品的计量与供送装置，指对被包装的药品进行计量、整理、排列，并输送到预定工位的装置系统。②包装材料的整理与供送系统，指将包装材料进行定长切断或整理排列，并逐个输送至锁定工位的装置系统。③主传送系统，指将被包装药品和包装材料由一个包装工位顺序传送到下一个包装工位的装置系统。④包装执行机构，指直接进行裹包、充填、封口、贴标、捆扎和容器成型等包装操作的机构。⑤成品输出机构，将包装成品从包装机上卸下、定向排列并输出的机构。⑥控制系统，由各种自动和手动控制装置组成，包括包装过程及其参数的控制、包装质量、故障与安全的控制等。⑦动力传动系统与机身等。

三、药品包装的分类

药品的包装按不同剂型采用不同的包装材料、容器和包装形态。药品包装的类型很多，根据不同工作的具体需要可进行不同的类型划分。

①按药品使用对象分类可分为医疗用包装、市场销售用包装、工业用包装。②按使用方法分类可分为将单位用量药品进行包装的单位包装和批量包装。③按包装形态分类可分为铝塑泡罩包装、玻璃瓶包装、软管、袋装等。④按提供药品方式分类可分为临床用药品、制剂样品、销售用药品。⑤按包装层次及次序分类可分为内包、中包、大包等。⑥按包装材料分类可分为纸质材料包装、塑料包装、玻璃容器包装、金属容器包装。⑦按包装技术分类可分为防潮包装、避光包装、灭菌包装、真空包装、充惰性气体包装、收缩包装、热成型包装、防盗包装等。⑧按包装方法分类可分为充填法包装、灌装法包装、裹包法包装、封口包装。

在流通领域，人们一般习惯将包装直接分成内包装和外包装。内包装常用材料为塑料、玻璃、金属、复合材料等，还有被称为"中包装"的纸板盒、复合纸板等。外包装又称运输包装、大包装、最外包装，是指货物在运输过程中最外面的包装。主要作用是保护货物，便利装卸、储存和运输。一般采用瓦楞纸箱、塑料、胶合板等。

需要特别指出的是，当药品的内包装材料、容器更改，应根据药品的理化性质及所选用材料的性质，进行稳定性试验，考察所选材料与药品的相容性。一般说的药品包装，均可理解为特指内包装，即直接接触药品的包装用材料和容器。

四、药品包装材料

药品包装中，包装材料对药品的质量、有效期、包装形式、销售成本等起重要作用。包装材料最基本的属性是稳定性、阻隔性能、结构性能和加工性。其中对包装材料质量要求最高的是药品的内包装材料，其次是中包装材料和外包装材料。

常用的包装材料和容器按照其成分划分可分为塑料、玻璃、橡胶、金属及组合材料5类。按照所使用的形状可分为容器、片、膜、袋、塞、盖及辅助用途等类型。常用药用包材料、容器适用范围见表10-1。

表 10-1   常用药用包材料、容器适用范围

常见制剂形式	常用药用包材料、容器名称	材料
注射剂≥50mL	塑料瓶（膜、袋）玻璃瓶	PP、PVC、共挤膜、玻璃等
注射剂<50mL、粉针	安瓿、西林瓶	玻璃
片剂、胶囊、丸	药用复合硬片	铝塑泡罩、铝箔
口服液、糖浆剂、混悬剂等	玻璃管制口服液瓶、塑料瓶	玻璃、药用塑料
滴眼剂、滴鼻剂、滴耳剂等	药用滴剂瓶	药用塑料
软膏剂	药用软膏管	药用铝管、药用铝塑管
原料药	药用铝瓶、包装袋	铝、药用 PVC 膜、袋

药品包装容器按密封性能可分为密闭容器、气密容器及密封容器三类。密闭容器可防止固体异物侵入，常用材料为纸箱、纸袋等；气密容器可防止固体异物、液体侵入，常用材料为塑料袋、玻璃瓶等；密封容器可防止气体、微生物侵入，常用材料为玻璃制密闭瓶（安瓿、西林瓶等）。

药品包装材料选择原则应符合对等性原则、适应性原则、协调性原则、美学性原则、相容性原则和无污染原则六大原则。①对等性原则：指选择包装材料时，除了考虑要保证药品的质量外，还要考虑药品的品性和相应的价值，即不能出现过度包装或高价药低档包装。②适应性原则：又称为功能协调，即药品的包装应与该包装所承担的功能协调。③协调性原则：药品包装应能满足在有效期内保证药品质量稳定的需求，二者应相互协调。④美学性原则：要求药品的包装设计符合美学，从一定角度上来说美学原则会影响药品的市场。⑤相容性原则：指药品包装材料与药物的相容性。广义上二者的相互影响或迁移包括物理相容、化学相容和生物相容。选用对药物无影响、对人体无害的药品包装材料，必须建立在大量的实验基础上，不能凭经验摸索。⑥无污染原则：要求不仅要重视包装保护药物的功能，还要关注材料经使用后，后续处理是否困难的问题。寻找可降解的药品包装材料是药物工作者、药品包装材料生产企业应该且应付诸实施的发展方向，也是选择包装材料的重要原则之一。

（一）玻璃容器

药用玻璃是玻璃制品的重要组成部分之一。国际标准 ISO 12775-1997 规定药用玻璃主要有三类：国际中性玻璃、硼硅玻璃和钠钙玻璃。我国将玻璃分为十一大类，药用玻璃按照制造工艺过程属于瓶罐玻璃类，按照性能及用途分类属于仪器玻璃类。

药用玻璃容器按照制造方法分类可分为模制瓶和管制瓶，各类不同剂型的药品对药用玻璃的选择应遵循以下原则：①具有良好的化学稳定性，保证药品在有效期内不受到玻璃化学性质的影响。②具有良好的抗温度急变性，以适应药品的灭菌、冷冻、高温干燥等工艺。③具有良好的机械强度。④适宜的避光性能。⑤良好的外观和透明度。⑥其他，如经济性、配套性等。各类玻璃容器与剂型适用范围见表 10-2。常用制瓶设备见表 10-3。

表 10-2　各类玻璃容器与剂型适用范围

剂型	玻璃类型
小容量注射剂	管制注射剂瓶、安瓿
大输液	输液瓶
口服液	口服液瓶
粉针剂	模制、管制注射剂瓶
冻干制剂、疫苗等	硼硅玻璃管制冻干粉针瓶

表 10-3　常用制瓶设备

	设备名称	适用规格
玻璃管	拉管线	9~42mm 各种直径规格的玻璃管
管制瓶	进口立式制瓶	多种规格
	国产 ZP-18 管瓶机	
安瓿	意大利 36D 立式安瓿机	两种类型安瓿"点刻痕安瓿"和"色环安瓿"
	日本 WADL 横式安瓿机	
	WA-Ⅱ 型安瓿机	
模制瓶	QB6/4 行列式制瓶机	抗生素瓶
	BLH-108 行列式制瓶机	输液瓶、玻璃药瓶

玻璃瓶按照成型工艺的不同，分为玻璃管、模制瓶、安瓿和管制瓶三类。①玻璃管是一种半成品，可采用水平拉制和垂直拉管工艺制备。②模制瓶系指在玻璃模具中成形的产品。成型方式分为"吹-吹法"和"压-吹法"两类。一般小规格瓶和小口瓶采用"吹-吹法"；大规格瓶和大口瓶，因体积较大，需要在初型模中用金属冲头压制成瓶子的雏形，再在成形模中吹制，故采用"压-吹法"。③安瓿和管制瓶的工艺类似，均需要对玻璃管进行二次加工成型，一般采用安瓿机和管瓶机，用火焰对玻璃管进行切割、拉丝、烤口、封底和成型。

（二）高分子材料

以无毒的高分子聚合物为主要原料，采用先进的成型工艺和设备生产的各种药用包装材料，广泛的应用于制药行业，如聚乙烯、聚丙烯、聚酯等。

聚氯乙烯（polyvinyl chloride，PVC）：欧美已限制或禁止使用 PVC，主要原因是 PVC 对人体有害和对环境有影响，而且阻隔性不是很理想。

聚酯（polyethylene terephthalate，PET）：阻隔性、透明性、耐菌性、耐寒性较好，加工适应性较好，毒性小，有利于药品的保护、保存。

聚丙烯（polypropylene，PP）：透明性良，阻隔性好，无毒性，良好的加工适应性，可以回收再利用。

聚乙烯（polyethylene，PE）：阻隔性好，透明性良，无毒性，加工适应性较好，可以回收再利用。

环烯状共聚物（copolymers of cycloolefin，COC）：最早由日本开发的环烯状共聚物，具有非常好的热封性能，但是自身易碎裂，因此常与 PP 复合加工，有利于保持形状，COC 可在现在多数高性能热成型设备上使用。

聚偏二氯乙烯（copolymers of cycloolefin，PVDC）：高分子量，密度大，结构规整，优异的阻湿能力，良好的耐油、耐药品和耐溶剂性能，尤其是对空气中的氧气、水蒸气、二氧化碳气体具有优异的阻隔、封口、抗冲击、抗拉性能。在厚度相同的情况下，PVDC 对氧气的阻隔性能是 PE 的 1500 倍，是 PP 的 100 倍，是 PET 的 100 倍。

主要生产设备有美国 IB506-3V 制瓶机。该机有注射、吹塑、脱瓶三个工位。全程工艺均由数字操控，且精度极高。如注射时间可从 0.1~9.9 秒任意选择和设置，生产循环周期可在 10~20 秒内设定和调节，精度可达±0.1 秒，温度可在 0~300℃，精度±0.1℃。设备采用垂直螺杆，注、吹、脱一步成型，成品光电检验，与输送机联动，实现火焰处理、自动计数、变位落瓶，形成高效自动流水线，适用多种高分子聚合物的大批量、小容量、高质量的药用塑料瓶生产。

（三）金属材料

包装用金属材料常用的有铁质包装材料、铝质包装材料。容器形式多为桶、罐、管、筒。

铁基包装材料分为镀锡薄钢板、镀锌薄钢板等。镀锡板俗称马口铁，为避免金属进入药品中，容器内壁常涂敷一层保护层，多用于药品包装盒、罐等。镀锌板俗称白铁皮，是将基材浸镀而成，多用于盛装溶剂的大桶等。

铝由于易压延和冲拔，可制成更多形状的容器，广泛应用于铝管、铝塑泡罩包装与双铝箔包装等，是应用最多的技术材料。

药用铝管设备包括冲挤机、修饰机、退火炉或清洗机、内涂机、固化炉、底涂机、印刷机、上光机、烘箱、盖帽机、尾涂机。组成的生产线分为自动线和半自动线两种，目前国外以高速全自动生产线为主，速度可达到 150~180 支/分钟，国产生产线速度一般为 50~60 支/分钟。

（四）纸质材料

纸是使用最广泛的药用包装材质，可用于内、中、外包装。包装是药品形象的重要组成部分，药品的外包装应当与内在品质一致，应追求包装给药品所带来的附加值。外包装纸张质量低劣，印刷粗糙很难给人留下良好的第一印象。且现在医药企业一般采用全自动包装生产线，质量低劣的纸板挺度不高，自动装盒时会对开盒率造成影响，降低生产速度。而且很多全自动生产线上都带有自动称重复检程序，低质纸板质量不稳定，克重偏差大，检测系统有可能会误认为药品漏装或少装，而把已经包装好的药物剔除，造成浪费。所以优质的纸材料是药厂的必须选择。

目前用于药品包装盒的纸板，主要有以新鲜木浆为原料的白卡纸、以回收纸浆为原料的白底白板纸和灰底白板纸。白卡纸市场上主要分为 SBS（solid bleached sulfate）和 FBB（folding boxboard）两种。SBS 以漂白化学浆为原料，结构为两层或三层，特点是白度较高，但同等克重纸板的挺度和厚度一般，印刷面积相对较小；FBB 以漂白化学浆作为纸板的表层和底层，以机械浆或热敏漂白化学机械浆为原料构成中间层，形成三层结构的纸板。在同等克重的条件下，FBB 型白板纸厚度高，挺度高，模切和折痕效果好，单位重量的印刷面积大。

（五）复合膜材

复合膜是指由各种塑料与纸、金属或其他材料通过层合挤出贴面、共挤塑料等工艺技术将基材结合在一起形成的多层结构的膜，具有防尘、防污、隔阻气体、保持香味、防紫外线等功能。单独使用任何一种包装材料均不能达到以上功能，复合后则基本可以满足药品包装所需的各种要求。但是复合膜同时也有难以回收、易造成污染的缺点。复合膜的表示方法为表层/印刷层/粘合层/铝箔/粘合内层（热封层）。典型复合材料结构与特点见表 10-4。

表 10-4　典型复合材料结构与特点

	典型结构	生产工艺	产品特点
普通复合膜	PET/DL/AL/PE 或 PET/AD/PE/AL/DL/PE	干法复合法或先挤后干复合法	良好的印刷适应性，气体、水分阻隔性
条状易撕包装	PT/AD/PE/AL/AD/PE	挤出复合	良好的易撕性，气体、水分阻隔性，降解性等
纸铝塑包装	纸/PE/AL/AD/PE	挤出复合	良好的印刷性，具有较好的挺度，气体、水分阻隔性，降解性等
高温蒸煮膜	BOPA/CPP 或 PET/CPP　PET/AL/CPP 或 PET/AL/NY/CPP	干法复合	基本能杀死包装内所有细菌，可常温放置，无需冷藏，具有较好的挺度，气体、水分阻隔性，耐高温，有良好的印刷性

第二节　计量装置

为了方便药品的精确计量、销售和患者的使用，更重要的是为了实现药品包装的全自动化，药品在包装之前必须进行定量计量。按照计量的方式不同，药品的计量装置可以分为容积式计量装置、计数式计量装置、称重式计量装置三类；按照被充填药品的物理状态不同，药品的计量装置可以分为粉体药物计量装置、粒状药物计量装置、液体药物计量装置、黏性液体的灌装装置四类。

一、粉状药物计量装置

粉体药物的计量装置常用的计量方法分为称重法和定容法两种。其中称重法计量准确，精度，高应用广泛，但结构复杂，计量速度慢，适用于堆积密度不稳定、流动性较差、易结块、计量较大量的粉体药物；定容法的计量精度较低，但是结构简单，计量速度更快，适用于堆积密度稳定、流动性好、计量小的粉体药物。

（一）称重法粉体药物的计量

称重式计量分为净重式计量和毛重式计量两种。先称出产品的质量，然后再填充入包装容器中称为净重式计量。如果称重产品是连同包装容器一起进行的则称为毛重式计量，毛重式计量多用于包装容易结块或者黏滞性较强的产品。称重式计量原理有两种，一种是基于杠杆力矩平衡原理的间歇称量计量装置，一般适用于低速计量，常用的装置是双杠杆阻尼秤；另一种是基于瞬时物流闭环控制原理的连续称量装置，又称为电子秤连续称重计量装置，以秤盘上的粉体药物的流量为给定值，利用等分截取装置获得所需物料的定量值，属于质量流量法自动秤的一种，流量调节可通过控制物料的料层厚度或者控制物料的流速两种方法实现。

（二）定容法粉体药物的计量

定容法计量装置按照物料容器的可调性，分为固定容积计量装置和可调容积计量装置两种；按照定量容器结构特点，分为量杯式、转鼓式、螺杆式和插管式四种。

1. 量杯式计量装置　结构简单但计量固定，计量精度与粉体药物的相对密度和装料速度有关，装量范围5~100g，误差范围2%~3%，适合固定剂量和相对密度稳定的粉体药物计量分装。固定量杯式计量装置由供料斗、转盘、计量杯、活门、底盖及固定内外挡销等组成。除了固定量杯式之外，还有可调量杯式。可调量杯式装量可调，结构比固定量杯式复杂，适用于相对密度稳定的粉体药物计量分装。

2. 转鼓式计量装置　是利用转鼓外缘与外壳之间形成的空间进行计量的计量装置。转鼓形状有圆柱形、棱柱形等，从而构成槽形、扇形、轮叶形等形状的容腔。转鼓式计量装置结构简单，由料斗、转鼓、下料引导管等组成，计量精度与量杯式相近，适用于流动性较好的粉体药物的定量包装。

3. 螺杆式计量装置　基于螺旋给料原理，利用螺杆槽的空腔作为计量容积的计量装置。螺杆每次旋转传送的物料量，可通过控制每一次循环中螺杆的转数实现计量目的，适用于流动性较好的粉体药品计量。

4. 插管式定容计量装置　是将定容的插管插入具有一定厚度且疏松的药粉储粉斗内，药粉被压入管内并附着于插管内而实现定量计量。计量范围为40~100mg，适用于密度小或具有黏附性的粉体药物。

二、粒状药物计量装置

中药丸剂、片剂、胶囊剂等具有一定的质量和形状，包装前多为散堆的状态，但包装时必须严格计数后充填。这种可以从散堆的粒状药物集合中取出规定数量粒状药品的装置称为粒状药物计量装置，包装成品称为计数集合包装。粒状药物计量装置分为机械筛动式模板数粒机和光电式数粒机两大类。

（一）机械筛动式模板数粒机

机械筛动式模板数粒机用模板上预制的与被计量药品形状相同的孔组进行计数。其数粒灌装头内装有数粒模板，模板上分若干份孔组，每份孔组的孔数等于每瓶的装量，灌装头内部装有偏心振动机构，在传动电机的带动下完成药品的筛动填充，同时灌装头按相反方向旋转药品到落药通道处，模板下装有固定的落药板和落药通道，粒状药物落入瓶中即完成数粒灌装。结构简图见图10-1。筛动式模板数粒机结构简单、价格较

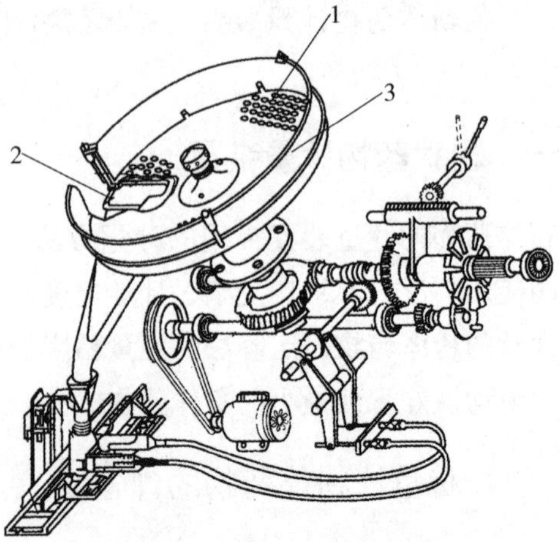

图 10-1　机械筛动计数器结构简图

1. 计数模孔；2. 卸料倾斜槽；3. 转鼓

低，为了提高灌装速度，数粒灌装头一般做成两个，称为两头筛动式模板数粒机，适用于品种单一、批量大、产量小、附加值低的品种。因其对粒状药品有磨损，容易出现缺粒和残损现象，而且更换品种耗时长，故不适用于多品种、异形和小批量粒状药物的生产。

（二）光电式电子数粒机

电子数粒机为目前主流的粒状药物计量装置，核心技术是光电计数传感器。其在每个数粒通道的一侧安装红外线发射传感器，再在正对面安装红外线感接收传感器。当粒状药物通过检测通道时，传感器发射的红外线被遮挡，另一侧接收传感器的感应值发生相应变化，中央微处理系统实时接收传感器的感应变化值，进行识别、判断通过粒状药物的特性，输出脉冲，完成对粒状药品的检测和计数。

三、液体药物计量装置

制剂生产中，黏度较小、密度稳定的液体药物占有很大的比例，需要将此类药液计量后灌注入由玻璃、金属、塑料等制成的各类型容器中，然后加以密封。液体药物计量装置灌装方式按容器中压力的大小可分为常压法、负压法、等压法三种。常压灌装是保持包装容器内常压，内部气体自然排出，包装容器置于低位，液体黏度较小，可以靠自重或活塞的作用从定量机构中排出，灌入包装容器中；负压灌装是先将包装容器密封，再抽去容器中的空气形成负压，将液体被吸入包装容器中；等压灌装是先向包装容器内充气，使容器内气压和料液容器内气压相等，然后靠液体的自重进行灌装，由于等压灌装只适用于溶有大量气体的液体灌装，故在制药行业应用极少。

（一）常压计量灌装

常压计量灌装适用于不含气体、不含易挥发物质的液体药物罐装。常压计量灌装根据定量方法的不同可分为定量杯计量、容器液面式计量、计量泵式计量、漏斗式计量、流量计式计量、时间压力管道式计量等计量方法。定量杯式液体计量装置是在标准大气压力下，药物依靠自重产生流动灌入包装容器的灌装方式，又称为重力灌装。容器液面式计量装置是通过调节插入包装容器内的排气管的位置高低来控制液位，以达到定量装料的灌装方式。漏斗式计量是将配好的药液以恒定流量由高位流入匀速转动的等分圆槽中，每一分格的等量药液经漏斗灌入同步转动的容器中实现定量灌装，又称为等分圆槽定量式灌装。流量计式计量是通过控制药液流入感应式流量计的药量来实现定量灌装，常用的流量计有浮子流量计、质量流量计、电磁流量计、涡街流量计、差压式流量计、表面声波流量计等，当液体通过流量计时会产生脉冲值，当流量达到设定要求时，受此控制的电磁阀阀杆推动硅胶管，使其闭合实现定量灌装。时间压力管道式计量是指在稳定的压力作用下，管道内液体以恒定流速在规定的时间内流出定量的液体实现定量灌装。

（二）负压计量灌装

负压灌装适用于快速灌装或剧毒药品的灌装。负压计量法可明显减少药液和空气的接触，特别有利于生产、贮存，尤其是含有易氧化的还原性药物的液体制剂生产。负压计量法根据贮液箱和瓶内压力的关系，分为压差真空灌装法、重力真空灌装法、真空压差灌装法。压差真空灌装法：贮液箱为常压，瓶内为负压，料液靠贮液箱与瓶内的压差流入瓶内，完成灌装。重力真空灌装法：贮液箱和瓶内均为负压，料液靠自身的重力作用流入瓶内，适合性质不稳定的或者有一定刺激性、毒性的药液灌装。真空压差灌装法：先将贮液箱和瓶内抽取真空，但是二者的真空度并不相同，瓶内真空度大于贮液箱内真空度形成压差，料液在压差的作用下流入瓶内。

四、黏性液体的灌装机构

黏性药品液体流动性较差，如安瓿装注射剂、口服液等。另外，有一些非牛顿流体药物的灌装也属于此类，如流浸膏、糖浆剂、乳膏等。黏性液体的灌装主要采用机械加压法。机械加压法与液体药物常用的常压、负压、等压三种计量灌装方式不同，并非通过气体改变压差，而是利用机械泵对药液进行加压，从而将药液注入容器中实现定量灌装。机械加压计量装置适用于有一定黏度的药液、容器口径细小或装量虽小但精度要求高的制剂进行定量灌装。常用的机械加压计量装置有柱塞式计量泵和齿轮式计量泵。柱塞式计量泵灌装时，柱塞做往复运动，将药液定量吸入后再排出。齿轮式计量泵的泵体中有一对回转齿轮，依靠两个齿轮的相互啮合，将整个工作腔分成两个独立部分，一个空腔形成真空吸入药液，另一个空腔挤压液体形成高压液体并经泵排出泵外。

第三节　药品电子数粒瓶装生产设备

诸如片剂、胶囊剂、丸剂等固体制剂的包装需要建立药品数粒瓶装生产线。计量分装设备是生产线的核心设备，根据数粒原理不同，又分为重量计量设备、容积计量设备、数量计量设备等。目前，以固体制剂的重量和容积的计量方式较少，而采用数量为计量单位的药品电子数粒瓶装分装设备被广泛采用，简称为药品数粒机。目前，药品数粒机已经从第一代机械筛动式数粒机发展到第二代光电式数粒机。20世纪90年代，我国引进以红外感应计数的电子式数粒机，经过多年发展，成品药的重量、尺寸精度不断提高，以电子粒机为主组成的固体制剂装瓶生产线，已在制药企业中广泛使用。

一、药品电子数粒瓶装联动生产线的工作过程

药品电子数粒瓶装联动生产线的基本工作过程共分六步。

1. 输送药瓶工序　送瓶装置将药瓶输送到理瓶桶，在理瓶桶内转盘的逆时针转动下，桶内的药瓶因离心力落入转盘槽，转盘槽内的药瓶通过出瓶板和出瓶瓶距装置进入理瓶装置，理瓶装置中的扶瓶机构在传送过程中把瓶口没有向上的药瓶自动扶正，理正的药瓶通过送瓶轨道传送到电子数粒机的装瓶位置进行灌装。

2. 灌装定位工序　送瓶轨道上的挡瓶构件将轨道传送过来的药瓶挡在装瓶位置，等待灌装。药品通过电子数粒机进入药仓，通过药仓上的计数光电传感器定量计数后装入装瓶位置的瓶中。

3. 附加物包塞工序　灌装好药品的药瓶通过送瓶轨道传送至附加物品包塞工序，将干燥剂包等装入瓶中，然后通过送瓶轨道传送给自动旋盖机。

4. 药瓶理盖工序　经理盖机构整理后的瓶盖送到落盖轨道，与此同时，输送到送瓶轨道上的药瓶也进入落盖区，药瓶被两边夹瓶装置夹紧向前移动时自动套上瓶盖，压盖装置在旋盖前先将瓶盖压至预紧状态，然后在两对高速旋转的耐磨橡胶轮的作用下，瓶盖紧紧地旋在瓶口上。

5. 药瓶封口工序　旋好盖的药瓶通过送瓶轨道传送给电磁感应铝箔封口机，瓶盖装有铝箔，经过电磁感应铝箔封口机加热，附在铝箔上的塑料膜熔融并与瓶口紧密粘合，获得密封效果。

6. 药瓶贴标工序　封好口的药瓶经送瓶轨道传输，通过瓶距调节机构等距离拉开，光电传感器感应到经过的药瓶，发出信号开始送标签纸，打印药品的生产日期、生产批号、有效期等信

息，然后平整地贴到要求的位置上，经压标签机构滚压，完成贴标过程。

二、药品电子数粒瓶装生产线组成与特点

药品数粒瓶装生产线一般由自动理瓶设备、自动计量装瓶设备、自动塞入设备、锁盖设备、封口设备、贴标签设备六个基本设备组成。

1. 自动理瓶设备　自动理瓶设备把各种形状的药瓶，按一定的规律整齐排列，并自动输送到瓶装生产线上。自动理瓶设备具有三大特点：①具有缺瓶报警功能，若储瓶斗内药瓶数量低于设定位置时可自动报警；②具有自动供瓶功能，理瓶处的药瓶数量低于设定值时可自动供瓶；③具有自动停止和剔瓶功能，当理瓶出口积瓶时可停止理瓶。

2. 自动计量装瓶设备　按每瓶装量要求，对药品进行自动计数并灌入瓶内。电子数粒机特点为适用药品范围广，可同时兼容片剂、胶囊剂、丸剂等，且更换品种不需要更换模具；装量可根据用户要求任意设置，灌装过程对药品无污染、无损伤。

3. 自动塞入设备　可根据装瓶工艺要求，自动把干燥剂、棉花、纸片等辅料塞入瓶内。自动塞入设备的特点为可设定每瓶塞入辅料的数量；在规定的速度范围内，运行速度连续可调并实时显示；无瓶则不塞入辅料。

4. 锁盖设备　锁盖设备可自动把瓶盖对准瓶口旋紧并压紧。锁盖设备的特点为运行速度在规定范围内连续可调并实时显示，无卡盖、堵盖、飞盖和反盖的现象，无瓶不落盖。

5. 封口设备和贴标签设备　封口设备自动对瓶口上的铝箔加热，使铝箔粘合于瓶口上并密封；贴标签设备能自动将标签贴在药瓶上。封口设备的特点为运行速度在规定范围内连续可调并实时显示，电磁感应装置无过热现象且管路系统应无渗漏，封口输出功率在标示的范围内连续可调并实时显示，封口机有自动剔除缺少铝箔的药瓶的功能。

三、智能丸剂瓶装包装线

智能丸剂瓶装包装生产线可通过智能控制程序完成物料的自动灌装、称重及输送等工序。智能丸剂瓶装包装线主要由自动理瓶机、多通道称重灌装机、直线式旋盖机、贴标机、打码机组成。目前，智能丸剂瓶装包装线已逐渐从机械化和自动化，发展到了智能化阶段。集成控制技术、在线检测和剔除技术、在线检测剔除确认技术、自动取样技术、产品生产全过程追溯系统等智能技术，均已经在智能丸剂瓶装包装线成功应用，且我国自有产权技术所占比例不断提高，不仅提高了生产效率，更提高了产品质量，保证了人们的用药安全，引领世界中药丸剂瓶装包装生产线发展。

四、配方颗粒瓶装包装线

中药配方颗粒是中医药现代化发展的产物，是由单味中药饮片按传统标准炮制后经提取浓缩制成的、供中医临床配方使用的颗粒。全智能中药配方颗粒生产线可将经制粒后过筛的含粉量小于13%的配方颗粒进行称重，同时实现容器瓶自动理瓶、自动按设定值称重、自动灌装、自动供盖和旋盖、电磁封口、自动贴标和溯源标识、不良检测的全过程自动运行和智能控制功能等工艺。配方颗粒瓶装包装线一般由自动理瓶机、空瓶称重机、颗粒自动称重灌装机、瓶身清洁机、旋转式旋盖机、总重称重机、铝膜封口机、贴标机、电子标签赋码及标识、工作台等十余套设备组成。配方颗粒瓶装包装线的研发和推广是我国中药现代化并走向国际化的又一经典成就，是中药生产技术的现代化、中药文化传播的现代化和提高中药产品国际市场份额的成功范例。

第四节　制袋充填封口包装设备

制袋充填封口包装机是将软包装如薄膜、软包装用纸等材料，根据被包装物的需要，按照相应尺寸制成软袋，并对被包装物进行包装的设备。制袋充填封口包装机常用于包装颗粒冲剂、片剂、粉状以及流体和半流体物料。

一、制袋充填封口包装设备工作原理

制袋成型充填封口包装系指将卷筒状的挠性包装材料（如 PVC）制成软袋，充填物料后，进行封口切断。自动制袋装填包装机的类型分为立式和卧式两大类；按制袋的运动形式分为间歇式和连续式两大类。立式自动制袋装填包装机，又分为立式间歇制袋中缝封口包装机、立式连续制袋三边封口包装机、立式双卷膜制袋包装机、立式单卷膜包装机、立式分切对合成型制袋四边封口包装机等。工艺流程为直接用卷筒状的热封包装材料自动完成制袋、计量和充填、排气或充气、封口和切断。

二、多边封制袋充填封口包装设备

多边封制袋充填封口包装机包括三边封和四边封扁平制袋封口包装机，可以用来包装小颗粒、粉剂、均匀粗颗粒、液体、软膏等形态的药品。物料包装工艺流程为药物置于料斗→料斗中的药物依靠自重落料→量杯左右摆动下料→拉膜→多边封口→切虚线连包撕口→按连包数量切断。

多边封制袋充填封口包装机整机包括七大部分：传送系统、膜供送系统、袋成型系统、纵封装置、横封及切断装置、物料供给装置以及电控检测系统。如图 10-2 所示。

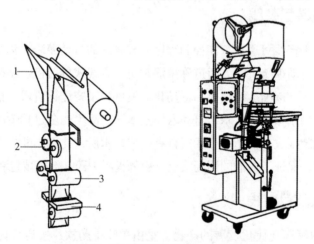

图 10-2　立式连续制袋装填包装机结构示意图
1. 制袋成型器；2. 纵封滚轮；3. 横封滚轮；4. 切刀

多边封制袋充填封口包装机机箱内安装有动力装置及传动系统，驱动纵封滚轮和横封辊转动，同时给定量供料器传送动力使其工作供料。卷筒薄膜在牵引力作用下展开，经导向辊张紧平整以及纠偏后，平展输送至制袋成型器。

1. 制袋成型器　使薄膜平展逐渐形成袋型。其设计形式多样，包括三角形成型器、U 形成型器、缺口平板式成型器、翻领式成型器、象鼻式成型器。如图 10-3 所示。

2. 纵封装置　在一对相对旋转、带有圆周滚花、内装加热元件的纵封滚轮的作用下相互压紧封合。后利用横封滚轮进行横封，再经切断等工序即可。

（1）纵封滚轮作用　①对薄膜进行牵引输送。②对薄膜成型后的对接纵边进行热封合。这两种操作是同时进行的。

（2）横封滚轮作用　①对薄膜进行横向热封合，横封辊旋转一周进行1~2次封合动作，当封辊上对称加工两个封合面时，旋转

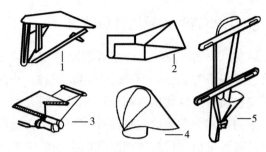

图 10-3　成带器
1. 三角形成型器；2. U 形成型器；3. 缺口平板式成型器；
4. 翻领式成型器；5. 象鼻式成型器

一周，两辊相互压合两次。②切断包装袋，这是在热封合的同时完成的。两个横封辊的封合面中间，分别装嵌有刀刃及刀板，在两辊压合热封时能轻易地切断薄膜。在一些机型中，横封和切断是分开的，即横封辊下另外配置有切断刀，包装袋先横封再进行切断刀分割。

3. 物料供料器　为定量供料器。粉状及颗粒物料，采用量杯式定容计量；片剂、胶囊可用计数器进行计数；量杯容积可调，多为转盘式结构，内由多个圆周分布的量杯计量，并自动定位漏底，靠物料自重下落，充填到袋形的薄膜管内。

4. 其他　电控检测系统，可以按需设置纵封温度、横封温度以及对印刷薄膜设定色标检测数据等。印刷、色标检测、打批号、加温、纵封和横封切断。防空转机构，在无充填物料时不供给薄膜。

三、背封式制袋充填封口包装设备

背封式制袋充填封口包装机所用的包装材料为纯铝箔复合膜或多层复合膜。背封式复合包装适用于中药、西药的散剂、颗粒剂等多种剂型的包装。一般工作流程为供膜→翻领成型→气动纵封→伺服电机皮带拉袋→气动横封→充填物料→成品输出。背封式制袋充填封口包装机体积小，加工速度快，计量精度高，简单易操作。背封式制袋充填封口线可连续自动完成制袋、计量、充填、封口、切割等包装工序，一次填充即可完成药物的多条袋自动包装。这种生产线各工位调整方便，整机维修率低，劳动强度小，生产效率和产品合格率高，是未来制袋充填封口包装重要的发展方向。

四、中药饮片包装设备

中药饮片是中药材按中医药理论、中药炮制方法，经过加工炮制后得到的，可直接用于中医临床的中药。中药饮片包装机是针对不规则的中药饮片，通过定量称量，按设定的剂量将中药饮片包装成袋的设备。现代中药饮片包装机采用称重定量生产出中药饮片小包装，改变了传统饮片包装简陋、卫生难以保障、分剂量不均匀、药物混包后难以辨认、药品错漏难以纠正等现象，是中药生产技术的现代化、中药文化传播的现代化和提高中药产品国际市场份额的又一成功范例。

中药饮片包装设备包括小袋饮片包装机、小剂量草类包装机、大袋饮片包装机、大剂量草类包装机以及多物料包装联动线等。中药饮片包装机的基本结构和制袋充填封口包装机一致，在此基础上还可根据各类中药饮片的特点，选择不同供料和称重定量装置，并在物料下落通道与封口程序上进行特殊的处理。

（一）小袋和大袋饮片包装机

果实、根茎、花叶、碎草等精致的中药饮片可采用中药饮片小袋或大袋包装。一般大袋包装机包装规格为 250g、500g、1000g 三种，小袋包装机包装则为 1~30g 多种包装规格。小袋和大袋包装机由自动供料筛粉提升机、组合称、包装机主体、出料输送带、打码机五大部分组成，下面对其中重要的装置简要介绍。①自动供料筛粉提升装置与剔除下料装置。自动供料筛粉提升装置可以在供料的同时筛除夹杂的细粉；剔除下料装置是在称重中出现的异常量时，通过在下料分叉通道上安装自动气动开合门来引导异常饮片流向收集斗，起到自动剔除不合格饮片的作用。②成袋器装置。成袋器装置可将薄膜平展翻折逐渐形成袋型。多采用翻领式成型器。③纵封和横封装置。纵封和横封装置均由一对气缸驱动的热合模板组成，进行封口。此外，横封装置还在热合模板中部，安装了由两个气缸驱动的切刀，用于在横封的同时切断。④

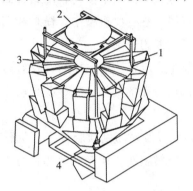

图 10-4 组合秤结构图
1. 秤量斗；2. 进料斗；
3. 振盘；4. 出料口

放膜步进装置。由料卷存放轴和电动拉膜对辊组成。可自动把膜从大的原料卷拉出，为成袋器供膜。⑤拉膜装置。由左右两套电驱动的拉膜带结构组成。可自动配合把膜下拉，从而成袋。⑥拍打与排气装置。拍打装置由一小电机带动凸轮拨板组成，可使饮片快速落到底部；排气装置位于横封刀下，先用海绵结构和弹簧结构排除袋中的空气后再封口和切断。⑦组合秤装置。组合秤是多个不同量程的秤的组合。组合秤装置由中心圆振动器和圆形布置的线振动器、过渡斗、秤斗、汇合料槽及电控组成，工作时可快速从多个斗中组合出符合设定重量的几个称而达到定量值。组合称结构如图 10-4。

（二）小剂量和大剂量草类包装设备

小剂量和大剂量草类包装设备的处理对象均为草类中药。小剂量草类包装机的称重范围是 3~100g/包，大剂量草类包装机的包装范围是 500~1000g/包。其设备结构与常规制袋机无异，运行时需人工将物料倒入提升机存料斗，振动落料装置筛除细粉后，提升斗自动将物料带到组合称处自动组合、称重，得到所需重量，同时下方的剔除装置自动将不合格重量剔除，称量后经拉膜、纵封、灌装、压料、托料、拍打、横封、切断、成品输出。

随着中药现代化的研究发展，目前多种饮片混合包装的需求日益增长，多物料袋装包装线应运而生，可满足不同组合种类饮片物料同时包装的需求。多物料袋装包装线的定量称量装置为关键机构，可根据饮片的类型进行选择，如均匀粒状饮片可通过数粒装置定量，密度均匀的粉末或颗粒饮片可用量杯来定量，不规则但易分离饮片可用组合称来定量，不易分离的多种饮片混合则用振动给料称重的方式来定量。多种称量方式柔性组合，从而实现不同饮片的同步组合包装，目前在中成药调剂、中药保健茶等中都有成功应用，为中药产业现代化提供了新的发展思路。

第五节 泡罩包装设备

泡罩包装设备属于热成型包装机的一种，是在加热条件下对热塑性片状包装材料进行深冲，形成包装容器，然后进行充填和封口的机器。泡罩包装机能完成包装容器的热成型、包装物料的充填（定量）、包装封口、裁切、修整等工序。用于包装药品片剂、胶囊剂、包衣片剂、针剂、栓剂等。

一、泡罩包装机的结构

泡罩包装是将一定数量的药品单独封合包装。底面是具有足够硬度的某种材质的硬片，如可以加热成型的PVC胶片，可以冷压成型的铝箔等，可形成单独的凹穴。上面覆盖一层表面涂敷有热熔黏合剂的铝箔，并与下面的硬片封合构成密封的包装。当用力压下泡罩，可以使药片穿破铝箔而出，故又称为穿透包装，又因为其外形像一个个水泡，又俗称为水泡眼包装。

目前市场上最常见的泡罩包装为铝塑泡罩包装。其具有的独特泡罩结构，包装后的成品可使药品互相隔离，即使在运输过程中药品之间也不会发生碰撞；包装板块尺寸小方便携带和服用，且只有在服用前才需打开最后包装，可有效增加安全感和减少药品的细菌污染；此外，还可根据需要在板块表面印刷与产品有关的文字，以防止用药混乱等多项优点，因此深受消费者欢迎。

泡罩包装板块尺寸的确定和药片排列形式的选择，是药品泡罩包装设计的重要环节。药片在板块的排列形式，既要考虑到节省包装材料降低成本，又要与药品每剂用量相对应，更要考虑到封合后的密封性能。

常见的板块规格有35mm×10mm，48mm×110mm，64mm×100mm，78mm×56.5mm等。但每个板块上药品的粒数和排列，可根据板块的尺寸、药片的尺寸和服用量决定，甚至取决于药厂的特殊需求。

一般说来每板块排列的泡罩数大多为10、12、20粒，在每个泡罩中药片数一般为1粒。当然药厂可根据临床应用需要，在每个泡罩中放入一次性的用量如2~3片，甚至更多。

1. 硬片 可作为泡罩包装用的硬质材料的主要为塑料片材，包括纤维素、聚苯乙烯和乙烯树脂，以及聚氯乙烯、聚偏二氯乙烯、聚酯等。

目前最常用的是硬质聚氯乙烯薄片（无毒聚氯乙烯，PVC膜）。因其用于药品和食品包装，故生产时对所用树脂原料的要求较高，不仅要求硬质聚氯乙烯薄片透明度和光泽感好，还有严格的卫生要求，如必须使用无毒聚氯乙烯树脂、无毒改性剂和无毒热稳定剂。

其厚度一般为0.25~0.35mm，因质地较厚、硬度较高，故常称其为硬膜。泡罩包装成型后的坚挺性取决于硬膜本身，所以硬膜的厚度亦是影响包装质量的关键因素。

除聚氯乙烯薄片外，常用复合塑料硬片和PVC/PVDC/PE、PVDC/OPWPE、PVC/PE等。若包装对阻隔性和避光性有特别要求，还可采用塑料薄片与铝箔复合的材料，PET/铝箔/PP、PET/铝箔/PE的复合材料。

2. 铝箔 铝箔通常有四类，分别为触破式铝箔、剥开式铝箔、剥开-触破式铝箔、防伪铝箔。①可触破式铝箔：是最广泛应用的覆盖铝箔（PT），其表面带有0.02mm厚的涂层，由纯度99%的电解铝压延制成。目前，铝箔是泡罩包装首选，甚至可以说是唯一选择的金属材料，尤其是我国，在药品包装方面使用的PTP铝箔，只有可触破式铝箔这一种形式。可触破式铝箔压延性好，可制得最薄、密封性好的包裹材料；是高度致密的金属晶体结构，无毒无味，有优良的遮光性，有极高的防潮性、阻气性和保味性，能最有效地保护被包装物。可触破式铝箔可以是硬质也可以是软质，厚度一般为15~30μm，基本结构为保护层/铝箔/热封层。可以和PVC、PP（聚丙烯）、PET（聚酯）、PS（聚苯乙烯）和PE（聚乙烯）以及其他复合材料等封合覆盖泡罩，具有非常好的气密性。②剥开式铝箔：剥开式铝箔气密性与触破式铝箔基本一样，区别在于其与底材的热封强度不是太高，易于揭开。此外它只能使用软质铝箔制造的复合材料，而不能使用硬质材料。其基本结构为纸/PET/AL/热封胶层，PET/AL/热封层，纸/AL/热封层等，热封强度没有最低值要求，适合于儿童安全包装以及怕受挤压的包装物品。③剥开 -触破式铝箔：这种包装主要用于儿童安全保护，同时也便于老人开启。开启的方式是先剥开铝箔上的 PET 或纸/PET 复合膜，然后触破铝箔取得药品，其基本结构为纸/PET/特种胶/AL/热封层，PET/特种胶/AL/热封层。美国和德国的泡罩包装大多要求采用这种铝箔，用于儿童安全包装。④防伪铝箔：防伪铝箔除了对位定位双面套印铝箔外，还在铝箔表面进行了特殊地印刷、涂布和植入了特殊物质，或者铝箔本身经机械加工制成特殊形式的 PTP 铝箔，从而达到防伪目的，故称为防伪铝箔。防伪铝箔总体可分油墨印刷防伪、激光全息防伪、标贴防伪和版式防伪等。防伪铝箔的使用，可使药厂的利益得到一定的保护，是未来泡罩包装的发展方向。

二、铝塑包装机工作流程

药用铝塑泡罩包装机又称为热塑成型泡罩包装机，因其硬片多采用塑料，金属多采用铝箔，故多称为药用铝塑泡罩包装机。

药用铝塑泡罩包装机可用来包装各种几何形状药品。其所有工作均是在平面内进行包装作业，占地面积小，用较少的人力即能实现快速包装作业，具有污染少、包装工艺简易、能源消耗少等多种优点。不足之处是有的塑料泡罩防潮性能较差，但随着塑料工业的发展，新型的包装材料不断被开发出来，防潮性能已得到极大的改善。

药用铝塑泡罩包装机共有三类，分别是滚筒式铝塑泡罩包装机、平板式铝塑泡罩包装机、滚板式铝塑泡罩包装机。三者的工作原理均是一致的。以平板式铝塑泡罩包装机为例，一次完整的包装工艺，至少包括完成 PVC 硬片输送、加热、泡罩成型、加料、盖材印刷、压封、批号压痕、冲裁八项工艺过程。工作原理如图 10-5 所示。首先需在成型模具上加热使 PVC 硬片变软，再利用真空或正压，将其吸塑或吹塑成形，形成与待装药物外形相近的形状和尺寸的凹泡，再将药物充填于泡罩中，检整后以铝箔覆盖，用压辊将无凹泡处的塑料片与贴合面涂有热熔胶的铝箔加热挤压黏结成一体，打印批号，然后根据药物的常用剂量（如按一个疗程所需药量），将若干粒药物切割成一个四边圆角的长方形，剩余边材可剪碎或卷起，供回收再利用，即完成铝塑包装的全过程。

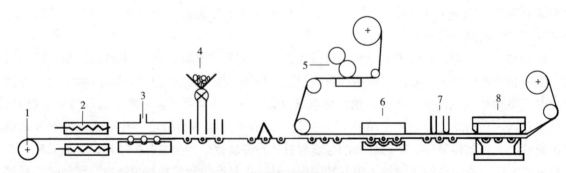

图 10-5 平板式泡罩包装工艺流程图
1.PVC 硬片输送；2.加热；3.泡罩成型；4.加料；5.盖材印刷；6.压封；7.批号压痕；8.冲裁

三、铝塑泡罩包装机结构

铝塑泡罩包装机主要用于包装胶囊、片剂、胶丸、栓剂等固状药品，采用了内加热形式，是目前国内外最小、最先进、价格较低的机型。

（一）泡罩包装机的结构组成

泡罩包装机由加热部（薄膜与加热部接触加热）、成型部（采用压缩空气或真空成型）、充填部（自动充填或手动充填）、封合部、机械驱动部、薄膜盖板［卷筒（铝箔、纸）、薄膜进给］和机身部分结构组成。

1. 加热部分 利用一定的加热装置对塑料薄膜加热，使之达到成型加工所需要的热融软化状态。按热源不同，常用的加热方式有热气流加热和热辐射加热。热气流加热系将高温热气流直接喷射到被加热材料表面，这种方式加热效率不高，且不够均匀；热辐射加热是用加热器产生的辐射热来加热材料的，其辐射能来自光谱的红外线段电磁波，塑料材料对一些远红外线波长的波有强烈的吸收作用，加热效率高，所以热成型包装机多采用远红外加热装置。按加热器与材料接触的方式分为直接加热和间接加热两种方式。直接加热是使薄片与加热器接触加热，加热速度快，但不均匀，只适合加热较薄材料；间接加热是利用辐射热，靠近薄片加热，加热透彻而均匀，但速度较慢，对厚薄材料均适用。

2. 成型部分 成型是泡罩包装过程的重要工序。泡罩成型的方法有四种，分别为真空负压成型、压缩空气正压成型、冲头辅助压缩空气正压成型、冷压成型。①真空负压成型又称为吸塑成型，系指利用抽真空将加热软化的薄膜吸入成型模的泡窝内形成一定几何形状，从而完成泡罩成型的一种方法。吸塑成型一般采用辊式模具，模具凹槽底设有吸气孔，空气经吸气孔迅速抽出。其成型泡罩尺寸较小，形状简单，但是因采用吸塑成型，导致泡罩拉伸不均匀，泡窝顶和圆角处较薄，泡易瘪陷。②压缩空气正压成型又称为吹塑成型，系指利用压缩空气（0.3~0.6MPa）的压力，将加热软化的塑料吹入成型模的窝坑内，形成需要的几何形状泡罩。模具的凹槽底设有排气孔，当塑料膜变形时，膜模之间的空气经排气孔迅速排出。其设备关键是加热装置一定要正对模具的位置，才能使压缩空气的压力有效地施加到因受热而软化的塑料膜上。正压成型的模具多制成平板形，在板状模具上开有行列小矩阵的凹槽作为步进机构，平板的尺寸规格可根据药厂的实际要求确定。③冲头辅助压缩空气正压成型俗称有冲头吹塑成型。系指借助冲头将加热软化的薄膜压入凹模腔槽内，当冲头完全进入时，通入压缩空气，使薄膜紧贴模腔内壁，完成成型工艺。应注意冲头尺寸是重要的参数，一般来说其尺寸应为成型模腔的60%~90%。恰当的冲头形状尺寸、推压速度和距离，可以获得壁厚均匀、棱角挺实、尺寸较大、形状复杂的泡罩。另外，因为其所成泡罩的尺寸较大、形状较为奇特，所以成型机构一般都为平板式而非圆辊式。④冷压成型又称凸凹模冷冲压成型。当包装材料的刚性较大，如以金属材质作为硬片时，可采用凸凹模冷冲压成型方法，将凸凹模具合拢，将金属膜片进行成型加工，凸凹模具之间的空气由成型凹模的排气孔排出。

目前，最常用的成型方式为真空负压成型、压缩空气正压成型、冲头辅助压缩空气正压成型三种。其结构特点见图10-6、图10-7、图10-8。

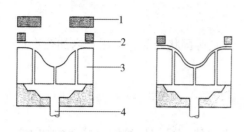
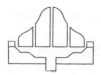
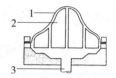

图 10-6 真空负压成型   图 10-7 压缩空气正压成型
1. 加热机构；2. PVC 硬片；3. 模具；4. 真空管   1. PVC 硬片；2. 模具；3. 真空管

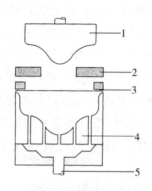
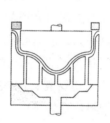

图 10-8 冲头辅助压缩空气正压成型
1. 冲头；2. 加热机构；3. PVC 硬片；4. 模具；5. 真空管

3. 封合部分 首先将铝箔膜覆盖在充填好药物的成型泡罩之上，再将承载药物的硬片和软片封合。基本原理是通过内表面加热，然后加压使其紧密接触，再利用胶液，形成完全热封动作。此外为了确保压合表面的密封性，一般以菱形密点或线状网纹封合。

热封机构有辊压式和板压式两种形式。结构原理如图 10-9、图 10-10 所示。①辊压式热封：又称连续封合，系指通过转动的两辊之间的压力，将封合的材料紧密结合的一种封合方式。封辊的圆周表面有网纹使其结合更加牢固。在压力封合的同时还伴随加热过程。封合辊由两种轮组成，一个为无动力驱转的从动热封辊，另一个是有动力主动辊。从动热封辊与主动辊靠摩擦力做纯滚动，可在气动或液压缸控制下产生一定摆角，从而与主动辊接触或脱开。因为两辊间接触面积很小，属于线性接触，单位面积受到的压力极大，即相同压力下压强高，因此当两材料进入两辊间，压合与牵引同时进行，较小的压力即可得到较好的封合效果。②板压式热材：通过两个板状的加热热封板和下模板，与到达封合工位的封合材料的表面相接触，将其紧密压在一起进行封合，然后迅速离开，完成工艺。板式模具热封包装成品比辊式模具的成品平整，但由于封合面积较辊式热封面积大，即单位压强较小，故封合所需的压力比辊压式大。此外，现代化高速包装机的工艺条件不能提供较长的热封时间，但是如果热封时间太短，黏合层与 PVC 胶片之间热封不充分。为此，一般推荐的热封时间不少于 1 秒。再者，要达到理想的热封强度，就要设置一定的热封压力。如果压力不足，不但不能使产品的黏合层与 PVC 胶片充分贴合热封，甚至会使气泡留在两者之间，达不到良好的热封效果。

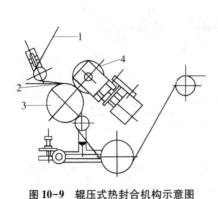

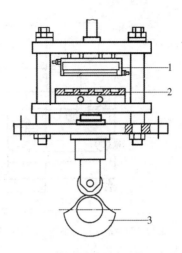

图 10-9 辊压式热封合机构示意图

1. 铝箔；2. PVC 泡窝片；3. 主动辊；4. 热压辊

图 10-10 板压式热封合机构示意图

1. 上热封板；2. 下热封板；3. 凸轮机构

4. 压痕与冲裁机构 压痕包括打批号和压易折痕。我国行业标准中明确规定"药品泡罩包装机必须有打批号装置"。打批号可在单独工位进行，也可以与热封同工位进行。为方便多次服用时分割，单元板上常压出易折裂的断痕，用手即可掰断。将封合后的带状包装成品冲裁成规定的尺寸，则为冲裁工序。无论是纵裁还是横裁，都要以节省包装材料为原则，尽量减少冲裁余边或者无边冲裁，并且要求成品的四角冲成圆角，以便安全使用和方便装盒。冲裁后的边角余料如果仍为网格带状，可利用废料辊的旋转将其收拢，否则可剪碎处理。

5. 其他机构 ①铝箔印刷。须在专用的铝箔印刷涂布机械上进行，原理为通过印刷辊表面的下凹表面来完成印刷文字或图案，所以又称为凹版印刷。它是将印版辊筒通过外加工制成印版图文，图文部分在辊筒铜层表面被腐蚀成墨孔或凹坑；非图文部分是印版辊筒在墨槽内转动，在每个墨孔内填充稀薄的油墨，当辊筒从表面墨槽中旋出时，多余的油墨由安装在印版辊筒表面的刮墨刀刮去，印版辊筒旋转下向铝箔，使墨孔的油墨转移到铝箔表面，完成印刷。印刷使用的主要原材料是药用铝箔、铝箔用油墨及溶剂材料和铝箔涂布用黏合剂材料。②冷却定型装置。为了使热封合后铝箔与塑料平整，往往采用具有冷却水循环的冷压装置将二者压平。

（二）三种铝塑泡罩包装机结构与工作原理

泡罩式包装机根据自动化程度、成型方法、封接方法和驱动方式等不同可分为多种机型。一般按照泡罩包装机结构形式将其分成三类，分别是辊筒式、平板式和辊板式。三种铝塑泡罩包装机结构如图 10-11、图 10-12、图 10-13，特点对比详见表 10-5。

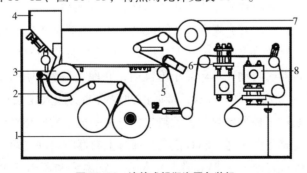

图 10-11 滚筒式铝塑泡罩包装机

1. PVC 硬片输送；2. 加热；3. 泡罩成型；4. 加料；5. 铝箔；6. 压封；7. 批号压痕；8. 冲裁

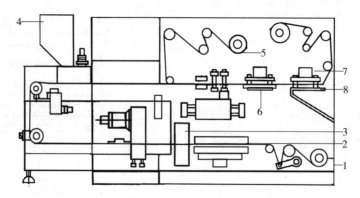

图 10-12　平板式铝塑泡罩包装机结构示意图

1. PVC 硬片输送；2. 加热；3. 泡罩成型；4. 加料；5. 铝箔；6. 压封；7. 批号压痕；8. 冲裁

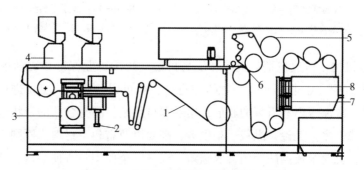

图 10-13　滚板铝塑泡罩包装机结构示意图

1. PVC 硬片输送；2. 加热；3. 泡罩成型；4. 加料；5. 铝箔；6. 压封；7. 批号压痕；8. 冲裁

表 10-5　三种铝塑泡罩包装机结构特点对比

	辊筒式	平板式	辊板式
成型	负压成型、辊式模具	正压成型、板式模具	正压成型、辊式模具
封合	线、瞬热式	面	线、瞬热式
成型压力	<1MPa	>4MPa	>4MPa
优点	2.5~3.5m/min，冲裁 28~40 次；结构简单、操作方便	效率低（最高 2m/min）但精确度高、泡窝拉伸大、深度可达 35mm	取两者之长，高效率、节省包装材料、泡罩质量好
适用范围	适合同一品种大批量生产	中小批量、特殊形状药品包装	大批量包装

1. 三种铝塑泡罩包装机工作原理区别　①辊筒式铝塑泡罩包装机：PVC 片通过半圆型预热装置预热软化，在圆辊上的转成型站中利用真空吸出空气成型为泡窝；PVC 泡窝片通过上料器时自动充填药品于泡窝内，在驱动装置作用下进入双圆辊热封装置，使 PVC 片与铝箔在一定温度和压力下密封；最后由冲裁站冲剪成规定尺寸的板块。②平板式泡罩包装机：PVC 片通过平板型预热装置预热软化，在平板型的成型站中吹入高压空气或先以冲头预成型再加高压空气成型为泡窝；PVC 泡窝片通过上料器时自动充填药品于泡窝内，在驱动装置作用下进入平板式热封装置，使 PVC 片与铝箔在一定温度和压力下密封；最后由冲裁站冲剪成规定尺寸的板块。③辊板式铝塑泡罩包装机：PVC 片通过平板型预热装置预热软化，在平板型的成型站中吹入高压空气或先以冲头预成型再加高压空气成型为泡窝；PVC 泡窝片通过上料器时自动充填药品于泡窝内，在驱动装置作用下进入双圆辊热封装置，使 PVC 片与铝箔在一定温度和压力下密封；最后由冲裁站冲剪成规定尺寸的板块。

2. 三种铝塑泡罩包装机关键参数差异 ①辊筒式铝塑泡罩包装机：PVC泡窝片运行速度可达3.5m/min，最高冲裁次数为45次/分钟。成型压力小于1MPa。泡窝深度10mm左右。②平板式泡罩包装机：PVC片材宽度分210mm和170mm等几种。PVC泡窝片运行速度可达2m/min，最高冲裁次数为30次/分钟。成型压力大于4MPa。泡窝深度可达35mm。③辊板式铝塑泡罩包装机：PVC泡窝片运行速度可达3.5m/min，最高冲裁次数为120次/分钟。成型压力可根据需要调整大于4MPa。泡窝深度可调控。

3. 三种铝塑泡罩包装机优缺点 ①辊筒式铝塑泡罩包装机：负压成型，形成的泡罩形状简单，拉伸不均匀，顶部较薄，板块稍有弯曲；成型速度受到限制，使得生产能力一般，冲切次数不超过45次/分钟。辊式封合及辊式进给，泡罩带在运行过程中绕在辊面上形成弯曲，因而不适合成型较大、较深及形状复杂的泡罩，被包装物品的体积也应较小，但其属于连续封合，封合压力较大，质量易于保证。②平板式泡罩包装机：间歇运动，需要有足够的温度和压力以及封合时间；不易高速运转，热封合消耗功率大，封合的牢固程度一般，适用于中小批量药品包装和特殊形状物品的包装；泡窝拉伸比大，深度可达35mm，可满足大蜜丸包装、医疗器械包装的需求。由于采用板式成型、板式封合，所以对板块尺寸变化适应性强，板块排列灵活，冲切出的板块平整，不翘曲。充填空间较大，可同时布置多台充填机，更易实现一个板块包装多种药品，扩大了包装范围，提高了包装档次。③辊板式铝塑泡罩包装机：该类机型结构介于辊式和板式包装机之间，工艺路线一般呈蛇形排布，使得整机布局紧凑、协调，外形尺寸适中，观察操作维修方便，模具更换简便、快捷，调整迅速可靠。此类机型由于采用辊筒式连续封合，所以将成型与冲切机构的传动比关系协调好，可大大提高包装效率，冲切频率最高可达100次/分钟以上。一般直径超过16mm的大片剂药品、胶囊、异形片在板块上斜排角度超过45°时，不适合用此类包装设备。

（三）双铝泡罩包装机

有些药物对避光要求严格，可采用两层铝箔包封（称为双铝包装），即利用一种厚度为0.17mm左右的铝箔代替塑料（PVC）硬膜，使药物完全被铝箔包裹起来。这种稍厚的铝箔具有一定的塑性变形能力，可以在压力作用下，利用模具形成罩泡。此机的成型材料为冷成型铝复合膜，泡罩是利用模具通过机械方法冷成型而获得，又称为延展成形或深度拉伸。

模具的润滑方式、成型压力和压边力是影响双铝泡罩包装机效果的三个因素。因此，冲头的选择是决定设备优劣的关键。因为成型泡罩与冲头形状相同，成型膜表面为聚丙烯膜，摩擦系数较大，而冲头处又不允许加油润滑，如用摩擦系数较大的材质做冲头，容易造成起皱或拉断，故目前多选用具有一定强度、具有自润滑效果的特氟隆作为冲头材质。

（四）热成型包装机常见问题与分析

1. 热封不良 热封后版面上网纹不清晰，局部点状网纹过浅几近消失等现象是因为热封网纹板、下模粘上油墨或其他物废以及热封网纹板、下模局部浅表凹陷样损伤。热封网纹板、下模被污染要及时清洗，清洗时先用丙酮等有机溶剂湿润，然后用铜刷沾丙酮反复刷洗，切记不要以硬物戳剥，以免损伤平面。如热封网纹板上有毛刺，可在厚平板玻璃上洒水后推磨热封网纹板，以消除毛刺。如热封网纹板、下模局部有浅表凹陷，则需要在较精密的平面磨床上磨平。一般情况下，热封网纹板需磨0.05mm，下模需磨0.1mm。

2. 热封后铝箔起皱 热封后铝箔起皱现象是铝箔与塑片黏合不整齐而产生的现象。一般是宽度过宽导致，不改变硬片的宽度，将软片的宽边从中间裁开，可有效改变这一状况。

3. 适宜压力的掌握　包装机对吹泡成型、热封、压痕钢字部位合模的压力要求严格，因此在调整立柱螺母、压力、拉力螺杆的扭力时，不得随意改变扳手的力臂，以保证扭力的一致性，或者用扭力扳手对以上螺母或螺杆给予适宜的扭力。

4. 压力与温度设定调整　在保证包装材料不变形的情况下，设定的温度越高，封合压力越低，可以减少磨损，延长机器运转寿命。

扫一扫, 查阅本章数字资源, 含PPT、音视频、图片等

热量传递是指由于物质系统内温度不同, 热量由一处转移到另一处的过程, 简称传热。在制药生产过程中, 许多过程都伴有传热, 主要为达到以下目的: ①加热或冷却物料, 使之达到适宜的指定温度。温度是控制反应进行的重要条件, 过高过低都会导致原料利用率降低, 温度控制不当甚至会发生事故。②换热 (冷热保温)。生产过程如蒸馏、蒸发、干燥、结晶、冷冻等操作中, 须移走或供给一定的热量才能保证生产顺利进行。③节能。充分利用能量是制药生产中极为重要的问题, 设备和各种管道包裹绝热层以减少热量的损失和导入, 充分利用反应热, 回收余热和废热以降低生产成本和保护环境。

第一节　概　述

换热设备是进行各种热量交换的设备, 通常称作热交换器, 简称换热器。由于生产规模、物料性质、换热要求的不同, 换热设备的类型多种多样, 被广泛地用于化工、石油、食品及其他许多工业部门。根据用途不同可分为加热器、冷却器、冷凝器和蒸发器。根据冷、热流体热量交换原理和方式不同可分为混合式、蓄热式和间壁式换热器三类。混合式换热器的工作原理是冷、热流体在容器内直接接触而进行传热的, 又称为直接接触式换热器, 传热效率较大, 适用于允许流体相互混合的场所, 如冷却塔、气体洗涤塔。蓄热式换热器的工作原理是热流体和冷流体交替进入同一换热器传热。间壁式换热器的工作原理是冷、热流体被换热器器壁 (传热面) 隔开, 不相混合, 分别在两侧流动进行热交换。

制药工业生产中最常用的换热设备是间壁式换热器, 可分为夹套式换热器、沉浸式蛇管换热器、喷淋式换热器、套管式换热器、管壳式换热器等。传统的间壁式换热器, 除夹套式外, 大多是管式换热器 (包括蛇管、套管、管壳等)。管式换热器的共同缺点是结构不紧凑, 单位换热器容积提供的传热面积小, 金属耗量大。随着工业的发展, 不少高效紧凑的换热器出现并逐步趋于完善。这些换热器基本上分为两类, 一类是在管式换热器的基础上加以改进, 另一类则摆脱圆管, 出现各种板式换热器 (如螺旋板式换热器、板式换热器、翅片式换热器)、强化管式换热器、热管换热器和流化床换热器。相比较而言, 一般板式换热器单位体积的传热面积及传热系数比管式换热器大, 又称作高效换热器。国内常用换热器基本达到标准化、系列化, 可根据工艺要求, 初步估算所需的传热面积, 然后按有关标准进行选型、核算。

第二节　常用换热器

换热器在制药化工生产中占有重要的地位, 所用的类型很多, 故需了解各种换热器的特点,

以便根据生产工艺要求选用适当的类型。换热器设计应根据传热的基本原理，选择流程，确定换热器的基本尺寸，计算传热面积以及校核流体阻力等。对于已有系列化标准的换热器，可通过必要的核算进行选用。

在制药化工生产中，大多数情况下，冷、热两种流体在换热过程中不允许混合，故间壁式换热器被广泛使用。本节将简要介绍几种典型常用的间壁式换热器。

一、夹套式换热器

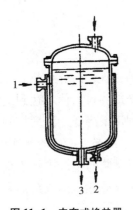

图 11-1　夹套式换热器
1. 蒸气；2. 冷凝水；3. 出料口

夹套式换热器是在容器外壁安装夹套制成的，如图 11-1 所示。夹套装在容器外部，和器壁间形成密闭的空间，成为流体的通道。加热时，水蒸气由上部接管进入夹套，冷凝水则由下部接管中排出。冷却时，冷却水则要由下部进入，由上部流出。由于夹套内部清洗困难，故一般用不易产生垢层的水蒸气、冷却水等作为载热体。

夹套式换热器结构简单，但其传热面积受容器壁面的限制，传热系数不高。为提高传热系数使换热器内液体受热均匀，可以在换热器内安装搅拌器。当夹套内通冷却水或无相变的加热剂时，为提高其对流传热系数，可在夹套内加设螺旋挡板或其他可增加湍动的措施，这样既可使冷却水流向一定，又可提高流速，从而增大传热系数。为弥补换热面积不足，如需及时移走较大热量时，可在换热器内加设安装蛇管（或列管），管内通入冷却水，及时取走热量以保持反应器内的温度。夹套式换热器结构简单，生产中主要用于反应器的加热或冷却。

二、蛇管式换热器

蛇管式换热器主要分为沉浸式和喷淋式两种。

1. 沉浸式蛇管换热器　沉浸式蛇管换热器多以金属管道反复弯绕而成，制成各种与容器相适应的形状，并将其沉浸在容器中，如图 11-2 和图 11-3 所示。冷热两种流体分别在弯管内、外进行换热。沉浸式蛇管换热器的主要优点是结构简单、便于制造，可用耐腐蚀材料制造，且能承受高压。其主要缺点是管外容器内液体的湍动程度低，故管外的对流传热系数较小，总传热系数亦小。为提高传热系数，容器内可增设安装搅拌装置。

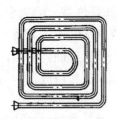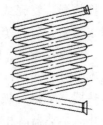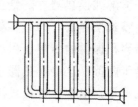

图 11-2　蛇管形状示意图

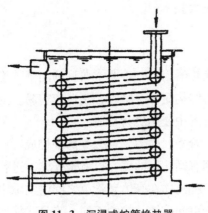

图 11-3　沉浸式蛇管换热器

2. 喷淋式蛇管换热器　如图 11-4 所示，喷淋式蛇管换热器是将换热管成排固定安装在钢架上，冷却水由最上面的喷淋装置均匀淋下，沿管表面下流，故称为喷淋式换热器。热流体在换热管内流动，自最下面管道流入，由最上面管道中流出，与管外的冷流体进行热交换。喷淋式换热器管外是一层湍动程度较高的液膜，故其管外给热系数要比沉浸式换热器大很多。此外，此类换热器大多放置在空气流通的地方，冷却水蒸发也能带走一部分热量，可降低冷却水温度，增加传热推动力，故传热效果较沉浸式为好。与沉浸式换热器相比，喷淋式蛇管换热器便于检修和清洗。主要缺点是占地面积较大，水滴溅洒到周围环境，且喷淋不均匀。

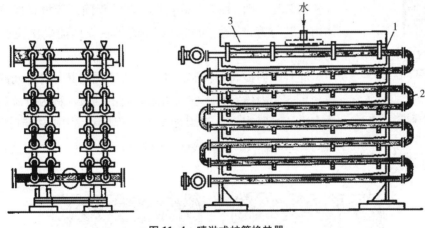

图 11-4　喷淋式蛇管换热器
1. 直管；2. U 形管；3. 水槽

三、套管式换热器

套管式换热器是将两种直径大小不同的直管装成同心套管，并由 U 形弯头连接而成。如图 11-5 所示，每段套管称为一程，每层的内管用 U 形管连接，而外管间也由管道连接，换热器的程数可以随所需传热面大小而增减。此类换热器，一种流体在内管中流动，另一种流体在套管的环隙中流动，两流体皆可有较高的流速呈湍流状态，故一般传热系数较大，同时也减少了垢层的形成。此外，两种流体可始终保持纯

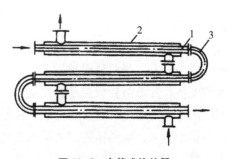

图 11-5　套管式换热器
1. 内管；2. 外管；3. U 形管

逆流流动，故对数平均推动力较大。

四、管壳式换热器

管壳式换热器又称列管式换热器，是一种非常典型的间壁式换热器，使用历史悠久，在化工和制药生产中被广泛使用。它的结构简单、坚固，制造较容易，处理能力大，适应性强，操作弹性较大，在高压、高温和大型装置中使用更为普遍。

管壳式换热器主要由管束、管板、壳体、封头等部件构成。一些直径小的管道固定在管板上就形成一组管束，管束的外边套有圆筒形的壳，也就是壳体。进行热量交换时，一种流体在管束内流动，其行程称为管程；另一种流体在壳体和管束之间的空隙中流动，其行程称为壳程。管束的壁面即为间壁传热面。根据管束和壳体结构的不同，管壳式换热器可分为固定管板式、浮头式和 U 形管式。

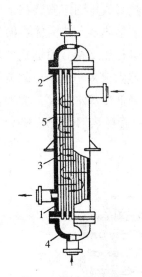

图 11-6 管壳式换热器

1. 壳体；2. 管板；3. 管束；
4. 封头；5. 折流挡板

1. 固定管板式换热器　固定管板式换热器的壳体用法兰与封头连接，管束的两端与管板、管板与壳体用焊接法或胀接法固定连接。图 11-6 所示为单壳程、单管程换热器。为了提高管程的流体流速，可采用多管程，即在换热器两端的封头内安装隔板，使管束被分成若干组，管程流体依次通过每组管道，往返多次实现多管程。增多管程数，可提高管程流体的流速和对流传热系数，但同时流体的机械能损失相应也会增大，结构复杂性增加，故管程数不宜太多，以 2、4、6 程较为常见，图 11-7 为单壳程、四管程固定管板式换热器。若在壳体内安装与管束平行的挡板，使流体在壳内能多次往返，则称为多壳程。

此外，为提高壳程流体流速，进而提高其与管壁间的对流传热系数，可在壳内体安装一些与管束垂直的挡板，称为折流挡板，强制流体多次流过管束，从而增加其湍动程度。常用的折流挡板有圆缺形（或称弓形）或圆盘形两种，如图 11-7 所示。

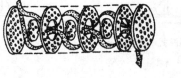
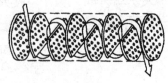

（a）　　　　　　　　　　　　（b）

图 11-7　常见的折流挡板示意图

a：圆盘形折流挡板；b：圆缺形折流挡板

固定管板式换热器由于管内、外的流体温度不同，壳体和管束的温度不同及热膨胀程度不同而存在温差应力。当两者温度相差较大（50℃以上），可引起很大的内应力，造成设备变形，管道弯曲变形，管道与管板连接部位泄漏，严重时管道甚至从管板上松脱出来。因此，须采取消除或减小热应力的措施，称为热补偿。固定管板式换热器常用于管束和壳体的温度差小于 50℃ 的场合。当温差稍大，而壳体内压力又不太高时，可在壳体上安装热补偿圈（或称膨胀节）以减小热应力，见图 11-8。当温差较大时，通常采用浮头式或 U 形管式换热器。

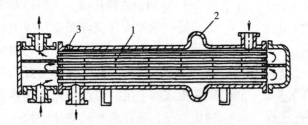

图 11-8　具有补偿圈的固定管板式换热器

1. 折流挡板；2. 膨胀节；3. 壳体

2. 浮头式换热器　如图 11-9 所示，浮头式换热器一端的管板与壳体固定，另一端的管板不与壳体固定，可沿轴向自由伸缩移动，故称为浮头。这种结构可使管束的膨胀不受壳体的限制，当两种流体温差大时，不会因为管束与壳体的热膨胀不同而产生热应力，故这种换热器可应用于管壁与壳壁金属温度差大于 50℃，或冷、热流体温度差超过 110℃ 的场合。浮头式换热器不但可完全消除热应力，而且整个管束可以从壳体中抽出，便于清洗和检修。因此，尽管相比于固定管板式换热器，浮头式换热器结构较复杂，造价较高，但应用仍较普遍。

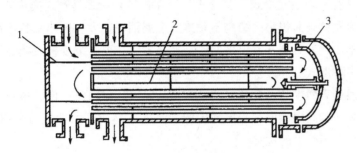

图 11-9　浮头式换热器

1. 管程隔板；2. 壳程隔板；3. 浮头

3. U 形管式换热器　U 形管式换热器的结构如图 11-10 所示。这种换热器内的管束均被弯成 U 形，两管端被固定在同一块管板上，封头内用隔板分成两室。因只有一端与管板固定相连，管束可因冷热变化而自由伸缩，与壳体无关且不会产生热应力，从而解决了热补偿问题。

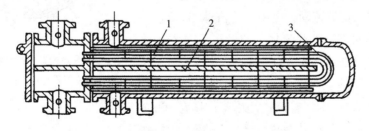

图 11-10　U 形管式换热器

1. 折流挡板；2. 壳程隔板；3. U 形管

U 形管式换热器的金属消耗量比浮头式换热器的消耗量可减少 12%~20%，能承受较高的压力和温度；结构比浮头式简单，管束可以从壳体抽出，管外壁清洗方便。主要缺点是壳内需要装折流挡板，制造困难。因 U 形管需要一定的弯曲半径，管板上管道排列少，结构不紧凑，管内清洗困难。因此，一般用于通入管程的介质是干净的或不需要机械方法清洗的，如高压或低压气体。

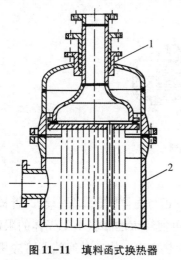

图 11-11　填料函式换热器

1. 填料函；2. 壳体

4. 填料函式换热器　该种换热器的管束一端与管板固定，另一端浮头与壳体采用外置填料函密封，如图 11-11 所示，故管束可以在壳体轴向自由伸缩，管束和壳体间不会产生温差应力。它具有浮头式的优点，同时又克服了固定管板式的不足。与浮头式换热器相比，结构简单，加工制作方便，且管束可从壳体中抽出，管内和管间都能进行清洗，检修容易，泄漏时能及时发现。适用于介质腐蚀性较严重，温度差较大且要经常更换管束的冷却器。

填料函式换热器也有不足，主要是填料函密封性能相对较差，在操作压力温度较高及大直径壳体（DN＞700m）条件下很少使用，壳程内的介质具有易挥发、易燃、易爆及剧毒性质也不宜使用。

五、板式换热器

传统间壁式换热器（包括蛇管式、套管式、管壳式等）大多是管式换热器，在流动面积相等的条件下，存在圆形通道表面积小、结构不紧凑、金属消耗量大、传热系数不高等缺点。板式换热器就是针对以上不足之处研制开发出来的一类换热器，主要有螺旋板式换热器、平板式换热器和板翅式换热器等多种形式。

板式换热器的换热表面可紧密排列，故具有结构紧凑、材料消耗低、传热系数大的特点。主要缺点为不能承受高压和高温，但对于压强较低、温度不高或腐蚀性强而须用贵重材料的场合，各种板式换热器都显示出较大的优势。

1. 螺旋板式换热器　螺旋板式换热器是在中心隔板上焊接两张平行的长方形金属薄板，然后卷制成螺旋状，在内部形成一对同心的螺旋形通道。两板之间焊有定距柱以维持螺旋通道间距，在螺旋板两端焊有盖板，如图 11-12 所示。冷热流体分别在两螺旋通道流动，通过金属板面进行换热。操作时，冷流体由外部的冷流体入口进入，沿通道向中央部分流动，由中央冷流体出口流出。而热流体则是由中央部分的热流体入口流入，与冷流体逆向流动，最后由外部热流体出口流出。

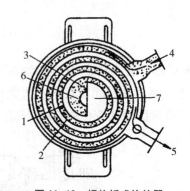

图 11-12　螺旋板式换热器

1、2. 金属板；3. 隔板；4. 冷流体入口；
5. 热流体出口；6. 冷流体出口；7. 热流体入口

螺旋板式换热器的主要优点如下：①结构紧凑，例如直径和宽度都是 1.3m 的螺旋板式换热器，具有 100m² 的传热面，单位体积提供的传热面积大，为管壳式换热器的 3 倍，可节约金属材料。②因离心力作用和定距柱的干扰，流体的湍动程度高，所以传热系数较大，传热效率高，例如水对水的传热系数，管壳式换热器一般为 1000~2000W/（m²·℃），而螺旋板式可达到 2000~3000W/（m²·℃）。③螺旋板式换热器不易堵塞，适于处理悬浮液体即高黏度介质，因为离心力作用，流体中悬浮的固体颗粒被抛向螺旋通道外，被流体带走。④冷、热流体可纯逆流流动，传热平均推动力大。

螺旋板式换热器主要有以下缺点：①操作压力和温度不能太高，一般压力不超过 2MPa，操作温度在 300~400℃以下。②流体阻力较大，且因换热器整个被焊成一体，对焊接质量要求很高，不易检修。目前，国内已有系列标准的螺旋板式换热器，采用的材料分为碳钢和不锈钢两种。

2. 平板式换热器 如图 11-13 所示，平板式换热器主要是由许多长方形金属薄板平行排列，用夹紧装置组装于支架上制成。金属板经冲压制成各种形式的凹凸波纹面，可增加刚度和实际传热面，又可使流体分布均匀，加强湍动，提高传热系数。相邻两板片的边缘衬以一定厚度的密封垫片（橡胶或压缩石棉等）压紧后可密封，同时使两板间形成一定距离的通道，通过调整垫片的厚薄，就可以调整两板间流体流动通道的大小。每块金属板的四角均开有圆孔，形成流体进出的流动通道。操作时，冷热流体分别在同一块板两侧流过，通过金属板片进行换热，每块板都是传热面，如图 11-14 所示。流体在板间狭窄曲折的通道中流动时，流动方向、速度改变频繁，湍动程度大大增强。

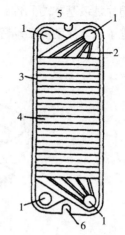

图 11-13 平板式换热器波纹板片

1. 角孔（流体进出孔）；2. 导流槽；
3. 封槽；4. 水平波纹；5. 挂钩；6. 定位缺口

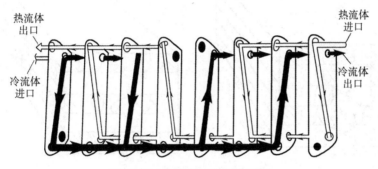

图 11-14 板式换热器流向示意图

平板式换热器的主要优点如下：①因板面厚度薄且被压制成波纹或沟槽，流体在板片间湍动程度高，在低流速下（如 Re = 200 左右）即可达到湍流，故传热系数 K 大。例如，热水与冷水之间传热，传热系数 K 值可达 $1500 \sim 4700$ W/m²/k。②板片间隙小，一般在 $4 \sim 6$ mm，设备结构紧凑，单位体积设备提供的传热面积大，可达 $250 \sim 1000$ m²/m³，为管壳式换热器传热面积的 $6 \sim 7$ 倍，金属耗量可减少一半以上。③操作灵活性大，检修和清洗方便。因具有可拆结构，故可根据需要调节板片数目，以增减传热面积。

平板式换热器的主要缺点包括允许的操作压力较低，最高通常不超过 2MPa，否则容易渗漏。操作温度因受垫片（水平波纹板）耐热性能的限制不能太高，如合成橡胶垫圈不超过 130 ℃，压缩石棉垫圈也应低于 250℃。其次是处理量不大，因板间距小，流道截面较小，流速亦不能过大。

3. 板翅式换热器 板翅式换热器是一种轻巧、紧凑、更为高效的换热器。最早用于航空、原子能等少数工业部门，现已逐渐在化工、天然气液化、气体分离等部门中应用，并获得良好效果。

板翅式换热器的结构形式很多，最基本的结构如图 11-15 所示。两块平行金属薄板间夹装一组波纹状或其他形状翅片，称为二次表面，两侧用封条密封，组成一个换热单元体。将多个单元体适当排列、叠积在一起，用钎焊焊牢，即可制成逆流或错流式板束，如图 11-16 所示。将板束放入带有进出口的集流箱中就可制成板翅式换热器。

波纹翅片是最基本的元件，一方面承担并扩大了传热面积，占总传热面积的67%~68%，另一方面促进了流体流动的湍动程度，对平隔板起到了支撑作用，且具有较高的强度。

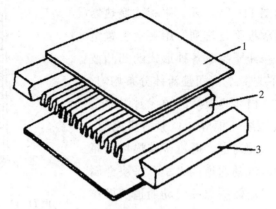

图11-15　板翅式换热器的换热单元体

1. 金属平板；2. 翅片；3. 封条

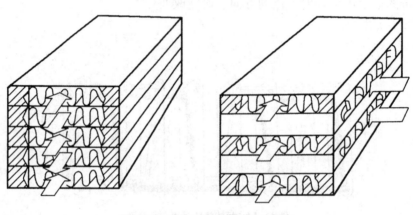

图11-16　板翅式换热器逆流式板束

板翅式换热器的主要优点包括：①结构紧凑，单位容积可提供的传热面可高达2500~4000m²/m³，约为管壳式的29倍。②传热系数大。平板为一次传热面，翅片为二次传热面，同时翅片的形状促进了流体的湍流，破坏边界层，故传热效果好。③板翅式换热器允许操作压力也较高，可达到5MPa。④轻巧牢固，一般用铝合金制造，重量轻，在传热面积大小相同情况下，其重量约为管壳式换热器的十分之一。

板翅式换热器的主要缺点是流体的流道很小，易堵塞，增大压降，清洗困难，因此要求物料要清洁。其次是制造较复杂，内漏后很难修复，造价高昂。

4. 板壳式换热器　板壳式换热器是以板管作为传热元件的换热器，又称薄片换热器，主要由壳体和板束构成。相比于管壳式换热器，板壳式换热器的主要区别是用板束代替管束。将成对条状钢板滚压成一定形状，而后焊接制成一个包含多个扁平流道的板管，如图11-17所示。

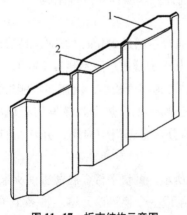

图11-17　板束结构示意图

1. 板管；2. 板条

许多宽度不同的板管按一定次序紧密排列，在相邻板管的两端镶进金属条并与板管焊接在一起，以保持板管间的距离。板管两端形成管板，可使多个板管牢固地连接在一起构成板管束，见图 11-18。板管束的端面可见若干扁平的流道板管束装配在壳体内，操作时一种流体在板管内流动，另一种流体则在壳体内的板管间流动。

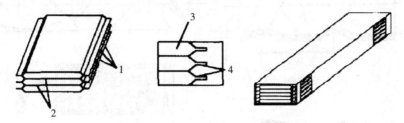

图 11-18　板壳式热交换器板束结构
1. 长焊缝；2. 横焊缝；3. 板管；4. 连接板

　　板壳式换热器是介于管壳式和板式换热器之间的一种结构形式，兼顾了二者的优点，不仅有各种板式换热器结构紧凑、体积小、传热系数高（约为管壳式换热器的 2 倍）的特点，而且结构坚固，能承受很高的压力和温度（最高工作温度可达 800℃，最高压力达 6.3MPa），较好地解决了板式换热器高效紧凑但不能抗压耐高温的问题。此外，流体在扁平的光滑流道中高速流动，不易结垢，且板束可拆出，清洗方便。但这种换热器制造工艺比管壳式换热器复杂，焊接量大且要求高，主要用于要求传热效能好且停留时间短的医药、食品等加工工业。

六、强化管式换热器

　　强化管式换热器是在管壳式换热器的基础上，通过采取某些强化措施而提高传热效果。强化措施主要是加装翅片、管内安装各种旋流元件、增加粗糙度等，在增大传热面的同时，也大大增强了流体的湍动，进而使传热过程得到强化。

　　1. 翅片管　在普通金属管外安装各种翅片制成，常见的有横向和纵向两种形式，见图 11-19。为了避免高接触热阻影响传热效果，翅片与管壁的接触处要紧密无间。常用的连接方式有热套、张力缠绕、钎焊及焊接等，此外还可以采用整体轧制、整体铸造和机械加工等方法制造。

　　翅片管常用于对流系数较小的气体一侧，不仅可以提高管外的传热面积，同时增加了流体的湍动程度而提高其对流传热系数，故采用翅片管制成的空气冷却器在化工生产中应用很广。

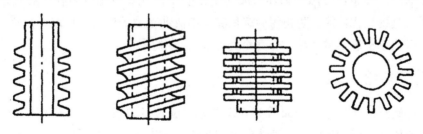

图 11-19　几种强化翅片管

　　2. 螺旋槽纹管　这是一种优良的异形强化传热管件，又称螺旋槽管。流体在流动时受到螺旋槽纹的引导使靠近壁面的部分流体顺槽流动，有利于减薄边界层的厚度；部分流体顺壁面轴向流动，通过螺纹槽纹凸起部分产生轴向漩涡，引起边界层和其中流体的扰动，从而加快由壁面到流体主体的热量传递，见图 11-20。故螺旋槽可显著提高管内外的传热系数，可起到双侧强化的作用。

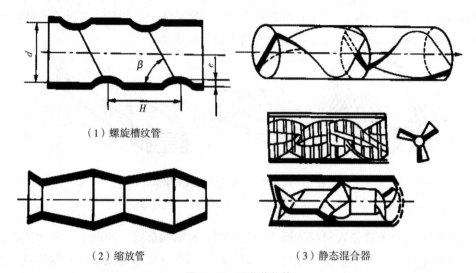

（1）螺旋槽纹管

（2）缩放管　　　　　　　　（3）静态混合器

图11-20　强化传热管

与其他强化异型管相比，螺旋槽管具有制作工艺较简单，加工方便，传热能力提高较大等优点。且其抗污垢能力高于光滑管，主要常应用于液-液换热，其次是液-气（冷凝或蒸发沸腾）换热场合。

3. 缩放管　缩放管是由依次交替的收缩段和扩张段组成，如图11-20所示。这样的流道可使流体始终在方向反复改变的纵向压力梯度作用下流动。扩张段产生的剧烈旋涡在收缩段可以得到有效利用，收缩段还可以起到提高边界层速度，使流动流体的径向扰动大大增加。实验证明，缩放管在大雷诺数下操作特别有利。在同样的流动阻力下，缩放管具有比光滑管更好的传热效果，传热量可增加70%以上，相比于横流管、缩放管的流体流动阻力小，更适合低压气体传热。

4. 静态混合器　静态混合器是一种没有运动部件的高效混合单元设备，见图11-20。静态混合器被固定安装在空心管内，流体在管内流动与其产生冲击，造成良好的径向混合进而改变流体在管内的流动形态，大大强化了管内对流传热，尤其是管内热阻控制的情况下，强化效果好。

5. 折流杆换热器　它是一种用折流杆代替折流板的管壳式换热器。折流杆的尺寸等于管道间的间隙，之间用圆环相连，四个圆环组成一组，能牢固地将管道支撑住，有效地防止管束振动。折流杆同时起到强化传热、防止污垢沉积和减小流动阻力的作用，折流杆换热器多在催化焚烧空气预热、催化重整进出料换热、烃类冷凝等方面应用。

七、热管换热器

热管是一种新型的换热元件，如图11-21所示。典型的热管是一根抽吸不凝性气体的金属管，管内抽成负压并充以适量的工作液体后封闭制成。金属管的内壁覆盖一层有毛细多孔材料作成的芯网，芯网是中空的，由于毛细力作用，液体可渗透进入到芯网中。管的一端为加热段（蒸发段），另一端为冷凝段（冷却段），两段中间布置绝热段。当管道的加热段受热时，液体即在芯网中吸收热量汽化，产生的蒸汽在微小压差下流向管道的冷凝段，蒸汽遇到冷表面则冷凝成液体放出热量，液体在毛细力的作用下又重新返回加热段。如此反复循环，连续不断地将热量由热管的一端传到另一端。热管的材质可用不锈钢、铜、镍、铝等，工作介质可用液氮、液氨、甲醇、水及液态金属钾、钠、银等。

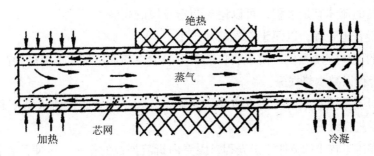

图 11-21 吸液芯热管

热管是依靠内部工作液体的气、液相变化实现传热过程的，且蒸发和冷凝的传热系数都很大，故很小的表面积便可传递大量热量。可利用热管的外表面（或加翅片强化传热）进行两流体间的换热，特别是对冷、热两端传热系数都很小的气-气传热过程非常有效。同时，由于热管内蒸汽处于饱和状态，且流动阻力损失很小，产生的压降很小，所以温降很小，管壁温度均匀，对于某些等温性要求较高的场合尤为适用。此外，热管还具有结构简单，工作可靠，应用范围广等优点。

第三节 换热器的选用

换热器的类型很多，每种类型都有其特定的应用范围。一种换热器在某种场合下传热性能很好，但若换到另一种场合可能传热效果和性能会有很大的改变。因此，实际中针对具体情况，正确地选择换热器的类型很重要。

换热器选型时需考虑的因素主要有，热负荷及流量大小，流体的性质、温度、压力及允许压降的范围，对清洗、维修的要求，设备结构、材料、尺寸、重量，价格、使用安全性和寿命。此外还应考虑结构强度、材料来源、制造条件、密封性、安全性等。但这些因素常常是相互制约、相互影响的，要通过优化设计加以综合考虑解决。针对不同的工艺条件及操作工况，使用特殊形式的换热器以实现降低成本的目的。因此，应综合考虑工艺条件和机械设计的要求，正确选择合适的换热器以有效地减少工艺过程的能量消耗。对工程技术人员而言，在设计换热器时，通过计算进行技术经济指标分析、投资和操作费用对比，合理选择形式，从而达到具体条件下的最佳设计。近些年来，依靠计算机优化程序进行自动寻优已得到日益广泛地应用。

一、管壳式换热器选用与设计中应考虑的问题

管壳式换热器因适应性强、容量大、结构简单、造价低廉、清洗方便等优点，应用范围较广。在选用和设计管壳式换热器时，一般说流体的处理量及物性是已知的，进、出口温度按生产工艺要求也是确定的，但是冷热流体的流向、流程以及管径、管长和管道根数等都是待定的，而这些因素又直接影响对流传热系数、平均温度差。所以设计时需根据生产实际情况选定一些参数，通过试算，初步确定换热器的大致尺寸，然后再做进一步的计算和校核，直到符合工艺要求为止。选型时，应依据国家系列化标准，尽可能选用已有的定型产品。

1. 管程、壳程介质的安排

（1）易结垢或不清洁的流体，适宜走易清洗的一侧。直管管束适宜走管程，U 形管管束适宜走壳程。

（2）腐蚀性的流体宜走管程，可以避免壳体和管束同时被其腐蚀。

（3）压力较高的流体宜走管程，可以避免制造较厚的壳体。

（4）蒸汽冷凝宜走壳程，以便于冷凝液的排出。

（5）需冷却的流体宜走壳程，便于散热进而可减少冷却剂用量。但温度很高的流体，其热能可以利用，宜选管程以减少热损失。

（6）为增大对流传热系数需提高流速的流体宜走管程，因管程的流通截面积一般比壳程小，且做成多管程的工艺容易。

（7）黏度大或流量较小的流体宜走壳程，因壳内折流挡板的作用，可使其在低 Re 数下（Re>100）即可达到湍流。

（8）冷、热两流体温差较大时，对于固定管板式换热器，对流传热系数大的流体宜走壳程，以减小管壁与壳体的温差，减小热应力。

物料性能参数不一定恰好都适合管程或者壳程的要求，最后的安排应按关键因素或主要参数综合评价确定。

2. 流动方式的选择 当冷、热流体的进出口温度相同时，逆流操作的平均温度差大于并流操作的平均温度差，故传递同样的热流量时，所需的传热面积较小。此外，对于一定的热流体，进口温度 T_1，并流操作时，冷流体的最高极限出口温度为热流体的出口温度 T_2。反之逆流操作时，冷流体出口的最高极限温度为热流体的进口温度 T_1，所以如果换热的目的是单纯的冷却，采用逆流操作，冷却介质温升较大，因而冷却介质用量可以较小；如果换热目的是回收热量，逆流操作回收的热量温位（即温度 T_2）可以较高，因而利用价值较大。在一般情况下，逆流操作总是优于并流，应尽量采用。

除了逆流和并流操作外，冷、热流体在管壳式换热器中还可以做各种复杂的多管程、多壳程流动。流量一定时，管程或壳程越多，传热系数越大，对传热过程有利。但采用多管程或多壳程将导致流体阻力损失即输送流体的动力费用增加。因此，决定换热器的程数时，需权衡传热和流体输送两方面。

3. 流体流速的选择 一般来说，流体在管程或壳程中的流速在允许压降范围内应尽量选高一些，不仅对流传热系数增大，也可减少杂质沉积或结垢，但流体的流动阻力也会相应增大，流速过大也可能会造成腐蚀并发生振动，故应选择适宜的流速，通常可根据经验数据选取。表 11-1 和表 11-2 是工业上常用的流速范围。

为使流体流经换热器的压降不超过 $\Delta p = 10 \sim 100$ kPa（液体），$\Delta p = 1 \sim 10$ kPa（气体），应使 Re 数不超过 $Re = 5 \times 10^3 \sim 2 \times 10^4$（液体）、$Re = 10^4 \sim 10^5$（气体）范围。

表 11-1 管壳式换热器内流体常用的流速范围

液体种类	流速（m/s）	
	管程	壳程
低黏度液体	0.5~3	0.2~1.5
易结垢液体	>1	>0.5
气体	5~30	2~15

表 11-2 不同黏度流体在管壳式换热器内流速范围（钢管中）

液体黏度（mPa·s）	最大流速（m/s）	液体黏度（mPa·s）	最大流速（m/s）
>1500	0.6	100~35	1.5
1000~500	0.75	35~1	1.8
500~100	1.1	<1	2.4

4. 温度的选择

（1）冷却水的出口温度不宜高于60℃，以免结垢严重。高温端的温差应不小于20℃，低温端的温差应不小于5℃。当在两工艺物流之间进行换热时，低温端的温差应不小于20℃。

（2）采用多管程、单壳程的管壳式换热器，并用水作为冷却剂时，冷却水的出口温度应不高于工艺物流的出口温度。

（3）冷却或者冷凝工艺物流时，冷却剂的入口温度应该高于工艺物流中易结冻组分的冰点，一般高于5℃。

（4）冷凝带有惰性气体的工艺物料时，冷却剂的出口温度应低于工艺物料的露点。

（5）为了防止天然气、凝析气产生水合物，堵塞换热管，被加热工艺物料出口温度必须高于其水合物露点或冰点，一般高5~10℃。

5. 换热管规格和排列方式 对于一定的传热面积而言，换热管的管径愈小换热器结构愈紧凑、愈便宜，但是管径愈小，换热器的压降将增加。对于易结垢或不洁净的流体，为了避免管道堵塞和清洗方便，应选择大管径。相反，对于洁净的流体，可选择小管径。目前我国试行的系列标准中，管径有 Φ19mm×2mm、Φ25mm×2mm 和 Φ25mm×2.5mm 等规格。

管长的选择应考虑管材的适用和清洗方便。无相变换热时，管道较长则传热系数也增加。在相同传热面积时，采用长管不但可以减少管程数，减少压力降，而且单位传热面的比价低。但若管道过长将会给制造带来困难，也会增加管束的抽出空间。系列标准中换热管的长度有 1.5m、2m、3m、4.5m、6m 和 9m。选用管道的过程中，要求管长 L 应与壳径 D 相适应，一般 L/D 为4~6，而化学制药行业中 L/D 多在 2~4。

管板上管道的排列方式通常有正三角形排列、正方形直列和正方形错列等，见图 11-22。正三角形排列方式紧凑度高，相同管板面积上可排列管道数目多，壳程流体扰动好，传热效果较好，有较高的传热压降性能比，故应用范围较广，但管外清洗较困难。正方形排列方式流动压降小，管外清洗方便，适用于壳程流体易结垢的情况。但对流传热系数小于正三角形排列，若将管束斜转45°安装，可增强传热效果。

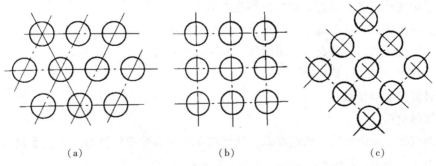

（a） （b） （c）

图 11-22 管板上管道的排列方式

a：正三角形排列；b：正方形排列；c：正方形错列

6. 折流挡板 换热器内安装折流挡板可以改变壳程流体的流动方向，增加流动速度，进而可以提高壳程流体的对流传热系数，同时还起到支撑壳体、防止管道振动和弯曲的作用。为了获得良好的效果，折流挡板的尺寸和间距必须适当。折流板的形式有圆缺形、环盘形和孔流形等，通常为圆缺形折流板，其又可分为单圆缺形、双圆缺形和三圆缺形。

对于常用的圆缺形折流挡板，圆缺的高度（弓形切口）太大或太小，都会产生流动"死区"（图11-23），将不利于传热，且增加流体阻力。一般切口高度与公称直径之比（即缺口分数）为0.15~0.45，常见的是0.20和0.25两种。如果壳侧压降受到允许压降的限制，考虑使用双圆缺折流板。

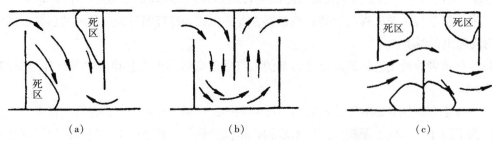

图11-23　折流挡板切口和间距对流体流动的影响
a：切口过小，板间距过大；b：切口适当；c：切口过大

折流挡板的间距影响壳程物流的流向和流速，从而影响传热效率。挡板间距过小，检修不方便，流体阻力大；间距过大，不能保证流体垂直流过管束，使对流传热系数降低。一般挡板间距取壳体内径的0.2~1.0倍，最小间距为壳体直径的1/5并大于50mm。然而特殊的设计可以考虑取较小的间距，由于折流板有支撑管道的作用，所以通常最大折流板间距为壳体直径的1/2并不大于TEMA（管式热交换器制造者协会）规定的最大无支撑直管跨距的0.8倍。我国系列标准中固定管板式采用的挡板间距为100mm、150mm、200mm、250mm、300mm、350mm、450mm（或480mm）和600mm。

二、系列标准管壳式换热器的选用

管壳式换热器作为一种标准的换热设备，已在国民经济生产的各个行业中得到了广泛应用。经过多年的生产实践和工程应用，目前已形成系列化产品，并有专业的厂家生产。故选型应尽可能选用已有的定型产品。换热器的设计与选型是通过计算，确定经济合理的传热面积、换热器其他有关尺寸，以完成生产中所要求的传热任务的。选用时可按以下步骤进行：

1. 熟悉了解传热任务，掌握工艺特点和基本数据

（1）冷、热流体的流量及进、出口温度，操作压力等。

（2）冷、热流体的工艺特点，如腐蚀性、悬浮物含量等。

（3）冷、热流体的物性数据。

2. 选用计算内容和步骤

（1）计算热负荷。

（2）按两流体纯逆流计算平均温度差，然后按单壳程多管程计算温度校正系数 φ，如果温度校正系数 $\varphi < 0.8$，应增多壳程数。

（3）依据经验或表11-3选取传热系数 K，估算传热面积。

表 11-3 管壳式换热器传热系数 K 值的大致范围

两 流 体	传热系数 K（W/（m² · K））
气体-气体	10~40
气体-液体	10~60
有机物-水	
有机物黏度 $\mu<0.5\text{mPa}\cdot\text{s}$	300~800
$\mu<0.5\text{~}1.0\text{mPa}\cdot\text{s}$	200~500
$\mu>1.0\text{mPa}\cdot\text{s}$	50~300
有机物-有机物	
冷流体黏度 $\mu<1.0\text{mPa}\cdot\text{s}$	100~350
$\mu>1.0\text{mPa}\cdot\text{s}$	50~250
水-水	700~1800
冷凝蒸汽-气体	1500~4700
冷凝蒸汽-有机物	20~250
冷凝蒸汽-水沸腾	40~350
冷凝蒸汽-有机物沸腾	1500~4700
冷凝蒸汽-气体	500~1200
液体沸腾-气体	10~60
液体沸腾-液体	100~800

（4）确定两流体流经管程或壳程，选定管程流体流速。由流速和流量估算单管程的管道个数；由管道个数和估算的传热面积，估算管道长度和直径；再由系列标准选用适当型号换热器。

（5）分别计算管程和壳程的对流传热系数，确定污垢热阻，求出传热系数，并与估算时选取的传热系数比较。如果相差较多，应重新估算。

（6）根据计算的传热系数和平均温度差，计算传热面积。并与选定的换热器传热面积比较，应有 10%~25% 的裕量。

（7）计算管程、壳程阻力损失，不能超过规定的压降要求。

从上述可知，选型计算是一个反复试算的过程。

【例题 11-1】某厂拟使用柴油将原油从 70℃ 预热到 110℃，已知原油处理量为 44000 kg/h，柴油的处理量为 34000kg/h，其进口温度为 175℃，管、壳两侧的压降都不允许超过 30kPa，试选用一台适宜的管壳式换热器。

解：由题可知

$$T_1 = 175℃ \qquad t_1 = 70℃ \qquad t_2 = 110℃$$

$$w_1 = 34000\text{kg/h} \qquad w_2 = 44000\text{kg/h}$$

根据原油的进、出口温度获取进出口平均温度下的其有关物性数据。

$\rho_2 = 815\text{kg/m}^2 \qquad C_{p2} = 2.2\text{kJ/（kg · ℃）}$

$\lambda_2 = 1.128\text{W/（m · ℃）} \qquad \mu_2 = 3\text{mPa · s}$

1. 计算换热器的热负荷

按被处理原油加热所需的热量，再加上 5% 的热损失，计算热负荷 Q 为

$$Q = （1+0.05）w_2 C_{p2}（t_2-t_1）= 1.05×44000×2.2×（110-70）= 4.065×10^6（\text{kJ/h}）$$

2. 柴油的出口温度 T_2

$$T_2 = T_1 - \frac{Q}{w_1 C_{p1}} = 175 - \frac{4.605×10^6}{34000×2.48} = 126.8（℃）$$

由柴油的进出口温度获取平均温度下的相关物性数据。

$$\rho_1 = 715 \text{kg/m}^3 \qquad C_{p1} = 2.48 \text{kJ/（kg·℃）}$$

$$\lambda_1 = 0.133 \text{W/（m·℃）} \qquad \mu_1 = 0.64 \text{mPa·s}$$

3. 计算平均温度差

两流体纯逆流操作的平均温度差 Δt_m 为

$$\Delta t_m = \frac{(T_1 - t_2) - (T_2 - t_1)}{\ln\frac{(T_1 - t_2)}{(T_2 - t_1)}} = \frac{(175 - 110) - (126.8 - 70)}{\ln\frac{(175 - 110)}{(126.8 - 70)}} = 60.9（℃）$$

初步选定采用单壳程，偶数管程的换热器，由两流体的温度变化查取其相关的温度修正系数 $\varphi = 0.9$，大于0.8，故可行。

4. 估算传热面积 $A_{估}$

在换热器的直径、流体流速等参数均未确定时，传热面积无法计算，所以只能先进行试算。参考表11-3，初步选定传热系数 $K_{估} = 250 \text{W/（m}^2·℃）$，则估算传热面积 $A_{估}$ 为

$$A_{估} = \frac{Q}{K_{估} \Delta t_m \varphi} = \frac{1.13 \times 10^6}{250 \times 60.9 \times 0.9} = 336.1（\text{m}^2）$$

5. 初步选定换热器型号

因两流体间的温度差较大，同时为了便于清洗壳程污垢，拟选择使用BES系列浮头式管壳式换热器，传热管为Φ25mm×2.5mm。为了充分利用柴油温度，让柴油走管程减少热损失，而原油走壳程，因原油的黏度较大，当装有折流板时可在较低的Re下即能达到湍流，有利于提高壳程一侧的对流传热系数。

首先要选定柴油的管内流速，查取柴油的流速 $u_1 = 1 \text{m/s}$，选定单管程，则所需单程管数 n 为

$$n = \frac{w_1}{\rho_1 u_1 \frac{\pi}{4} d^2} = \frac{34000}{715 \times 1 \times \frac{3.14}{4} \times 0.02^2 \times 3600} = 42（根）$$

求得单程管长为

$$l = \frac{A_{估}}{n\pi d} = \frac{82.5}{42 \times 3.14 \times 0.025} = 25（\text{m}）$$

选用管长6m，则需要四管程的管壳式换热器，一台换热器的总管数为4×42=168根。查换热器系列标准初步选择浮头换热器的型号为BES600-1.6-95-6/25-4I，同时可获得其总管数为192根，每程管数48根，所选换热面积 $A_{选} = 95\text{m}^2$。

6. 校核传热系数 K

已选用的BES600-1.6-95-6/25-4I浮头式管壳式换热器是否适用，还须对传热系数K和传热面积A进行校核。

（1）管内柴油的对流传热系数 α_1

$$u_1 = \frac{w_1}{n\frac{\pi}{4}d^2\rho_1} = \frac{34000}{3600 \times 48 \times 0.785 \times 0.02^2 \times 715} = 0.875（\text{m/s}）$$

$$R_{e_1} = \frac{du_1\rho_1}{\mu_1} = \frac{0.02 \times 0.875 \times 715}{0.64 \times 10^{-3}} = 1.96 \times 10^4$$

$$\alpha_1 = 0.023 \frac{\lambda_1}{d} \mathrm{Re}_1^{0.8} \mathrm{Pr}^{0.3}$$

$$= 0.023 \times \frac{0.133}{0.02} \times (1.96 \times 10^4)^{0.8} \times (\frac{2480 \times 0.64 \times 10^{-3}}{0.133})^{0.3}$$

$$= 874 \mathrm{W}/ (\mathrm{m}^2 \cdot ℃)$$

（2）管外（壳程）原油的对流传热系数 α_2

因 $d_0 = 25\mathrm{mm}$，管中心距 $t = 0.032\mathrm{mm}$，则壳程的流动面积 A' 为

$$A' = BD (1 - \frac{d_0}{t}) = 0.3 \times 0.6 \times (1 - \frac{0.025}{0.032}) = 0.0394 (\mathrm{m}^2)$$

当量直径 $d_e = \dfrac{4 \times (t^2 - \frac{\pi}{4}d_0^2)}{\pi d_0} = \dfrac{4 \times (0.032^2 - 0.785 \times 0.025^2)}{3.14 \times 0.025} = 0.027 (\mathrm{m})$

壳程中原油的流速为 $u_2 = \dfrac{w_2}{A'\rho_2} = \dfrac{44000}{0.0394 \times 815 \times 3600} = 0.381 (\mathrm{m/s})$

$$\mathrm{Re}_2 = \frac{d_e u_2 \rho_2}{\mu_2} = \frac{0.027 \times 0.381 \times 815}{0.3 \times 10^{-3}} = 2794$$

由图 11-24 可查得，当 $\mathrm{Re} = 2794$ 时，$\mathrm{Nu} \cdot \mathrm{Pr}^{-1/3} (\frac{\mu}{\mu_w})^{-0.14} = 29$，同时取 $(\frac{\mu}{\mu_w})^{-0.14} \approx 1$，则可得

$$\alpha'_2 = 29 \frac{\lambda_2}{d_e} \mathrm{Pr}^{1/3} (\frac{\mu}{\mu_w})^{0.14} = 29 \times \frac{1.128}{0.027} \times (\frac{2200 \times 0.003}{1.128})^{1/3} = 512 \mathrm{W}/ (\mathrm{m}^2 \cdot ℃)$$

考虑流体走短路等因素，取 $\alpha_2 = 0.8\alpha_2 = 410 \mathrm{W} (\mathrm{m}^2 \cdot ℃)$

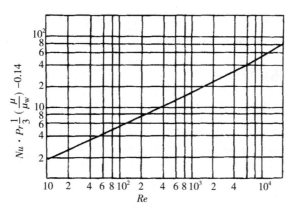

图 11-24 管壳式换热器壳程对流传热系数计算用图

（3）传热系数 K（以外表面为基准）

钢管的导热系数 $\lambda = 45 \mathrm{W}/ (\mathrm{m} \cdot \mathrm{K})$，传热管两侧污垢热阻均取为 $0.000172 \ \mathrm{m}^2 \cdot \mathrm{K/W}$，则

$$\frac{1}{K} = \frac{1}{\alpha_2} + Ri + \frac{\delta}{\lambda} \frac{d_0}{d_m} + R_0 \frac{d_0}{d_i} + \frac{1}{\alpha_1} d_0$$

$$= \frac{1}{410} + 1.7 \times 10^{-4} + \frac{0.0025}{45} \times \frac{25}{20} + 1.7 \times 10^{-4} \times \frac{25}{20} + \frac{1}{874} \times \frac{25}{20}$$

整理计算得

$$K = 231 \mathrm{W}/ (\mathrm{m}^2 \cdot ℃)$$

7. 校核传热面积 A

$$A = \frac{Q}{K\Delta t_m \varphi} = \frac{1.13 \times 10^6}{231 \times 60.9 \times 0.9} = 89.3 \ (m^2)$$

$$\frac{A}{A_{\text{计}}} = \frac{95}{89.3} = 1.064$$

可见传热面积有 6.4% 的裕量，故可用。

8. 换热器的阻力损失

（1）管程阻力损失 Δp_t

$$\Delta p_t = (\Delta p_i + \Delta p_r) \ N_S \times N_P$$

当 Re = 19600，$\lambda = 0.03$，则

$$\Delta p_i = \lambda \ \frac{l}{d} \ \frac{\rho_1 u_1^2}{2} = 0.03 \times \frac{6}{0.02} \times \frac{715 \times 0.875^2}{2} = 2740 \ (Pa)$$

$$\Delta p_r = \sum \zeta \frac{\rho_1 u_1^2}{2} \approx 3 \times \frac{6}{0.02} \times \frac{715 \times 0.875^2}{2} = 820 \ (Pa)$$

故　$\Delta p_t = (2370 + 820) \times 1 \times 4 = 13160 \ (Pa)$

（2）壳程的阻力损失 Δp_S

$$\Delta p_S = \lambda_S \ \frac{D \ (N_B + 1)}{d_e} \frac{\rho_2 u_2^2}{2}$$

其中 $\lambda_S = 1.72 \times R_e^{-0.19} = 1.72 \times 2794^{-0.19} = 0.38$，则

$$\Delta p_S = 0.38 \times \frac{0.6 \times \ (16+1) \ \times 815 \times 0.38^2}{0.027 \times 2} = 8520 \ (Pa)$$

可见，管程和壳程流体的流动阻力损失均未超过规定的 30kPa，压降也符合要求。故选择型号为 BES600-1.6-95-6/25-4I 浮头式管壳式换热器，可满足要求。

三、加热介质与冷却介质

在工业生产中，除了工艺过程本身各种流体之间的热量交换，还需要外来的加热介质（加热剂）和冷却介质（冷却剂）与工艺流体进行热交换。加热介质和冷却介质统称载热体。载热体有许多种，应根据工艺流体温度的要求，选择合适的载热体。载热体的选择可参考下列几个原则。

（1）温度必须满足工艺要求。

（2）不分解，不易燃。

（3）温度容易调节。

（4）价廉易得。

（5）腐蚀性小，不易结垢。

（6）传热性能好。

工业上常用的载热体如表 11-4 所示。

表 11-4　工业上常用的载热体

	载热体	适用温度（℃）	说　明
加热剂	热水	40~100	利用水蒸气冷凝水或废热水的余热
	饱和水蒸气	10~180	180℃水蒸气压力为1.0MPa，再高压力不经济，温度易调节，冷凝相变热大，对流传热系数大
	矿物油	<250	价廉易得，黏度大，对流传热系数小，温度过高易分解，易燃
	联苯混和物 如道生油含联苯26.5%和苯醚73.5%	液体 15~255 蒸汽 255~380	适用温度范围宽，用蒸汽加热时温度易调节，黏度比矿物油小
	熔盐 $NaNO_3$ 7% $NaNO_2$ 40% KNO_3 53%	142~530	来源广，价格便宜，冷却效果好，调节方便，水温受季节和气温影响，冷却水出口温度<50℃，以免结垢
冷却剂	烟道气	500~1000	温度高，热容小，对流传热系数小
	冷水（有河水、井水、水厂给水、循环水）	15~35	缺乏水资源地区可用空气，对流传热系数小，温度受季节和气候的影响
	空气	<35	
	冷冻盐水（氯化钙溶液）	−15~0	用于低温冷却，成本高

　　除表11-4中列出的载热体，加热介质还有液体金属（例如，钠、汞、铅、铅铋合金等），用于原子能工业，它们的熔点低，容积热容和导热系数都较大。冷却介质还有液氨、氢气等。在气体中，氢气的导热系数最大，对流传热系数约为空气的10倍。因此，在一些冷却装置中，作为冷却介质使用。

第十二章

输送机械设备

　　输送机械设备是制药生产过程中最常见的，也是不可缺少的设备。输送机械设备根据不同工艺要求可将一定量的物料进行远距离输送，例如从低处向高处输送，从低压设备向高压设备输送，进而实现生产连续性，提高生产效率，保证药品质量以及减轻工人劳动强度等。在制药生产过程中，被输送物料的性质存在很大差异，所用的输送机械设备必须能满足不同生产工艺的要求。因此，必须熟悉各输送机械设备的基本结构、工作原理和操作性能，以便对其进行合理的选择和正确使用，保证输送机械设备高效、可靠、安全地运行。

第一节　液体输送机械设备

　　输送液体的机械设备通常被称为泵，它能够对液体做功，使液体获得能量从而完成输送任务。根据不同的工作原理，液体输送机械可分为离心泵、往复泵、齿轮泵等，其中离心泵在生产上的应用最为广泛。

一、离心泵

（一）离心泵的基本结构

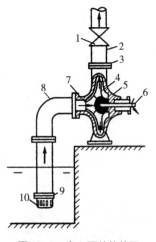

图 12-1　离心泵结构简图

1. 调节阀；2. 排出管；3. 排出口；
4. 叶轮；5. 泵壳；6. 泵轴；7. 吸入口；
8. 吸入管；9. 底阀；10. 滤网

　　离心泵由于结构简单、调节方便、适用范围广，便于实现自动控制而在生产中应用最为普遍。

　　1. 离心泵的基本结构　离心泵主要由叶轮、泵壳和轴封装置等组成，由若干个弯叶片组成的叶轮安装在蜗壳形的泵壳内，并且叶轮紧固于泵轴上。泵壳中央的吸入口与吸入管相连，侧旁的排出口与排出管连接，如图 12-1 所示。一般在吸入管端部安装滤网、底阀，排出管装有调节阀。滤网可以阻拦液体中的固体杂质，底阀可防止启动前灌入的液体泄漏，调节阀供开、停和调节流量时使用。

　　（1）叶轮　叶轮是离心泵的主要结构部件，作用是将原动机的机械能直接传递给液体，以提高液体的静压能和动能。离心泵的叶轮类型有开式、半开式和闭式三种。

　　开式叶轮：在叶片两侧无盖板，如图 12-2（a）所示，这种叶轮结构简单、不易堵塞，适用于输送含大颗粒的溶液，但效率低。

半开式叶轮：没有前盖，有后盖，如图 12-2（b）所示，它适用于输送含小颗粒的液体，效率也较低。

闭式叶轮：在叶片两侧有前后盖板，流道是封闭的，液体在通道内无倒流现象，如图 12-2（c）所示，适用于输送清洁液体，效率较高。离心泵大多采用闭式叶轮。

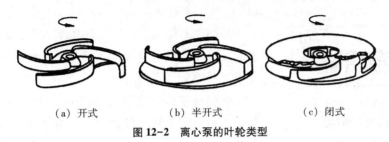

(a) 开式　　　　　(b) 半开式　　　　　(c) 闭式

图 12-2　离心泵的叶轮类型

闭式或半开式叶轮在工作时，部分离开叶轮的高压液体，可由叶轮与泵壳间的缝隙漏入两侧，使叶轮后盖板受到较高压强作用，而叶轮前盖板的吸入口侧为低压。液体作用于叶轮前后两侧的压强不等，产生指向叶轮吸入口侧的轴向推力，导致叶轮与泵壳接触而产生摩擦，严重时会造成泵的损坏。为平衡轴向推力，可在叶轮后盖板上钻一些平衡孔，使漏入后侧的部分高压液体由平衡孔漏向低压区，以减小叶轮两侧的压强差，但同时也会降低泵的效率。

根据离心泵不同的吸液方式，叶轮还可分为单吸式和双吸式。如图 12-3（a）所示，单吸式叶轮结构简单，液体从叶轮一侧被吸入。如图 12-3（b）所示，双吸式叶轮是从叶轮两侧同时吸入液体，具有较大的吸液能力，而且可以消除轴向推力。

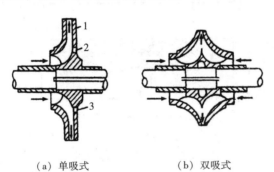

(a) 单吸式　　　　　(b) 双吸式

图 12-3　离心泵的吸液方式

1. 后盖板；2. 平衡孔；3. 平衡孔

（2）泵壳　离心泵的泵壳亦称为蜗壳、泵体，构造为蜗牛壳形，其内有一个截面逐渐扩大的蜗形通道，作用是将叶轮封闭在一定空间内，汇集引导液体的运动，从而使由叶轮甩出的高速液体的大部分动能有效地转换为静压能，因此蜗壳不仅能汇集和导出液体，同时又是一个能量转换装置。为减少高速液体与泵壳碰撞而引起的能量损失，有时还在叶轮与泵壳间安装一个固定不动、带有叶片的导轮，以引导液体的流动方向，如图 12-4 所示。

图 12-4　离心泵的泵壳与导轮

1. 导轮；2. 蜗壳；3. 叶轮

（3）轴封装置　在泵轴伸出泵壳处，转轴和泵壳间存有间隙，在旋转的泵轴与泵壳之间密封的装置，称为轴封装置。作用是为了防止高压液体沿轴外漏，以及外界空气漏入泵内。常用的

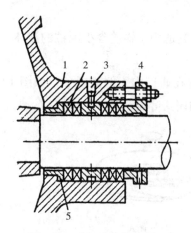

图 12-5 离心泵的填料密封

1. 填料函壳；2. 软填料；3. 液封圈；
4. 填料压盖；5. 内衬套

轴封装置是填料密封和机械密封。

①填料密封 如图 12-5 所示，填料密封装置主要由填料函壳、软填料和填料压盖构成。软填料一般选用浸油或涂石墨的石棉绳，缠绕在泵轴上，用压盖将其紧压在填料函壳和转轴之间，迫使石棉绳产生变形，以达到密封的目的。

填料密封结构简单，消耗功率较大，而且有一定量的泄漏，需要定期更换维修。因此，填料密封不适用于输送易燃、易爆和有毒的液体。

②机械密封 如图 12-6 所示，机械密封装置主要由装在泵轴上随之转动的动环和固定在泵体上的静环构成。动环一般选用硬质金属材料制成，静环选用浸渍石墨或酚醛塑料等材料制成。两个环的端面由弹簧的弹力使之贴紧在一起达到密封目的，因此机械密封又称为端面密封。

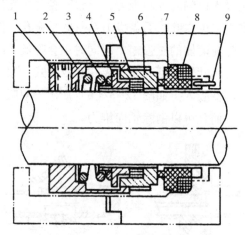

图 12-6 离心泵的机械密封

1. 螺钉；2. 传动座；3. 弹簧；4. 推环；5. 动环密封圈；
6. 动环；7. 静环；8. 静环密封圈；9. 防转销

机械密封结构紧凑，功率消耗少，密封性能好，性能优良，使用寿命长。但部件的加工精度要求高，安装技术要求严格，造价较高。适用于输送酸、碱以及易燃、易爆和有毒液体。

2. 离心泵的工作原理 离心泵启动前应在吸入管路和泵壳内灌满所输送的液体。电机启动之后，泵轴带动叶轮高速旋转。在离心力的作用下，液体向叶轮外缘做径向运动，液体通过叶轮带动获得能量，并以很高的速度进入泵壳。由于蜗壳流道逐渐扩大，液体的流速逐渐减慢，大部分动能转变为静压强，使压强逐渐提高，最终以较高的压强从泵的排出口进入排出管路，达到输送的目的，此即为排液原理。

图 12-7 所示为离心泵内液体流动情况。液体由叶轮中心向外缘做径向运动时，在叶轮中心形成了低压区，在液面压强与泵内压强差的作用下，液体经吸入管进入泵内，以填补被排液体的位置，此即吸液原理。只要叶轮不断转

图 12-7 离心泵内液体流动情况示意图

动，液体就会被连续地吸入和排出。这就是离心泵的工作原理。离心泵之所以能输送液体，主要是依靠高速转动的叶轮产生的离心力，故称为离心泵。

若离心泵在启动前泵壳内不是充满液体而是充满空气，由于空气的密度远小于液体密度，产生的离心力很小，不足以在叶轮中心区形成使液体吸入所必需的低压，这种现象称为气缚。这种情况下，离心泵不能正常地工作。

（二）离心泵的性能参数

为了正确地选择和使用离心泵，必须熟悉其工作特性及其之间的相互关系。反映离心泵工作特性的参数称性能参数，主要有流量、扬程、功率、效率等。

1. 离心泵的流量　离心泵的流量是指离心泵在单位时间内输送的液体体积，用 Q 表示，其单位为 m^3/s ，m^3/min ，m^3/h。离心泵的流量与其结构、尺寸（主要是叶轮的直径及叶片宽度等）、转速、管路情况有关。

2. 离心泵的扬程　离心泵的扬程（又称压头）是指单位重量液体流经离心泵所获得的能量，用 H 表示，单位为 m（指m液柱）。离心泵的扬程与其结构、尺寸、转速、流量等有关。在一定的离心泵和转速条件下，扬程与流量间有一定的关系。

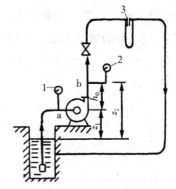

图 12-8　离心泵实验装置图
1. 真空表；2. 压力表；3. 流量计

离心泵扬程与流量的关系可用实验测定，图 12-8 为离心泵实验装置示意图。以单位重量流体为基准，在离心泵入、出口处的两截面 a 和 b 间列柏努利方程，得

$$H= \left(Z_2 - Z_1 \right) + \frac{u_2^2 - u_1^2}{2g} + \frac{p_2 - p_1}{\rho g} + \sum H_f \qquad (12-1)$$

式中：$Z_2 - Z_1 = h_0$ —— 泵出、入口截面间的垂直距离，m；

　　　　u_2，u_1 —— 泵出、入管中的液体流速，m/s；

　　　　p_2，p_1 —— 泵出、入口截面上的绝对压强，Pa；

　　　　$\sum H_f$ —— 两截面间管路中的压头损失，m。

$\sum H_f$ 中不包括泵内部的各种机械能损失。由于两截面间的管路很短，因而 $\sum H_f$ 值可忽略。此外，动能差项也很小，通常也不计，故式 12-1 可简化为

$$H = h_0 + \frac{p_2 - p_1}{\rho g} \qquad (12-2)$$

3. 离心泵的功率

（1）**离心泵的轴功率 N**　离心泵的轴功率是指泵轴转动时所需要的功率，即电动机传给离心泵的功率，用 N 表示，单位为 W 或 kW。由于能量损失，离心泵的轴功率必大于有效功率。

（2）**离心泵的有效功率 Ne**　离心泵的有效功率是指液体从离心泵所获得的实际能量，也就是离心泵对液体做的净功率，用 Ne 表示，其单位为 W 或 kW。计算公式为

$$Ne = Q\rho g H \qquad (12-3)$$

4. 离心泵的效率

离心泵的效率是指泵轴对液体提供的有效功率与泵轴转动时所需功率之比，用 η 表示，无因次。由于输送液体过程中，能量通过叶轮传递给液体时不能全部被液体获得，故离心泵的有效功率总是小于其轴功率，其值恒小于100%。η 值反映了离心泵工作时机械能损失的相对大小。一

般小泵 50%~70%，大泵可达 90% 左右。

$$\eta = \frac{Ne}{N} \times 100\% \qquad (12-4)$$

造成离心泵功率损失的原因有容积损失、水力损失、机械损失。

在开启或运转时，离心泵可能会超负荷，因此要求所配置的电动机功率要比离心泵的轴功率大，以保证正常生产。

（三）离心泵的特性曲线

由于离心泵的种类很多，前述各种泵内损失难以准确计算，因而离心泵的实际特性曲线 H-Q、N-Q、η-Q 只能靠实验测定，在泵出厂时列于产品样本中。

1. 离心泵的特性曲线　在规定条件下，由实验测得的离心泵的 H、N、η 与 Q 之间的关系曲线，称为离心泵的特性曲线。图 12-9 表示某型号离心水泵以转速 2900rpm，在 20℃ 清水中测得的特性曲线。

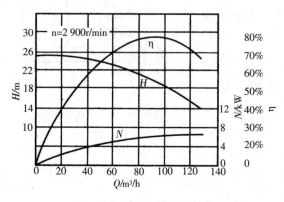

图 12-9　离心泵的特性曲线

（1）H-Q 曲线　表示离心泵的扬程 H 与流量 Q 的关系。通常离心泵的扬程随流量增大而下降，在流量极小时可能有例外。

（2）N-Q 曲线　表示离心泵的轴功率 N 与流量 Q 的关系。轴功率随流量增大而增加。当流量为零时，轴功率最小。所以，在离心泵启动时，应当关闭泵的出口阀，使启动电流减至最小，以保护电机，待电机运转正常后，再开启出口阀调节到所需流量。

（3）η-Q 曲线　表示离心泵效率 η 与流量 Q 的关系，开始效率随流量增加而增大，当达到最大值后，效率随流量的增大反而下降，曲线上最高效率点即泵的设计点。在该点下运行时最为经济。在选用离心泵时，应使其在设计点附近工作。

2. 影响离心泵性能的主要因素

（1）液体物性对离心泵特性曲线的影响

①黏度对离心泵特性曲线的影响　当液体黏度增大时，泵的扬程、流量减小，效率下降，轴功率增大。于是特性曲线将随之发生变化。通常，当液体的运动黏度 $\upsilon > 2 \times 10^{-5} \mathrm{m^2/s}$ 时，泵的特性参数需要换算。

②密度对离心泵特性曲线的影响　离心泵的流量与叶轮的几何尺寸及液体在叶轮周边上的径向速度有关，与密度无关。离心泵的扬程与液体密度也无关。一般离心泵的 H-Q 曲线和 η-Q 曲线不随液体的密度而变化。只有 N-Q 曲线在液体密度变化时需进行校正，因为轴功率随液体密度增大而增大。

（2）转速对离心泵特性曲线的影响　离心泵特性曲线是在一定转速下测定的，当转速 n 变化时，离心泵的流量、扬程及功率也相应变化。设泵的效率基本不变，Q、H、N 随 n 有以下变化关系：

$$\frac{Q_2}{Q_1} = \frac{n_2}{n_1}, \quad \frac{H_2}{H_1} = \left(\frac{n_2}{n_1}\right)^2, \quad \frac{N_2}{N_1} = \left(\frac{n_2}{n_1}\right)^3 \qquad (12-5)$$

式中：Q_1、H_1、N_1——在转速 n_1 下的泵的流量、扬程、功率；

　　　　Q_2、H_2、N_2——在转速 n_2 下的泵的流量、扬程、功率。

式 12-5 称为比例定律。

（3）叶轮直径对特性曲线的影响　当转速一定时，对于某一型号的离心泵，将其叶轮的外径进行切削，如果外径变化不超过 5%，泵的 Q、H、N 与叶轮直径 D 之间有以下变化关系：

$$\frac{Q_2}{Q_1}=\frac{D_2}{D_1}, \ \frac{H_2}{H_1}=\left(\frac{D_2}{D_1}\right)^2, \ \frac{N_2}{N_1}=\left(\frac{D_2}{D_1}\right)^3 \tag{12-6}$$

式中：Q_1、H_1、N_1——在直径 D_1 下的泵的流量、扬程、功率；

　　　　Q_2、H_2、N_2——在直径 D_2 下的泵的流量、扬程、功率。

式 12-6 称为切割定律。

（四）离心泵的流量调节

安装在一定管路系统中的离心泵，以一定转速正常运转时，输液量应为管路中的液体流量，所提供的扬程 H 应正好等于液体在此管路中流动所需的压头 He。因此，离心泵的实际工作情况是由泵的特性和管路的特性共同决定的。

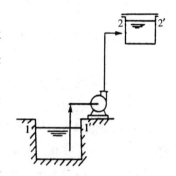

1. 管路特性曲线　在泵输送液体的过程中，泵和管路是互相联系和制约的。因此，在研究泵的工作情况前，应先了解管路的特性。

管路特性曲线表示液体在一定管路系统中流动时所需要的压头和流量的关系。如图 12-10 所示，若两槽液面维持恒定，输送管路的直径一定，在 1—1′和 2—2′ 截面间列柏努利方程，可得到液体流过管路所需的压头（也即要求泵所提供的压头）为

图 12-10　管路输液系统示意图

$$He=\Delta z+\frac{\Delta p}{\rho g}+\frac{\Delta u^2}{2g}+\sum H_f \tag{12-7}$$

$\sum H_f$ 为该管路系统的总压头损失可表示为

$$\sum H_f = \left(\lambda\frac{l+\sum l_e}{d}+\sum\xi\right)\frac{u^2}{2g}$$

将 $u=\dfrac{Q}{\dfrac{\pi}{4}d^2}$ 代入得

$$\sum H_f=\frac{8}{\pi^2 g}\left(\lambda\frac{l+\sum l_e}{d^5}+\frac{\sum\xi}{d^4}\right)Q^2 \tag{12-8}$$

式中：$l+\sum l_e$——管路中的直管长度与局部阻力的当量长度之和，m；

　　　　d——管子的内径，m；

　　　　Q——管路中的液体流量，m^3/s；

　　　　λ——摩擦系数，无因次；

　　　　ξ——局部阻力系数，无因次。

因为两槽的截面比管路截面大很多，则槽中液体流速很小，可忽略不计，即

$$\frac{\Delta u^2}{2g}=0$$

令 $A = \Delta Z + \dfrac{\Delta p}{\rho g}$, $B = \dfrac{8}{\pi^2 g}$ ($\lambda \dfrac{l + \sum l_e}{d^5} + \dfrac{\sum \xi}{d^4}$)

则式 12-7 可写成

$$H_e = A + BQ^2 \qquad\qquad (12-9)$$

式 12-9 称为管路特性方程。将式 12-9 绘于 H-Q 关系坐标图上，得曲线 He-Q，此曲线即为管路特性曲线。此曲线的形状由管路布置和操作条件来确定，与离心泵的性能无关。

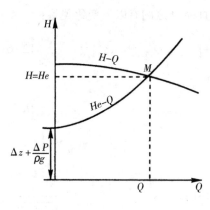

图 12-11 离心泵的工作点

2. 离心泵的工作点 把离心泵的特性曲线与其所在的管路特性曲线标绘于同一坐标图中，如图 12-11。两曲线的交点 M 即离心泵在该管路中的工作点。工作点表示离心泵所提供的压头 H 和流量 Q 与管路输送液体所需的压头 He 和流量 Q 相等。因此，当输送任务已定时，应当选择工作点处于高效率区的离心泵。

3. 离心泵的流量调节 在实际操作过程中，经常需要调节流量。从泵的工作点可知，离心泵的流量调节实际上是通过改变泵的特性曲线或管路特性曲线，从而改变泵的工作点。

（1）改变泵的特性 由式 12-5、式 12-6 可知，改变一个离心泵的叶轮转速或切削叶轮可使泵的特性曲线发生变化，从而改变泵的工作点。这种方法不会额外增加管路阻力，并在一定范围内仍可保证泵在高效率区工作。切削叶轮不如改变转速方便，所以常用改变转速来调节流量，如图 12-12 所示。特别是近年来发展的变频无级调速装置，调速平稳，也保证了较高的效率。

（2）改变管路特性 管路特性曲线的改变一般是通过调节管路阀门来实现的。如图 12-13 所示，在离心泵的出口管路上通常装有流量调节阀门，改变阀门的开度调节流量，实质上就是通过关小或开大阀门来增加或减小管路的阻力。阀门关小，管路特性曲线变陡，反之，则变平缓。这种方法十分简便，在生产中应用广泛，但机械能损失较大。

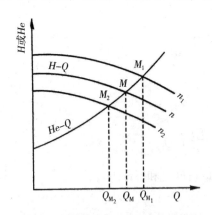

图 12-12 泵转速改变时工作点的变化情况

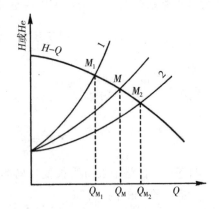

图 12-13 阀门开度改变时工作点的变化情况

（3）离心泵的并联或串联操作 当实际生产中，一台离心泵不能满足输送任务时，可采用两台或两台以上同型号、同规格的泵并联或串联操作。

离心泵的并联操作是指在同一管路上用两台型号相同的离心泵并联代替原来的单泵，在相同压头条件下，并联的流量为单泵的两倍。

离心泵的串联操作是指两台型号相同的离心泵串联操作时，在流量相同时，两串联泵的压头为单泵的两倍。

（五）离心泵的安装高度

离心泵在安装时，如图 12-14，当叶轮入口处压力下降至被输送液体在工作温度下的饱和蒸汽压时，液体将会发生部分汽化，生成蒸汽泡。含有蒸汽泡的液体从低压区进入高压区，气泡在高压区会急剧收缩、凝结，使周围的液体以极高的速度涌向原气泡所占的空间，产生非常大的冲击力，冲击叶轮和泵壳。日久天长，叶轮的表面会出现斑痕和裂纹，甚至呈海绵状损坏，这种现象称为汽蚀。离心泵在汽蚀条件下运转时，会导致液体流量、扬程和效率的急剧下降，破坏正常操作。

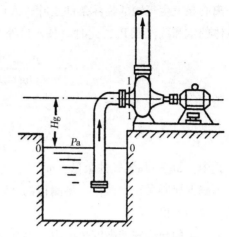

图 12-14 离心泵吸液示意图

为避免汽蚀现象的发生，叶轮入口处的绝对压强必须高于工作温度下液体的饱和蒸汽压，这就要求泵的安装高度不能太高。一般离心泵在出厂前都需通过实验，确定泵发生汽蚀的条件，并规定了允许吸上真空度和气蚀余量，表示离心泵的抗气蚀性能。

1. 允许吸上真空度 离心泵的允许吸上真空度是指离心泵入口处可允许达到的最大真空度，如图 12-14 所示，H'_s（以液柱高表示）可以写成

$$H'_s = \frac{p_a - p_1}{\rho g} \tag{12-10}$$

式中：H'_s—离心泵的允许吸上真空度，m；

　　　p_a—大气压强，Pa；

　　　p_1—泵入口静压力，Pa。

允许安装高度是指泵的吸入口中心线与吸入贮槽液面间可允许达到的最大垂直距离，一般以 Hg 表示。故

$$H_g = H'_s - \frac{u_1^2}{2g} - \sum H_{f0-1} \tag{12-11}$$

式中：u_1—泵入口处液体流速，m/s；

　　　$\sum H_{f0-1}$—吸入管路压头损失，m 。

一般铭牌上标注的 H'_s 是在 10m（水柱）的大气压下，以 20℃清水为介质测定的，若操作条件与上述实验条件不符，可按式 12-12 校正，即

$$H_s = \left[H'_s + (H_a - 10) - \left(\frac{p_v}{9.807 \times 10^3} - 0.24 \right) \right] \frac{1000}{\rho} \tag{12-12}$$

式中：H_s—操作条件下输送液体时的允许吸上真空度，m ；

　　　H_a—当地大气压，m（水柱）；

　　　P_v—操作条件下液体饱和蒸汽压，Pa。

2. 汽蚀余量 汽蚀余量为离心泵入口处的静压头与动压头之和超过被输送液体在操作温度下的饱和蒸汽压头之值，用 Δh 表示：

$$\Delta h = \left(\frac{p_1}{\rho g} + \frac{u_1^2}{2g} \right) - \frac{p_\nu}{\rho g} \tag{12-13}$$

离心泵发生气蚀的临界条件是叶轮入口附近（截面 k-k，图 12-14 中未画出）的最低压强等于液体的饱和蒸汽压 P_v，此时，泵入口处（1-1 截面）的压强必等于某确定的最小值 $P_{1,min}$，故

$$\frac{p_{1,min}}{\rho g} + \frac{u_1^2}{2g} = \frac{p_v}{\rho g} + \frac{u_k^2}{2g} + \sum H_{f1-k} \tag{12-14}$$

整理得

$$\Delta h_c = \frac{p_{1,min} - p_v}{\rho g} + \frac{u_1^2}{2g} = \frac{u_k^2}{2g} + \sum H_{f1-k} \tag{12-15}$$

式中：Δh_c——临界气蚀余量，m。

为确保离心泵正常操作，将测得的 Δh_c 加上一定安全量后称为必需气蚀余量 Δh_r，其值可由泵的样本中查得。

离心泵的允许安装高度也可由气蚀余量求得

$$H_g = \frac{p_2 - p_v}{\rho g} - \Delta h_r - \sum H_{f0-1} \tag{12-16}$$

（六）离心泵的选用

根据实际生产的需要，离心泵的种类很多。按泵输送的液体性质不同可分为清水泵、油泵、耐腐蚀泵、杂质泵等；按叶轮吸入方式不同可分为单吸泵和双吸泵；按叶轮数目不同可分为单级泵和多级泵等。下面介绍几种主要类型的离心泵：

1. 离心泵的类型

（1）清水泵　清水泵应用广泛，一般用于输送清水及物理、化学性质类似于水的清洁液体。

IS 型单级单吸式离心泵系列是我国第一个按国际标准（ISO）设计、研制的，结构可靠，效率高，应用最为广泛。以 IS50-32-200 为例说明型号意义。IS 指国际标准单级单吸清水离心泵；50 指泵吸入口直径，mm；32 指泵排出口直径，mm；200 指叶轮的名义直径，mm。

当输送液体的扬程要求不高而流量较大时，可以选用 S 型单级双吸离心泵。当要求扬程较高时，可采用 D、DG 型多级离心泵，在一根轴上串联多个叶轮，被送液体在串联的叶轮中多次接受能量，最后达到较高的扬程。

（2）耐腐蚀泵（F 型）　用于输送酸、碱等腐蚀性的液体，其系列代号 F。以 150F-35 为例，150 为泵入口直径，mm；F 为悬臂式耐腐蚀离心泵；35 为设计点扬程，m。主要特点是与液体接触的部件是用耐腐蚀材料制成。

（3）油泵（Y 型）　用于输送不含固体颗粒、无腐蚀性的油类及石油产品，以 80Y-100 为例，80 为泵入口直径，mm；Y 表示单吸离心油泵；100 为设计点扬程，m。

（4）杂质泵　采用宽流道、少叶片的敞式或半闭式叶轮，用来输送悬浮液和稠厚浆状液体等。

（5）屏蔽泵　叶轮与电机连为一体，密封在同一壳体内无轴封装置的，用于输送易燃易爆或有剧毒的液体。

（6）液下泵　垂直安装于液体贮槽内，浸没在液体中，因为不存在泄漏问题，故常用于腐蚀性液体或油晶的输送。

2. 离心泵的选用　离心泵选择的基本原则是以能满足液体输送的工艺要求为前提，根据生

产工艺要求，按泵的产品说明书及各类泵的样本进行合理选择，基本步骤和方法如下：

（1）确定输送系统的流量和扬程　液体的输送流量一般由生产工艺决定，若流量是变化的，应按最大流量考虑。系统所需的扬程要根据输送管路的实际情况，利用伯努利方程计算得到。

（2）确定泵的类型　根据被输送液体的性质和操作条件，确定泵的类型。

（3）确定泵的型号　根据已确定的输送管路所需的流量和扬程，选定合适的离心泵型号。选择时，应考虑到操作条件变化而留有一定余量，应使所选泵的流量和扬程比实际输送任务需求稍大。若几个型号的泵同时都适合，应列表进行比较，而后按选定的型号，进一步查取详细性能数据。

（4）校核泵的特性参数　若被输送液体的密度和黏度与水相差较大时，应对泵的流量和扬程进行核算。

（七）离心泵的安装操作

离心泵出厂时附有的说明书中，对性能、安装、使用、维护等都有详细的说明，以供使用者参考使用。下面仅从理论上介绍一般应当注意的事项。

1. 泵的安装高度须小于或等于允许安装高度，以免发生汽蚀现象或吸不上液体，同时吸入管路应尽可能短而直，直径不得小于吸入口直径，应尽可能降低吸入管路的阻力。

2. 启泵前，向泵体和吸入管内充满被输送的液体，以免发生气缚现象。

3. 在出口阀关闭状态下启动离心泵，降低泵的启动功率，防止烧坏电机，待运转正常后，再逐渐打开出口阀并调节到所需流量。

4. 泵运转时，要注意观察泵有无噪音，压力表是否正常，并定期检查是否有泄漏、轴承过热等情况以确保泵的正常运行。

5. 停泵前，先关闭出口阀后再停电机，以免压出管线的高压液体倒流造成叶轮高速反转以致损坏。若停泵时间长，应将泵和管路内的液体排尽，以免锈蚀和冬季冻结。

二、往复泵

往复泵是一种典型的容积式输送机械。依靠泵内运动部件的位移，引起泵内容积变化而吸入和排出液体，并且运动部件直接通过位移挤压液体做功，这类泵称为容积式泵（或称正位移泵）。

1. 往复泵的结构　如图 12-15 所示，往复泵是由泵缸、活塞、活塞杆、吸入阀和排出阀构成的一种正位移式泵。活塞由曲柄连杆机构带动做往复运动。

2. 往复泵的工作原理　当活塞向右移动时，泵缸的容积增大形成低压，排出阀受排出管中液体压强作用而被关闭，吸入阀被打开，液体被吸入泵缸。当活塞向左移动时，由于活塞挤压，泵缸内液体压强增大，吸入阀被关闭，排出阀被打开，泵缸内液体被排出，完成一个工作循环。可见，往复泵是利用活塞的往复运动，增大压强，以完成液体输送。活塞在两端间移动的距离称为冲程。图 12-15 所示为单动泵，即活塞往复运动一次，吸入和排出液体各一次。它的排液是间歇的、周期性的，而且活塞在两端间的各位置上的运动并非等速，故排液量不均匀。

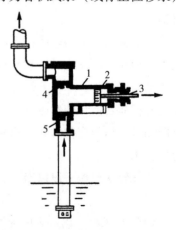

图 12-15　往复泵工作原理图
1. 泵缸；2. 活塞；3. 活塞杆；
4. 排出阀；5. 吸入阀

为改善单动泵排液量的不均匀性，可采用双动泵。活塞左右两侧都装有阀室，可使吸液和排液同时进行，这样排液可以连续，但单位时间的排液量仍不均匀。往复泵是靠泵缸内容积扩张造成低压吸液，因此往复泵启动前不需灌泵，能自动吸入液体。

3. 往复泵的理论平均流量

单动泵 $$Q_T = A S n \tag{12-17}$$

双动泵 $$Q_T = (2A-a) S n \tag{12-18}$$

式中：Q_T—往复泵的理论流量，m^3/min；

  A—活塞截面积，m^2；

  S—活塞的冲程，m；

  n—活塞每分钟的往复次数；

  a—活塞杆的截面积，m^2。

在实际操作过程中，由于阀门启闭有滞后，阀门、活塞、填料函等处又存在泄漏，故实际平均输液量为

$$Q = \eta Q_T \tag{12-19}$$

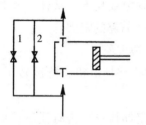

图 12-16　往复泵旁路流量调节示意图
1. 安全阀；2. 旁路阀

式中 η 为往复泵的容积效率，一般在 70% 以上，最高可超过 90%。

4. 往复泵的流量调节　由于往复泵的流量 Q 变化很小，故流量调节不能采取调节出口阀门开度的方法，一般可采取以下调节手段：①旁路调节，如图 12-16 所示，使泵出口的一部分液体经旁路分流，从而改变主管中的液体流量，调节比较简便，但不经济。②改变原动机转速，从而改变活塞的往复次数。③改变活塞的冲程。

第二节　气体输送机械设备

气体输送机械主要用于克服气体在管路中的流动阻力和管路两端的压强差，输送气体，产生一定的高压或真空以满足各种工艺过程的需要。输送和压缩气体的设备统称为气体输送机械。

气体输送机械与液体输送机械的结构和工作原理大致相同，都是向流体做功以提高流体的静压强。由于气体具有可压缩性和密度较小的特点，对气体输送机械的结构和形状都有一定影响。气体的密度越小，体积流量越大，气体输送机械的体积大。气体在管路中的流速比液体流速大，输送同样质量流量的气体时，产生的流动阻力要大，因而需要提供的压头也越大。由于气体具有可压缩性，压强变化时其体积和温度同时发生变化，因而对气体输送和压缩设备的结构、形状有特殊要求。

气体输送机械一般以出口表压强（终压）或压缩比（指出口与进口压强之比）的大小分类如下：

（1）通风机　出口表压强不大于 15kPa，压缩比为 1~1.15。

（2）鼓风机　出口表压强为 15~300kPa，压缩比小于 4。

（3）压缩机　出口表压强大于 300kPa，压缩比大于 4。

（4）真空泵　用于设备内排气，产生和维持一定的真空度，出口压强为大气压。

一、离心式通风机

工业上常用的通风机分为轴流式和离心式两种。轴流式通风机的风量大，但产生的风压小，一般只用于通风换气；离心式通风机应用更广泛。

离心式通风机的结构和工作原理与离心泵相似。图12-17是离心通风机的简图，它由蜗形机壳和多叶片的叶轮组成。叶轮上的叶片数目虽多但较短。蜗壳的气体通道一般为矩形截面。

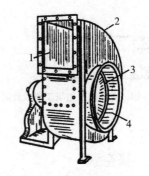

图 12-17　低压离心通风机工作原理图
1. 排出口；2. 机壳；3. 叶轮；4. 吸入口

离心通风机选用时，首先根据气体的种类（清洁空气、易燃气体、腐蚀性气体、含尘气体、高温气体等）与风压范围，确定风机类型；然后根据生产要求的风量和风压值，从产品样本上查得适宜的风机型号规格。

二、离心式鼓风机

离心式鼓风机的工作原理与离心式通风机相同，结构与离心泵相像，蜗壳形通道的截面为圆形，但是外壳直径和宽度都较离心泵大，叶轮上的叶片数目也较多，转速较高。单级离心鼓风机的出口表压一般小于30kPa，所以当要求风压较高时，均采用多级离心鼓风机。为达到更高的出口压力，要用离心压缩机。

三、旋转式鼓风机

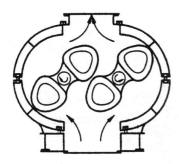

图 12-18　罗茨鼓风机工作原理示意图

罗茨鼓风机是最常用的一种旋转式鼓风机，工作原理和齿轮泵类似，如图12-18所示。机壳中有两个转子，两转子之间、转子与机壳之间存在小的间隙，以保证转子能自由旋转，同时减少气体的泄漏。两转子旋转方向相反，气体由一侧吸入，另一侧排出。

罗茨鼓风机的风量与转速成正比，在一定的转速条件下，出口压力增大，气体流量大体不变（略有减小）。流量一般用旁路调节。风机出口应安装安全阀或气体稳定罐，以防止转子因热膨胀卡住。

四、离心式压缩机

离心式压缩机又称透平压缩机，工作原理及基本结构与离心式鼓风机相同，但叶轮级数多，在10级以上，且叶轮转速较高，因此它产生的风压较高。由于压缩比高，气体体积变化很大，温升也高，故压缩机常分成几段，每段由若干级构成，在段间要设置中间冷却器，以避免气体温度过高。离心式压缩机具有流量大、供气均匀、机内易损件少、运转可靠、容易调节、方便维修等优点。

五、往复式压缩机

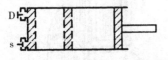

图 12-19 往复式压缩机工作原理图

往复式压缩机的结构和工作原理与往复泵相似。如图 12-19 所示，它依靠活塞的往复运动将气体吸入和压出，主要部件为气缸、活塞、吸气阀和排气阀。但由于压缩机的工作流体为气体，密度比液体小，因此在结构上要求吸气和排气阀门更为轻便且易于启闭。为移除压缩释放出的热量来降低气体的温度，必须设置冷却装置。

六、真空泵

在制药化工生产中，要从设备或管路系统中抽出气体，使其处于绝对压强低于大气压强状态，所需要的机械称为真空泵。下面仅就常见的型式做介绍：

1. 水环真空泵　如图 12-20 所示，其外壳呈圆形，壳内有一偏心安装的叶轮，上有辐射状叶片。在泵壳内装入一定量的水，当叶轮旋转时，水在离心力的作用下甩至壳壁形成均匀厚度的水环。水环使各叶片间的空隙形成大小不同的封闭小室，叶片间的小室体积呈由小而大又由大而小的变化。当小室由小增大时，气体由吸入口吸入；当小室从大变小时，气体由压出口排出。

水环真空泵属湿式真空泵，吸入时可允许少量液体夹带，一般可达到83%的真空度。水环真空泵的特点是结构紧凑，易于制造和维修，但效率较低，一般为30%~50%。泵在运转时要不断充水以维持泵内的水环液封，并起到冷却作用。

2. 喷射真空泵　喷射泵属于流体动力作用式的流体输送机械。如图 12-21 所示，它是利用工作流体流动时静压能转换为动能而造成真空将气体吸入泵内的。

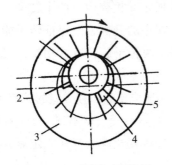

图 12-20　水环真空泵简图

1. 排出口；2. 外壳；3. 水环；4. 吸入口；5. 叶片

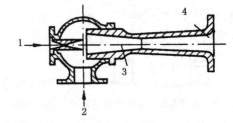

图 12-21　单级蒸汽喷射真空泵工作原理图

1. 工作蒸汽入口；2. 气体吸入口；3. 混合室；4. 压出口

这类真空泵当用水作为工作流体时，称为水喷射泵；用水蒸气作工作流体时，称为蒸汽喷射泵。单级蒸汽喷射泵可以达到90%的真空度，若要达到更高的真空度，可以采用多级蒸汽喷射泵。喷射泵的结构简单，无运动部件，但效率低，工作流体消耗大。

第三节　固体输送机械设备

制药生产中常用到的固体输送机械是指沿给定线路输送散粒物料或成件物品的机械。固体输送机械设备可分为机械输送设备和气流输送设备，其中机械输送设备又可分为带式输送机、斗式运输机和螺旋式运输机三种，气流输送又可分为吸引式输送和压送式输送。

一、带式输送机

带式输送机属于连续式输送机械，适用于块状、颗粒及整件物料进行水平方向或倾斜方向的运送，还可作为清洗和预处理操作台等。

1. 带式输送机的主要结构　带式输送机的主要结构部件有环形输送带、机架和托辊、驱动滚筒、张紧装置等，如图 12-22 所示。

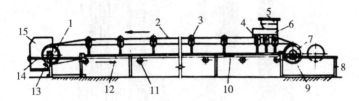

图 12-22　带式输送机结构示意图

1. 驱动滚筒；2. 输送带；3. 上托辊；4. 缓冲托辊；5. 漏斗；6. 导料槽；7. 改向滚筒；8. 尾架；
9. 螺旋张紧装置；10. 空段清扫器；11. 下托辊；12. 中间架；13. 弹簧清扫器；14. 头架；15. 头罩

（1）**输送带**　对输送带的要求是强度高、挠性好、本身重量小、延伸率小、吸水性小、对分层现象的抵抗性能好、耐磨性好。常用输送带有橡胶带、各种纤维织带、钢带及网状钢丝带、塑料带。①橡胶带。橡胶带由 2～10 层（由带宽而定）棉织品或麻织品、人造纤维的衬布用橡胶加以胶合而成。上层两面附有优质耐磨的橡胶保护层为覆盖层。衬布的作用是给予皮带机械强度和传递动力。覆盖层的作用是连接衬布，减少输送带及运输材料的磨损，防止潮湿及外部介质侵蚀。②钢带。钢带机械强度大、不易伸长、耐高温、不易损伤（烘烤设备中），造价高、黏着性很大，用于高温的物料。③网状钢丝带。网状钢丝带强度高、耐高温、具有网孔（孔大小可选择），故适用于一边输送，一边用水冲洗的场合。④塑料带。塑料带耐磨、耐酸碱、耐油、耐腐蚀，适用于温度变化大的场合，已推广使用。分为多层芯式（类似橡胶带）和整芯式（制造简单、生产率成本低，质量好，但挠性差）两种。⑤帆布带。帆布带的抗拉强度大，柔性好，能经受多次反复折叠而不疲劳。

（2）**机架和托辊**　机架多用槽钢、角钢和钢板焊接而成。托辊的作用是支承运输带及上面的物料，减少输送带下垂度，保证运输带平稳运行。

（3）**驱动滚筒**　驱动滚筒是传递动力的部件，运输带靠滚筒间产生的摩擦力运行。滚筒的宽度比运输带宽大 100～200mm，驱动滚筒做成鼓形，可自动纠正胶带的跑偏。

（4）**张紧装置**　张紧装置作用是补偿运输带因工作导致的松弛，保持运输带有足够的张力，防止运输带在驱动滚筒间的打滑。

2. 带式输送机的主要特点　带式输送机与其他运输设备相比，工作速度快（0.02～4.0m/s），输送距离长，生产效率高，构造简单，而且使用方便，维护检修容易，无噪音，能够在全机身中任何地方进行装料和卸料。但是，带式输送机不密封，故输送轻质粉状物料时易飞扬。

二、斗式提升机

斗式提升机是利用均匀固接于环形牵引构件上的一系列料斗，将物料由低处提升到高处的连续输送机械。

1. 斗式提升机的主要结构　斗式提升机结构见图 12-23，主要由环形牵引带或链、滚筒、料斗、驱动轮（头轮）、改向轮（尾轮）、传动装置、张紧装置、导向装置、加料和卸料装置、机壳等部件构成。

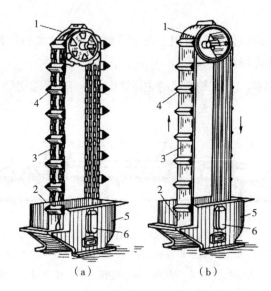

图 12-23　斗式提升机结构示意图
1. 驱动轮；2. 改向轮；3. 槽挠性牵引构件；4. 料斗；5. 底座；6. 拉紧装置

工作时，料斗把物料从下面的储槽中舀起，随着输送带或链提升到顶部，绕过顶轮后向下翻转，将物料倾入接受槽内。斗式提升机的提升能力与料斗的容量、运行速度、料斗间距及斗内物料的充满程度有关。

2. 斗式提升机的主要特点　斗式提升机具有提升高度高（一般输送高度最高可达 40 米）、运行平稳可靠、占地面积小等优点；缺点是输送物料的种类受到限制，结构复杂，输送能力低，不能超载，必须均匀给料。适用于垂直或大角度倾斜时输送粉状、颗粒状及小块状物料。

三、螺旋输送机

螺旋输送机的主要结构，如图 12-24 所示，包括机槽、螺旋转轴、驱动装置、机壳等。工作时由具有螺旋片的转动轴在一封闭的或敞开口的料槽内旋转，利用螺旋的推进原理使料槽内的物料沿料槽向前输送。螺旋输送机的装载和卸载比较方便，可以一端进料另一端卸料，或两端进料中间卸料，或中间进料两端卸料。螺旋输送机一般为水平输送，也可以有较大倾斜角度输送，甚至可以直立输送。常用于较短距离内运输散状颗粒或小块物料。由于它能够较准确地控制单位时间内的运输量，因而也常被用于定量供料或出料装置，如气力输送系统中的螺旋式加料器等。螺旋叶片有实体式、带式、桨叶式、齿形等。

螺旋输送机的优点是结构简单，操作方便，占地面积小，可同时向相反两个方向输送物料，输送过程中可进行搅拌、混合、加热、冷却等操作，能调节流量，密封性好。缺点是单位物料输送过程的动力消耗高。有强烈磨损，易发生堵塞。适用于输送小块状和粉状物料，不适于输送易黏附和缠绕转轴的物料。

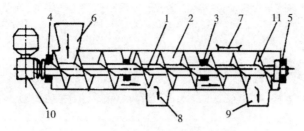

图 12-24　螺旋输送机结构示意图

1. 轴；2. 料槽；3. 中间轴承；4. 首端轴承；5. 末端轴承；6. 装载漏斗；
7. 中间装载口；8. 中间卸载口；9. 末端卸载口；10. 驱动装置；11. 螺旋片

四、气流输送装置

气流输送又称为风力输送，是借助空气在密闭管道内的高速流动，带动粒状物料或相对密度较小的物料在气流中悬浮输送到目的地的一种运输方式。根据输送方式可分为吸送式和压送式，根据颗粒在输送管内密集程度又可分为稀相输送和密相输送。输送介质可以是滤过空气或惰性气体。

1. 气流输送装置的工作原理　气流输送装置由进料装置、输料管道、分离装置、卸料器、除尘器、风机和消声器等部件构成，工作原理是利用气流的动能使散粒物料呈悬浮状态随气流沿管道输送。

吸送式气流输送在风机启动后，整个系统呈一定的负压，在压差作用下，空气流使物料进入吸嘴，并沿输料管送至卸料处的旋风分离器内，物料从空气流中分离后由分离器底卸出，气流经除尘器净化后再经消声器排入大气。吸送式气流输送特点是供料简单，能同时从几处吸取物料；但输送距离短，生产率低，密封性要求高。

压送式气流输送由鼓风机将空气压入输送管，物料从供料器供入，空气和物料的混合物沿输料管被压送至卸料处，物料经旋风分离器分离后卸出，空气经除尘器净化后排入大气。压送式气流输送与吸送式气流输送相反，可同时将物料输送到几处，输送距离较长，生产率较高，但结构复杂。

2. 气流输送的主要特点　气流输送的优点是可简化生产流程，对于化学性质不稳定的物料可用惰性气体输送；高密封性可避免粉尘和有害气体对环境的污染；较高的生产能力可进行长距离输送，在输送过程中可同时进行对物料的加工操作；能灵活安装布置管路，结构简单容易实现自动化控制。缺点是不宜输送颗粒大和含水量高的物料，不宜输送磨损性大和易破碎物料，风机噪音大，对管路和物料的磨损较大，能耗高，设备初期投资大。

第十三章
制药用水系统

制药用水通常是指制药工艺过程中使用的各种质量标准的水。制药用水是制药生产过程中的重要原料，参与了整个生产工艺过程，包括原料生产、分离纯化、成品制备、洗涤过程和消毒过程等。因此，在制药生产过程中，制药用水系统是至关重要的组成部分。制药用蒸汽系统的主要作用是湿热灭菌，主要应用于注射用水系统、湿热灭菌柜、生物反应器、配液罐、管路系统、过滤器等重要设备与系统的灭菌。制药领域应用的蒸汽系统主要为纯蒸汽系统，纯蒸汽的冷凝水直接与设备或物品表面接触，或者接触到用于分析物品性质的物料，纯蒸汽冷凝后的水质需要满足注射用水质量标准，因此，制药用蒸汽系统也是医药行业无菌生产工艺过程中一个非常重要的组成部分。通常情况下，制药行业将制药用水系统与制药用蒸汽系统统称为制药用水系统，简称水系统。

第一节　制药用水

水是药物生产中用量大、使用广的一种辅料，用于生产过程和药物制剂的制备。一般应根据各生产工序或使用目的与要求选用适宜的制药用水。药品生产企业应确保制药用水的质量符合预期用途的要求。制药用水的制备从系统设计、材质选择、制备过程、贮存、分配和使用均应符合《药品生产质量管理规范》（2010年修订）的要求。制水系统应经过验证，并建立日常监控、检测和报告制度，有完善的原始记录以备查看。

一、制药用水的分类

2020年版《中华人民共和国药典》中所收载的制药用水，因使用的范围不同而分为饮用水、纯化水、注射用水和灭菌注射用水。

饮用水为天然水经净化处理所得的水，质量必须符合现行中华人民共和国国家标准《生活饮用水卫生标准》。饮用水可作为药材净制时的漂洗、制药用具的粗洗用水，除另有规定外，也可作为饮片的提取溶剂。中药注射剂、滴眼剂等灭菌制剂用药材的提取不得使用饮用水。

纯化水为饮用水经蒸馏法、离子交换法、反渗透法或其他适宜的方法制备的制药用水。不含任何附加剂，质量应符合纯化水项下的规定：纯化水可作为配制普通药物制剂用的溶剂或试验用水；可作为中药注射剂、滴眼剂等灭菌制剂所用饮片的提取溶剂，口服、外用制剂配制用溶剂或稀释剂，非灭菌制剂用器具的精洗用水；也用作非灭菌制剂所用饮片的提取溶剂。纯化水不得用于注射剂的配制与稀释。纯化水有多种制备方法，应严格监测各生产环节，防止微生物污染。用作溶剂、稀释剂或精洗用水，一般应临用前制备。

注射用水为纯化水经蒸馏所得的水，应符合细菌内毒素试验要求。注射用水必须在防止细菌内毒素产生的设计条件下生产、贮藏及分装。其质量应符合注射用水项下的规定。注射用水可作为配制注射剂、滴眼剂等的溶剂或稀释剂及容器的精洗。为保证注射用水的质量，应减少原水中的细菌内毒素，监控蒸馏法制备注射用水的各生产环节，并防止微生物的污染。应定期清洗与消毒注射用水系统。注射用水的储存方式和静态储存期限应经过验证，确保水质符合质量要求，例如可以在80℃以上保温或70℃以上保温循环或4℃以下存放。

灭菌注射用水为注射用水按照注射剂生产工艺制备所得，不含任何添加剂。主要用于注射用灭菌粉末的溶剂或注射剂的稀释剂。质量应符合灭菌注射用水项下的规定。灭菌注射用水灌装规格应与临床需要相适应，避免大规格、多次使用造成的污染。

二、制药用水的标准

制药用水是制药生产过程中的重要原料，其质量的优劣将直接决定最终生产的药品质量，因此，各组织和药典对其均有明确规定。

（一）饮用水标准

制药用水的原料水质必须符合中华人民共和国国家标准《生活饮用水卫生标准》中规定的生活饮用水卫生标准，供制备纯化水和注射用水的饮用水，其微生物指标非常重要，各个国家和地区尽管都有饮用水标准，但标准并不相同。凡是对制药用水质量造成影响的杂质或污染物，均需要在水处理过程中采用必要的技术手段进行适当处理，以保证制药用水的质量。

《生活饮用水卫生标准》（GB 5749-2006）中规定了水质的各项指标和要求，指标分为常规指标、消毒剂指标和非常规指标。常规指标包括：①微生物指标：总大肠菌群、耐热大肠菌群、肠埃希菌、菌落总数。②毒理指标：砷、镉、铬（六价）、铅、汞、硒、氰化物、氟化物、硝酸盐（以氮计）、三氯甲烷、四氯化碳、溴酸盐（使用臭氧时）、甲醛（使用臭氧时）、亚氯酸盐（使用二氧化氯消毒时）、氯酸盐（使用复合二氧化氯消毒时）。③感官性状和一般化学指标如色度（铂钴色度单位）、浑浊度（NTU-散射浊度单位）、臭和味、肉眼可见物、pH、铝、铁、锰、铜、锌、氯化物、硫酸盐、溶解性总固体、总硬度（以 $CaCO_3$ 计）、耗氧量（CODMno 法，以氧计）、挥发酚类（以苯酚计）、阴离子合成洗涤剂。④放射性指标：总 α 放射性、总 β 放射性。消毒剂指标包括氯气及游离氯制剂（游离氯）、一氯胺（总氯）、臭氧（O_3）和二氧化氯（ClO_2）。

非常规指标包括：①微生物指标：贾第鞭毛虫、隐孢子虫。②毒理指标：锑、钡、铍、硼、钼、镍、银、铊、氯化氰（以 CN⁻ 计）、一氯二溴甲烷、二氯一溴甲烷、二氯乙酸、1，2-二氯乙烷、二氯甲烷、三卤甲烷（三氯甲烷、一氯二溴甲烷、二氯一溴甲烷、三溴甲烷的总和）、1，1，1-三氯乙烷、三氯乙酸、三氯乙醛、2，4，6-三氯酚、三溴甲烷、七氯、马拉硫磷、五氯酚、六六六（总量）、六氯苯、乐果、对硫磷、灭草松、甲基对硫磷、百菌清、呋喃丹、林丹、毒死蜱、草甘膦、敌敌畏、莠去津、溴氰菊酯、2，4 滴、滴滴涕、乙苯、二甲苯、1，1-二氯乙烯、1，2-二氯乙烯、1，2-二氯苯、1，4-二氯苯、三氯乙烯、三氯苯（总量）、六氯丁二烯、丙烯酰胺、四氯乙烯、甲苯、邻苯二甲酸二（2-乙基己基）酯、环氧氯丙烷、苯、苯乙烯、苯并（α）芘、氯乙烯、氯苯、微囊藻毒素-LR。③感官性状和一般化学指标［氨氮（以氮计）、硫化物、钠］。

（二）纯化水标准

纯化水可作为配制普通药物制剂用的溶剂或实验用水，可作为中药注射剂、滴眼剂等灭菌制剂所用药材的提取溶剂，口服、外用制剂配制用溶剂或稀释剂，非灭菌制剂用器具的精洗用水，也可用作为非灭菌制剂所用药材的提取溶剂。《中华人民共和国药典》（2020 年版）关于纯化水的主要质量标准参见如下：

本品为饮用水经蒸馏法、离子交换法、反渗透法或其他适宜的方法制得的制药用水，不含任何添加剂。

【性状】本品为无色的澄清液体；无臭。

【检查】酸碱度：取本品 10mL，加甲基红指示液 2 滴，不得显红色；另取 10mL，加溴麝香草酚蓝指示液 5 滴，不得显蓝色。

硝酸盐：用经氯化钾溶液、二苯胺硫酸溶液和硫酸处理后的溶液，其产生的蓝色与标准硝酸盐溶液用同一方法处理后的颜色比较，不得更深（0.000006%）。

亚硝酸盐：经对氨基苯磺酰胺的稀盐酸溶液和盐酸萘乙二胺溶液处理后的溶液，产生的粉红色与标准亚硝酸盐溶液用同一方法处理后的颜色比较，不得更深（0.000002%）。

氨：经碱性碘化汞钾试液处理，如显色，与氯化铵溶液和碱性碘化汞钾试液制成的对照液比较，不得更深（0.00003%）。

电导率：应符合规定（药典通则 0681）。

总有机碳：不得过 0.50 mg/L（药典通则 0682）。

易氧化物：经稀硫酸和高锰酸钾处理后，粉红色不得完全消失。总有机碳和易氧化物两项可选做一项。

不挥发物：在 105 ℃干燥至恒重，遗留残渣不得过 1mg。

重金属：用经醋酸盐缓冲液和硫代乙酰胺试液处理后的溶液，与标准铅溶液用同一方法处理后的颜色比较，不得更深（0.00001%）。

微生物限度：采用 R2A 琼脂培养基，30～35℃培养不少于 5 天，依法检查（药典通则 1105），1mL 供试品中需氧菌总数不得超过 100cfu。

【类别】溶剂、稀释剂。

【贮藏】密闭保存。

（三）注射用水标准

注射用水必须在防止细菌内毒素产生的设计条件下生产、贮藏及分装。其质量应符合注射用水项下的规定。注射用水可作为配制注射剂、滴眼剂等的溶剂或稀释剂及容器的精洗。《中华人民共和国药典》（2020 年版）关于注射用水的主要质量标准参见如下。

本品为纯化水经蒸馏所得的水。

【性状】本品为无色的澄明液体；无臭。

【检查】pH 值：依法规定（药典通则 0631），pH 值为 5.0~7.0。

氨：照纯化水项下的方法检查，应符合规定（0.00002%）。

硝酸盐与亚硝酸盐、电导率、总有机碳、不挥发物与重金属：照纯化水项下的方法检查，应符合规定。

细菌内毒素：依法检查（药典通则 1143），每 1mL 中含内毒素的量应小于 0.25 EU。

微生物限度：经薄膜过滤法处理，采用 R2A 琼脂培养基，30~35℃培养不少于 5 天，依法检查（药典通则 1105），100 mL 供试品中需氧菌总数不得超过 10cfu。

【类别】溶剂。

【贮藏】密闭保存。

（四）灭菌注射用水标准

灭菌注射用水主要用于注射用灭菌粉末的溶剂或注射剂的稀释剂。《中华人民共和国药典》（2020 年版）关于灭菌注射用水的主要质量标准如下：

本品为注射用水照注射剂生产工艺制备所得。

【性状】本品为无色的澄明液体；无臭。

【检查】pH 值：依法规定（药典通则 0631），pH 值为 5.0~7.0。

氯化物、硫酸盐与钙盐：用硝酸与硝酸银试液、氯化钡试液、草酸铵试液检测，均不得发生浑浊。

二氧化碳：经氢氧化钙试液处理，1 小时内不得发生浑浊。

易氧化物：经稀硫酸和高锰酸钾处理后，粉红色不得完全消失。

硝酸盐与亚硝酸盐、氨、电导率、不挥发物、重金属与细菌内毒素：照注射用水项下的方法检查，应符合规定。

其他：应符合注射剂项下有关的各项规定（药典通则 0102）。

【类别】溶剂、冲洗剂。

【规格】① 1mL；② 2mL；③ 3mL；④ 5mL；⑤ 10mL；⑥ 20mL；⑦ 50mL；⑧ 500mL；⑨1000mL；⑩3000mL（冲洗用）。

【贮藏】密闭保存。

三、制药用水系统的组成

制药生产企业使用的制药用水主要是原料水，即纯化水、高纯水和注射用水等。从功能角度分类，制药用水系统主要由制备单元和储存与分配系统两部分组成；制药用蒸汽系统主要由制备单元和分配单元两部分组成。

制备单元主要包括软化水机、纯化水机、高纯水机、蒸馏水机和纯蒸汽发生器，主要功能为连续、稳定地将原水"净化"成符合企业内控指标或药典要求的制药用水；储存与分配系统主要包括储存单元、分配单元和用水点管网单元，主要功能为以一定缓冲能力，将制药用水输送到所需的工艺岗位，满足相应的流量、压力和温度等需求，并维持制药用水的质量始终符合药典要求。

制药用水极易滋生微生物，微生物指标是其最重要的质量指标之一。在制药用水系统的设计、安装、验证、运行和维护过程中需要采取各种措施抑制微生物的繁殖。鉴于制药用水在制药工业中既作为原料又作为清洗剂，且极易滋生微生物，各国药典对制药用水的质量标准和用途都有明确的定义和要求。制药用水与产品直接接触，对药品的质量有着直接的影响，各个国家和组织的 GMP 均将制药用水的制备及储存与分配系统视为制药生产的关键系统，对其设计、安装、验证、运行和维护等提出了明确要求。

第二节　制药用水设备

制药用水即制药工艺用水在不同的制药单元中作为提取剂、溶剂、洗涤剂等，参与了整个制药生产过程，包括中药材的预处理、分离纯化、中药制剂等过程。因此，制药工艺用水的质量直接影响药品的质量，各类工艺用水应符合《中华人民共和国药典》（2020 年版）中的具体要求。

同时，为保证制药用水的质量，制药用水的制备系统装置应符合《药品生产质量管理规范》（2010 年修订）和《医药工艺用水系统设计规范》中的原则和规范。

一、水处理技术

水源的选择与处理是保证制药工艺用水质量的重要前提。为适应制药工业的要求，不同来源的水质需要经逐级提纯水质，以达到药典规定的标准，通常采用的纯化技术包括前处理技术、脱盐技术、后处理技术等。

（一）前处理技术

城市的自来水作为原水虽然已经达到饮用水标准，但仍残留少量的悬浮颗粒，有机物和残余氯、钙、镁等离子。为了把这些杂质除去，需要对原水进行前处理以去除原水中的悬浮物、胶体、微生物，降低原水中过高的浊度和硬度。前处理技术通常包括多介质过滤、活性炭过滤、软化处理、精密过滤和保安过滤等步骤。

多介质过滤：主要是滤出水中的悬浮性物质。多介质过滤器使用前要进行反洗和正洗，运行时多介质过滤器内必须完全充满水。多介质过滤器每运行两天，需反洗正洗 1~2 次（先反洗后正洗，正洗完毕后再运行）。

活性炭过滤：主要是滤出水中的有机物、胶体物质和除氯。活性炭过滤器用前要进行反洗和正洗，运行时活性炭过滤器内必须完全充满水。活性炭过滤器每运行两天，需反洗、正洗 1~2 次（先反洗后正洗）。因复合膜不耐余氯，故设活性炭过滤器除余氯，绝不能使未经过活性炭过滤器的水进入反渗透膜，否则膜的损坏无法恢复。

软化处理：是去除原水中易于沉积在反渗透膜上的钙、镁离子等。软化法是利用离子交换树脂与水中的钙镁离子进行交换，将水中的钙镁离子去除。软化器能自动完成反洗、再洗、冲洗、运行工作。

精密过滤：是采用 3~5μm 的精密滤芯，滤出 5μm 以上的粒子。精密过滤器的滤芯一般 90 天更换或清洗一次，过滤器的压力下降大于 0.1MPa 时更换或清洗一次。

保安过滤：是原水过滤的最后一道屏障，保安过滤器是保障处理系统安全的过滤器，又称滤芯过滤器。一般情况下保安过滤器放置在石英砂、活性炭、树脂等之后，是去除大颗粒杂质的最后保障，以防止反渗透膜被损坏。从广义上讲，精密过滤器也属于保安过滤器。保安过滤器的滤芯一般 90 天或过滤器的压力下降大于 0.1MPa 时更换或清洗一次。滤芯的清洗方法为 3%~5% NaOH 溶液泡 12 小时以上，冲洗干净，再用 3%~5% 盐酸溶液泡 12 小时以上，冲洗干净，晾干待用。

然而根据水质情况的特点，所选择的处理技术与设备也要有相应的调整变化，通常可以按下述情况具体应对。

1. 杂质　水源中悬浮物含量较高，需设置砂滤（多介质过滤器），选用多介质过滤器和软化器，要求有反洗或再生功能，食盐装卸方便，盐水配制、贮存、输送须防腐。

2. 硬度　水源中硬度高，需增加软化工序。

3. 有机物　水源中有机物含量较高，需增加凝聚，选用活性炭过滤器，要求设有机物存放地，并有反洗，消毒功能。

4. 氯离子　水源中氯离子含量较高，为防止对后续离子交换、反渗透等工序影响，需加氧化-还原处理（通常加 $NaHSO_3$）装置。

5. CO₂　水源中 CO_2 含量高时，需采用脱气装置。

6. 细菌　水源中细菌较多，需采用加氯或臭氧，或紫外灭菌以达到灭菌的效果。

（二）脱盐技术

根据原水中含有各类盐的数量，通常采用电渗析、离子交换、反渗透技术除盐，或三者的不同组合。

离子交换系统使用带电荷的树脂，利用树脂离子交换的性能，去除水中的金属离子。离子交换系统须用酸和碱定期再生处理。一般阳离子树脂用盐酸或硫酸再生，即用氢离子置换被捕获的阳离子；阴离子树脂用氢氧化钠再生，即用氢氧根离子置换被捕获的阴离子。由于这种再生剂都具有杀菌效果，因而同时也可控制离子交换系统中微生物。离子交换系统既可设计成阴床、阳床分开的形式，也可以设计成混合床形式。

电渗析（electric dialysis，ED）使用的工艺同电去离子技术（electrode ionization，EDI）相似，它利用静电及选择性渗透膜分离浓缩，并将金属离子从水流中冲洗出去。由于它不含有提高离子去除能力的树脂，该系统效率低于 EDI 系统，而且电渗析系统要求定期交换阴阳两极和冲洗，以保证系统的处理能力。电渗析系统多使用在纯化水系统的前处理工序上，作为提高纯化水水质的辅助措施。

反渗透法制备纯化水的技术是 20 世纪 60 年代以来，随着膜工艺技术的进步发展起来的一种膜分离技术，已经越来越广泛地使用在水处理过程中。反渗透膜对于水来说，具有较好的透过性。反渗透法的工艺操作简单，除盐效率高，同时还能去除大部分微生物、热原、胶体等，而且比较经济。

（三）后处理技术

原水经过前处理和脱盐，纯度基本达标，但仍然会有少量细菌存在，通常采用紫外杀菌、臭氧杀菌、微孔过滤等方法最终除去细菌。尽管整个纯化水系统通过以上的各个流程处理，使水质达到了供水水质的要求，但为了防止管道中的滞留水及容器管道内壁滋生细菌影响供水质量，在反渗透处理单元进出口的供水管道末端均应设置大功率的紫外线杀菌器，以保护反渗透处理单元避免被水系统可能产生的微生物污染，杜绝或延缓管道系统内微生物的滋生。紫外线杀菌的原理较为复杂，一般认为与决定生物代谢、遗传、变异等现象的核酸相关。在紫外光作用下，核酸的功能团发生变化，出现紫外损伤，当核酸吸收的能量达到细菌致死量而紫外光的照射又能保持一定时间时，细菌便大量死亡。紫外线杀菌装置结构，由外壳、低压汞灯、石英套管及电气设施等组成。外壳由铝镁合金或不锈钢等材料制成，以不锈钢制品为好。其壳筒内壁有很高的光洁度要求，要求对紫外线的反射率达 85% 左右。

在水处理系统中，水箱、交换柱以及各种过滤器、膜和管道，均会不断地滋生和繁殖细菌。消毒杀菌虽然提供了除去细菌和微生物的方法，但这些方法中没有一种能够在多级水处理系统中除去全部细菌及水溶性的有机污染。目前在高纯水系统中能连续去除细菌和病毒的最好方法是臭氧消毒。

二、纯化水制备方法

纯化水设备是用于满足各行业需求制取纯化水的设备，多用于医药、生物化学化工等行业。采用反渗透、EDI 等工艺，有针对性地设计出成套高纯水处理工艺，以满足药厂、医院的纯化水制取、大输液制取的用水要求。

（一）离子交换法

离子交换树脂是指具有离子交换基团的高分子化合物。它具有一般聚合物所没有的离子交换功能。

离子交换树脂是最早出现的功能高分子材料，其历史可追溯到 20 世纪 30 年代。1935 年，英国科学家 Adams 和 Holmes 发表了关于酚醛树脂和苯胺甲醛树脂的离子交换性能的工作报告，开创了离子交换树脂领域，同时也开创了功能高分子领域。离子交换树脂可以使水不经过蒸馏而脱盐，既简便又节约能源。

离子交换树脂是由交联结构的高分子骨架与能离解的基团两个基本组分构成的不溶性、多孔的、固体高分子电解质。它能在液相中与带相同电荷的离子进行交换反应，此交换反应是可逆的，即用适当的电解质冲洗，可使树脂恢复原有状态，供再次利用（再生）。

离子交换法除盐一般用于电渗析或反渗透等除盐设备之后，将盐类去除至纯化水要求，出水电阻率可控制在 $1\sim18M\Omega\cdot cm$。

离子交换法的主要特点有设备简单，节约能源与冷却水，成本低；所得水的化学纯度较高，对热原和细菌有一定的清除作用；对新树脂需要进行预处理，老化后的树脂需要再生处理，消耗大量的酸碱。

（二）电渗析（ED）技术方法

ED 技术是 20 世纪 50 年代发展起来的一种膜分离技术。膜分离法实际上是一般过滤法的发展和延续。一般过滤法不是分子级水平的分离方法，它利用不同相将固体从液体或气体中分离出来；而膜分离是分子级水平的分离方法，该法的关键在于过程中使用的过滤介质是膜。电渗析是在电位差推动力的作用下，溶液中的带电离子选择性地透过离子交换（选择透过）膜（荷电膜）的过程，是从水溶液中分离离子的一种分离技术。

电渗析技术方法特点有除盐率可在较宽范围内调节，消耗电量低；不消耗酸碱，对环境无污染；装置设计灵活，使用寿命长，操作维修方便；制得的水电阻率较低，一般在 $0.05\sim0.1M\Omega\cdot cm$。

（三）电去离子（EDI）技术方法

EDI 技术实际上是在电渗析器的淡水室中填入混床树脂，其结构如图 13-1 所示。

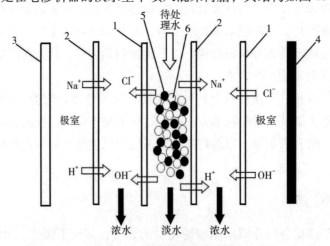

图 13-1　电去离子原理示意图
1. 阴离子交换膜；2. 阳离子交换膜；3. 正电极；4. 负电极；5. 阴离子交换树脂；6. 阳离子交换树脂

EDI 技术制水的工作原理：EDI 装置将离子交换树脂充夹在阴、阳离子交换膜之间形成 EDI 单元。EDI 单元中间充填离子交换树脂的间隔为淡水室。EDI 单元中阴离子交换膜只允许阴离子透过，不允许阳离子透过；而阳离子交换膜只允许阳离子透过，不允许阴离子透过。

在 EDI 中，既有离子交换的工作过程，又有电渗析的工作过程，还有树脂的再生过程，这三个过程同时发生，使 EDI 能够连续、稳定地实现水的深度脱盐，提供高纯水或者超纯水。目前 EDI 技术适合低含盐量水溶液的深度脱盐，通常作为反渗透的后级处理工艺，提供产水电阻率在 5~16 MΩ·cm 的高纯水及超纯水。

EDI 技术制水特点为纯度高，出水水质电阻率高且稳定；连续运行且自动再生，可 24 小时不断供水；无需酸碱处理，也无酸碱废水处理问题；运行成本低，操作简单及维护方便，占地空间小，模块式组合可扩充。

（四）反渗透制备方法

反渗透又称逆渗透（reverse osmosis，RO），是一种以压力差为推动力，从溶液中分离出溶剂的膜分离操作。因为它和自然渗透的方向相反，故称反渗透。根据各种物料的不同渗透压，可以使用大于渗透压的反渗透压力，即反渗透法，达到分离、提取、纯化和浓缩的目的。

第三节　制药用蒸汽系统

制药用蒸汽的主要作用是实现药品生产过程中的加热、加湿和灭菌等工艺。制药用蒸汽系统在制药工业中是应用最广泛的加热介质，参与了整个生产工艺过程，包括原料生产、分离纯化、成品制备等过程，同时，制药用蒸汽是良好的灭菌介质，具有极强的灭菌能力和极少的杂质，主要应用于制药设备和系统的灭菌。

一、制药用蒸汽的分类

在制药工业中，制药用蒸汽常作为制药设备和系统的加热、加湿、清洗、消毒灭菌和动力驱动介质，应用广泛。制药用蒸汽根据物理性质、用途等差异有着不同的分类方法和应用范围。

（一）按压力和温度分类

蒸汽亦称水蒸气，广泛应用于医药、食品、造纸和石油化工等多个行业。根据压力和温度的不同，蒸汽分类为饱和蒸汽（saturated steam）和过热蒸汽（superheated steam）两类。

饱和蒸汽又分为正压蒸汽和负压蒸汽。正压蒸汽指气压在 0.1~5 MPa，温度在 110~250℃的蒸汽，被广泛用于热交换、消毒灭菌和加湿工艺。负压蒸汽指气压小于大气压，温度低于 100 ℃的蒸汽，可通过气压调节实现精确控温。饱和蒸汽的原料为水，安全、清洁且成本低廉。主要特点为利用汽化潜热实现快速、均匀的加热过程，可有效提高产品质量和生产效率；压力与温度为动态平衡状态，控制压力就可准确实现温度的控制；传热系数高，要求的换热面积相对较小，能够有效减少初期的设备投入。主要用于清洗、加热和加湿等过程。

过热蒸汽更多用于动力驱动过程。在蒸汽驱动设备时，供给和排放时都使用过热蒸汽不会产生冷凝水，能有效避免碳酸腐蚀所带来的设备危害，在低压蒸汽下的过热度达到极大的比容甚至真空的情况，可有效提高热效率和工作能力。现已被广泛应用于热力发电、食品烹饪、污泥干燥行业。但过热蒸汽在冷凝释放汽化潜热之前，必须先冷却到饱和温度；传热系数低，生产效率低下，需要较大的传热面积；不能通过压力的控制来调控蒸汽温度；需要保证较高的运输速度，不然热量损失较多从而导致温度下降；蒸汽温度非常高，需要建设坚固的设备，因此需要较高的初期投入。基于上述原因，过热蒸汽很少用于制药行业的热量传递过程，在热交换和灭菌工艺中，饱和蒸汽比过热蒸汽更适合作为热源。

（二）按用途分类

蒸汽在制药厂房中是一种重要的公用介质，在中药制药工艺中主要用于工艺设备、器具、原材料和终产品的清洗、加热、加湿和灭菌消毒等。制药用蒸汽按用途的不同可大致分为工业蒸汽（plant steam）、工艺蒸汽（process steam）和纯蒸汽（pure steam 或 clean steam）。

工业蒸汽属于非直接影响系统，可细分为普通工业蒸汽和无化学添加蒸汽。普通工业蒸汽是指由市政用水软化后制备的蒸汽，非直接影响系统，用于非直接接触产品工艺的加热，一般只要考虑系统如何防止腐蚀。无化学添加蒸汽是指由纯化过的市政用水添加絮凝剂后制备的蒸汽，非直接影响系统，主要用于空气加湿，非直接接触产品的加热，非直接接触产品工艺设备的灭菌，废料、废液的灭活等。无化学添加蒸汽中不应该含有胺、肼等挥发性化合物。

工艺蒸汽属于直接影响系统，主要用于最终灭菌产品的加热和灭菌，冷凝液至少应该满足城市饮用水的标准。

纯蒸汽属于直接影响系统，经蒸馏方法制备而成，冷凝液需满足注射用水的要求。纯蒸汽用于湿热灭菌工艺时，还需在不凝性气体、过热度和干燥度方面达到欧洲标准（European Norm，EN）285 和卫生技术备忘录（Health Technical Memorandum，HTM）2010 标准的要求。纯蒸汽是由原水制备，所使用的原水经过处理并至少满足饮用水要求。不少企业会采用纯化水或注射用水制备纯蒸汽，得到的纯蒸汽不含挥发性添加剂，因此不会受到胺类或肼类杂质的污染，这对于预防注射剂产品的污染是极其重要的。

在蒸汽系统设计过程中采用哪种质量标准的蒸汽，可参考国际制药工程协会（International Society for Pharmaceutical Engineering，ISPE）推荐的决策树，如图 13-2 所示。

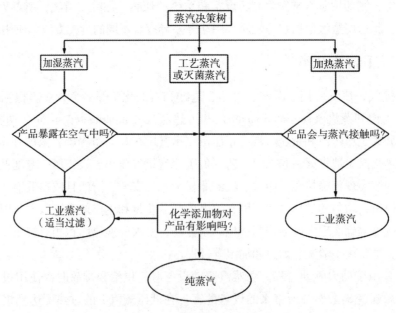

图 13-2　制药用蒸汽决策树

（三）制药用蒸汽的应用

中药制药厂房一般具有提取、浓缩、蒸馏、干燥、灭菌、纯净水制备和空调系统等工艺设备，且都以蒸汽为热源，需要消耗大量的蒸汽。当蒸汽用于间接加湿用途时，例如向最终空气滤清前的采暖、通风和空调系统（heating ventilation and air conditioning，HVAC）流注入蒸汽，虽纯度不需比混合空气高，但在加湿工艺中，需要评估潜在的挥发性杂质对最终产品的影响。如果稀释后的水蒸气会对药品产生严重污染，则需选择更纯等级的蒸汽。因此，部分企业常采用纯蒸汽进行关键工艺单元的空调加湿。虽然蒸汽的纯度要求是依照产品而定的，但要求在每种情况下都生产特定的蒸汽不具有实践性和经济性。结合前期投入，工程管理和质量控制等综合性因素，制药工艺中通常只生产和分配一种或两种洁净等级的蒸汽。

在生产无菌制品时，常用的蒸汽主要为工业蒸汽和纯蒸汽。工业蒸汽常用于非关键岗位的空调系统加湿、罐体夹套加热、换热器加热以及非接触产品设备的灭菌等；纯蒸汽常用于灭菌柜的灭菌、制药设备或系统的在线灭菌以及关键工艺单元的空调加湿等。表 13-1 列举了制药用蒸汽的典型应用和满足制药行业的常规要求，以及可接受的制备方法。

表 13-1　制药用蒸汽的典型应用

用途	类别
肠道和非肠道制剂应用；蒸汽直接接触产品	纯蒸汽，采用纯蒸汽发生器制备
API 产品生产过程的关键工艺过程；蒸汽直接接触 API	纯蒸汽，采用纯蒸汽发生器制备
API 产品生产工程中的非关键性工艺；所添加的杂物会在后续工艺中去除	纯蒸汽，但也可以接受无化学添加蒸汽
制药用水系统的消毒和灭菌	纯蒸汽，利用无化学添加蒸汽后再进行充分的冲洗也可以接受
制剂生产关键性 HVAC 系统加湿用且蒸汽与药品直接接触；化学添加物可能会对药品产生不利影响	纯蒸汽，可用纯蒸汽发生器制备
非关键性 HVAC 系统加湿用，且药品不直接暴露于环境中	纯蒸汽，无化学添加蒸汽或工业蒸汽
关键工艺的洁净室加湿	纯蒸汽，采用纯蒸汽发生器制备
非关键岗位的加热源或省双管板换热器的加热源	无化学添加蒸汽或工业蒸汽

注：API（active pharmaceutical ingredient）指原料药。

二、制药用蒸汽的标准

纯蒸汽或清洁蒸汽直接影响产品质量。虽制药工艺中尚未规定使用蒸汽的规程，但从 GMP 与工艺需求角度考虑，纯蒸汽的制备和纯度的监管指导原则与注射用水的要求是一致的，且还需检测蒸汽不凝性气体含量、过热度和干度值。各药典或行业标准规定了制药用蒸汽的质量标准。

（一）美国药典标准

《美国药典》（USP）详细阐述了纯蒸汽的制备、质量属性和用途。同时，对原水来源、添加物质、冷凝水特性的测试等都提出了详细要求。《美国药典》（USP-NF27）明确提出纯蒸汽是已经加热到 100℃以上的水，并防止以源水夹带的方式被蒸发，不含任何添加物质。蒸汽的饱和度或干燥度，以及不可凝气体的总量均由纯蒸汽的具体用途决定。当纯蒸汽用于有热原控制要求的非肠道制剂或其他场合时，其内毒素含量必须符合注射用水指标。表13-2列举了《美国药典》纯蒸汽冷凝水的质量标准。

表13-2　《美国药典》纯蒸汽冷凝水质量标准

项目	质量标准
电导率（μS/cm，25℃）	<2.1
总有机碳（ppm）	<500
细菌内毒素（EU/mL）	0.25
微生物（cfu/mL）	10

（二）欧洲标准

欧盟GMP附录1《无菌药品生产》中指出需确保用于灭菌的蒸汽有相应的质量要求，且携带的添加物的量不足以污染产品或设备。欧洲标准EN 285和HTM 2010则对灭菌用蒸汽的力量要求和测试方法等进行了规定。

EN285在第13.3条对灭菌用蒸汽质量作出了具体规定，见表13-3。

表13-3　欧洲标准EN285规定的灭菌用蒸汽质量

项目	质量标准
不凝气（V/V）	≤3.5%
干度（不饱和度）	≥0.95（灭金属装载物） ≥0.90（灭其他装载物）
过热度（℃）	≤25

欧洲标准EN285在附录B表B.2中，还明确了在灭菌柜进口取得的灭菌用蒸汽凝结水的污染指标，主要指标见表13-4。

表13-4　EN285规定的灭菌蒸汽凝结水质量

项目	凝结水质量
二氧化硅（mg/L）	≤0.1
氯离子（mg/L）	≤0.1
重金属，除铁、镉、铅外（mg/L）	≤0.1
电导率（25℃）（μs/cm）	≤3
pH值	5~7
硬度（碱土总离子数）（mmol/L）	≤0.02

（三）国际制药工程协会

国际制药工程协会（ISPE）在基本指南《水和蒸汽系统》中，分析了各种特定用途蒸汽的生产方法，综合了制药行业对蒸汽的不同称谓和定义。在该指南关于纯蒸汽用户需求规格书条目中，有如下两条：①纯蒸汽产自发生器，凝结水应满足注射用水的化学和内毒素质量要求；②纯蒸汽产自发生器，用于可渗透的装载物的湿热灭菌时，干度值不低于0.9；用于金属装载物的湿热灭菌时，干度值不低于0.95；过热度不超过25℃，不凝性气体体积不超过3.5%。部分蒸汽应用不需要考虑不凝性气体限度。

（四）中国标准

中国《药品 GMP 检查指南》规定对于纯蒸汽要求如下：纯蒸汽通常是以纯化水为原料水，通过纯蒸汽发生器或多效蒸馏水机的第一效蒸发器产生蒸汽，纯蒸汽冷凝时要满足注射用水的要求。软化水、去离子水和纯化水都可作为纯蒸汽发生器的原料水，经蒸发、分离（去除微粒及细菌内毒素等污物）后，在一定压力下输送到使用点。

第四节　制药用水与蒸汽系统验证

验证是包含了验证管理要求、验证总计划、验证方案和验证报告的系统活动，是一种通过对参数进行一系列反复测试的证明，更是一种符合性与预期目标的比较，在验证文件中可接受标准并对验证结果进行审核和批准。

一、验证的周期

验证是通过建立文件证明来高度保证既定工艺能始终如一地按照预期指定结果进行。要进行验证工作，就必须按照验证周期设计出一套完整的验证计划（validation plan，VP）及有效的测试方法。验证周期以制订用户需求说明为起点，经过设计阶段、建造阶段、安装确认、运行确认和性能确认来证实用户需求说明是否完成一个周期。

（一）验证计划

验证总计划（validation master plan，VMP）又叫验证主计划，是企业对验证工作的总体安排和部署，包括企业验证工作的总体原则、组织机构、验证项目、计划及相关程序等内容，涵盖了企业全部的验证活动，用以指导企业验证工作的顺利开展和实施，使验证工作符合企业内部和 GMP 法规的要求。

验证总计划中应当要对完成整个验证所需的人员、设备和其他特殊要求进行评估，包含整个项目的时间安排及子项目的详细规划，这个时间安排可以包含在验证矩阵中，也可单独编制。编制时间进度时，验证人员需通过前期验证总计划搜集的信息考虑里程碑的时间。编制时要注意各系统的验证前提条件，例如纯化水性能确认完成后才能进行注射用水和纯蒸汽的性能确认；纯蒸汽性能确认完成之后，才能进行蒸汽灭菌柜等使用纯蒸汽的设备的运行确认；纯蒸汽性能确认完成之后，才能进行在线灭菌工艺验证。验证总计划要根据企业的实际情况，每年修订一次，使其更加符合企业的需求。验证总计划为验证工作的顺利开展和实施奠定了良好的基础，是企业建立验证体系，科学开展和完善验证工作必不可少的文件。

最新修订的《药品 GMP 认证检查评定标准》中规定，"生产一定周期后，应进行再验证"，这就要求制药企业对再验证工作应引起足够重视。所谓再验证，是指一项生产工艺、一个系统、设备或原材料经过验证并在使用一个阶段后，旨在证实其"验证状态"没有发生漂移。因此，不是所有的生产工艺、设备、清洁程序每年都需要进行再验证。

（二）用户需求说明

用户需求说明（user requirement specification，URS）在概念设计阶段形成，并在整个项目周期内不断审核及更新。URS 应避免在确认活动开始之后变更，否则会浪费大量时间来修改确认方案及重复测试。在最终设计确认过程中应对 URS 进行详细审核以保证设计情况满足用户期望。URS 的审核结果可以汇总到最终设计确认报告中。

URS 应说明制药用水系统在生产和分配系统中的要求。这些说明会定义出关键质量属性的标准，包括制药用水的质量说明，比如总有机碳（total organic carbon，TOC）、电导率、微生物及内毒素等。制药用水系统的设计要求有可能受供水质量、季节变化等因素的影响。供水的质量应该在功能说明（functional specification，FS）、设计说明（design specification，DS）中注明。

（三）设计阶段

功能说明（FS）描述了如何实现用户需求说明中所描述的要求和目标，明确说明了系统预期的实现方式。功能说明通常由供应商来完成，但是需要用户审核、批准。一般来说，进行采购和安装之后，FS 应该在调试和运行确认中测试和确认。

设计说明（DS）通常由供应商来完成，并且供应商拥有该文件的所有权和保密权，但是需要用户审核、批准。设计说明需详细和准确说明如何满足功能说明和用户需求说明的具体要求。一般来说，采购施工和安装完成后，DS 在安装确认中测试及确认。对一些简单的设备或已经详细了解设计方案的设备，功能说明可以和设计说明合并成一个文件，即功能设计说明（functional design specification，FDS）文件。

设计确认（design qualification，DQ）文件是证明厂房、支持系统、公用系统、设备和程序按照 GMP 要求设计的证据。在施工之前，要逐一检查制药用水系统的设计文件（URS、FS、DS 等）以确保系统能够满足 URS 及 GMP 中的所有要求。设计确认应该持续整个设计阶段，是一个动态的过程。设计确认的形式是多样的和不固定的，会议记录、参数计算书、技术交流记录、邮件等都是设计确认的证明文件。目前的通用做法是在设计文件最终确定后总结一份设计确认报告，其中包括对 URS 的审核报告。完善的设计确认是保证用户需求以及设备正常发挥功效的基础。经过批准的设计确认报告是后续确认活动（如安装确认、运行确认、性能确认）的基础。

（四）调试

为了保证生产设备/系统符合用户要求，设备的设计、制造、安装阶段需遵循良好工程质量管理规范（good engineering practice，GEP）进行调试工作。调试应该有良好的计划、文件记录和工程管理，保证设备和系统的安全性能和功能性能均能够满足设计要求和用户期望。确认活动提供由质量部门审核通过的文件记录，这些记录证明用户接收到的设备或系统是可以生产和分配符合一定质量标准的水和蒸汽系统。所有生产设备系统都需要进行调试，完整的调试工作包含了工厂验收测试（factory acceptance testing，FAT）、启动/调试和现场验收测试（site acceptance testing，SAT）三个阶段的工作。

（五）安装确认

安装确认（installation qualification，IQ）是通过有文件记录的形式证明所安装或更改的厂房、系统和设备符合已批准的设计和生产厂家建议和/或用户的要求，用户对新的或发生改造之后的厂房、设施或设备等进行的确认过程。包括确认资料收集并归档的过程。

安装确认过程一般不做动力接通和动作测试，只有等安装确认核对完全无误后方能进行后续的确认工作。安装确认是证实设备或系统中的主要部件安装正确并和设计要求一致，应存在相关支持文件以及仪器应该经过校准。

虽然验证方案的每一部分都很重要，但安装确认包含了最大量的材料，并提供了系统组件和附件的最权威的描述。它是定义性的验证文件，为后续验证文件的准备提供了坚实的基础，如运行确认、性能确认和维护手册。

（六）运行确认

运行确认（operational qualification，OQ）是通过文件记录的形式证明所安装或更改的厂房、系统和设备在整个预期运行范围内可按预期形式运行。运行确认是通过检查、检测等测试方式，用文件的形式证明设备的运行状况符合设备出厂技术参数，能满足设备的用户需求说明和设计确认中的功能技术指标，是证明系统或设备各项技术参数能否达到设定要求的一系列活动。

运行确认的一般目的是验证系统的正常运行条件。此外，运行确认应通过适当的描述，创建所有潜在的"瞬态"或"事故"条件，验证设计和安装的系统能否做出停机和/或报警响应。安装确认强调了应该准备好每个单元操作的个人安装确认并集成到实际的系统安装确认中。与安装确认不同，运行确认必须解决水净化系统中各种单元操作的相互作用；最后要指出，在运行确认执行期间模拟的瞬态或事故条件不影响系统产品水的质量。在运行确认执行期间，不得对系统进行故意的化学、细菌和细菌内毒素污染。

运行确认是确立可信范围，确认设施/设备/公用设施在既定的限度和容许范围内能够正常运行。运行确认核实系统（包括设施、设备及公用设施）在规定的参数内运行，例如温度、压力、流速等；运行确认的执行包括检测参数；控制器、显示器、记录、预警及连锁装置合理运行，这些需要在运行确认检测期间执行并记录在案。

（七）性能确认

性能确认（performance qualification，PQ）是为了证明设备按照预定的操作程序，在工作参数内负载运行，可以生产出符合预定质量标准的产品而进行的一系列的检查、检验等测试。性能确认应在安装确认和运行确认成功完成之后执行。可以将性能确认作为一个单独的活动进行描述，在有些情况下也可以将性能确认与运行确认结合在一起进行。

性能确认可通过文件证明设备、设施等与其他系统完成连接后能够有效地、可重复地发挥作用，即通过测试设施、设备等的产出物来证明正确性。就工艺设备而言，性能确认实际上是通过实际负载生产的方法，考察其运行的可靠性，关键工艺参数的稳定性和产出的产品质量的均一性、重现性等一系列活动。

性能确认需提供文件证据，证明系统能基于批准的工艺方法和产品标准，作为组合或个体进行有效地、重复地运行。性能测试应在真实生产条件下进行，收集确认数据并记录在测试报告上。性能确认是正式测试的最后步骤，是确认需求矩阵中识别为进行性能确认的系统，是正式运行前性能可靠的文件证据。当最终性能确认报告批准后，系统可用于正常生产操作或用于工艺验证。

制药用水净化系统的质量控制包括执行系统的质量控制、运行确认后进行的密集取样和分析程序。一般来说，建议该计划至少进行4周。在此期间，每个工作日应至少从系统内的每个使用点获取一次样本。此外，应至少每周一次从系统供水中获得的样品，以及美国药典纯净水或注射用水系统中所有成分的产品。

二、制药用水系统验证

制药用水系统在安装和纯化结束后，需要进行验证。验证的目的在于考查水系统是否有能力稳定地供应规定数量和质量的合格工艺用水。只有经验证的水系统，才能被投入使用。完整的验证需要三步：安装确认、运行确认和性能确认。

（一）安装确认

安装确认（IQ）是指在设备、管线安装后，对照设计图纸和供应商提供的技术资料，查验安装是否符合设计要求和设备技术规格。安装确认需要涵盖制水设备和分配系统。验证的主要内容包括共用设施的支持是否到位，设备是否符合技术规格，材质、管道坡度、焊缝、盲管长度、储罐及部件等是否符合设计要求，仪器仪表是否校验，资料是否齐全等。

（二）运行确认

运行确认（OQ）是在水处理设备全部开启的情况下，检查设备的各个功能是否运行正常，并测试设备的参数。验证的内容包括设备/系统各部分的功能是否正常；产水量、产水速度是否达到设计要求；阀门、控制装置是否正常；管道是否泄漏，是否耐压；指示器、在线测试仪及报警器是否正常等。

（三）性能确认

性能确认（PQ）主要是通过对所有取样点的水质检验，来确认整个水系统的运作是否符合设计要求，水质是否持续符合质量标准。制药用水系统性能确认通常分为三个阶段。

1. 第一阶段　通常为 2~4 周，目的是确定操作参数范围，制定标准操作程序（standard operating procedure，SOP）。需要对所有的点（制水机组各个阶段、储罐、总送水口、总回水口、所有使用点等）每天取样，做化学与微生物指标全项检验。

2. 第二阶段　需要经历 2~4 周，并对所有的点每天取样，但只需检测关键项目。关键项目应包括微生物指标和关键化学指标。目的是验证所确定的操作参数的可靠性、一致性。需要说明的是，工艺用水如果通过第二阶段的测试，就可以开始用于生产了。

3. 第三阶段　为监测阶段，通常需要 10~12 个月，需要对关键点做关键项目的测试。关键点至少应包含储罐、总送水口、总回水口和所有用水点。取样频率为储罐、总送水口、总回水口每天取样，各使用点每周至少轮流取样一次。第三阶段的目的在于考察全年四季源水水质波动及全年操作条件下系统的可靠性和一致性。

三个阶段共计约 1 年的时间。通过 1 年的水系统验证，说明所设定的操作参数以及消毒方法、周期等是可行的，且四季源水和环境的变化不会对水质造成影响，水系统的运作是稳定的。

制药用水系统正常运行后，循环水泵一般不得停止工作。若遇较长时间停机时，需要重新对水系统进行验证。通常在正式生产前需要进行 2~3 周的监测。监测的频率和项目可参照第三阶段进行。

《美国药典》纯净水或注射用水系统中的所有使用点应至少每个工作日取样一次。对于有大量使用点的大型设施，可以考虑"样品轮换"，但不鼓励。如果使用样本轮换制，PQ 不应该在建议的 6~8 周时间内提供相同的取样计划（从一周到另一周）。当准备带样品轮换的 PQ 时，最好使用一个时间表来建立样品收集，该时间表在星期一为取样的第一周收集样品、在星期二为取样的第二周收集样品、在星期三为取样的第三周收集样品等。这种准备 PQ 时间表的轮换方法确保了相同的使用点不会在每周的同一天取样。一天中取样的时间也应该变化。对于每天运行一个班次的设施，应在随后几周的上午、中午和下午收集样本。对于每天三班、每周七天运行的设施，应在七天工作周内的三班收集样本。PQ 的目的是通过适当的分析技术验证化学物质、细菌和细菌内毒素（用于注射用水系统）水平符合纯净水（或注射用水）官方专论规范，并且未超过规定的总活菌警报和行动限制。

一旦确定了取样时间表，就应该考虑所需分析样品的性质。第一项将涉及美国药典纯净水和注射用水各专论中规定的化学参数。对于 USP，化学规格包括电导率和总有机碳；对于环氧树脂，化学规格包括电导率、总有机碳和硝酸盐。重要的是，可能需要进行美国药典中没有的分析，制药商应清楚地认识到根据产品销售地的标准进行分析的要求。

许多制药公司，尤其是水系统较小且实验室能力有限的公司，将使用合同实验室的服务进行细菌测定。如果使用合同实验室，建立适当的监管链至关重要。监管链给合同实验室的每个样品分配一个唯一的编号，数字应该是连续的；应使用足够数量的数字来避免重复，字母数字代码也可用于避免数字重复。提供给合同实验室的样品应在 28~48℃ 储存和运输。细菌计数技术必须在样品采集后 24 小时内启动。

三、制药用蒸汽系统验证

蒸汽主要为制药用水的制备、工艺设备的温度控制提供热源，用于无菌工艺设备、器具、最终灭菌产品的灭菌等。制药用蒸汽系统验证是对制药用蒸汽的制备、输送和取样设备的可靠性和稳定性的验证，以确保该系统设备制备、输送的蒸汽及冷凝水能够达到生产工艺质量的要求。

（一）设计确认

在施工之前，纯蒸汽系统的设计文件（URS、FS、DS 等）都要逐一进行检查，以确保能够完全满足 URS 及 GMP 中的所有要求。设计确认应该持续整个设计阶段，是一个动态的过程。纯蒸汽系统的设计确认中至少应该包含以下内容：① 设计文件的审核。审核制备和分配系统所有设计文件（URS、FS、DS、管道和仪表图、计算书、设备清单、仪表清单等）内容是否完整、可用且是经过批准的。② 纯蒸汽的质量标准。制备和分配的蒸汽质量是否满足工艺的要求。③ 纯蒸汽发生器的原水质量及供应能力。纯蒸汽的供水通常使用纯化水或者注射用水，如果采用饮用水必须经过适当的预处理。纯蒸汽的制备工艺必须考虑去除内毒素、不凝性气体等。④ 纯蒸汽使用点的用途、压力、流速等要求。通常是通过表格将所有的用点信息进行汇总，包括用途、使用压力、流速要求、使用时间等，评估系统设计是否满足各用点以及峰值使用量。⑤ 系统材质的要求。纯蒸汽系统通常采用 316 或者 316L 级别的不锈钢，至少采用机械抛光。⑥ 管道及疏水装置安装。纯蒸汽管道应尽量采用焊接和卫生型连接形式，卫生型球阀在蒸汽系统中是可接受的。水平管网需要有坡度，主管网和各用点需安装疏水装置及时排除冷凝水。⑦ 纯蒸汽系统的在线监测及日常取样。通常在纯蒸汽发生器的出口处，通过在线冷凝器的监测冷凝液的电导率、出口温度和压力，分配系统需根据实际使用要求及潜在的风险决定是否需要在线监测，但是系统设计必须保证能够离线取样。

（二）安装确认

纯蒸汽系统的安装确认通常遵循纯化水、注射用水系统的确认要求，但也有特殊的确认项目。

1. 安装确认需要的文件　① 由质量部门批准的安装确认方案。② 竣工文件包，包括工艺流程图、管道仪表图、部件清单及参数手册、电路图、材质证书、焊接资料、焊点图、内窥镜检查记录、压力测试及清洗纯化记录、设备出厂合格证等。③ 关键仪表的技术参数及校准记录。④ 安装确认中用到的仪表的校准报告。⑤ 系统操作维护手册。⑥ 系统调试记录如 FAT、SAT。

2. 安装确认的测试项目　① 竣工版的工艺流程图、管道仪表图的确认。应该检查这些图纸上的部件是否正确安装，检查标识、位置、安装方向、取样阀位置、在线仪表位置、排水空气隔断位置等。② 系统关键部件的确认。根据功能和部件对产品的影响，评估 GMP 关键程度。③ 仪器仪表校准。系统所用的仪器、仪表必须参照相应国家标准，按仪表校准操作规程进行校准，校准后的仪器、仪表附上合格证。④ 系统材质和表面粗糙度。由于纯蒸汽有自消毒作用，所以对管道内表面要求不高，选择机械抛光也可满足要求。⑤ 焊接记录文件的确认。包括标准操作规程、焊接资质证书、焊接检查方案和报告、焊点图、焊接记录等。⑥ 管路压力测试、清洗纯化的确认。压力测试、清洗纯化是需要在调试过程中进行的，安装确认需对其是否按照操作规程完成进行检查，并且有文件记录。⑦ 系统坡度和死角的确认。系统水平管道应沿蒸汽流动方向设计坡度，并保证能在最低点排空，死角应满足 3D（支管长度 L/支管管径 D ≤ 3）规则或者更高的标准保证无清洁死角。⑧ 公用工程的确认。检查确认公用系统包括电力连接、压缩空气、工业蒸汽、供水系统等已经正确连接，并且参数符合设计要求。⑨ 自控系统的确认。自控系统的安装确认一般包括硬件部件、电路图、输入输出、人机界面（human machine interface，HMI）操作画面、软件版本的检查等。

（三）运行确认

设备安装确认合格后，根据拟定的标准操作规程（SOP）等文件进行操作，以确定系统各部分及整体设备的实际运转性能符合设计要求。

1. 运行确认需要的文件　①由质量部门批准的运行确认方案。②供应商提供的功能设计说明、系统操作维护手册。③系统操作维护标准规程。④系统安装确认记录及偏差报告。

2. 运行确认的测试项目　①系统标准操作规程的确认。与设备设施操作、清洁相关的操作规程应在运行确认过程中进行完善修改，并在运行确认结束前完成。②检测仪器的校准。必须确保运行确认中使用的测量用仪器仪表都经过校准。③纯蒸汽发生器自控系统的确认。包括系统访问权限、紧急停机测试、报警测试和数据记录、打印等。④系统运行参数确认。将制备系统开启，进入正常生产状态，检查在线生产参数是否稳定，是否存在泄漏，是否满足 URS 要求。⑤分配系统确认。在正常生产状态下，各用点压力是否满足工艺要求，在峰值用量下供给压力是否稳定，疏水器的疏水和排气功能是否正常。⑥蒸汽质量确认。纯蒸汽质量测试包括干度值、过热度和不凝气等。每个使用点都应进行"冷凝水纯度"的取样检测。凝结水的化学质量和内毒素指标等同于注射用水。

（四）性能确认

一般来说，制药用蒸汽系统的性能确认和纯化水、注射用水系统的三阶段法取样周期一样，但有特殊性。

1. 纯蒸汽系统的性能确认　性能确认（PQ）应按照质量保证（quality assurance，QA）的PQ方案执行。纯蒸汽系统的性能确认通常需要在纯蒸汽发生器的出口和各个使用点进行取样；

没有正当理由，只在纯蒸汽系统的中间位置进行的测试是不被认可的。纯蒸汽取样主要包含纯蒸汽"纯度"和纯蒸汽"质量"取样，可接受标准为药典对注射用水的质量要求。纯蒸汽的性能确认最好按照注射用水的"三阶段法"进行，但由于纯蒸汽系统的特殊性，也可以采用其他的确认周期。

2. 工艺蒸汽系统的性能确认　一般来说，工艺蒸汽的冷凝液需满足饮用水的标准，采用TOC、电导率检测可以判断系统是否受到污染，这些标准可以在 PQ 期间建立，并在日常监测中进行评估。PQ 周期同样可按照三个阶段进行。

（1）第一阶段。两个周期（7 天/周期）总出、总进和储罐每天取样，其他使用点每天或隔天取样（使用点太多，实际检测能力不足时隔天取样）。

（2）第二阶段。四个周期（7 天/周期）总出、总进和储罐每天取样，其他使用点每周取样一次。

（3）第三阶段。为日常监测阶段，各使用点每周轮流取样，测试从第 1 阶段开始持续一年，从而证明系统长期的可靠性能，以评估季节变化对水质的影响。

教材目录（第一批）

注：凡标☆号者为"核心示范教材"。

（一）中医学类专业

序号	书　名	主　编		主编所在单位	
1	中国医学史	郭宏伟	徐江雁	黑龙江中医药大学	河南中医药大学
2	医古文	王育林	李亚军	北京中医药大学	陕西中医药大学
3	大学语文	黄作阵		北京中医药大学	
4	中医基础理论☆	郑洪新	杨　柱	辽宁中医药大学	贵州中医药大学
5	中医诊断学☆	李灿东	方朝义	福建中医药大学	河北中医学院
6	中药学☆	钟赣生	杨柏灿	北京中医药大学	上海中医药大学
7	方剂学☆	李　冀	左铮云	黑龙江中医药大学	江西中医药大学
8	内经选读☆	翟双庆	黎敬波	北京中医药大学	广州中医药大学
9	伤寒论选读☆	王庆国	周春祥	北京中医药大学	南京中医药大学
10	金匮要略☆	范永升	姜德友	浙江中医药大学	黑龙江中医药大学
11	温病学☆	谷晓红	马　健	北京中医药大学	南京中医药大学
12	中医内科学☆	吴勉华	石　岩	南京中医药大学	辽宁中医药大学
13	中医外科学☆	陈红风		上海中医药大学	
14	中医妇科学☆	冯晓玲	张婷婷	黑龙江中医药大学	上海中医药大学
15	中医儿科学☆	赵　霞	李新民	南京中医药大学	天津中医药大学
16	中医骨伤科学☆	黄桂成	王拥军	南京中医药大学	上海中医药大学
17	中医眼科学	彭清华		湖南中医药大学	
18	中医耳鼻咽喉科学	刘　蓬		广州中医药大学	
19	中医急诊学☆	刘清泉	方邦江	首都医科大学	上海中医药大学
20	中医各家学说☆	尚　力	戴　铭	上海中医药大学	广西中医药大学
21	针灸学☆	梁繁荣	王　华	成都中医药大学	湖北中医药大学
22	推拿学☆	房　敏	王金贵	上海中医药大学	天津中医药大学
23	中医养生学	马烈光	章德林	成都中医药大学	江西中医药大学
24	中医药膳学	谢梦洲	朱天民	湖南中医药大学	成都中医药大学
25	中医食疗学	施洪飞	方　泓	南京中医药大学	上海中医药大学
26	中医气功学	章文春	魏玉龙	江西中医药大学	北京中医药大学
27	细胞生物学	赵宗江	高碧珍	北京中医药大学	福建中医药大学

序号	书名	主编		主编所在单位	
28	人体解剖学	邵水金		上海中医药大学	
29	组织学与胚胎学	周忠光	汪涛	黑龙江中医药大学	天津中医药大学
30	生物化学	唐炳华		北京中医药大学	
31	生理学	赵铁建	朱大诚	广西中医药大学	江西中医药大学
32	病理学	刘春英	高维娟	辽宁中医药大学	河北中医学院
33	免疫学基础与病原生物学	袁嘉丽	刘永琦	云南中医药大学	甘肃中医药大学
34	预防医学	史周华		山东中医药大学	
35	药理学	张硕峰	方晓艳	北京中医药大学	河南中医药大学
36	诊断学	詹华奎		成都中医药大学	
37	医学影像学	侯键	许茂盛	成都中医药大学	浙江中医药大学
38	内科学	潘涛	戴爱国	南京中医药大学	湖南中医药大学
39	外科学	谢建兴		广州中医药大学	
40	中西医文献检索	林丹红	孙玲	福建中医药大学	湖北中医药大学
41	中医疫病学	张伯礼	吕文亮	天津中医药大学	湖北中医药大学
42	中医文化学	张其成	臧守虎	北京中医药大学	山东中医药大学

（二）针灸推拿学专业

序号	书名	主编		主编所在单位	
43	局部解剖学	姜国华	李义凯	黑龙江中医药大学	南方医科大学
44	经络腧穴学☆	沈雪勇	刘存志	上海中医药大学	北京中医药大学
45	刺法灸法学☆	王富春	岳增辉	长春中医药大学	湖南中医药大学
46	针灸治疗学☆	高树中	冀来喜	山东中医药大学	山西中医药大学
47	各家针灸学说	高希言	王威	河南中医药大学	辽宁中医药大学
48	针灸医籍选读	常小荣	张建斌	湖南中医药大学	南京中医药大学
49	实验针灸学	郭义		天津中医药大学	
50	推拿手法学☆	周运峰		河南中医药大学	
51	推拿功法学☆	吕立江		浙江中医药大学	
52	推拿治疗学☆	井夫杰	杨永刚	山东中医药大学	长春中医药大学
53	小儿推拿学	刘明军	邰先桃	长春中医药大学	云南中医药大学

（三）中西医临床医学专业

序号	书名	主编		主编所在单位	
54	中外医学史	王振国	徐建云	山东中医药大学	南京中医药大学
55	中西医结合内科学	陈志强	杨文明	河北中医学院	安徽中医药大学
56	中西医结合外科学	何清湖		湖南中医药大学	
57	中西医结合妇产科学	杜惠兰		河北中医学院	
58	中西医结合儿科学	王雪峰	郑健	辽宁中医药大学	福建中医药大学
59	中西医结合骨伤科学	詹红生	刘军	上海中医药大学	广州中医药大学
60	中西医结合眼科学	段俊国	毕宏生	成都中医药大学	山东中医药大学
61	中西医结合耳鼻咽喉科学	张勤修	陈文勇	成都中医药大学	广州中医药大学
62	中西医结合口腔科学	谭劲		湖南中医药大学	

（四）中药学类专业

序号	书 名	主 编		主编所在单位	
63	中医学基础	陈 晶	程海波	黑龙江中医药大学	南京中医药大学
64	高等数学	李秀昌	邵建华	长春中医药大学	上海中医药大学
65	中医药统计学	何 雁		江西中医药大学	
66	物理学	章新友	侯俊玲	江西中医药大学	北京中医药大学
67	无机化学	杨怀霞	吴培云	河南中医药大学	安徽中医药大学
68	有机化学	林 辉		广州中医药大学	
69	分析化学（上）（化学分析）	张 凌		江西中医药大学	
70	分析化学（下）（仪器分析）	王淑美		广东药科大学	
71	物理化学	刘 雄	王颖莉	甘肃中医药大学	山西中医药大学
72	临床中药学☆	周祯祥	唐德才	湖北中医药大学	南京中医药大学
73	方剂学	贾 波	许二平	成都中医药大学	河南中医药大学
74	中药药剂学☆	杨 明		江西中医药大学	
75	中药鉴定学☆	康廷国	闫永红	辽宁中医药大学	北京中医药大学
76	中药药理学☆	彭 成		成都中医药大学	
77	中药拉丁语	李 峰	马 琳	山东中医药大学	天津中医药大学
78	药用植物学☆	刘春生	谷 巍	北京中医药大学	南京中医药大学
79	中药炮制学☆	钟凌云		江西中医药大学	
80	中药分析学☆	梁生旺	张 彤	广东药科大学	上海中医药大学
81	中药化学☆	匡海学	冯卫生	黑龙江中医药大学	河南中医药大学
82	中药制药工程原理与设备	周长征		山东中医药大学	
83	药事管理学☆	刘红宁		江西中医药大学	
84	本草典籍选读	彭代银	陈仁寿	安徽中医药大学	南京中医药大学
85	中药制药分离工程	朱卫丰		江西中医药大学	
86	中药制药设备与车间设计	李 正		天津中医药大学	
87	药用植物栽培学	张永清		山东中医药大学	
88	中药资源学	马云桐		成都中医药大学	
89	中药产品与开发	孟宪生		辽宁中医药大学	
90	中药加工与炮制学	王秋红		广东药科大学	
91	人体形态学	武煜明	游言文	云南中医药大学	河南中医药大学
92	生理学基础	于远望		陕西中医药大学	
93	病理学基础	王 谦		北京中医药大学	

（五）护理学专业

序号	书 名	主 编		主编所在单位	
94	中医护理学基础	徐桂华	胡 慧	南京中医药大学	湖北中医药大学
95	护理学导论	穆 欣	马小琴	黑龙江中医药大学	浙江中医药大学
96	护理学基础	杨巧菊		河南中医药大学	
97	护理专业英语	刘红霞	刘 娅	北京中医药大学	湖北中医药大学
98	护理美学	余雨枫		成都中医药大学	
99	健康评估	阚丽君	张玉芳	黑龙江中医药大学	山东中医药大学

序号	书 名	主 编		主编所在单位	
100	护理心理学	郝玉芳		北京中医药大学	
101	护理伦理学	崔瑞兰		山东中医药大学	
102	内科护理学	陈 燕	孙志岭	湖南中医药大学	南京中医药大学
103	外科护理学	陆静波	蔡恩丽	上海中医药大学	云南中医药大学
104	妇产科护理学	冯 进	王丽芹	湖南中医药大学	黑龙江中医药大学
105	儿科护理学	肖洪玲	陈偶英	安徽中医药大学	湖南中医药大学
106	五官科护理学	喻京生		湖南中医药大学	
107	老年护理学	王 燕	高 静	天津中医药大学	成都中医药大学
108	急救护理学	吕 静	卢根娣	长春中医药大学	上海中医药大学
109	康复护理学	陈锦秀	汤继芹	福建中医药大学	山东中医药大学
110	社区护理学	沈翠珍	王诗源	浙江中医药大学	山东中医药大学
111	中医临床护理学	裘秀月	刘建军	浙江中医药大学	江西中医药大学
112	护理管理学	全小明	柏亚妹	广州中医药大学	南京中医药大学
113	医学营养学	聂 宏	李艳玲	黑龙江中医药大学	天津中医药大学

（六）公共课

序号	书 名	主 编		主编所在单位	
114	中医学概论	储全根	胡志希	安徽中医药大学	湖南中医药大学
115	传统体育	吴志坤	邵玉萍	上海中医药大学	湖北中医药大学
116	科研思路与方法	刘 涛	商洪才	南京中医药大学	北京中医药大学

（七）中医骨伤科学专业

序号	书 名	主 编		主编所在单位	
117	中医骨伤科学基础	李 楠	李 刚	福建中医药大学	山东中医药大学
118	骨伤解剖学	侯德才	姜国华	辽宁中医药大学	黑龙江中医药大学
119	骨伤影像学	栾金红	郭会利	黑龙江中医药大学	河南中医药大学洛阳平乐正骨学院
120	中医正骨学	冷向阳	马 勇	长春中医药大学	南京中医药大学
121	中医筋伤学	周红海	于 栋	广西中医药大学	北京中医药大学
122	中医骨病学	徐展望	郑福增	山东中医药大学	河南中医药大学
123	创伤急救学	毕荣修	李无阴	山东中医药大学	河南中医药大学洛阳平乐正骨学院
124	骨伤手术学	童培建	曾意荣	浙江中医药大学	广州中医药大学

（八）中医养生学专业

序号	书 名	主 编		主编所在单位	
125	中医养生文献学	蒋力生	王 平	江西中医药大学	湖北中医药大学
126	中医治未病学概论	陈涤平		南京中医药大学	